基于移动电商项目实战的

移动互联
系统运维技术

郭炳宇　王田甜　苏尚停　李成帅　编著

高等教育出版社·北京

内容简介

本书按照功能与模块划分,采用项目化的方式进行结构组织,由前言、走进移动电商系统运维、移动电商服务器单点部署、构建移动电商服务器集群、移动电商运维自动化、移动电商安全运维、运维开发及运维自动化平台管理实践、云计算平台部署与应用实践及双创项目组成。本书融入了行业、企业现行的主流技术,体现生产、服务真实技术和流程,适合任务驱动式教学、案例式教学及项目化教学。

本书可作为高校计算机类、电子信息类专业的教材,也可供相关专业的从业人员参考。

图书在版编目(C I P)数据

基于移动电商项目实战的移动互联系统运维技术 / 郭炳宇等编著. —— 北京:高等教育出版社,2017.11
ISBN 978-7-04-048810-4

Ⅰ.①基… Ⅱ.①郭… Ⅲ.①移动终端 – 应用程序 – 程序设计 – 高等学校 – 教材 Ⅳ.① TN929.53

中国版本图书馆 CIP 数据核字(2017)第 274225 号

策划编辑	吴陈滨	责任编辑	张江漫	封面设计	姜 磊	版式设计	范晓红
插图绘制	杜晓丹	责任校对	张 薇	责任印制	耿 轩		

出版发行	高等教育出版社	咨询电话	400-810-0598
社 址	北京市西城区德外大街 4 号	网 址	http://www.hep.edu.cn
邮政编码	100120		http://www.hep.com.cn
印 刷	北京市白帆印务有限公司	网上订购	http://www.hepmall.com.cn
			http://www.hepmall.com
开 本	787mm×1092mm 1/16		http://www.hepmall.cn
印 张	27.25	版 次	2017 年 11 月第 1 版
字 数	650 千字	印 次	2017 年 11 月第 1 次印刷
购书热线	010-58581118	定 价	49.90 元

本书如有缺页、倒页、脱页等质量问题,请到所购图书销售部门联系调换
版权所有 侵权必究
物 料 号 48810-00

前言
PREFACE

带着理想和情怀来做一套教材

作为一家产教融合背景下应用技术型人才培养的校企合作单位,我们希望开发出一套能够满足应用技术型人才培养要求的优秀教材,希望开发出来的教材能到达到或接近一个理想的标准,这个理想的标准就是"准、新、特、实、认"。我们一直带着这个"理想"的标准践行着教材编写与开发工作。

"准",是教材最基本要求,理念、依据、技术细节都要准确;"新",是教材的形式和内容都要有所创新,表现、框架和体例都要新颖、生动、有趣,具有良好的用户体验,让人耳目一新;"特",要做出应用型的特色和企业的特色,体现出校企合作在面向行业、企业需求人才培养的特色;"实",实用,切实可用,既要注重实践教学,又要注重理论知识学习,做一套理实结合、平衡的实用型教材。最后的"认",也可以说是最高标准了,即编写一套教师、学生、业界都认可的教材。

我们的教材编写与开发团队来自于企业,是一批具有多年工作经验和技术积累的企业工程师;同时,我们的企业工程师进入合作高校承担部分专业核心课、实践课的授课工作。这种双重工作背景让我们的教材开发团队既能把握行业、企业最新的技术发展趋势,以及最需要的技术和技能,又能了解到教育教学、学习成长的规律和经验,可以说,我们具备了"懂技术、懂教学"的教材开发团队基础。

从学校到企业,从企业到学校,我们深感做的不仅仅是一份工作,而是一项事业,是一项教书育人的事业。我们带着这份"教育情怀"认真对待教材开发的每个部分,从开发理念到总体设计以及每个细节,我们都靠团队协作,细心打磨,以专业的精神尽量克服知识和经验的不足。

以"学习者"为中心的理念进行教材设计

在企业里做产品的人都知道,产品要以用户为中心,抓住用户的痛点,为用户解决问题。那么课程的最终用户是谁呢?是学习者。教师借助教材来"传道、授业、解惑",而"学习者"是要通过教材学到知识和技术,学以致用。我们在以"学习者"为中心的理念下进行了教材的创新设计,具体如下:

◆ 教材内容的组织强调以学习行为为主线,构建了"学"与"导学"的内容逻辑。"学"是主体内容,包括项目描述、任务解决及项目总结;"导学"是引导学生自主学习、独立实践的部分,包括项目引入、交互窗口、思考练习、拓展训练及双创项目。

◆ 情景化、情景剧式的项目引入。模拟一个完整的项目团队,采用情景剧作为项目开篇,并融入职业元素,让内容更加接近于行业、企业和生产实际。项目引入更多的是还原工作场景,展示项目进程,嵌入岗位、行业认知,融入工作的方法和技巧,更多地传递一种解决问题的思路和理念。

◆ 项目篇章以项目为核心载体,强调知识输入,经过任务的解决与训练,再到技能输出。采用"两点(知识点、技能点)"、"两图(知识图谱、技能图谱)"的方式梳理知识、技能,在项目开篇清晰地描绘出该项目所覆盖的和需要的知识点,在项目最后总结出经过任务训练所能获得的技能图谱。

◆ 强调动手和实操,以解决任务为驱动,做中学,学中做。任务驱动式的学习,可以让我们遵循一般的学习规律、由简到难、循环往复、融会贯通;加强实践、动手训练,在实操中学习更加直观和深刻;融入最新技术应用,结合真实应用场景,来解决现实性客户需求。

◆ 具有创新特色的双创项目设计。本系列教材共 4 本,协同完成一个双创项目,体现了项目的完整性、创新性和挑战性。既能培养学生面对困难勇于挑战的创业意识,又能培养学生使用新技术解决问题的创新精神。

系列化的教材、项目化的内容

《移动互联系统运维技术》,与《移动互联 Android 应用设计与开发》《移动互联 Web 前端开发》《移动互联后台设计与开发》形成一套完整的移动互联业务系列教材。该系列教材覆盖了移动互联业务的前端开发、后台开发、App 端开发以及系统运维相对完整的开发业务流程。

移动互联业务系列教材统一以移动电子商务业务应用作为项目案例,4 本教材组成一个大的移动互联业务项目,每本教材是一个技术方向的项目,教材内的章节也是按照功能与模块划分,采用项目化的方式进行结构组织。教材融入了行业、企业现行的主流技术,体现生产、服务真实技术和流程,适合任务驱动式教学、案例式教学及项目化教学。

"移动互联系统运维技术"是面向 Linux 系统运维岗位开设的一门专业核心课。系统运维是一项实践性非常强的技术,要求能够熟练使用 Linux,熟悉各种系统服务器部署、调试和性能优化。本课程的任务是:通过移动电商系统运维技术的系统学习和项目化的运维实践,掌握移动电商系统基础运维技术、大规模集群部署技术、自动化运维技术以及移动电商、云计算、大数据行业主流平台的部署、测试、运行和维护技术。

本教材"项目化"的特点突出,大量的项目案例,理论联系实际,图文并茂,深入浅出,特别适合于本科院校及工程技术人员自学或参考,也可以作为系统运维工程人员的参考资料。

编 者

2017 年 3 月

目 录
CONTENT

进阶篇　移动电商运维实战

拓展篇　云计算与大数据运维实战

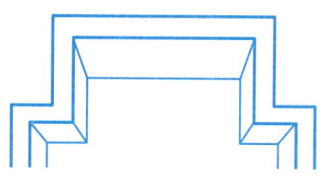

基 / 础 / 篇

初识移动电商运维

好书不厌百回读

好曲不厌百回唱

George 运维工程师

Linux大神，技术专家

项目1：走进移动电商系统运维

 **项目引入**

我叫 Amanda，去年刚毕业就来到现在所在的互联网公司从事系统运维。我们运维部门有三个同事，我们的运维主管叫 Philip，另一位同事是 George，他比我早入行五年，也是我的前辈。我们公司近几年业务发展迅速，运维岗位经常要面临很多突发状况，我仍然记得初入公司时 George 带着我这个职场"小白"处理几次棘手事件的经历，算是为我的职场生涯打下"基调"。

最近公司销售渠道进一步扩张，管理层一致决定公司将上线自己的移动电商购物平台，网站部分已经开发得差不多了。今天午餐时，Philip 对我和 George 提到，新网站平台上线和运维的工作都将由运维部门负责，Philip 让我们先行准备，下周一进行正式的项目启动会。

 **知识图谱**

项目1的知识图谱如图 1-0-1 所示。

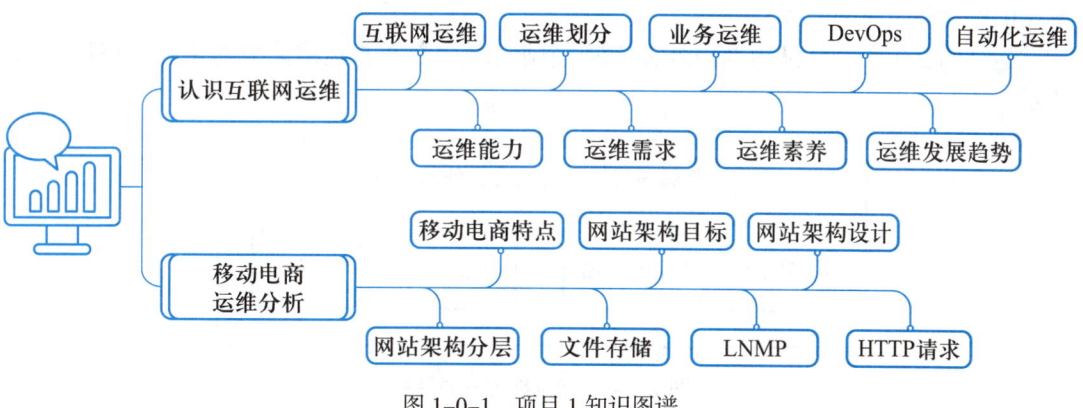

图 1-0-1　项目1知识图谱

1.1　任务一：认识互联网运维

【任务描述】

互联网发展到今天，我们的生活都与互联网息息相关，比如网上购物、在线游戏、刷微博等，互联网已经成为我们生活的一部分。互联网运维人员必须了解互联网行业的发展状况，了解运维这一职能在行业中的角色划分，并对互联网运维的发展趋势有清晰的认识。

1.1.1　互联网运维概述

1. 什么是互联网运维

随着互联网行业发展，从传统生成模式到移动互联 O2O（online to offline），将线下的商务机会对接到互联网中来，再到"互联网 +"深度拥抱各行各业，整个互联网浪潮下催生出众多业务形态，无数产品和创新的技术都在影响和改变着这个世界，而支撑互联网基础系统稳定运转的人正是运维人员。

2. 运维工程师的岗位职责

某款游戏产品可承载数百万的在线玩家，一个 Web 站点页面浏览量上千万次，一个 App 的月活跃账户达数亿。从运维的角度出发，这些业务背后有很多工作要做，包括数据中心、网络、服务器等基础架构的规划、建设、运营及服务管理，业务架构评估，部署方案优化，运行环境设计，容量与成本管理，可用性与连续性管理，故障恢复与维护等诸多方面。这些工作都属于运维工程师的工作范畴。

1.1.2　运维的发展趋势与挑战

运维的职能就是保障管理的服务器或者业务系统能够正常运行。一旦出现异常，不管什么原因都会有我们的责任，这就是运维。

为了做好运维，我们需要关注的事情很多。从能力维度来看，我们需要关注运营产品的质量和效率成本；从产品的生命周期过程来看，我们需要关注发布前、发布中和发布后；从运维服务的发展趋势来看，随着云计算的出现，云计算上面已有的很多服务，其实就是运维所做的优化和提供的服务。

运维的价值不断地从内部向外去传递，企业也越来越重视运维能力的建设，如图 1-1-1 所示。

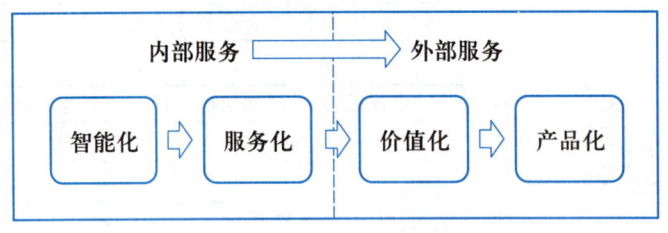

图 1-1-1　运维能力发展趋势

运维能力的发展需要经历三个阶段，如图 1-1-2 所示。

- 最早的时候，运维只要关注各种底层的东西，如服务器、网络、交换机等。
- 随着业务规模扩大，需要做的事情就变得复杂，不但要把事情做了，还得做得快、做得好，这就需要有能力平台的积累。一方面是通过运维平台把我们好的、正确的经验积累下来，另一方面是通过平台把我们的工作变得更可靠、更高效。
- 当平台建设达到一定的水平之后，就进入到了第三个阶段，即数据分析和云计算的阶段，在目前大数据分析能力快速发展的情况下，数据的价值不断地被大家发现和有效利用。

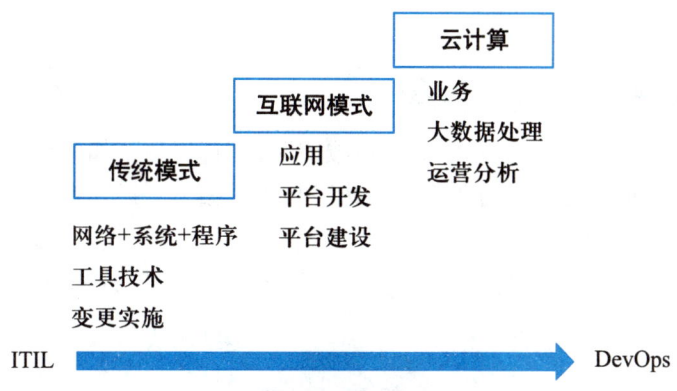

图 1-1-2 运维能力的发展

在传统运维领域，主要是讲 ITIL，即通过流程的理念来管理 IT 系统，如图 1-1-3 所示。这虽然有用，但过程繁琐，设定了太多的门槛和流程。例如故障单管理，故障修复完一定要关闭故障单，就需要花额外的时间去登录系统，手工关闭流程。由于时间上的浪费，当维护的系统量变大的时候，效率就极低。

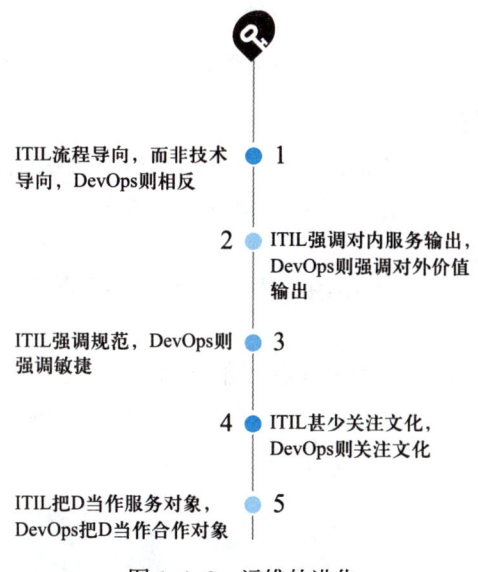

图 1-1-3 运维的进化

互联网运维提倡 DevOps，即研发、测试和运维的协同。以前 ITIL 讲分工，发布就是运维的责任，现在 DevOps 强调协同，发布都让研发去做。

DevOps 重视高效，整个团队协同去处理一件事情，谁做这件事情会变得更高效，谁就是第一责任人，这样团队的流转就更高效和科学了，这是理念上的一些变革。

对应这些变革，运维人员的能力要求也有所变化。以前只是服务器管理，运维人员只需要写个脚本，但是现在随着技术和管理理念的变化，运维也要开始写代码了，比如 Java、Python、C++。

运维在公司的角色定位也有所变化，以前只是任务实施，现在慢慢朝平台建设甚至运营分析方向转变。运维不但要有能力写代码，还得有能力和研发人员讨论架构，和产品运营人员进行运营沟通。

1.1.3 提升系统运维整体水平的途径

运维工程师团队作为公司业务发展的后腰团队，一直致力于如何更快更好更省地支撑线上业务，运维整体水平也往往与业务发展状况和体量相关。提升系统运维整体水平的三个主要途径如图1-1-4所示。

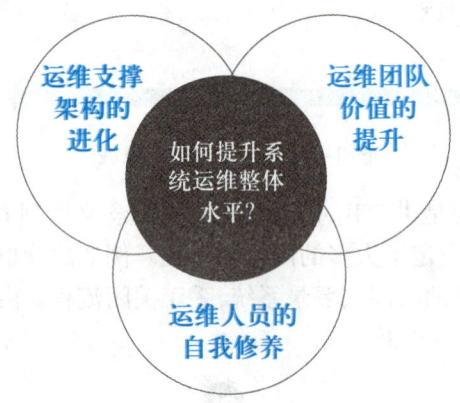

图1-1-4 提升系统运维整体水平的三个主要途径

1. 运维支撑架构的进化

面对业务全面发展、用户量增加、线上服务不断增多，从运维整体支撑架构方面考虑，该如何转变思路并扩展支撑能力？以下几点措施可重点考虑。

（1）界面切分

界面切分主要关注运维人员的组织结构。互联网运维涉及的专业技术跨度较大，总体可分为两类。

第一类是基础架构运维，包括IDC、网络、服务器，而这几块又可以纵向切分为规划、建设、运营和ITSM，如图1-1-5所示。这一类总结起来至少是三横四纵十二个专业领域，如果再深度细分，那么IDC这一块又涉及基建、电力能源、制冷、暖通等更多技术领域。

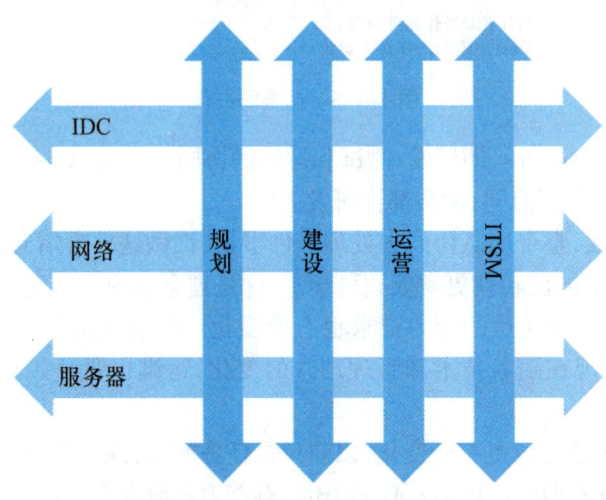

图1-1-5 基础架构运维

第二类是业务运维,这部分是贴近业务侧,也是本教材重点关注的内容,如图1-1-6所示,业务运维分为:运行环境构建、可用性与连续性管理、部署方案优化、业务架构评估、容量与成本管理、日常维护、故障恢复。

运维工作需要充分发挥团队协作,当业务不多,体量较小时,可一人多职,纵向支撑。当业务剧增,体量巨大时,对基础架构容量与健壮性、资源交付效率、维护与实施的质量等各方面都有着更高的要求,此时可按专业进行横向切分,定义各团队的工作界面,横向支撑公司各业务。

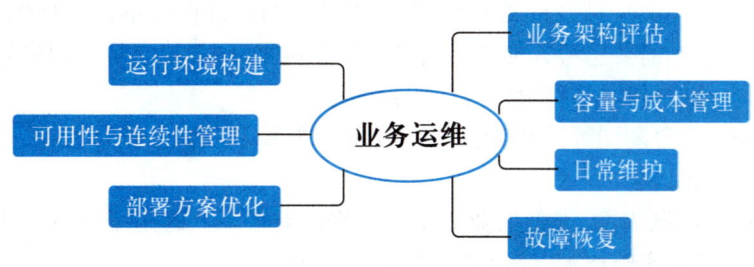

图1-1-6　业务运维的工作内容

综上所述,运维人员组织结构整体上可分为基础架构团队和业务运维团队。基础架构团队负责资源的规划与提供、硬件环境的管理维护工作,最终向上交付的是可用的OS。业务运维团队负责OS之上的业务相关应用运行环境的设计、应用部署结构的优化和实施、线上应用的管理与维护等。运维工作的界面切分有助于合理组织人员、优化工作的分配。

（2）流程整合

流程化既能保证工作效率,又能保证工作质量。定义工作界面后,各职能团队完成的是某个节点,团队通过内部流程来实施作业任务,团队间通过外部流程有序串联。对于流程的整合需做到内部闭环和外部闭环,内部闭环指某个职能团队内部在实施具体任务过程中的闭环。例如IDC团队在服务器资源供应中整个流程链条如图1-1-7所示。

其中,采购涉及供应商管理、资源评估与规划、成本管理等。

生产可理解为把服务器转变成业务可用的OS资源,在海量的业务需求下,服务器从出厂、上架、安装操作系统,到软件环境的标准初始化,显然不能采用传统的手动安装方式,而应该考虑批量的安装方案。随着虚拟化云技术的应用,彻底改变了传统的基础架构资源生产和配置方式。

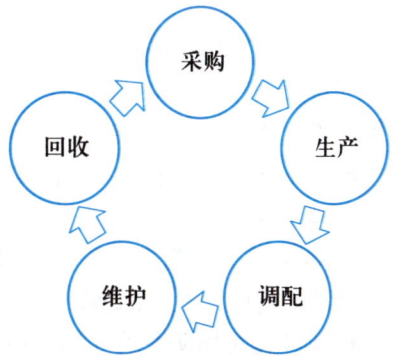

图1-1-7　IDC团队在服务器资源供应中的全流程链条

调配讨论的是在合理利用与控制成本的情况下,灵活调度资源来满足业务需求的措施,如图1-1-8所示。

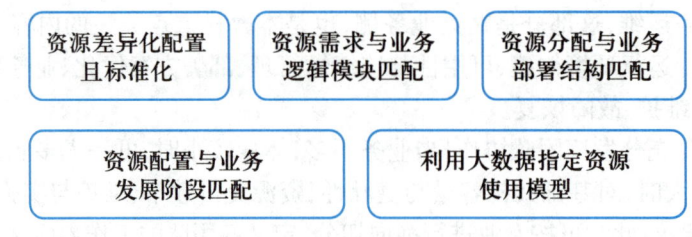

图 1-1-8　调配优化措施

维护是基本工作，其中涉及的处理流程、技术细节与硬件设备本身关系很大，如果日常维护的工作量很大，则需要思考如何从平台等方面去优化，比如建立带外网络集中维护和管理、基于日志的自动分析和报障、事件与问题管理等。

资源回收与资源分配同等重要，需要考虑如何对资源利用状态进行监控，宗旨是能做到有需求时放、无需求时收。

实际上在职能团队内部，类似的业务支撑流程还有很多。这些流程内部往往需要运维人员去考虑管理思路、实施技术、综合解决方案等多方面。

外部闭环体现在多团队协作上，例如某游戏产品需要在国内搭建一个大区，简化的流程如图 1-1-9 所示。

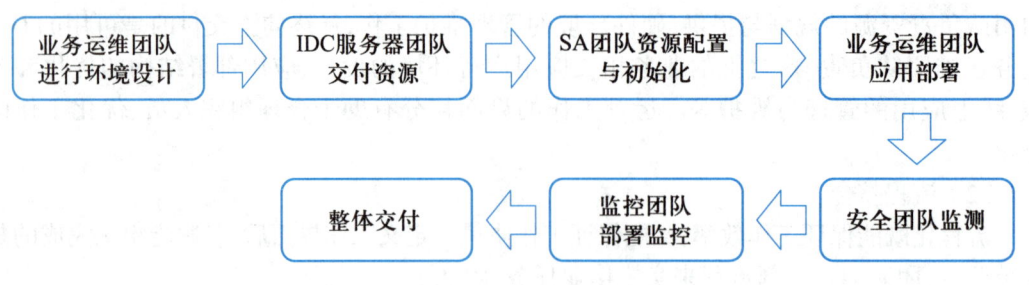

图 1-1-9　运维工作流程

- 业务运维团队进行环境的设计，依据网络覆盖质量数据和用户分布数据，来确定选址服务端该放到哪个地区、哪个运营商。依据性能测试数据和用户量预估数据来确定需要多少机器资源和带宽资源，将资源需求提交给基础架构团队。
- IDC 资源团队根据提交的需求进行资源的匹配，或调度或采购或其他方式来保障资源的按时到位。
- SA 团队进行资源的生产，利用工具平台完成指定 OS 的部署，深度加工并配置，最后进行标准的初始化操作，交付给业务运维团队。
- 业务运维团队分发并部署应用，当然其中涉及的部署方案、实施技术、性能评估等每个环节均需要细致考量。
- 安全团队需要规范 OS 层面、软件应用层面的安全基线，并实时监测线上应用的安全状况。
- 监控团队部署监控环境，完成对 OS 层面、业务层面各项指标的实时监控展现。

保障一切正常运转的是规范的流程，而不是个人。好流程既要合理又要尽量简单，流程的整合需要看每个企业内部运维的职能团队、工作界面划分以及承载的业务逻辑，尤其对于全业务运维团队，流程的制定尤为重要。

（3）自动化实施

随着业务量的增加、网络与服务器规模的逐渐扩大，自动化实施是必然趋势。自动化运维架构模型如图 1-1-10 所示。自动化实施可分为以下三个阶段。

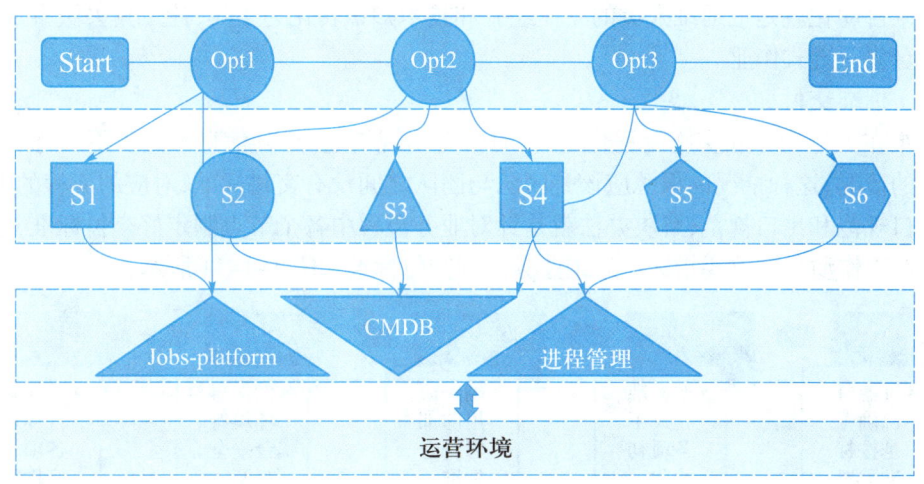

图 1-1-10　自动化运维架构模型

第一阶段，脚本阶段，依靠运维人员自行编写 Shell、BAT、Perl 等脚本去完成自动任务执行，批量处理，采用功能封装的方式，这种方式适合管理规模较小的环境，对于成千上万个机器的规模或逻辑较复杂的情况，会显得不足。

第二阶段，依托 ITIL 理论建立起来的适应运维各种业务逻辑的自动化系统和工具，这也是当前大多数互联网企业采用的方式。基础架构运维与业务运维，均从 IT 管理的角度出发，并结合实际状况。例如，做信息管理我们需要 CMDB，它主要用来管理线上线下信息的对称性和准确性，在此基础上给其他各类业务系统提供一致的数据输入；做事件管理我们需要事件管理系统；做需求管理我们需要给内部和外部提供统一的需求入口；做作业平台我们需要帮忙业务运维团队自动化完成相关运维任务，以及安全、监控等众多垂直型功能系统。这些自动化系统很好地帮助运维人员去掉重复单调的工作，并能量化工作和为优化质量指标提供数据支撑。

第三阶段，智能化的整合平台，例如腾讯蓝鲸，它是一个横向的 PAAS 平台，为游戏运维领域提供了整套统一的解决方案。基于平台，运维可自由定制需要的工具，可按各种运维场景实现一键式作业，前端几乎可适应任何业务，后端支持的自动化操作几乎涵盖所有，运维人员需要做的不是运维，而是任务设计。

当前自动化的建设水平在行业内差异化明显，如果是运维自动化刚起步的阶段，那么考虑从整体上规划，基于 ESB（企业服务总线）思想尽量让平台与业务逻辑解耦。如应用运维首先把持续集成作为重点，其次把配置管理作为方向等。

如上所示，对于业务运维而言，整个工作面就是对业务运营环境的各种操作、配置，对业务应用程序的管理。简单来说就是 OS 层和应用层，要做自动化实施首先得有准确对称的数据，然后需要一个统一的管控平台，能并发控制和操作远程大量主机，从而解决了 OS 层面的操作问题，但需要管理应用层面的东西以及与应用的研发人员确认相应的接口，对于开源组件而言一般不会有什么问题。因此如果是从零开始做自动化，CMDB（配置管理数据库）、管控平台、业务管理工具这三部分是基础。在此基础之上，可以针对运维各类场景和业务逻辑去做相应的垂直功能系统，再上一层，可以使用流程引擎之类的组件来实现业务运维流程的纵向整合，最终实现运维场景化一键式作业。

运维自动化就是把运维人员的专业经验和技术知识转化为工具，让工具去做事情，最终实现平台化一键式作业。

（4）标准交付

运维在工作切分和实施流程化之后，时常会出现沟通障碍、信息不同步不对称、权责划分不清的情况，这种情况的根源应该是团队与团队之间没有交付标准，对应的流程的上下游没有入口规范和出口规范，解决办法就是针对业务流程中各个节点制定好交付标准，这也是衡量团队工作质量的重要指标。运维业务流程交付标准如图1-1-11所示。

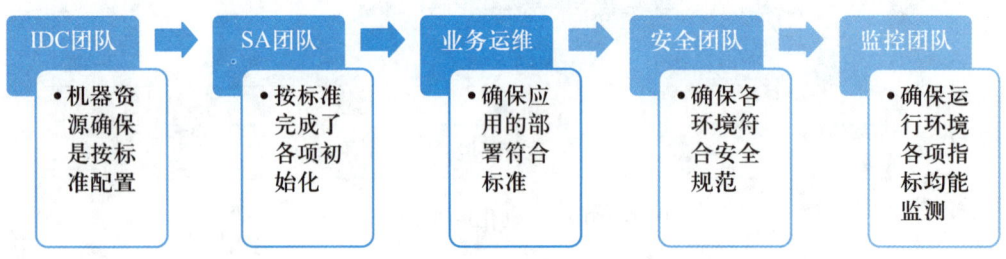

图1-1-11　运维业务流程交付标准

2. 运维团队价值的提升

运维团队处于整个业务发展的幕后环节，但在整个业务发展中贡献的价值是不可或缺的，我们可以从以下四个方面提升运维团队价值。

（1）从操作到优化

运维工作由多个环节构成，最终都需要落实到某个操作上去，如对硬件设备进行的操作、对操作系统环境进行的修改、对程序文件的各种配置与更新、对数据的管理操作、对系统平台的各种维护等。

在工作中，运维人员不仅需要埋头苦干，完成具体操作任务，还应该从整体目标出发，去思考如何优化。例如在服务器资源初始化环节，团队中各运维人员针对不同业务进行服务器相关初始化配置，繁琐费时，且质量得不到保障。假如去梳理各业务初始化需求，提取共性的操作，生成初始化工具，并将其集成在操作系统部署环境中，则最终交付给业务团队的是标准统一的OS环境，省时省力且质量高。

（2）从实施到规划

在运维工作中，业务需求是不断变化的，满足有计划性、通用型的需求远比满足零散的个性化需求要容易得多，规划能力体现在以下两个方面。

● 整体把握长远打算：运维工作中，我们需要考虑最新的运营计划时间节点是何时，当前业务工作重点有哪些，问题和风险以及相应的解决方案是什么，未来一个月、半年的工作重点是什么，实施计划是否已做好等。

● 化零为整：业务侧的需求往往是突发性的、零零碎碎的，并充满个性化。从运维角度去规划这些琐碎的需求，需要我们与需求方协商需求入口的规范性、SLA和达标率的明确制定、通过系统平台自助实施的方案。最后我们会发现那些不可控的突发需求其实并不多，计划性的常规需求是占大部分的。

（3）从粗放型到精细化

若想做到精细化，则需要度量手段和数据的采集，实现线上量化后可便捷地获取到数据，在此基础上再做容量、成本、业务可用性、工作量、工作质量、达标率等各项指标的分析也较为容易，依据这些数据来量化工作、优化流程和实施细节。精细化运维流程如图 1-1-12 所示。

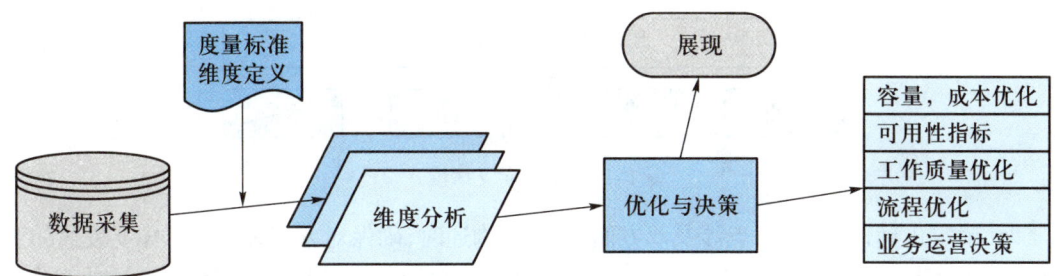

图 1-1-12　精细化运维

例如在进行业务资源调配时，考虑到业务逻辑模型和各模块性能数据，差异化的资源分配策略能做到恰到好处的资源利用，而不是使用同一规格的资源配置的粗放方式。

（4）从 case-by-case 到统一解决方案

运维所支撑的上层应用是多种形态的个性化系统，如游戏业务、Web 业务、音视频业务、搜索业务等。逻辑架构、技术特征、部署方案、运行环境需求等不尽相同。同时，涉及的运维场景也是需求各异，如发布、变更、迁移、合并、备份、故障处理等方面。在业务量少的情况下，采用 case-by-case 方式，针对每款产品组建团队设计一套流程并配备相应的工具即可，如图 1-1-13 所示。

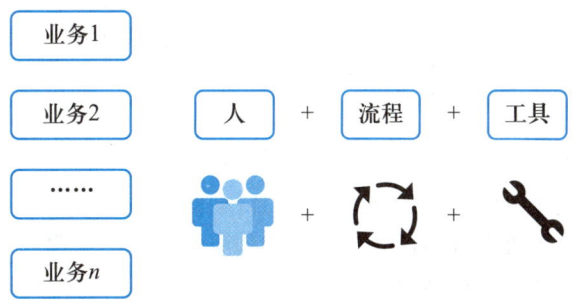

图 1-1-13　统一解决方案

当业务量增长到一定程度时，就需要采用统一解决方案横向支撑模式，如图 1-1-14 所示。

3. 运维人员的自我修养

运维人员需要广泛的知识面，其自我修养之路可以从以下四个方面进行。

（1）改善沟通

在运维工作中，我们涉及的业务对接人、流程相关方、细节信息确认方经常是错综复杂的，关于沟通可参考如下几点。

● 一次性原则：说一件事情，用最简短的语言一次性把整个事情描述清楚，且让人没有疑问，不要挤牙膏式给信息。

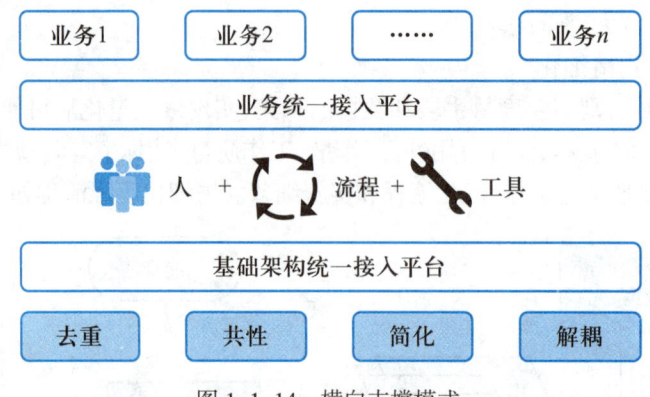

图 1-1-14　横向支撑模式

- 确定正确理解：这一点涉及双方面，在与人沟通时，确保对方正确理解了你要表达的意思，没有任何疑问。在运维工作中，确定对方正确理解尤为重要，这样可以避免不必要的损失。
- 找对沟通的对象：这一点需要运维人员熟悉整个组织架构和工作界面划分，什么事找什么人。内部沟通还好，在外部沟通中往往出现非常简单的事情兜了好几圈都没解决这一类的问题，所以找对真正负责此事的人来配合运维人员的工作尤为重要，如果不清楚外部团队的内部分工，就找外部团队接口人。
- 要主动不要被动：运维作为业务支撑团队，工作安排和计划均基于业务侧、运营侧的相关计划，这就要求运维侧要主动和上游或周边团队沟通，尽早拿到上游信息，尽早着手安排相关工作，凡事赶早不赶晚。运维工作中最难把控的其实就是突发紧急情况、临时需求变更等，主动沟通可有效减少这类情况发生，并使运维工作变得有序合理。

总之，一个优秀的系统运维工程师一定是擅长跟各种技术和业务团队沟通的好手。

（2）优化意识

优化，可大可小。从自身出发，可先寻找个人工作中的优化点，一点一滴去做。

简单来说，工作中的痛点就是优化点。往往我们需要停下手中琐碎的工作，多问几个为什么：

- 为什么天天加班事情还是做不完，如何提升效率？
- 为什么每天做重复的事情，有没有固化的自动的方案？
- 为什么总是在救火的时候出现问题，预案和演练平时做了没有？

如果运维工作中某个环节不顺畅，那么想想问题在哪里，有何可行的优化方案，然后去推动和实施。抱怨解决不了问题，持续优化是很重要的意识，尤其对于运维从业者而言，小到某个特定的执行细节、大到整个流程体系，甚至要推动多个团队来配合，把这些费时费力的地方变得通畅，省时省力还能提高质量，这才是最能体现运维能力和价值的地方。

（3）规划能力

没有人会一直做运维执行和操作，到最后其实更多的是做运维规划，尤其是在做海量业务支撑时，前期的规划往往在很大程度上决定了后期的建设和维护成本。

- 如何制定服务器资源供给与调度计划？
- 如何规划网络架构以适配多种形态业务的需求？
- 某业务上线各节点阶段性的工作安排是什么？
- 自动化建设的整体规划和实施路径是什么？

● 如何搭建运维团队,规划人力分配?

积累了大量的运维实施经验后,对于运维中的事务,多从规划角度去考虑,往往能做得更好。

（4）学习与分享

运维是一门实践性很强的科学,专业众多,保持学习的心态很重要。分享是一种美德,更是个人积累和成长的重要方式,每个人都有自己独特的经验和感悟可以分享出去,共同成长。

1.1.4 任务回顾

 **知识点总结**

1. 什么是互联网运维

互联网运维伴随着互联网行业而产生,是支撑互联网基础系统稳定运转的后勤保障人员。

2. 运维的发展趋势

运维从最初只关注各种底层的基础架构的传统运维,到关注应用、平台建设、平台开发的互联网运维再到大数据处理、业务、运营分析,对运维人员能力的要求也越来越高。运维人员以前只是任务实施,现在还需要平台开发建设,甚至朝运营分析方向转变。不但要有能力写代码,还得有能力和研发人员一起讨论架构,和产品运营人员进行运营沟通。

3. 如何提升系统运维整体水平

提升系统运维整体水平可总结为三个方面:运维支撑架构的进化,运维团队价值的提升,运维人员的自我修养。

 **学习足迹**

任务一学习足迹如图 1-1-15 所示。

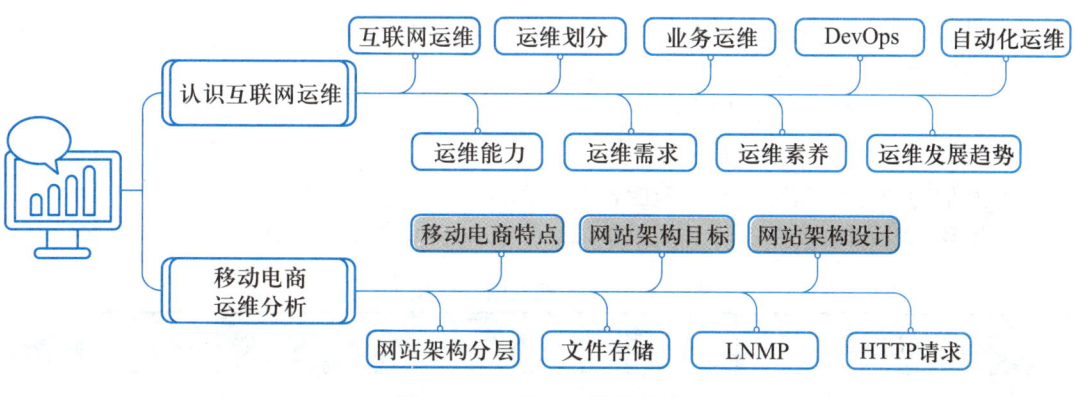

图 1-1-15 任务一学习足迹

 **思考与练习**

1. 简单概述系统运维人员的岗位职责。
2. 简述实施自动化运维的三个步骤。
3. 简述如何提高运维人员的自身修养。

1.2   任务二：移动电商运维分析

【任务描述】

本小节从移动电商网站架构需求出发，结合移动电商网站的特点和需求，以高性能、高可用、可伸缩、可扩展、安全、便捷为架构目标，初步分析并构建移动电商系统架构模型。

1.2.1   移动电商网站架构需求

网站架构合理的设计需要充分了解网站的特点和需求。大家对淘宝、京东一类购物网站并不陌生，也都或多或少在这些网站上有过购物的经历。这类电商系统有哪些特点及需求呢？

1. 移动电商网站的特点

- 用户多、分布广；
- 大流量、高并发；
- 海量数据、服务高可用；
- 安全环境恶劣、易受网络攻击；
- 功能多、变更快、频繁发布；
- 从小到大、渐进发展；
- 以用户为中心。

2. 移动电商网站的需求

- 建立一个全品类的电子商务网站（B2C），用户可以在线购买商品，可以在线支付，也可以货到付款；
- 用户购买时可以在线与客服沟通；
- 用户收到商品后，可以给商品打分、评价；
- 目前有成熟的进销存系统；需要与网站对接；
- 希望能够支持未来 3 ~ 5 年业务的发展；
- 预计 3 ~ 5 年用户数达到 1 000 万；
- 定期举办双 11、双 12 等活动；
- 其他的功能参考淘宝或京东在线购物网站。

根据移动电商网站需求，将其需求矩阵概括如表 1-2-1 所示。

表 1-2-1   移动电商网站需求矩阵

移动电商网站需求	功能需求	非功能需求
全品类的电子商务网站	分类管理，商品管理	方便进行多品类管理（灵活性） 网站访问速度要快（高性能） 图片存储要求（海量商品图片）
用户可以在线购买商品	会员管理，购物车，结算功能	良好购物体验（可用性，高性能）

续表

移动电商网站需求	功能需求	非功能需求
在线支付或货到付款	多种在线支付方式	支付过程要安全,数据加密(安全性) 多种支付接口灵活切换(灵活性,扩展性)
可以在线与客服沟通	在线客服功能	即时通信(可靠性)
支持未来 3 ~ 5 年业务发展		属于约束条件(伸缩性,扩展性)
3 ~ 5 年用户数达到 1 000 万		属于约束条件(伸缩性,扩展性)
举办双 11、双 12 等活动	活动管理,秒杀	突增访问流量(伸缩性) 实时性要求(高性能)
参考淘宝或京东在线		参考条件

以上对电商网站需求的分析,重点体现在如下两个方面：

(1)需求分析的时候,要全面,系统架构设计重点考虑非功能需求；

(2)描述移动电商需求场景,为下一步的分析设计提供依据。

3. 架构目标

在分析移动电商网站的需求以后,根据需求总结移动电商网站架构的目标,如图 1-2-1 所示。

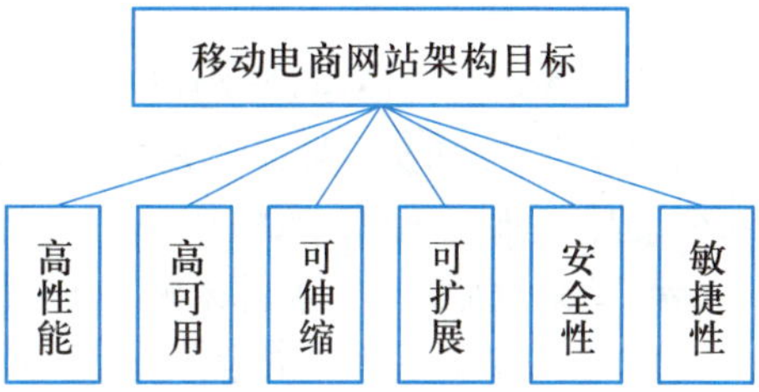

(1)高性能：提供快速的访问体验

以用户为中心,提供快速的网页访问体验。主要参数有较短的响应时间,较大的并发处理能力,较高的吞吐量,稳定的性能参数。

可分为前端优化、应用层优化、代码层优化、存储层优化。

图 1-2-1 移动电商网站架构目标

前端优化：网站业务逻辑之前的部分；

浏览器优化：减少 HTTP 请求数,使用浏览器缓存,启用压缩,Css Js 位置,Js 异步,减少 cookie 传输；CDN 加速,反向代理；

应用层优化：处理网站业务的服务器。使用缓存、异步、集群；

代码层优化：合理的架构、多线程、资源复用(对象池、线程池等)、良好的数据结构、JVM 调优、单例、cache 等；

存储层优化：缓存、固态硬盘、光纤传输、优化读写、磁盘冗余、分布式存储(HDFS)、NoSQL 等。

(2)高可用：网站服务能够持续不间断地提供可靠的访问

移动电商网站应该在任何时候都可以正常访问,正常提供对外服务。因为大型网站具有复杂性、分布式、廉价服务器、开源数据库、操作系统等特点,所以要保证高可用是很困难的,也就是说网站的故障是不可避免的。

如何提高可用性,就是需要迫切解决的问题。首先,在规划的时候,就需要从架构级别考虑可用性。行业内一般用几个 9 表示可用性指标，比如四个 9（99.99），一年内允许的不可用时间是 53 分钟。

不同层级使用的策略不同，一般采用冗余备份和失效转移解决高可用问题。

- 应用层：一般设计为无状态的，对于每次请求，使用哪一台服务器处理是没有影响的。一般使用负载均衡技术（需要解决 Session 同步问题），实现高可用。
- 服务层：负载均衡，分级管理，快速失败（超时设置），异步调用，服务降级，幂等设计等。
- 数据层：冗余备份 [冷，热备（同步，异步），温备]，失效转移（确认，转移，恢复）。数据高可用方面著名的理论基础是 CAP 理论 [持久性，可用性，数据一致性（强一致，用户一致，最终一致）]。

（3）可伸缩：通过对硬件的增加或者减少，达到提高或者降低处理能力

伸缩性是指在不改变原有架构设计的基础上，通过添加或者减少硬件（服务器）的方式，提高或者降低系统的处理能力。

- 应用层：对应用进行垂直或水平切分，然后针对单一功能进行负载均衡 [DNS，HTTP（反向代理），IP，链路层]。
- 服务层：与应用层类似。
- 数据层：分库、分表、NoSQL 等；常用算法 hash，一致性 hash。

（4）安全性：提供网站安全访问和数据加密，安全存储等策略

对已知问题提供有效的解决方案，对未知 / 潜在问题建立发现和防御机制。对于安全问题，首先要提高安全意识，建立一个安全的有效机制，从政策层面、组织层面进行保障。比如服务器密码不能泄露，密码每月更新，并且三次内不能重复，以及每周安全扫描等。以制度化的方式，加强安全体系的建设。同时，需要注意与安全有关的各个环节。安全问题不容忽视，包括基础设施安全，应用系统安全，数据保密安全等。

- 基础设施安全：硬件采购、操作系统、网络环境方面的安全。一般采用正规渠道购买高质量的产品，选择安全的操作系统，及时修补漏洞，安装杀毒软件防火墙。防范病毒，设置防火墙策略，建立 DDOS 防御系统，使用攻击检测系统，进行子网隔离等手段。
- 应用系统安全：在程序开发时，对已知常见问题，使用正确的方式在代码层面解决掉。防止跨站脚本攻击（XSS）、注入攻击、跨站请求伪造（CSRF）、错误信息、HTML 注释、文件上传、路径遍历等。还可以使用 Web 应用防火墙（比如：ModSecurity），进行安全漏洞扫描等措施，加强应用级别的安全。
- 数据保密安全：存储安全（存储在可靠的设备，实时、定时备份），保存安全（重要的信息加密保存，选择合适的人员复杂保存和检测等），传输安全（防止数据窃取和数据篡改）。

常用的加解密算法（单项散列加密 MD5、SHA，对称加密 DES、3DES、RC），非对称加密 RSA 等。

（5）扩展性：具备灵活的新增或者移除方式，以方便地增加或者减少新的功能和模块

可以方便地进行功能模块的新增 / 移除，提供代码 / 模块级别良好的可扩展性。

模块化、组件化：高内聚，低耦合，提高复用性、扩展性。

稳定接口：定义稳定的接口，在接口不变的情况下，内部结构可以"随意"变化。

设计模式：应用面向对象思想和原则，使用设计模式，进行代码层面的设计。

消息队列：模块化的系统，通过消息队列进行交互，使模块之间的依赖解耦。

分布式服务：公用模块服务化，提供其他系统使用，提高可重用性和扩展性。

（6）敏捷性：根据需要而变化，达到能快速响应

在设计网站的架构时，运维管理要适应变化，提供高伸缩性和高扩展性，方便地应对快速的业务发展、突增高流量访问等要求。

除上面介绍的架构要素外，还需要引入敏捷管理、敏捷开发的思想。使业务、产品、技术、运维统一起来，随需应变，快速响应。

4. 架构模式

要达到以上架构目标，移动电商网站架构模式如图 1-2-2 所示。

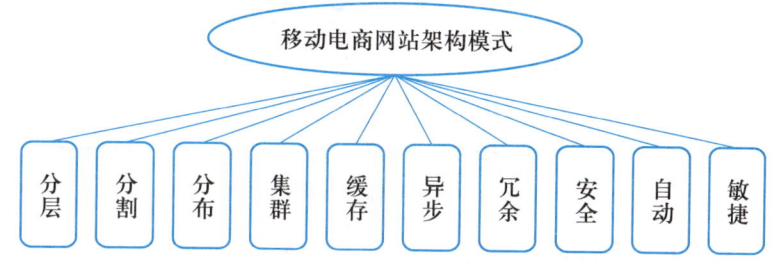

图 1-2-2　移动电商网站架构模式

- 分层：一般可分为应用层，服务层，数据层，管理层，分析层。
- 分割：一般按照业务、模块、功能特点进行划分，比如应用层分为首页，用户中心。
- 分布：将应用分开部署（比如多台物理机），通过远程调用协同工作。
- 集群：一个应用／模块／功能部署多份（如：多台物理机），通过负载均衡共同提供对外访问。
- 缓存：将数据放在距离应用或用户最近的位置，加快访问速度。
- 异步：将同步的操作异步化。客户端发出请求，不等待服务端响应，等服务端处理完毕后，使用通知或轮询的方式告知请求方。一般指"请求—响应—通知"模式。
- 冗余：增加副本，提高可用性、安全性和性能。
- 安全：对已知问题提供有效的解决方案，对未知或者潜在问题建立发现和防御机制。
- 自动：将重复的、不需要人工参与的事情，通过工具的方式，使用机器完成。
- 敏捷：积极接受需求变更，快速响应业务发展需求。

5. 移动电商网站架构示例

移动电商网站架构采用七层逻辑架构，如图 1-2-3 所示。第一层是客户层，第二层是前端优化层，第三层是应用层，第四层是服务层，第五层是数据存储层，第六层是大数据存储层，第七层是大数据处理层。

- 客户层：支持 PC 浏览器和手机 App。差别是手机 App 可以直接通过 IP 访问反向代理服务器；
- 前端层：使用 DNS 负载均衡，CDN 本地加速以及反向代理服务；
- 应用层：网站应用集群；按照业务进行垂直拆分，比如商品应用、会员中心等；
- 服务层：提供公用服务，比如用户服务、订单服务、支付服务等；

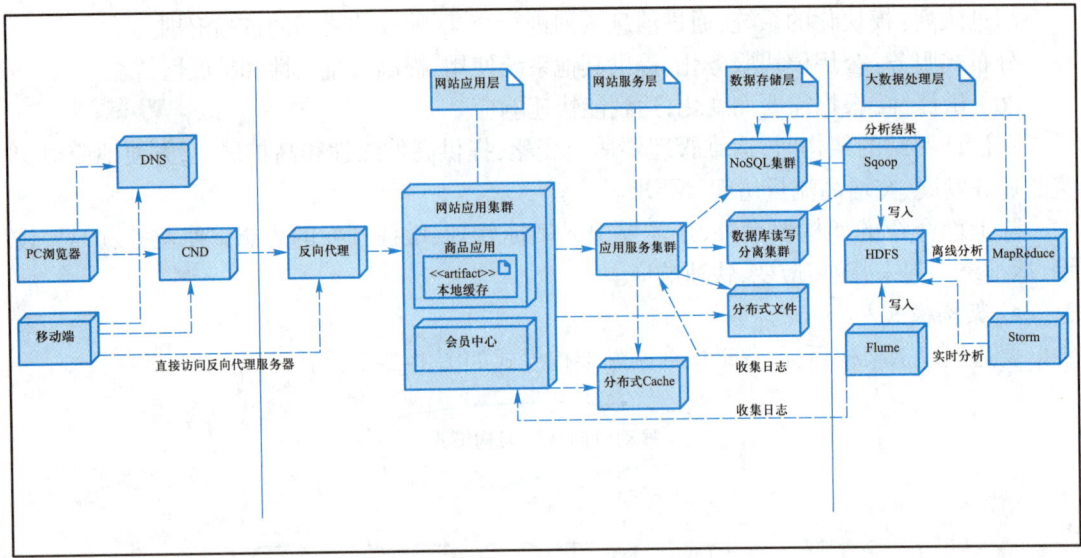

图1-2-3　移动电商网站架构示例

- 数据层：支持关系型数据库集群（支持读写分离），NoSQL集群，分布式文件系统集群，以及分布式Cache；
- 大数据存储层：支持应用层和服务层的日志数据收集，关系数据库和NoSQL数据库的结构化和半结构化数据收集；
- 大数据处理层：通过Mapreduce进行离线数据分析或Storm实时数据分析，并将处理后的数据存入关系型数据库（实际使用中，离线数据和实时数据会按照业务要求进行分类处理，并存入不同的数据库中，供应用层或服务层使用）。

1.2.2　移动电商系统架构设计

1. 系统架构设计和演进

一般电商网站，刚开始的做法是三台服务器，一台部署应用，一台部署数据库，一台部署NFS文件系统。初期的网站架构如图1-2-4所示。

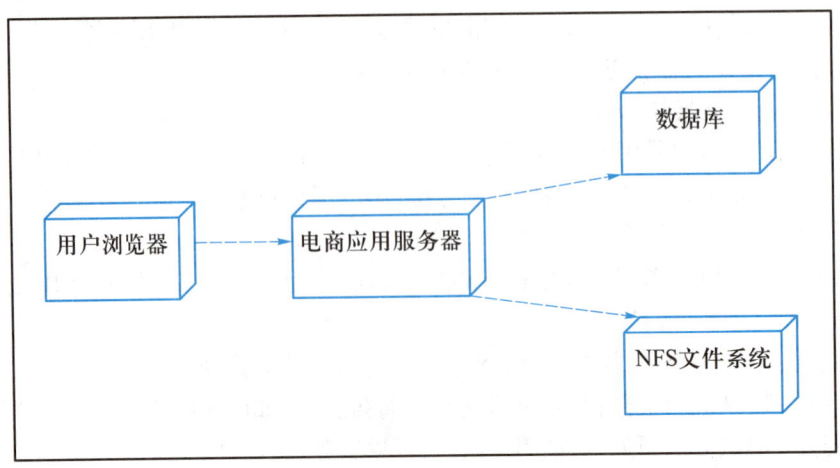

图1-2-4　电商网站架构——初始架构

目前主流的网站架构已经发生了翻天覆地的变化，会采用集群的方式，进行高可用设计，如图 1-2-5 所示。

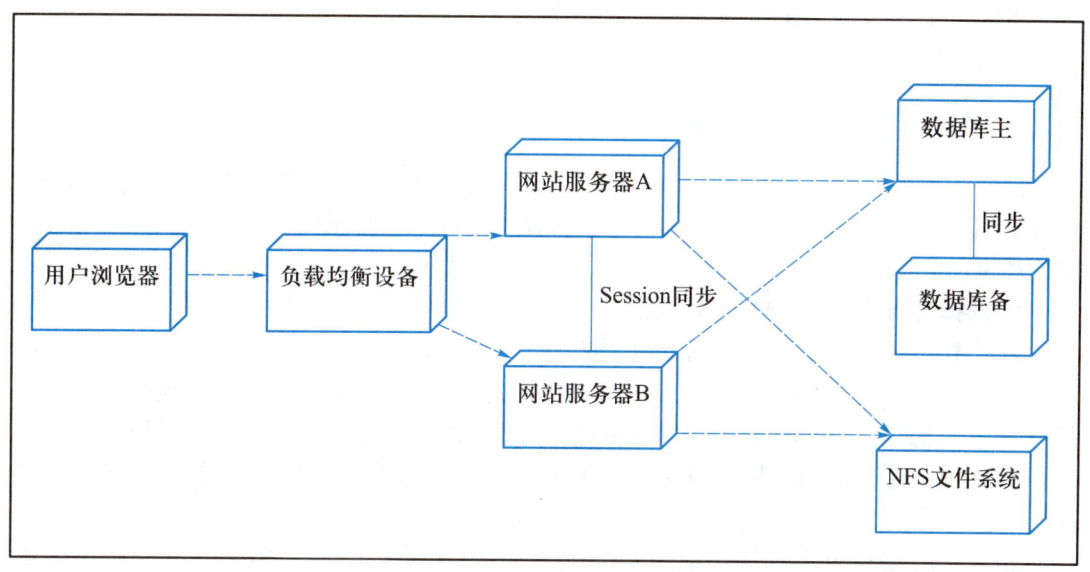

图 1-2-5　电商网站架构——集群架构

使用集群对应用服务器进行冗余的步骤如下：

（1）应用部署到 A、B 两台服务器上（负载均衡设备可与应用一起部署），实现高可用；

（2）数据库使用主备模式，实现数据备份和高可用。

2. 系统容量预估

预估步骤如下：

（1）注册用户数，日均 UV 量，每日的 PV 量，每天的并发量；

（2）峰值预估：平常量的 2 ~ 3 倍；

（3）根据并发量（并发事务数），存储容量计算系统容量。

例如，移动电商的需求为预计 3 ~ 5 年用户数达到 1 000 万注册用户，系统容量预估如下。

步骤 1：每秒并发数预估

（1）每天的 UV 为 200 万（二八原则）；

（2）每日每天点击浏览 30 次；

（3）PV 量：200 万 ×30=6 000 万；

（4）集中访问量：24 小时 ×0.2=4.8 小时，会有 6 000 万 ×0.8=4 800 万（二八原则）；

（5）每分并发量：4.8×60 分钟 =288 分钟，每分钟访问 4 800 万 /288=16.7 万（约等于）；

（6）每秒并发量：16.7 万 /60=2 780（约等于）；

（7）假设高峰期为平常值的三倍，则每秒的并发数可以达到 8 340 次。

（8）1 毫秒 =1.3 次访问。

步骤 2：服务器预估（以 Tomcat 服务器举例）

（1）按一台 Web 服务器、支持每秒 300 个并发计算。平常大约需要 10 台服务器；Tomcat 默认配置是 150。

（2）高峰期：需要30台服务器。

步骤3：容量预估（70/90原则）

系统CPU一般维持在70%左右的水平，高峰期达到90%的水平，不浪费资源并且比较稳定。内存和IO也类似。

1.2.3 移动电商网站架构方案分析

前面讲到了移动电商系统架构设计，下面将讨论具体的技术方案，例如采用什么系统、何种应用来部署。当一个Web系统在1秒内收到数以万计甚至更多请求时，系统的架构、优化和稳定至关重要，例如移动电商的秒杀和抢购活动。

1. 选择恰当的网站架构Web框架

教材中的移动电商系统采用Java语言开发，网站的架构将采用LNMT（Linux-Nginx-MySQL-Tomcat）的Web框架。LNMT框架是成熟的架构框架，与Java/J2EE架构相比，LNMT具有Web资源丰富、轻量、快速开发等特点，与微软的.NET架构相比，LNMT具有通用、跨平台、高性能、低价格的优势，因此LNMT无论是从性能、质量还是价格来看，都是企业搭建网站的首选平台。

此外，与LNMT网站架构类似的LAMP（Linux-Apache-MySQL-PHP）也是目前国际流行的Web框架。

对于大流量、大并发量的网站系统架构来说，除了硬件上使用高性能的服务器、负载均衡、CDN等之外，在软件架构上需要重点关注下面几个环节：使用高性能的操作系统（OS）、高性能的网页服务器（Web server）、高性能的数据库（database）等。

（1）操作系统

Linux操作系统有很多个不同的发行版，如Red Hat、SUSE、Debian、Ubuntu、CentOS（community enterprise operating system）等。其中CentOS来自于RHEL，依照开放源代码规定释出的源代码所编译而成。RHEL、SUSE提供的升级服务均是收费升级，而CentOS却是开源免费的，由于出自同样的源代码，所以要求免费的高度稳定性的服务器可以用CentOS替代Red Hat Enterprise Linux使用。

（2）Web服务器

目前主流Web服务器有Apache、IIS、Nginx等。Apache具有跨平台、稳定性、安全性等特点，是目前使用最广泛的Web服务器。IIS是微软公司发布的Web服务器，需要搭配Windows系统使用。Tomcat是免费的、开放源代码的Web应用服务器，具有处理HTML页面的功能，并且它还是一个Servlet和JSP容器，独立的Servlet容器是Tomcat的默认模式，Java应用开发的首选Web服务器。Nginx是轻量级的、高性能的HTTP和反向代理，负载均衡服务器。Nginx在静态文件中，高并发比Apache表现更好。

（3）数据库

开源的数据库中，MySQL在性能、稳定性和功能上是首选，可以达到百万级别的数据存储，网站初期可以将MySQL和Web服务器放在一起，但是当访问量达到一定规模后，应该将MySQL数据库从Web server上独立出来，在单独的服务器上运行，同时保持Web server和MySQL服务器的稳定连接。

当数据库访问量达到更大的级别时，可以考虑使用MySQL cluster等数据库集群或者库表散列等解决方案。

综上所述，移动电商系统基于 Java 开发，那么采用 LNMT 架构设计是 Web 网络应用和环境的优秀组合。

2. 系统分层架构设计

系统分层架构设计图如图 1-2-6 所示。

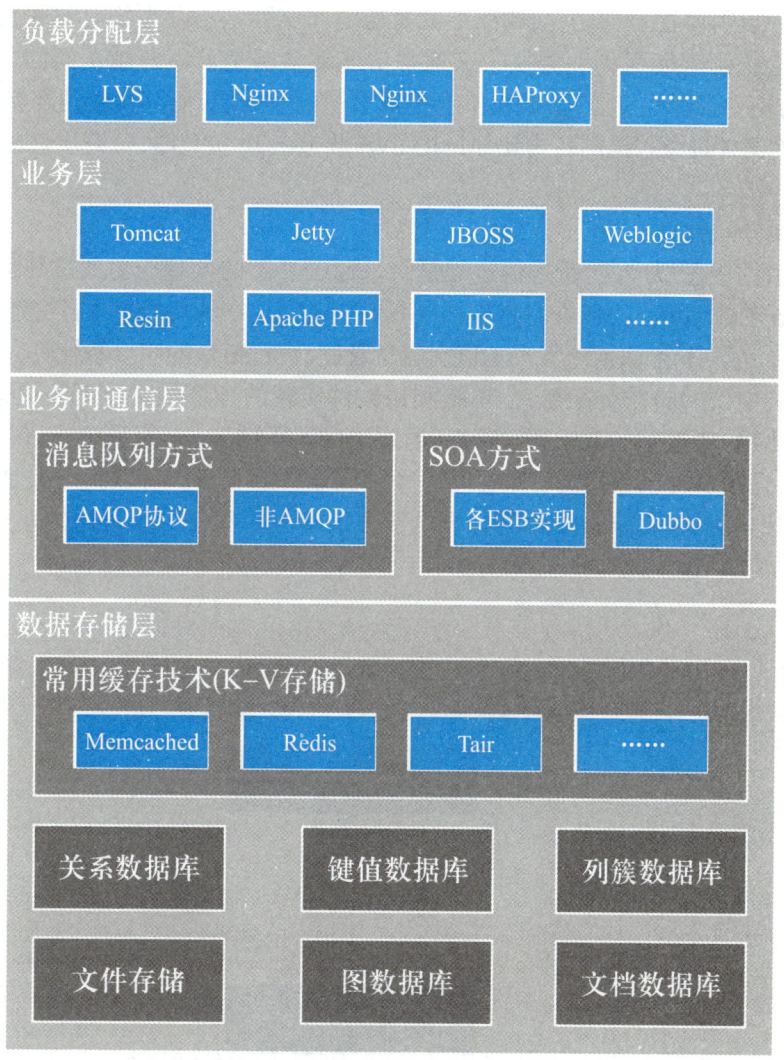

图 1-2-6　系统分层架构设计图

在图 1-2-6 中我们描述了 Web 系统架构中的组成部分，并且给出了每一层常用的技术组件 / 服务实现。需要注意以下几点：

● 系统架构的灵活性。根据需求的不同，不一定每一层的技术都需要使用。例如：一些简单的 CRM 系统可能在产品初期并不需要 K-V 作为缓存；一些系统访问量不大，并且可能只有一台业务服务器存在，所以不需要运用负载均衡层。

● 业务系统间通信层并没有加入传统的 HTTP 请求方式。这是因为 HTTP 请求—响应的延迟比较大，并且有很多次与正式请求无关的通信（这在下面的内容中会详细叙述）。所以传统的 HTTP 请求方式并不适合在两个高负载系统之间使用，其更多的应用场景是各种客户端（Web、iOS、Android 等）到服务器端的请求调用。

- 我们把业务编码中常使用的缓存系统归入到数据存储层，是因为类似于 Redis 这样的 K-V 存储系统，从本质上讲是一种键值数据库。Redis 可以作为缓存使用的原因将在随后的章节中进行详细说明。

- 还有一点需要注意的是，架构图中的每层之间实际上不存在绝对的联系（例如负载层并不一定会把请求转送到业务层），在通常情况下各层是可以跨越访问的。例如：如果 HTTP 访问的是一张图片资源，负载层不会把请求送到业务层，而是直接到部署的分布式文件系统上寻找图片资源并返回。再比如运用 LVS 做 MySQL 负载时，负载层直接和数据存储层进行通信。

（1）负载分配层

负载均衡的概念很广泛，所述的过程是将来源于外部的处理压力通过某种规律／手段分摊到内部各个处理节点上。在日常生活中我们随时随地在和负载技术打交道，例如：上下班高峰期的车流量引导、民航空管局的航空流量管制、银行柜台的叫号系统等。

这里我们所说的负载分配层，是单指利用软件实现的计算机系统上的狭义负载均衡。一个大型（日 PV 超过 1 亿）、中型（日 PV 超过 1 000 万）Web 业务系统，不仅有一个业务处理服务，而且是多台服务器同时进行某一个相同业务的服务。所以我们需要根据业务形态设计一种架构方式，将来自外部客户端的业务请求分担到每一个可用的业务节点上，如图 1-2-7 所示。

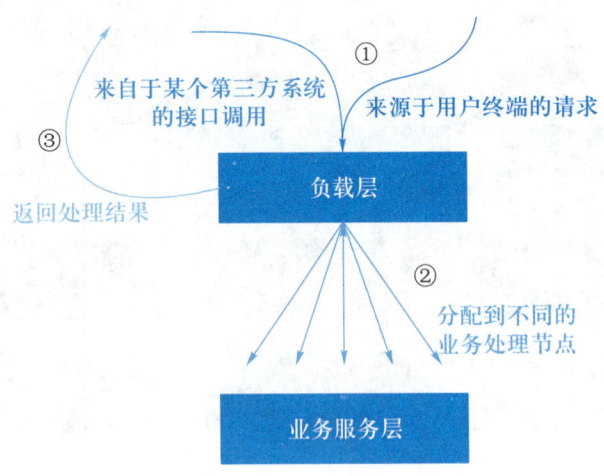

图 1-2-7 客户端请求分发

负载层的另一个作用，是根据用户的请求规则，将不同的请求类型分派到不同的服务器上。例如：如果某一个 HTTP 请求是请求一张图片，那么负载层会直接到图片存储介质上寻找相应的图片；如果某一个 HTTP 请求是提交的一张订单，那么负载层会根据规则将这张订单提交发送到指定的"订单服务"节点上。

不同的业务需求，使用的负载层方案也是不同的，这就考验架构师的方案选择能力。例如 Nginx 只能处理 TCP/IP 协议之上的应用层 HTTP 协议，如果要处理 TCP/IP 协议，则要按照第三方的 TCP-Proxy-Module 模。更好的直接在 TCP/IP 层负载的方案，是使用 HAProxy。

常用的负载层架构方式包括以下几种：

- 独立的 Nginx 负载或 HAProxy 方案
- LVS（DR）+ Nginx 方案
- DNS 轮询 + LVS + Nginx 方案
- 智能 DNS（DNS 路由）+ LVS + Nginx 方案

（2）业务服务层和通信层

通俗来讲，业务服务层和通信层就是我们的核心业务层，包括订单业务、施工管理业务、诊疗业务、付款业务、日志业务等。

在中大型系统中，这些业务不可能独立存在，一般的设计要求都会涉及子系统间脱耦，即 X_1 系统除了知晓底层支撑系统的存在外（例如用户权限系统），不需要知道和它逻辑对等的 X_2 系统的存在就可以工作。这种情况下要完成一个较复杂业务，子系统间调用又是必不可少的：例如 A 业务在处理成功后，会调用 B 业务进行执行；A 业务在处理失败后，会调用 C 业务进行执行；又或者 A 业务和 D 业务在某种情况下是不可分割的整体，只有同时成功才成功，其中有一个失败整个大的业务过程都失败，如图 1-2-8 所示。

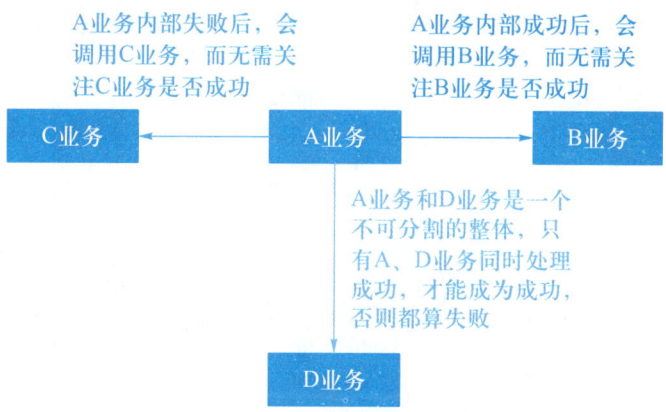

图 1-2-8　各业务系统调用示例图

我们将以 Alibaba 的 Dubbo 框架、基于 AMQP 协议的消息队列和 Kafka 消息队列技术的原理和使用方式，来讲解业务通信层技术，特别是业务通信层的技术选型注意事项，如图 1-2-9 所示。

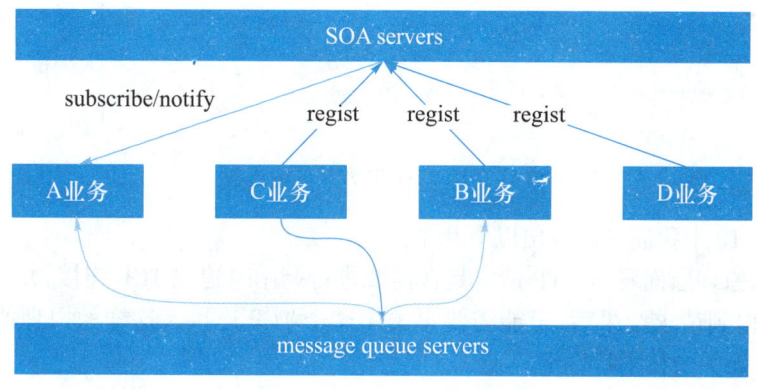

图 1-2-9　各业务间通信示例图

【知识引申】**HTTP 请求过程。**

我们首先通过图 1-2-10 来看看 HTTP 方式的调用过程。（注意，此过程不考虑 HTTP 客户端缓存的过程，也不考虑 DNS 域名解析的过程，从 HTTP 建立可靠的 TCP 连接开始）

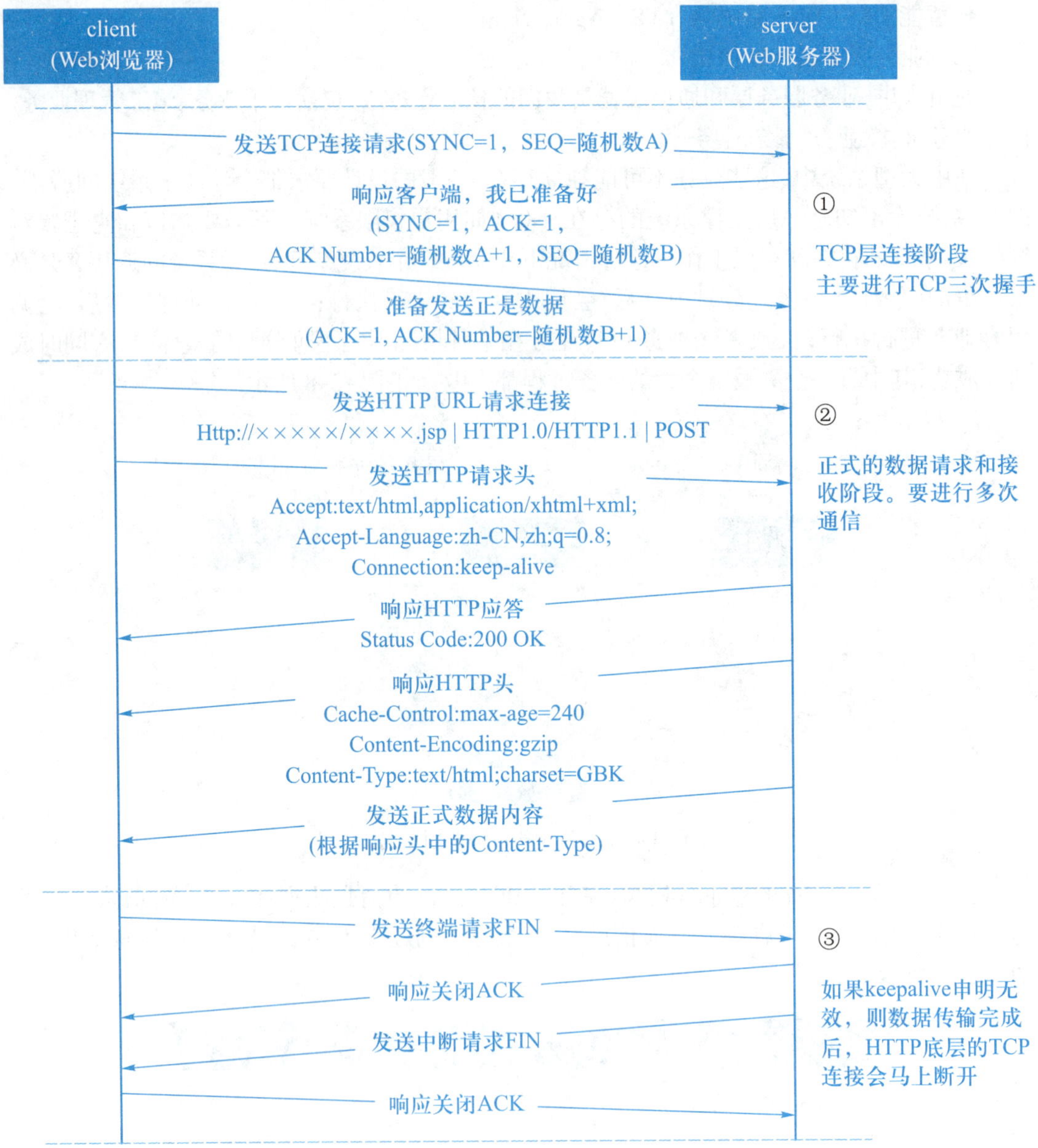

client
(Web浏览器)

server
(Web服务器)

发送TCP连接请求(SYNC=1，SEQ=随机数A)

响应客户端，我已准备好
(SYNC=1，ACK=1，
ACK Number=随机数A+1，SEQ=随机数B)

准备发送正是数据
(ACK=1, ACK Number=随机数B+1)

① TCP层连接阶段主要进行TCP三次握手

发送HTTP URL请求连接
Http://××××/××××.jsp | HTTP1.0/HTTP1.1 | POST

发送HTTP请求头
Accept:text/html,application/xhtml+xml;
Accept-Language:zh-CN,zh;q=0.8;
Connection:keep-alive

② 正式的数据请求和接收阶段。要进行多次通信

响应HTTP应答
Status Code:200 OK

响应HTTP头
Cache-Control:max-age=240
Content-Encoding:gzip
Content-Type:text/html;charset=GBK

发送正式数据内容
(根据响应头中的Content-Type)

发送终端请求FIN

响应关闭ACK

发送中断请求FIN

响应关闭ACK

③ 如果keepalive申明无效，则数据传输完成后，HTTP底层的TCP连接会马上断开

图 1-2-10　HTTP 方式调用过程

从图 1-2-10 中我们可以看出以下几个问题：

● 从技术原理层面看，HTTP 请求是在需要进行调用时建立 TCP 连接，并且发送并等待数据回送，在得到请求结果后，可能需要再关闭这个 TCP 连接。这样的原理使得很多时间浪费在和业务无关的技术特性上。

● 另外，发送 Head 信息和接收 Head 信息，对业务数据来说毫无意义。在访问量较小的情况下，这样的过程还可以接收，但是在带宽资源紧张的情况下，这样的数据空间就是弥足珍贵的。

● 独立的 HTTP 请求由于没有 SOA 结构中的"治理中心"的概念，所以很难保证负责业务联动中的上下文一致性。\

● 最后，需要说明的是，现在类似 Apache HTTP components 这样的组件提供了 HTTP Pool 来减少 TCP 连接时长，但这仅仅是优化了 HTTP 作为业务间通信时的一个问题，其他的问题依然存在。

基于以上描述，本文并不推荐使用 HTTP 作为业务间通信 / 调用的方式。HTTP 方式应仅限于 Web、iOS、Android 等客户端请求服务的方式。

更多 HTTP 协议详解请扫二维码：

资源 1-1　HTTP/1.0 协议详解

RFC1945 超文本传输协议请在 UNIX 技术网查询。

（3）数据存储层

数据存储将是本节中将要介绍的一个重点。进行业务计算前的初始数据、计算过程中的临时数据、计算完成后得到的计算结果都需要进行存储。我们通过如图 1-2-11 所示的思维导图，从几个维度概述数据存储的基本分类。

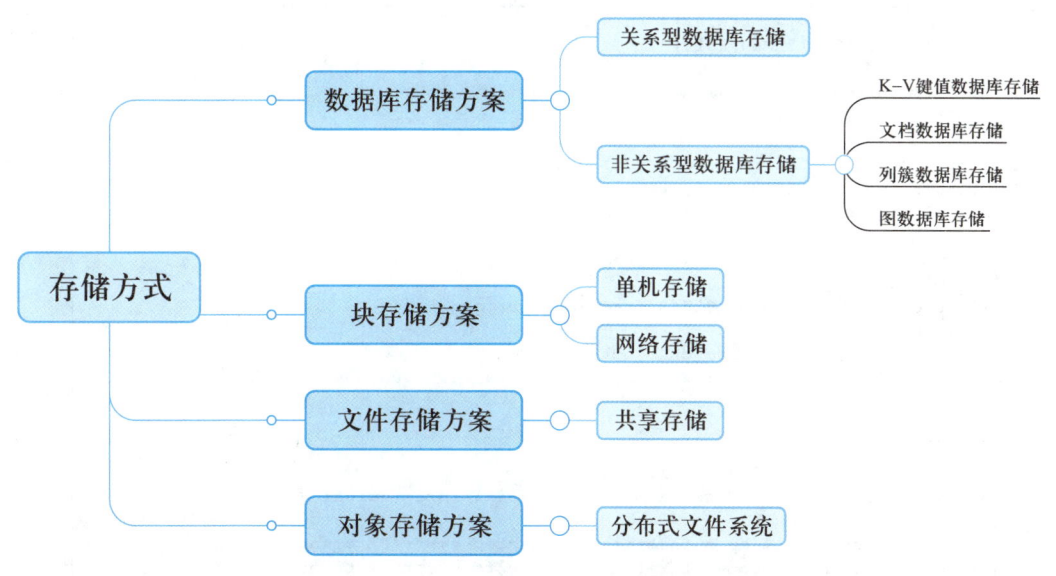

图 1-2-11　数据存储的基本分类

① 文件存储原理

我们通过在 CentOS 6.5 系统上创建 Ext4 文件系统的过程，讲解文件系统的最基本原理。

● 首先使用 fdisk 命令对本地硬盘进行分区（即确定可控制的扇区的范围），如图 1-2-12 所示。

```
[root@localhost ~]# fdisk /dev/sdb
Device contains neither a valid DOS partition table, nor Sun, SGI or OSF disklabel
Building a new DOS disklabel with disk identifier 0xead31a2a.
Changes will remain in memory only, until you decide to write them.
After that, of course, the previous content won't be recoverable.

Warning: invalid flag 0x0000 of partition table 4 will be corrected by w(rite)

WARNING: DOS-compatible mode is deprecated. It's strongly recommended to
         switch off the mode (command 'c') and change display units to
         sectors (command 'u').

Command (m for help): n
Command action
   e   extended
   p   primary partition (1-4)
p
Partition number (1-4): 1
First cylinder (1-2088, default 1): 1
Last cylinder, +cylinders or +size{K,M,G} (1-2088, default 2088): 2088

Command (m for help): w
The partition table has been altered!

Calling ioctl() to re-read partition table.
Syncing disks.
[root@localhost ~]#
```

图 1-2-12   使用 fdisk 命令对本地硬盘进行分区

● 然后在这个区上面通过 mkfs 命令创建我们想要的文件系统（Ext3、Ext4、LVM、XF、BTRFS 等），如图 1-2-13 所示。

```
[root@localhost ~]# mkfs.ext4 /dev/sdb1
mke2fs 1.41.12 (17-May-2010)
文件系统标签=
操作系统:Linux
块大小=4096 (log=2)
分块大小=4096 (log=2)
Stride=0 blocks, Stripe width=0 blocks
1048576 inodes, 4192957 blocks
209647 blocks (5.00%) reserved for the super user
第一个数据块=0
Maximum filesystem blocks=4294967296
128 block groups
32768 blocks per group, 32768 fragments per group
8192 inodes per group
Superblock backups stored on blocks:
        32768, 98304, 163840, 229376, 294912, 819200, 884736, 1605632, 2654208,
        4096000

正在写入inode表: 完成
Creating journal (32768 blocks): 完成
Writing superblocks and filesystem accounting information: 完成

This filesystem will be automatically checked every 37 mounts or
180 days, whichever comes first.  Use tune2fs -c or -i to override.
```

图 1-2-13   使用 mkfs 命令创建文件系统

● 最后挂载这个文件系统到指定的路径，如图 1-2-14 所示。

```
[root@localhost ~]# mount /dev/sdb1 -t ext4 /mnt/
```

图 1-2-14   挂载文件系统到指定的路径

并通过 df 命令查看挂载信息，如图 1-2-15 所示。

```
[root@localhost ~]# df -T -H
Filesystem      Type    Size   Used  Avail  Use%  Mounted on
/dev/sda2       ext4    15G    2.3G  12G    17%   /
tmpfs           tmpfs   985M   0     985M   0%    /dev/shm
/dev/sda1       ext4    204M   35M   158M   19%   /boot
/dev/sdb1       ext4    17G    181M  16G    2%    /mnt
```

图 1-2-15　使用 df 命令查看挂载信息

我们把上面的创建过程概括如图 1-2-16 所示。

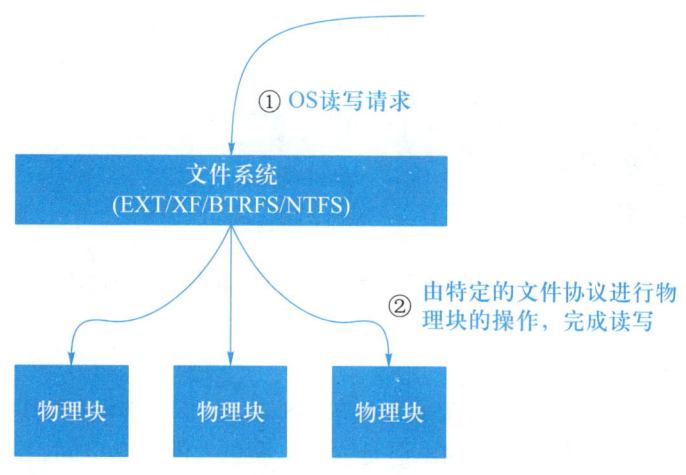

图 1-2-16　分区创建过程解析

● 一个物理块是上层文件系统能够操作的最小单位（通常为 512 字节），一个物理块在底层对应了多个物理扇区。通常一块 SATA 硬盘会有若干机械手臂（决定于物理盘片数量）和若干个物理扇区（物理扇区的大小是磁盘出厂时就确定的，我们无法改变）。

● 单个扇区的工作是单向的，那么映射出来的一个物理块的工作方式也是单向的。原理就是机械手臂在读取这个扇区的数据时，硬件芯片是不允许机械手臂同时向这个扇区写入数据的。

● 通过上层文件系统（EXT、NTFS、BTRFS、XF）对下层物理块的封装，OS 是不需要直接操作磁盘物理块的，操作者通过 ls 命令看到文件，但并不需要关心这些文件在物理块的存储格式。这就是为什么不同的文件系统有不同的特性（有的文件系统支持快照，有的文件系统支持数据恢复），其基本原理就是这些文件系统对下层物理块的操作规范不一样。

② 块存储和文件存储

前面我们叙述了最简单、最原始的物理块和文件格式规范的工作方式，但是随着服务器端不断扩大的数据存储容量的需求和数据安全性的需求，很显然单机的存储是没办法满足要求的，目前存储环境两种大的需求类型分别如下：

● 稳定的扩展存储容量，并且不破坏目前已存储的数据信息，不影响整个存储系统的稳定性。

- 文件共享,让多台服务器能够共享存储数据,并且都可以对文件系统进行读写操作。
要解决这两个问题,我们首先要将问题扩展到上一小节的图例中,如图 1-2-17 所示。

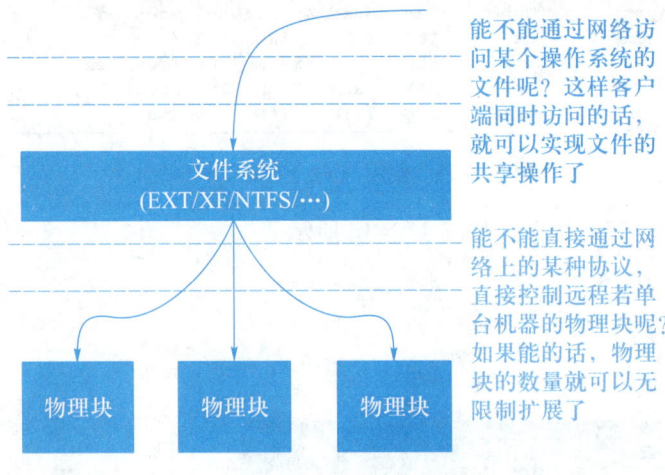

图 1-2-17　文件系统物理块

显然,图 1-2-17 中两个问题的答案是肯定的,也是我们将要介绍的块存储系统要解决的问题。

③ 块存储系统

之前我们提到的最简单的情况就是磁盘在本地物理机上,传输的物理块 I/O 命令也是通过本地物理机主板上的南桥进行的。但是为了扩展更大的磁盘空间,并且保证数据吞吐量,我们需要将磁盘介质和本地物理机分离,并且让物理块的 I/O 命令在网络上进行传输。SAN 文件存储系统如图 1-2-18 所示。

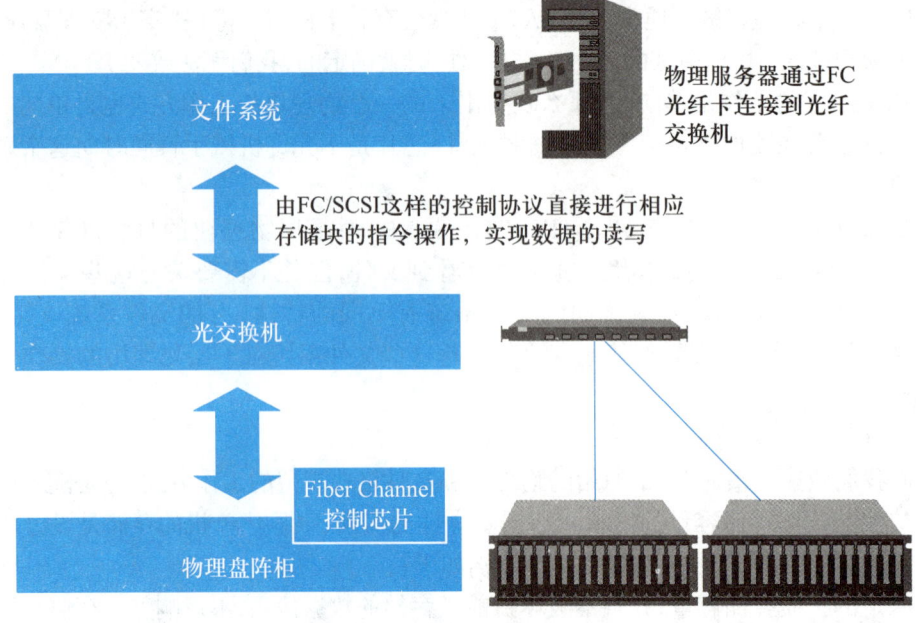

图 1-2-18　SAN 文件存储系统

虽然磁盘介质和本地物理机发生了分离,但是直接传输块 I/O 命令的本质是没有改变的。本地南桥传输 I/O 命令变成了光纤传输,只在本物理机内部传输 I/O 命令变成了网络传输,并且 I/O 命令通过某种通信协议进行了规范(例如 FC、SCSI 等)。

文件系统的映射却是在本地进行,而非远程的文件系统映射。前面我们已经提到,块操作具有顺序性(在一个扇区进行写入的时候,是不会进行这个扇区的读取操作的),且属于底层物理操作,无法向上层的文件逻辑层主动反馈变化,所以多个物理主机是无法通过这个技术进行文件共享的。

块存储系统要解决的是大物理存储空间、高数据吞吐量、强稳定性的共存问题。上层使用这个文件系统的服务器非常清楚,除此之外没有其他服务器能够对专属于它的这些物理块进行读写操作了。也就是说它认为这个庞大容量的文件存储空间只是它本地物理机上的存储空间。

随着技术的发展,现在已经出现了一些可以只用 TCP/IP 协议对标准的 SCSI 命令进行传输的技术,以便减小块存储系统的建设成本(例如 iSCSI 技术)。但是这种折中方式也是以减弱整个系统的数据吞吐量为代价的。不同的业务需求可以根据实际情况进行技术选型。

④ 文件存储系统

我们也可以将文件系统从本地物理机通过网络移植到远程呢。典型的文件存储系统包括了 FTP、NFS、NAS,如图 1-2-19 所示。

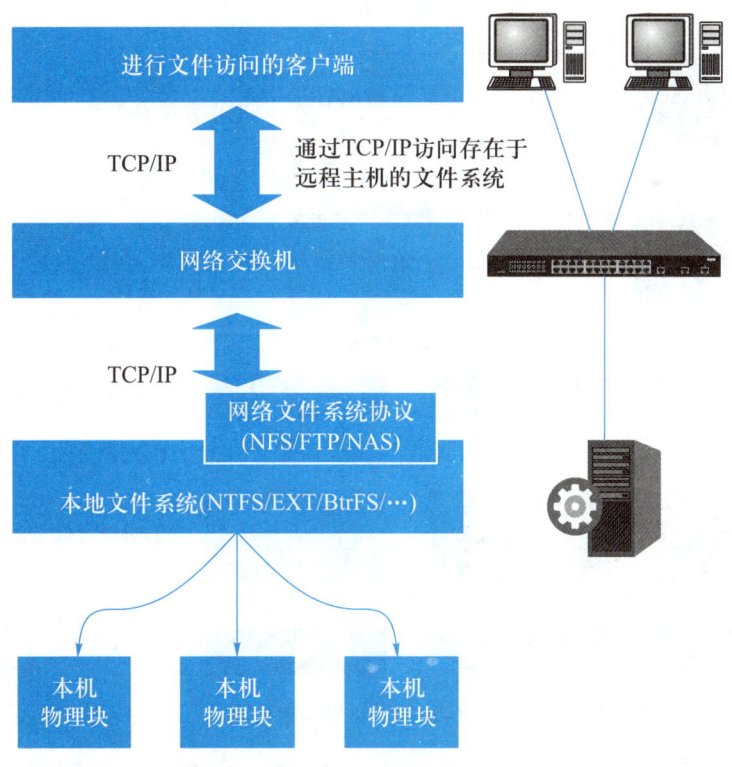

图 1-2-19　网络文件存储系统

- 文件存储系统的关键在于,文件系统并不在本机,而是通过网络访问存在于远程的文件系统,再由远程的文件系统操作块 I/O 命令完成数据操作。

- 一般来说,本地文件系统诸如 NTFS/EXT/LVM/XF 等是不允许直接网络访问的,所以一般文件存储系统会进行一层网络协议封装，即 NFS 协议 /FTP 协议 /NAS 协议（注意，此处说的是协议），再由协议操作文件存储系统的服务器文件系统。

• 文件存储系统要解决的首要问题就是文件共享，网络文件协议可以保证多台客户端共享服务器上的文件结构。从整个架构图上可以看到文件存储系统的数据读写速度、数据吞吐量是没办法和块存储系统相比的（因为这不是文件存储系统要解决的首要问题）。

从上面的简介中我们可以看到，当面对大量的数据读写压力的时候，文件存储系统肯定不是我们的首要选择，而当我们需要选择块存储系统时，又面临成本和运维的双重压力（SAN 系统的搭建是比较复杂的，并且设备费用昂贵）。并且在实际生产环境中，我们经常遇到数据读取压力大且需要共享文件信息的场景。

那么这个问题怎么解决呢？

⑤ 对象存储系统

兼具块存储系统的高吞吐量、高稳定性和文件存储的网络共享性、廉价性的对象存储就是为了满足这样的需求出现的。典型的对象存储系统包括：MFS、Swift、Ceph、Ozone 等。下面我们简单介绍对象存储系统的特点，在后面的章节中，我们将选择一款对象存储系统进行详细说明。

对象存储系统一定是分布式文件系统，但分布式文件系统不一定是对象存储系统。如图 1-2-20 所示。

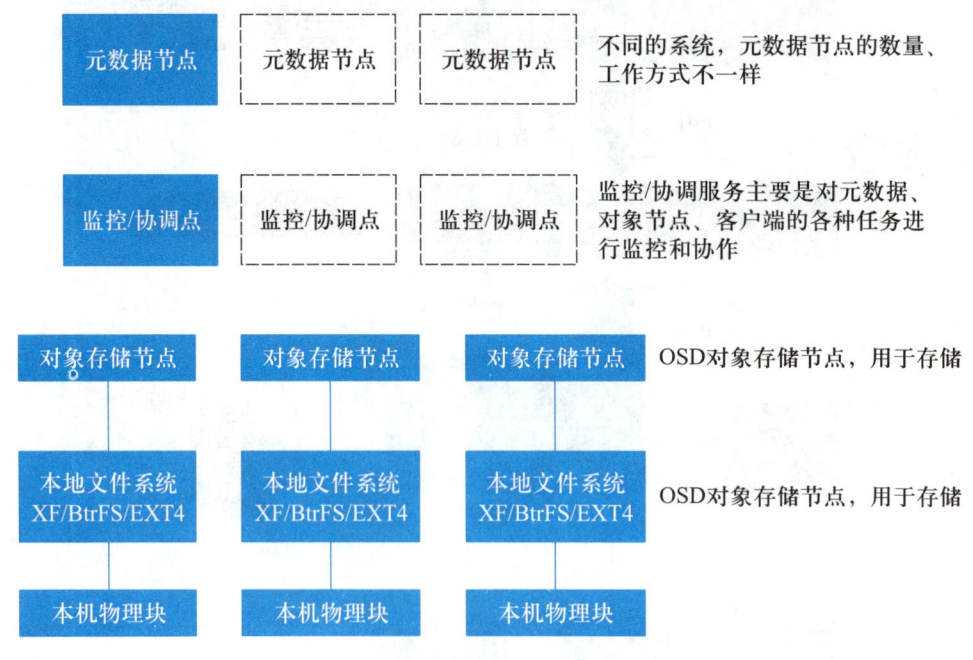

图 1-2-20   对象存储系统

• 文件信息是由若干属性进行描述的，包括文件名、存储位置、文件大小、当前状态、副本数量等信息。我们将这些属性抽离出来，专门使用服务器进行存储（元数据服务器）。这样一来，文件操作的客户端要访问某一个文件，首先会询问元数据节点，即这个文件的基本信息。

• 由于是分布式系统，所以数据一致性、资源争夺、节点异常问题都需要进行统一的协调。因此，对象存储系统中一般会有监控 / 协调节点。不同的对象存储系统，支持的元数据节点和监控/协调节点的数量是不一致的。但总的趋势都是"去中心化"。

- OSD 节点（基于对象的存储设备）用于存储文件内容信息。这里要注意，虽然 OSD 节点的底层和块存储底层一样都是依靠块 I/O 进行操作的，但是上层构造两者完全不同：OSD 节点并非像块存储设备那样通过块操作命令跳过本地文件系统直接进行物理块操作。

- 随后的章节中我们将选择一款流行的对象存储系统，详细剖析对象存储系统，并且对分布式存储系统中三个核心概念（一致性、扩展性和容错性）和取舍进行说明（CAP）。

3. 评价网站系统架构的特性

如何来评价一个网站系统架构的顶层设计是否优秀呢？抛开扩展性、稳定性、健壮性、安全性，从实际工作中可以总结出以下几个评价要点。

（1）建设成本

任何系统架构在进行生产环境实施的时候，都是需要付出建设成本的，这些成本包括：设计成本、资产采购成本、运维成本、第三方服务成本。显然各个公司或组织对成本的承受度是不一样的，所以，如何利用有限的成本建设出符合业务需求、适应访问规模的系统，就是一个复杂的问题。另外，在这种要求下，架构师是不能进行过度设计的。

（2）扩展/规划水平

根据业务的发展，整个系统是需要进行升级的（包括已有模块的功能升级、合并已有的模块、加入新的业务模块或者在模块功能不变的情况下提高数据吞吐量）。那么如何尽量不影响原业务的工作，以最快的速度、最小的工作量来进行系统的横向、纵向扩展，也是一个复杂的问题。好的系统架构是可以在用户无任何感觉的情况下进行升级的，或者只需要在某些关键子系统升级时才需要短暂的停止服务。

（3）抗攻击水平

对系统的攻击肯定是瞄准整个系统最薄弱的环节进行的，攻击可能来自于外部（例如 Dos/DDos 攻击）也可能来自于内部（口令入侵）。好架构的系统不是"绝对不能攻破"的系统，而是"预防很好"的系统。所谓预防，就是预防可能的攻击，分阶段对可能遇到的各种攻击进行模拟；所谓隐藏，就是利用各种手段对整个系统的关键信息进行涉密管理，包括 root 权限、物理位置、防火墙参数、用户身份。

（4）容灾恢复等级

好的架构应该考虑不同等级的容灾。集群（项目 3 中将对集群做详细介绍）容灾：在集群中某一个服务节点崩溃的情况下，集群中另外一台主机能够马上接替它的工作，并且故障节点能够脱离；分布式容灾：分布式系统一般会假设整个系统中随时都在发生单点故障/多点故障，当产生单点故障/多点故障时，整个分布式系统都还可以正常对外提供服务，并且分布式系统中的单点故障/多点故障区可以通过自动/人工的方式进行恢复，分布式系统会重新接纳它们；异地容灾（机房等级容灾）：在机房产生物理灾难的情况下（物理网络断裂、战争摧毁、地震等），在某个相隔较远的异地，备份系统能够发现这样的灾难发生，并主动接过系统运行权，通知系统运维人员（根据系统不同的运行要求，可能还有多个备份系统），异地容灾最大的挑战是保证异地数据的完整性。

（5）业务适应性水平

系统架构归根结底还是为业务服务的，系统架构的设计选型一定是以服务当前的业务为前提。在上文中提到的业务通信层中，选择 SOA 组件还是消息队列组件，或者选择什么样的消息队列，就是一个很好的业务驱动事件。例如，A 业务是一种 Web 前端服务，需要及时反馈给客户操作结果，B 业务的服务压力又非常大。A 业务在调用 B 业务时，B 业务无法在毫秒级的时间内返回给 A 业务调用结果。这种业务场景下可以使用 AMQP 类型的消息队列服务。另外，一方面目前行业内有很多为解决相同业务场景存在的不同方案，在进行方案选型的过程中，只有对各种解决方案的特点足够掌握，才能做出正确的选择；另一方面行业内的解决方案已经足够多，在业务没有特殊要求的情况下一定不要做"重复造轮子"的事情。

（6）维护难易程度

一套系统从架设之初就需要运维团队不断地进行投入。显然，系统的复杂程度和物理机器的数量不同，运维团队的知识复杂性也是不一样的。在进行顶层架构设计时，必须还要考虑系统的运维难度和运维成本。

【知识拓展】

数据存储规划要点

一、选型准备

首先确认以下几点：

（1）资金预算是多少

（2）快速响应优先还是高可靠性优先

（3）如何评估存储的处理能力，是希望有更强的 IO 处理能力还是有更大的带宽

（4）如何衡量存储的最终性价比

二、存储体系结构

（1）低端存储

一般只有一个控制器，基本没有 cache 或者只有很少的 cache，所以整体响应速度慢，而且基本没有冗余，可靠性差，一般适用于可靠性要求不高的应用，或者用来做备份。

（2）中端存储

一般采用双控，有较多的 cache 或链路，而且开始注意冗余，这个区间的存储，控制器是核心部分，如果有 1 个控制器坏掉，带来的性能降低会超过 50%，因为损坏一个控制器后写 cache 会自动关闭，性能受到极大影响。

（3）高端存储

一般采用多控，并采用以 cache 为核心的体系结构。多控的结构中，损坏其中某个控制器对整体性能影响比较小。

一般情况下，中端存储是性价比较高的可选产品，对于可靠性及响应要求极高的应用，会采用高端存储，比如银行、电信、移动等。

三、存储的 cache 技术

存储的 cache 无处不在，硬盘、存储、RAID 卡都有 cache，我们从 cache 写、cache 读与 cache 设计几方面来说明如下。

（1）cache 写

在 cache 写环境下，只要写到 cache，存储就反馈为写完成，该过程非常快，通过写 cache 的镜像与电池保护，保证写到 cache 但写到磁盘上的数据不丢失，该方式对于 RAID5

影响尤为明显,所以对于单控的存储,无法开启 cache 写功能,对于双控上坏掉 1 个控制器的情况,也会自动关闭写 cache。建议在任何情况下,都不要关闭 cache 写功能。

（2）cache 读

如果要读取的数据在 cache 中,那么我们称之为 cache 命中,否则称之为 cache miss,cache 读比磁盘读至少快 5 倍,所以对于高端存储,cache 是核心部件,一般都有比较大的 cache 尺寸。cache 读对于 OLAP 系统影响不大。

四、存储评估指标

存储评估指标有:IOPS、吞吐量（throughput）、响应时间。对于比较频繁的 OLTP 系统,一般考虑 IOPS 与响应时间,对于 OLAP,一般考虑吞吐量。

（1）IOPS

决定 IOPS 因素:磁盘个数、cache 命中率、阵列算法。

磁盘个数是决定 IOPS 最重要的因素,磁盘类型与 IOPS 关系如表 1-2-2 所示。

表 1-2-2　磁盘类型与 IOPS 关系

磁盘类型	IOPS
10 k rpm	100
15 k rpm	150
ata	50

上述值为理论值,而且没有包含 cache 命中部分,在实际情况中,该理论值还会增加,但是我们在预估存储 IOPS 时,不能按照理论值去算。比如:假定 cache 命中率在实际业务中能达到 20%,则对于 15 k rpm 磁盘的理论 IOPS 为 150/0.8=187.5。影响 IOPS 的另一个因素是阵列算法,如 cache 算法、寻道算法、预读算法。

（2）吞吐量（throughput）

吞吐量主要取决于:磁盘个数、光纤通道的数量和带宽、阵列构架。

与 IOPS 一样,每个物理硬盘也有其最大支撑的流量大小,硬盘类型与最大流量的关系如表 1-2-3 所示。

表 1-2-3　硬盘类型与最大流量的关系

硬盘类型	最大流量
10 k rpm	10 m/s
15 k rpm	13 m/s
ata	8 m/s

假定某个阵列有 100 块 15 rpm 光纤盘,从带宽角度可以支撑最大流量为:100×13 m/s=1 300 m/s,接着考虑光纤通道大小,对于 1 块 2 G 的 HBA 卡,可以支持最多 2 048 m/s/8=256 m/s 的实际流量,需要配置 1 300/s/256/s=5.07 块 HBA 卡才可以满足要求。对于 OLAP 系统,一般会选择 4G 或更大的 HBA 卡。

（3）响应时间

单 IO 响应时间和 IOPS 的当前值、吞吐量大小及 cache 命中率都有密切关系。经验值表示：一个 IO 的响应时间在 20 ms 以内，应用基本可以正常工作，作为一个核心的高可用 OLTP 环境，最佳的单 IO 响应时间建议在 10 ms 以内。如果应用是频繁的 OLTP 系统，应先考虑 IOPS 因素，选择合适的阵列算法，配置较多且较快的磁盘及 cache 大小。如果应用是典型的 OLAP 系统，需要考虑存储系统带宽与存储的光纤通道带宽，配置适当的硬盘个数，这时一般不用考虑 cache 大小。

五、最终选型决定

存储的最终选型由下面四个要素构成：

（1）成本预算问题

（2）响应速度与可靠性的选择

在相同磁盘数量下，中端存储提供的响应速度和高端存储差别不大，但是稳定性却比高端存储低很多。

（3）存储的评估指标

需要了解自己的业务，是偏重于 IOPS 的 OLTP 系统，还是偏重于吞吐量的 OLAP 系统。

（4）存储的性价比

六、存储构架

在描述前，有几个名词需要熟悉一下：

1. 前端口：主要是连接存储和主机，流行 2 G/4 G。

2. 后端口：主要是连接存储和磁盘，一般连接方式有环路方式和交换方式。

3. 控制器：中低端存储的核心部件，控制器包括自己的 OS、CPU 与内存，负责存储的运行与调度。

4. cache：在中低端存储中，是包含在控制器中的，但在高端存储中，是以 cache 为核心，负责前端与后端的交互和通信。

5. RAID：冗余磁盘阵列技术，通过对多个硬盘进行条带化处理，并通过数据镜像或者校验方式，将镜像数据或者是校验数据分布在多个磁盘。在一个磁盘损坏的时候，因为数据镜像或校验还存在，所以不影响系统的正常运行。当更换新的磁盘时，可以通过镜像数据或者是校验数据来恢复这个盘的数据，回到最初状态，这个过程叫 rebuild。一般的 RAID 保护中，都放入一定的热备盘，当有盘损坏时，先 rebuild 到热备磁盘上，更换新的硬盘时，再 rebuild 到新的盘上。

1.2.4 任务回顾

 **知识点总结**

1. 什么是移动电商运维？

2. 移动电商系统主要的架构是什么？

3. 构成移动电商系统的子系统有哪些？这些子系统的功能是什么？

 **学习足迹**

任务二学习足迹如图 1-2-21 所示。

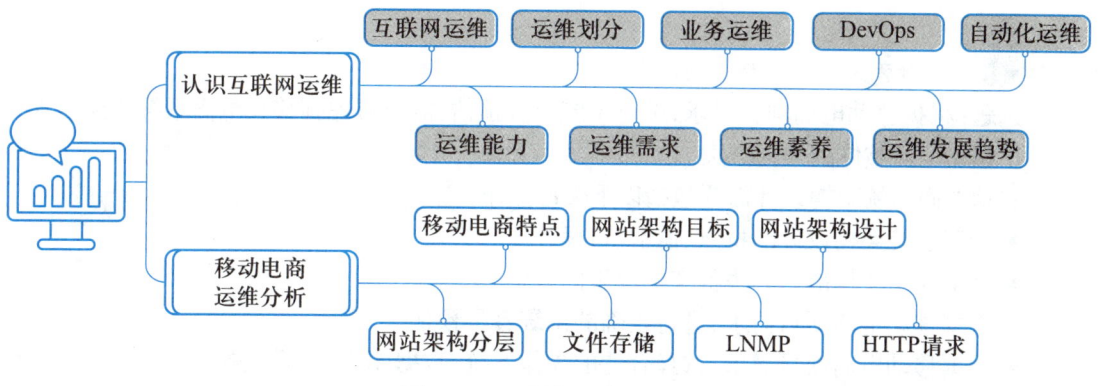

图 1-2-21　任务二学习足迹

 **思考与练习**

1. 运维工作岗位要求。
2. 运维知识结构及框架要求。
3. 对互联网系统运维相关的技术和知识结构的认识。

1.3　项目总结

通过本项目的学习,提高了对互联网系统运维的认知,有利于对互联网运维的学习,并能够促进运维前期对互联网系统进行规划和设计。项目 1 技能图谱如图 1-3-1 所示。

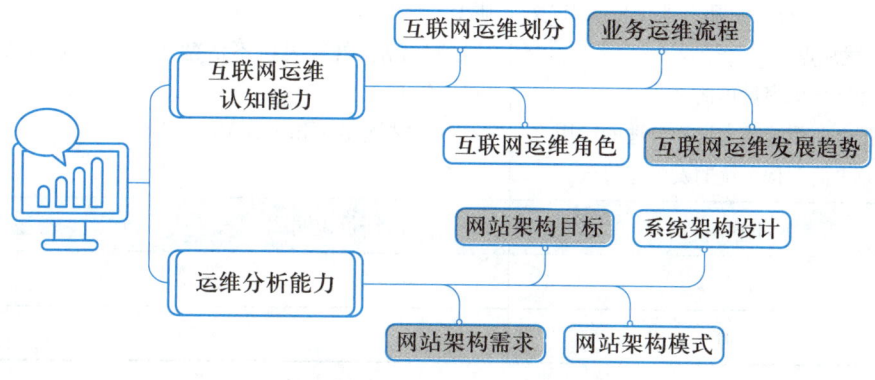

图 1-3-1　项目 1 技能图谱

1.4 拓展训练

移动电商方案设计拓展:移动电商系统构架方案设计与选型

 方案要求:

选题:根据移动电商项目需求,进行系统容量预估,需要考虑到移动电商系统长期需求,设计出移动电商整体的架构方案。

移动电商系统架构设计需要包括以下关键操作:

- 理解系统架构设计的特点、需求、目标。
- 理解初始架构部署和集群架构部署的区别。
- 根据移动电商项目需求,进行正确的系统容量预估。
- 根据移动电商项目需求,选择合适的操作系统、数据库、文件系统等。

 格式要求:编写 Word 文档方案。

 考核方式:采取输出 Word 文档和课内发言两种形式,时间要求 10 ~ 15 分钟。

 评估标准:如表 1-4-1 所示。

表 1-4-1 拓展训练评估标准表

项目名称: 移动电商系统架构设计	项目承接人: 姓名:	日期:
项目要求	**扣分标准**	**得分情况**
总体要求(10 分) 1. 理解初始架构和集群架构的不同之处 2. 理解不同的 Web 服务器、数据库、文件系统的优缺点 3. 能计算系统容量预估 4. 根据电商系统需求选择合适的应用 5. 了解电商架构系统的发展趋势	基本要求以上 5 个内容(每缺少一个内容扣 1 分) 逻辑混乱,语言表达不清楚(扣 1 分) 应用选择错误(扣 1 分)	应用选择正确加 1 分
评价人	**评价说明**	**备注**
个人		
老师		

项目 2：移动电商服务器单点部署

 项目引入

一个周末过去了，项目对接的中间期，我们运维部门难得没有被"夺命call"唤回公司"救火"。利用这难得的完整时间，我好好整理重温了一遍关于运维的基础知识，以防在接下来平台上线和运维工作上"掉链子"。

周一一到点，主管 Philip 就如期开启了部门项目启动会议，会上对我可谓是"交付重任"。

> **Philip：** 开发部门已经将网站"整"得差不多了，工作重点很快要移交到我们部门，Amanda 你来公司近一年了，能力提升很快，这次我准备好好让你"练练"。
>
> Philip 随之又说："这次的移动电商系统搭建工作准备让你来进行，关于这部分内容，你有什么想法？"
>
> **我：** 咱们这个移动电商系统是一个典型的 Java Web 项目，主要功能模块包括商品管理、订单处理、支付管理及会员管理，并且后台数据库采用的是 MySQL，应用服务器采用的是 Tomcat。另外，商品模块需要处理大量的图片和附件，因此还需要一台共享存储服务器。
>
> **Philip：** 嗯，不错，主要的方面都涉及了，会后你再把工作好好梳理一遍，有什么问题多跟 George 沟通。

散会后，我对自己负责的工作内容再次进行梳理，感觉这次是不小的挑战，幸好有George 能指点一二。不过这次可不像以前，部门上下都有得忙，我意识到了独立工作的重要性，希望不会"麻烦"George 太多。

 知识图谱

项目 2 知识图谱如图 2-0-1 所示。

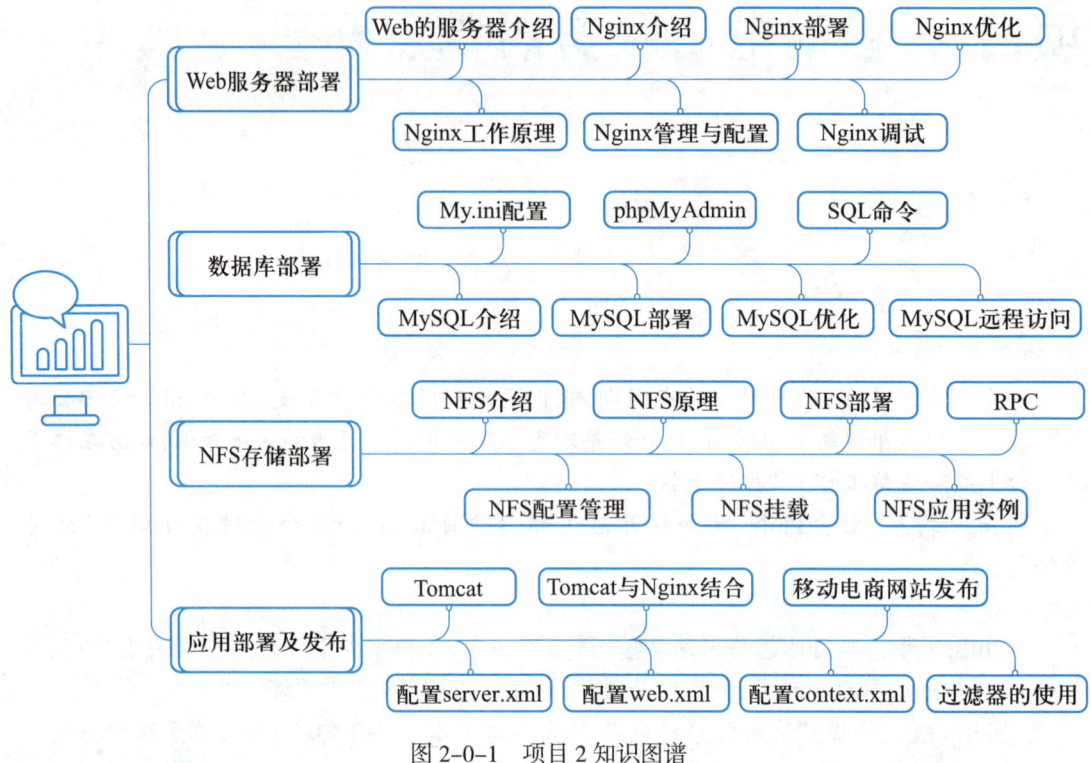

图 2-0-1　项目 2 知识图谱

2.1　任务一：Web 服务器部署

【任务描述】

本节主要介绍企业在管理与应用中对 Web 服务器的选择，以及不同 Web 服务器之间的对比。最后选择 Nginx 作为 Web 服务器，详细介绍 Nginx 的基础、特性、部署、配置和性能测试。

2.1.1　Web 服务器介绍

Web 服务器也称为 WWW（world wide Web）服务器，主要功能是提供网上信息浏览服务。WWW 是 Internet 的多媒体信息查询工具，也是发展最快和目前应用最广泛的服务。正是因为有了 WWW 工具，才使得近年来 Internet 迅速发展，且用户数量飞速增长。Web 服务器的作用如图 2-1-1 所示。

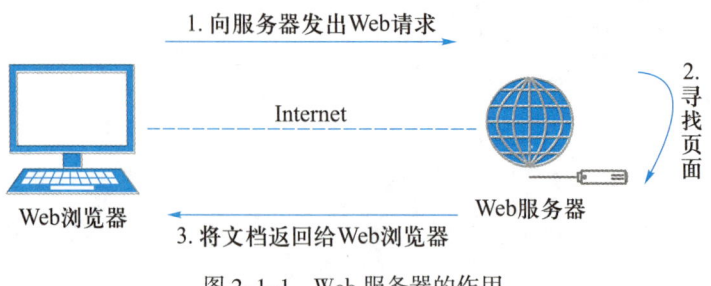

图 2-1-1　Web 服务器的作用

Web 服务器一般指网站服务器，是指驻留于因特网上提供某种特定类型计算机的程序，Web 服务器可以向浏览器等 Web 客户端提供文档，也可以放置网站文件，让全世界浏览，或者放置数据文件，让全世界下载。目前最主流的三个 Web 服务器是 Apache、Nginx、IIS。

2.1.2　Nginx Web 服务介绍

Nginx（"engine x"）是一个开源高性能的 HTTP 和反向代理服务器，也是一个 IMAP/POP3/SMTP 代理服务器。Nginx 由俄罗斯的程序设计师 Igor Sysoev 所开发，可运行在 UNIX、GNU/Linux、Solaris、BSD、Mac OS X，以及 Microsoft Windows 等操作系统中。能够支持高达 50 000 个并发连接数的响应。

Nginx 作为一款轻量级的 Web 服务器，具有占有内存少、并发能力强等优势。在高连接并发场景下，是 Apache 的不错的替代品。

本节主要介绍 Nginx 作为 Web 服务器时，相对于 Apache 的性能优势。

Ngnix 具有以下特点：

- 模块化设计：良好的扩展性，可以通过模块方式进行功能扩展。
- 高可靠性：主控进程和 worker 是同步实现的，一个 worker 出现问题，会立刻启动另一个 worker。
- 内存消耗低：一万个长连接（keep-alive），仅消耗 2.5 MB 内存。
- 支持热部署：不用停止服务器，实现更新配置文件、更换日志文件、更新服务器程序版本。
- 并发能力强：官方数据每秒支持 5 万并发。
- 功能丰富：优秀的反向代理功能和灵活的负载均衡策略（这一功能我们将在项目 3 中深入学习）。

1. Nginx 性能

Nginx 并发能力强，官方测试支持 5 万并发连接，在实际生产环境中能到 2 ～ 3 万并发连接数。10 000 个非活跃的 HTTP keep-alive 连接仅占用约 2.5 MB 内存。3 万并发连接下，10 个 Nginx 进程，消耗内存 150 MB。

2. Nginx 架构

（1）Nginx 的基本架构

Nginx 基本架构如图 2-1-2 所示。

一个 master 进程，生成一个或者多个 worker 进程。但是这里的 master 是使用 root 身份启动的，因为 Nginx 要工作在 80 端口，而只有管理员才有权限启动小于 1023 的端口。master 主要的作用只是启动 worker，加载配置文件，负责系统的平滑升级，其他的工作交给 worker。那么当 worker 被启动之后，也只是负责一些 Web 最简单的工作，而其他的工作都是由 worker 中调用的模块来实现的。

模块之间是以流水线的方式实现功能的。流水线，指的是一个用户请求，由多个模块组合各自的功能依次实现完成的。比如：第一个模块只负责分析请求首部，第二个模块只负责查找数据，第三个模块只负责压缩数据，依次完成各自工作，来完成整个工作。

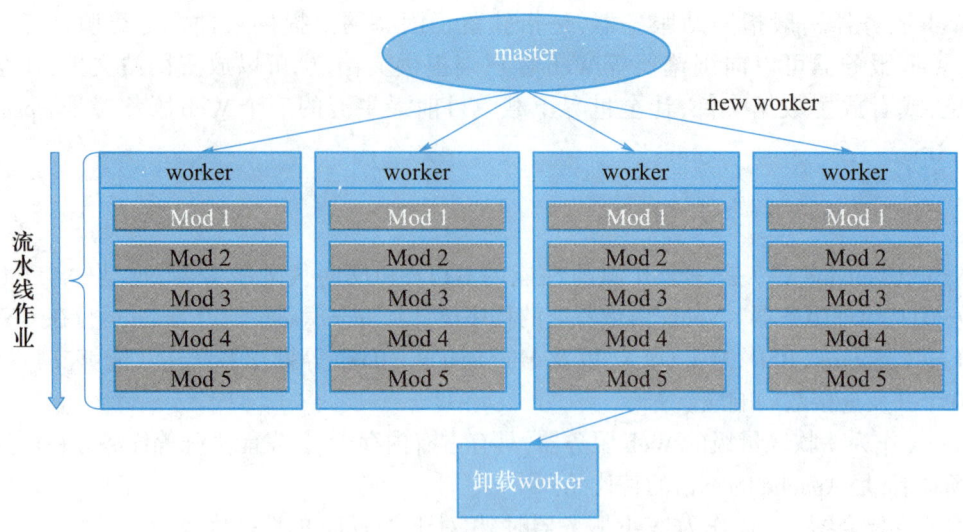

图 2-1-2　Nginx 的基本架构

那么，这些模块是如何实现热部署的呢？我们在上文中提到，master 不负责具体的工作，而是调用 worker 工作，master 只是负责读取配置文件。因此当一个模块修改或者配置文件发生变化时，是由 master 进行读取的，不会影响到 worker 工作。在 master 进行读取配置文件之后，不会立即把修改的配置文件告知 worker，而是让被修改的 worker 继续使用老的配置文件工作，当 worker 工作完毕之后，直接去掉这个子进程，更换新的子进程，使用新的规则。

（2）Nginx 支持的 Sendfile 机制

Sendfile 机制如图 2-1-3 所示，用户将请求发给内核，内核根据用户的请求调用相应用户进程，进程在处理时需要资源。此时再把请求发给内核（进程没有直接 IO 的能力），由内核加载数据。内核查找到数据之后，会把数据复制给用户进程，由用户进程对数据进行封装，之后交给内核，内核在进行 TCP/IP 首部的封装，最后再发给客户端。这个功能用户进程只是发生了一个封装报文的过程，却要绕一大圈。因此 Nginx 引入了 Sendfile 机制，使得内核在接受到数据之后，不再依靠用户进程给予封装，而是自己查找自己封装，减少了时间的浪费，这是一个提升性能的核心点。

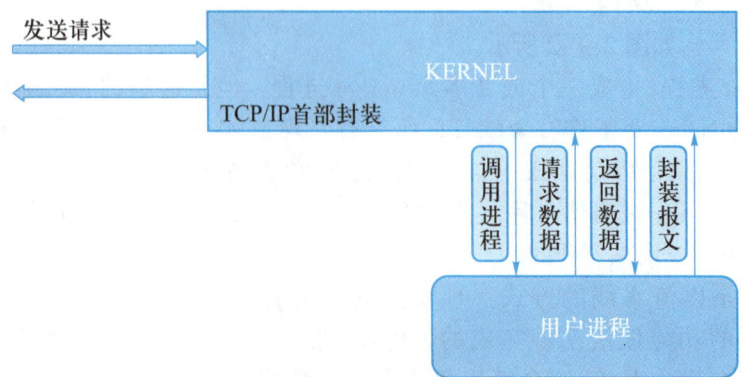

图 2-1-3　Sendfile 机制

因此，资源的处理，直接通过内核层进行数据传递，避免了数据传递到应用层、应用层再传递到内核层的开销。

目前高并发的处理，一般都采用 Sendfile 模式。通过直接操作内核层数据，减少应用层与内核层数据传递。

（3）Nginx 通信模型（I/O 复用机制）

Nginx 通信模型采用异步非阻塞的事件驱动机制，由进程循环处理多个准备好的事件，如开发模型：epoll 和 kqueue。支持的事件机制包括 kqueue、epoll、rt signals、/dev/poll 、event ports、select 以及 poll；支持的 kqueue 特性包括 EV_CLEAR、EV_DISABLE、NOTE_LOWAT、EV_EOF、可用数据的数量、错误代码；支持 Sendfile、Sendfile64 和 Sendfilev；文件 AIO；DIRECTIO；支持 Accept-filters 和 TCP_DEFER_ACCEP。

以上概念较多，大家可以自行查阅相关资料，大多是网络通信（BIO，NIO，AIO）和多线程方面的知识。

（4）Nginx 与 Apache 对高并发处理上的区别

● 对于 Apache，每个请求都会独占一个工作线程，当并发量增大时，也会产生大量的工作线程，导致内存占用急剧上升，同时线程的上下文切换也会导致 CPU 开销增大、高并发场景下性能下降严重；

● 对于 Nginx，一个 worker 进程只有一个主线程，通过事件驱动机制，实现循环处理多个准备好的事件，从而实现轻量级和高并发。

2.1.3 Nginx 部署

1. 环境准备

准备 1 台服务器或实验用虚拟机，如表 2-1-1 所示。

表 2-1-1 Nginx 服务器实验环境

主机名	IP 地址	说明
LB1	192.168.1.10	Nginx 服务器（CentOS 6.5）

2. 软件准备

操作系统：CentOS 6.5 Server 系统；

软件：nginx-1.10.1.tar.gz。

3. Yum 源的安装与介绍

Yum（yellow dog updater, modified）是一个在 Fedora、RedHat 和 CentOS 中的 Shell 前端软件包管理器。基于 RPM 包管理，能够从指定的服务器自动下载 RPM 包并且安装，可以自动处理依赖性关系，并且一次安装所有依赖的软件包，无须繁琐地一次次下载、安装。我们可以在 Linux 服务器上使用本地 Yum 源或在线 Yum 源来获取软件包。

CentOS 6.5 系统中，Yum 的配置分为两部分：main 和 repository。Yum.conf 只有一个 main，定义全局性设置，位于 /etc/yum.conf，repository 定义了每个源 / 服务器的具体配置，可以有一个到多个，位于 /etc/yum.repo.d 目录下的各文件中。

【代码 2-1-1】 配置在线 Yum 源

```
Yum.conf 的配置示例:
[main]
cachedir=/var/cache/yum/$basearch/$releasever
keepcache=0
debuglevel=2
logfile=/var/log/yum.log
exactarch=1
obsoletes=1
gpgcheck=1
plugins=1installonly_limit=5
bugtracker_url=http://bugs.centos.org/set_project.php?project_id=16&ref=http://bugs.centos.org/bug_
report_page.php?category=yum
distroverpkg=centos-release
CentOS-Base.repo 配置,以配置国内镜像源 163 为例:
[base]
name=CentOS-$releasever - Base - 163.com
baseurl=http://mirrors.163.com/centos/$releasever/os/$basearch/
#mirrorlist=http://mirrorlist.centos.org/?release=$releasever&arch=$basearch&repo=os
gpgcheck=1
gpgkey=http://mirror.centos.org/centos/RPM-GPG-KEY-CentOS-6
[updates]
name=CentOS-$releasever - Updates - 163.com
baseurl=http://mirrors.163.com/centos/$releasever/updates/$basearch/
#mirrorlist=http://mirrorlist.centos.org/?release=$releasever&arch=$basearch&repo=updates
gpgcheck=1
gpgkey=http://mirror.centos.org/centos/RPM-GPG-KEY-CentOS-6
[extras]
name=CentOS-$releasever - Extras - 163.com
baseurl=http://mirrors.163.com/centos/$releasever/extras/$basearch/
#mirrorlist=http://mirrorlist.centos.org/?release=$releasever&arch=$basearch&repo=extras
gpgcheck=1
gpgkey=http://mirror.centos.org/centos/RPM-GPG-KEY-CentOS-6
[centosplus]
name=CentOS-$releasever - Plus - 163.com
baseurl=http://mirrors.163.com/centos/$releasever/centosplus/$basearch/
#mirrorlist=http://mirrorlist.centos.org/?release=$releasever&arch=$basearch&repo=centosplus
gpgcheck=1
```

```
enabled=0
gpgkey=http://mirror.centos.org/centos/RPM–GPG–KEY–CentOS–6
[contrib]
name=CentOS–$releasever – Contrib – 163.com
baseurl=http://mirrors.163.com/centos/$releasever/contrib/$basearch/
#mirrorlist=http://mirrorlist.centos.org/?release=$releasever&arch=$basearch&repo=contrib
gpgcheck=1
enabled=0
gpgkey=http://mirror.centos.org/centos/RPM–GPG–KEY–CentOS–6
```

4. 编译安装 Nginx

Nginx 选择 Nginx 1.10.1, 在安装 Nginx 之前, 确保系统已经安装了 GCC、OpenSSL–devel、OpenSSL、PCRE–devel 和 zlib–devel 依赖包, 可以通过 Yum 直接安装。

（1）安装依赖包

```
[root@LB1 ~]# yum install –y gcc openssl–devel pcre–devel zlib–devel
```

（2）安装与配置 Nginx

在默认情况下, 经过编译安装的 Nginx 包含了大部分可用模块。可以通过 "./configure --help" 选项设置各个模块的使用情况, 例如对不需要的 "http_ssi" 模块, 可通过 "--without-http_ssi_module" 方式关闭此模块; 同理, 如果需要 "http_perl" 模块, 那么可以通过 "--with-http_perl_module" 方式安装此模块。安装过程如代码 2–1–2 所示。

【代码 2–1–2】 安装与配置 Nginx

```
[root@LB1 ~]# groupadd –r nginx                           # 创建 Nginx 组
[root@LB1 ~]# useradd –r –g nginx –s /sbin/nologin –M nginx   # 创建 Nginx 用户
[root@LB1 ~]# mkdir –pv /var/tmp/nginx                     # 创建缓存目录
[root@LB1 ~]# wget http://nginx.org/download/nginx–1.10.1.tar.gz   # 下载
[root@LB1 ~]# tar –zvxf nginx–1.10.1.tar.gz               # 解压 Nginx
[root@LB1 ~]# cd nginx–1.10.1                              # 进入解压目录
[root@LB1 nginx–1.10.1]# ./configure \                    # "\" 用于对指令进行折行
                 --user=nginx \                            # 进程用户权限
                 --group=nginx \                           # 进程用户组权限
                 --prefix=/usr/local/nginx \               # 指定安装路径
                 --conf–path=/etc/nginx/nginx.conf \       # 指定主配置文件路径
                 --error–log–path=/var/log/nginx/error.log \   # 指定错误日志路径
                 --http–log–path=/var/log/nginx/access.log \   # 指定访问日志路径
                 --pid–path=/var/run/nginx/nginx.pid \     # 指定 nginx 启动时的
                                                              进程 PID 文件路径
                 --lock–path=/var/lock/nginx.lock \        # 指定 Nginx 服务运行的
                                                              锁文件路径
```

--with-http_stub_status_module \	# 激活状态信息
--with-http_ssl_module \	# 激活 ssl 功能
--with-http_gzip_static_module \	# 激活 gzip 功能
--with-pcre	# 激活 pcre 功能
[root@LB1 nginx-1.10.1]# make	# 配置
[root@LB1 nginx-1.10.1]# make install	# 安装

在上面的 configure 选项中，"--with-http_stub_status_module" 可以用来启用 Nginx 的 NginxStatus 功能，以监控 Nginx 的当前状态。

至此，Nginx 已经安装完成了。

注：查询 "./configure --help" 相关模块，按需求指定启用。

5. 启动并检查 Nginx 安装结果

Nginx 安装完成后，此时并不能对外提供服务，需要先启动 Nginx 服务才行，操作过程如下。

（1）先检查配置文件

[root@LB1 ~]# /usr/local/nginx/sbin/nginx -t

代码如图 2-1-4 所示。

```
[root@LB1 ~]# /usr/local/nginx/sbin/nginx -t
nginx: the configuration file /etc/nginx/nginx.conf syntax is ok
nginx: configuration file /etc/nginx/nginx.conf test is successful
```

图 2-1-4　检查 Nginx 配置文件

（2）启动 Nginx 服务

启动命令如下：

[root@LB1 ~]# /usr/local/nginx/sbin/nginx

查看 Nginx 服务对应的端口是否成功可使用如下命令：

[root@LB1 ~]# lsof -i : 80

代码如图 2-1-5 所示。

```
[root@LB1 ~]# lsof -i :80
COMMAND  PID   USER  FD   TYPE DEVICE SIZE/OFF NODE NAME
nginx    5884  root   6u  IPv4  19640      0t0  TCP *:http (LISTEN)
nginx    5885 nginx   6u  IPv4  19640      0t0  TCP *:http (LISTEN)
```

图 2-1-5　查看 Nginx 服务对应的端口

查看 Nginx 启动实际效果有 2 种方法。在 Linux 系统中，可使用如下 wget 命令检测：

[root@LB1 ~]# wget 127.0.0.1

代码如图 2-1-6 所示。

```
[root@LB1 ~]# wget 127.0.0.1
--2016-11-22 17:09:22--  http://127.0.0.1/
Connecting to 127.0.0.1:80... connected.
HTTP request sent, awaiting response... 200 OK
Length: 612 [text/html]
Saving to: "index.html.3"

100%[===================================>] 612         --.-K/s   in 0s

2016-11-22 17:09:22 (112 MB/s) - "index.html.3" saved [612/612]
```

图 2-1-6　使用 wget 命令检测

在 Linux 系统中，也可以使用如下 curl 命令检测：

[root@LB1 ~]# curl 127.0.0.1

代码如图 2-1-7 所示。

```
[root@LB1 ~]# curl 127.0.0.1
<!DOCTYPE html>
<html>
<head>
<title>Welcome to nginx!</title>
<style>
    body {
        width: 35em;
        margin: 0 auto;
        font-family: Tahoma, Verdana, Arial, sans-serif;
    }
</style>
</head>
<body>
<h1>Welcome to nginx!</h1>
<p>If you see this page, the nginx web server is successfully installed and
working. Further configuration is required.</p>

<p>For online documentation and support please refer to
<a href="http://nginx.org/">nginx.org</a>.<br/>
Commercial support is available at
<a href="http://nginx.com/">nginx.com</a>.</p>

<p><em>Thank you for using nginx.</em></p>
</body>
</html>
```

图 2-1-7　使用 curl 命令检测

在 Windows 系统中，可以通过打开浏览器检测。打开浏览器，输入 192.168.1.10，回车看到如图 2-1-8 所示内容，表示 Nginx 已正常启动。

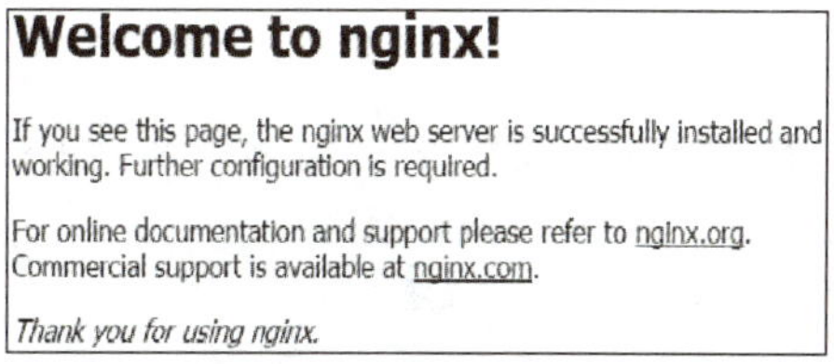

Welcome to nginx!

If you see this page, the nginx web server is successfully installed and working. Further configuration is required.

For online documentation and support please refer to nginx.org.
Commercial support is available at nginx.com.

Thank you for using nginx.

图 2-1-8　浏览器成功访问 Nginx 服务 Web 界面

（3）Nginx 检测或启动报错问题

问题①：检测 Nginx 配置文件报错 "/usr/local/nginx/sbin/nginx：error while loading shared libraries：libpcre.so.1：cannot open shared object file：No such file or directory"。

解答：从错误信息可以得知，是缺少 lib 文件导致的错误。需要注意的是 lib 库的路径，有 /lib/* 和 /lib64/* 之分，这个和下面解决问题时创建的软连接有关系。

解决办法：首先，确认已经安装好 PCRE 软件（Nginx 依赖该软件）；其次，创建软连接 ln -s /lib64/libpcre.so.0.0.1 /lib64/libpcre.so.1。对于 /lib/* 32 位系统，pcre lib 文件在目录：/usr/local/lib/。对于 /lib64/* 64 位系统，pcre lib 文件在目录：/usr/local/lib64/。

问题②：通过浏览器、Wget、cURL 访问不了 Nginx 页面。

解答：此类问题排查可分为在 Nginx 服务器端和客户端排查，例如 Windows 客户端的排查步骤如下：

第一步，在客户端 ping 服务端 IP，看是否 ping 通，命令如下：

```
ping 192.168.1.10
```

第二步，在客户端 telnet 服务端 IP 及端口，命令如下：

```
telnet 192.168.1.10 80
```

服务器端的排查过程如下。

非正式环境可关闭防火墙，命令如下：

```
service iptables stop
```

正式环境可设置 80 端口允许访问，命令如下：

```
iptables –I INPUT –p tcp –dport 80 –j ACCEPT
```

6. 部署一个 Web 站点

Nginx 的默认站点目录位于其安装目录下的 html 目录，该目录可以在 Nginx 的配置文件 nginx.conf 中查询到，如下所示：

```
[root@LB1 ~]# grep html /etc/nginx/nginx.conf
        root    html；
        index  index.html index.htm；
```

2.1.4　Nginx 管理与配置

配置服务脚本代码如下。

【代码 2-1-3】　配置服务启动脚本

```
[root@LB1 ~]# vi /etc/init.d/nginx
#!/bin/bash
# nginx – this script starts and stops the nginx daemon
#
# chkconfig:   – 85 15
# description:  Nginx is an HTTP(S) server, HTTP(S) reverse \
#                  proxy and IMAP/POP3 proxy server
# processname: nginx
# config:        /etc/nginx/nginx.conf
# pidfile:       /var/run/nginx/nginx.pid
# Source function library.
```

```
. /etc/rc.d/init.d/functions
# Source networking configuration.
. /etc/sysconfig/network
# Check that networking is up..k
[ "$NETWORKING" = "no" ] && exit 0
nginx="/usr/sbin/nginx"
prog=$(basename $nginx)
NGINX_CONF_FILE="/etc/nginx/nginx.conf"
[ -f /etc/sysconfig/nginx ] && . /etc/sysconfig/nginx
lockfile=/var/lock/subsys/nginx
make_dirs ( ) {
    # make required directories
    user='nginx -V 2>&1 | grep "configure arguments:" | sed 's/[^*]*--user=\([^ ]*\).*/\1/g' -'
    options='$nginx -V 2>&1 | grep 'configure arguments:"
    for opt in $options; do
        if [ 'echo $opt | grep '.*-temp-path' ]; then
            value='echo $opt | cut -d "=" -f 2'
            if [ ! -d "$value" ]; then
                # echo "creating" $value
                mkdir -p $value && chown -R $user $value
            fi
        fi
    done
}
start ( ) {
    [ -x $nginx ] || exit 5
    [ -f $NGINX_CONF_FILE ] || exit 6
    make_dirs
    echo -n $"Starting $prog: "
    daemon $nginx -c $NGINX_CONF_FILE
    retval=$?
    echo
    [ $retval -eq 0 ] && touch $lockfile
    return $retval
}
stop ( ) {
    echo -n $"Stopping $prog: "
    killproc $prog -QUIT
    retval=$?
    echo
    [ $retval -eq 0 ] && rm -f $lockfile
```

```
        return $retval
}
restart ( ) {
        configtest || return $?
        stop
        sleep 1
        start
}
reload ( ) {
        configtest || return $?
        echo -n $"Reloading $prog: "
        killproc $nginx -HUP
        RETVAL=$?
        echo
}
force_reload ( ) {
        restart
}
configtest ( ) {
    $nginx -t -c $NGINX_CONF_FILE
}
rh_status ( ) {
        status $prog
}
rh_status_q ( ) {
        rh_status >/dev/null 2>&1
}
case "$1" in
        start)
                rh_status_q && exit 0
                $1
                ;;
        stop)
                rh_status_q || exit 0
                $1
                ;;
        restart|configtest)
                $1
                ;;
        reload)
```

```
        rh_status_q || exit 7
        $1
        ;;

    force-reload)
        force_reload
        ;;
    status)
        rh_status
        ;;
    condrestart|try-restart)
        rh_status_q || exit 0
            ;;
    *)
        echo $"Usage: $0
{start|stop|status|restart|condrestart|try-restart|reload|force-reload|configtest}"
        exit 2
esac
```

（1）为服务脚本添加执行权限

[root@LB1 ~]# chmod +x /etc/init.d/nginx

（2）编辑 Nginx 主配置文件

【代码 2-1-4】 编辑 Nginx 主配置文件

```
[root@LB1 ~]# vi /etc/nginx/nginx.conf
worker_processes  2;
error_log  /var/log/nginx/nginx.error.log;
pid        /var/run/nginx.pid;
events {
    worker_connections  1024;
}
http {
    include      mime.types;
    default_type  application/octet-stream;
    log_format  main  '$remote_addr - $remote_user [$time_local] "$request"'
                    '$status $body_bytes_sent "$http_referer"'
                    '"$http_user_agent" "$http_x_forwarded_for"';
    sendfile          on;
    keepalive_timeout  65;
    server {
      listen      80;
      server_name  192.168.1.10;
```

```
access_log  /var/log/nginx/nginx.access.log  main;
location / {
    root    /www/mobileshop;
    index  index.php index.html index.htm;
}
error_page  404                /404.html;
error_page  500 502 503 504  /50x.html;
location = /50x.html {
    root   /www/mobileshop;
}
location ~ \.php$ {
    root            /www/mobileshop;
    fastcgi_pass    127.0.0.1:9000;
    fastcgi_index      index.php;
    fastcgi_param      SCRIPT_FILENAME
$document_root$fastcgi_script_name;
    include           fastcgi_params;
    }
  }
}
```

（3）编辑 fastcgi 参数文件

【代码 2-1-5】 编辑 fastcgi 参数文件

```
[root@LB1 ~]# vi /etc/nginx/fastcgi_params
fastcgi_param  GATEWAY_INTERFACE  CGI/1.1;
fastcgi_param  SERVER_SOFTWARE    nginx;
fastcgi_param  QUERY_STRING       $query_string;
fastcgi_param  REQUEST_METHOD     $request_method;
fastcgi_param  CONTENT_TYPE       $content_type;
fastcgi_param  CONTENT_LENGTH     $content_length;
fastcgi_param  SCRIPT_FILENAME    $document_root$fastcgi_script_name;
fastcgi_param  SCRIPT_NAME        $fastcgi_script_name;
fastcgi_param  REQUEST_URI        $request_uri;
fastcgi_param  DOCUMENT_URI       $document_uri;
fastcgi_param  DOCUMENT_ROOT      $document_root;
fastcgi_param  SERVER_PROTOCOL    $server_protocol;
fastcgi_param  REMOTE_ADDR        $remote_addr;
fastcgi_param  REMOTE_PORT        $remote_port;
fastcgi_param  SERVER_ADDR        $server_addr;
```

| fastcgi_param SERVER_PORT | $server_port; |
| fastcgi_param SERVER_NAME | $server_name; |

【知识拓展】

常用 Web 服务介绍

在 UNIX 和 Linux 平台下使用最广泛的 HTTP 服务器包含 WebLogic、Apache、Tomcat 等，而 Windows 平台 NT/2003/2008 使用 IIS 的 Web 服务器。在选择使用 Web 服务器应考虑的本身特性因素有：性能、安全性、日志和统计、虚拟主机、代理服务器、缓冲服务和集成应用程序等，下面介绍几种常用的 Web 服务器。

Microsoft IIS

Microsoft 的 Web 服务器产品为 IIS（Internet information server），IIS 是允许在公共 Intranet 或 Internet 上发布信息的 Web 服务器。IIS 是目前最流行的 Web 服务器产品之一，很多著名的网站都建立在 IIS 的平台上。IIS 提供了一个图形界面的管理工具，称为 Internet 服务管理器，可用于监视配置和控制 Internet 服务。

IIS 是一种 Web 服务组件，其中包括 Web 服务器、FTP 服务器、NNTP 服务器和 SMTP 服务器，分别用于网页浏览、文件传输、新闻服务和邮件发送等方面，它使得在网络（包括互联网和局域网）上发布信息成了一件很容易的事。它提供 ISAPI（Intranet server API）作为扩展 Web 服务器功能的编程接口；同时，它还提供一个 Internet 数据库连接器，可以实现对数据库的查询和更新。

IBM WebSphere

WebSphere Application server 是一种功能完善、开放的 Web 应用程序服务器，是 IBM 移动电商计划的核心部分。它是基于 Java 的应用环境，用于建立、部署和管理 Internet 和 Intranet Web 的应用程序。这一整套产品进行了扩展，以适应 Web 应用程序服务器的需要，范围从简单到高级再到企业级。

WebSphere 针对的是以 Web 为中心的开发人员，这些开发人员都是在基本 HTTP 服务器和 CGI 编程技术上成长起来的。IBM 将提供 WebSphere 产品系列，通过提供综合资源、可重复使用的组件、功能强大并易于使用的工具、以及支持 HTTP 和 IIOP 通信的可伸缩运行时环境，来帮助这些用户从简单的 Web 应用程序转移到移动电商世界。

BEA WebLogic

BEA WebLogic server 是一种多功能、基于标准的 Web 应用服务器，为企业构建自己的应用提供了坚实的基础。各种应用开发、部署所有关键性的任务，无论是集成各种系统和数据库，还是提交服务、跨 Internet 协作，起始点都是 BEA WebLogic server。由于它具有全面的功能、对开放标准的遵从性、多层架构、支持基于组件的开发，基于 Internet 的企业都选择它来开发、部署最佳的应用。

BEA WebLogic server 在使应用服务器成为企业应用架构的基础方面继续处于领先地位。BEA WebLogic server 为构建集成化的企业级应用提供了稳固的基础, 它们以 Internet 的容量和速度, 在联网的企业之间共享信息、提交服务, 实现协作自动化。

Apache

Apache 仍然是世界上用得最多的 Web 服务器, 市场占有率达 60% 左右。它源于 NCSA httpd 服务器, 当 NCSA WWW 服务器项目停止后, 那些使用 NCSA WWW 服务器的人们开始交换用于此服务器的补丁, 这也是 Apache 名称的由来。世界上很多著名的网站都是 Apache 的产物, 它的成功之处主要在于它的源代码开放, 有一支开放的开发队伍, 支持跨平台的应用 (可以运行在几乎所有的 UNIX、Windows、Linux 系统平台上) 以及它的可移植性等方面。

Tomcat

Tomcat 是一个开放源代码、运行 Servlet 和 JSP Web 应用软件的基于 Java 的 Web 应用软件容器。Tomcat Server 是根据 Servlet 和 JSP 规范进行执行的, 因此可以说 Tomcat Server 也实行了 Apache-Jakarta 规范且比绝大多数商业应用软件服务器要好。

Tomcat 是 Java Servlet 2.2 和 JavaServer Pages 1.1 技术的标准实现, 是基于 Apache 许可证下开发的自由软件。Tomcat 是完全重写的 Servlet API 2.2 和 JSP 1.1 兼容的 Servlet/JSP 容器。Tomcat 使用了 JServ 的一些代码, 特别是 Apache 服务适配器。随着 Catalina Servlet 引擎的出现, Tomcat 第四版号的性能得到提升, 使得它成为一个值得考虑的 Servlet/JSP 容器, 因此目前许多 Web 服务器都是采用 Tomcat。

小型 Web 服务器
micro_httpd – really small HTTP server

特点:
- 支持安全的上级目录过滤
- 支持通用的 MIME 类型
- 支持简单的目录
- 支持目录列表
- 支持使用 index.html 作为首页
- 程序代码仅 200 多行

这种 httpd 适用于简单的 Web server 编写学习, 因为它只有一个简单的框架, 只能处理简单的静态页, 可以考虑用来放静态页。

mini_httpd – small HTTP server

特点:
- 支持 GET、HEAD、POST 方法
- 支持 CGI 功能

- 支持基本的验证功能
- 支持安全的上级目录功能
- 支持通用的 MIME 类型
- 支持目录列表功能
- 支持使用 index.html, index.htm, index.cgi 作为首页
- 支持多个根目录的虚拟主机
- 支持标准日志记录
- 支持自定义错误页
- Trailing-slash redirection

mini_httpd 也相对比较适合学习使用，大体实现了一个 Web server 的功能，支持静态页和 CGI，能够用来放置一些个人简单的东西，但不适宜投入生产使用。

thttpd – tiny/turbo/throttling HTTP server

thttpd 是一个简单、小型、轻便、快速和安全的 HTTP 服务器。

简单：它能够支持 HTTP/1.1 协议标准，或者超过了最低水平。

小巧：它具有非常少的运行时间，因为它不 fork 子进程来接受新请求，并且非常谨慎地分配内存。

便携：它能够在大部分的类 UNIX 系统上运行，包括 FreeBSD, SunOS 4, Solaris 2, BSD/OS, Linux, OSF 等。

快速：它的速度要超过主流的 Web 服务器（Apache, NCSA, Netscape），在高负载情况下，它要快得多。

安全：它努力保护主机不受到攻击，不中断服务器。

thttpd 类似于 lighttpd，对于并发请求不使用 fork ( ) 来派生子进程处理，而是采用多路复用（Multiplex）技术来实现，因此性能很好。同时，它还有一个特点是基于 URL 的文件流量限制，这对于下载的流量控制而言是非常方便的。而 Apache 就必须使用插件实现，效率较低。

thttpd 跟 lighttpd 类似，适合静态资源类的服务，比如图片、资源文件、静态 HTML 等应用，性能应该比较好，同时也适合简单的 CGI 应用的场合。

lighttpd – light footprint + httpd = LightTPD

lighttpd 是一个由德国人领导的开源软件，其根本的目的是提供一个专门针对高性能网站的安全、快速、兼容性好并且灵活的 Web Server 环境。它的内存开销低，CPU 占用率低，效能好，具有丰富的模块。

lighttpd 是众多 OpenSource 轻量级的 Web server 中较为优秀的一个。支持 FastCGI、CGI、Auth、输出压缩（output compress）、URL 重写 、Alias 等重要功能，而 Apache 之所以流行，很大程度上也是因为功能丰富，在 lighttpd 上很多功能都有相应的实现了，这点对于 Apache 的用户是非常重要的，因为迁移到 lighttpd 就必须面对这些问题。

lighttpd 使用起来确实非常不错。Apache 主要的问题是密集并发下，不断的 fork ( ) 和切换，以及较高（相对于 lighttpd 而言）的内存占用，使系统的资源几近枯竭。而 lighttpd 采用了 Multiplex 技术，代码经过优化，体积非常小，资源占用很低，而且反应速度相当快。

利用 Apache 的 Rewrite 技术，将繁重的 CGI/FastCGI 任务交给 lighttpd 来完成，充分利用两者的优点，现在那台服务器的负载下降了一个数量级，而且反应速度也提高了 1～2 个数量级！

lighttpd 适合静态资源类的服务，比如图片、资源文件、静态 HTML 等应用，性能比较好，同时也适合简单的 CGI 应用的场合。

shttpd – Simple HTTPD

shttpd 是另一个轻量级的 Web server，具有比 thttpd 更丰富的功能特性，支持 CGI、SSL、cookie、MD5 认证，还能嵌入（embedded）到现有的软件里，并且不需要配置文件。由于 shttpd 可以嵌入其他软件，所以可以非常容易的开发嵌入式系统的 Web server，官方网站上称，shttpd 如果使用 uClibc/dielibc（libc 的简化子集），则开销将非常低。

特点：

- 小巧、快速、不膨胀、无须安装、简单的 40 KB 的 exe 文件，随意运行。
- 支持 GET, POST, HEAD, PUT, DELETE 等方法。
- 支持 CGI, SSL, SSI, MD5 验证, resumed download, aliases, inetd 模式运行。
- 标准日志格式。
- 非常简单整洁的嵌入式 API。
- 容易定制运行在任意平台：Windows, QNX, RTEMS, UNIX（*BSD, Solaris, Linux）。

由于 shttpd 可以轻松嵌入其他程序里，所以 shttpd 是较为理想的 Web server 开发原形，开发人员可以基于 shttpd 开发出自己的 Web server！

Yum 源配置文件完整代码请扫二维码：

资源 2–1 CentOS6–Base–163.repo

Nginx 服务启动脚本文件完整代码请扫二维码：

资源 2–2 Nginx 服务启动脚本

2.1.5　任务回顾

知识点总结

1. 什么是 Web 服务器？
2. Nginx 作为 Web 服务器具有的特点。
3. Nginx 部署和配置。

学习足迹

任务一学习足迹如图 2-1-9 所示。

图 2-1-9　任务一学习足迹

思考与练习

1. 目前最主流的三个 Web 服务器是 _____、_____、_____。
2. 简单说明 Nginx 的特点。
3. 部署 Nginx 并说明配置文件各项参数的作用。

2.2 任务二：数据库部署

【任务描述】

移动电商系统使用的是关系型数据库，采用 ORM（对象关系映射模型），因此支持大部分的关系型数据库，包括 MySQL、MsSQL 和 Oracle。本教材中采用 MySQL 数据库，使用 MySQL 5.5 以上版本。MySQL 在 Web 应用中的架构图如图 2-2-1 所示。

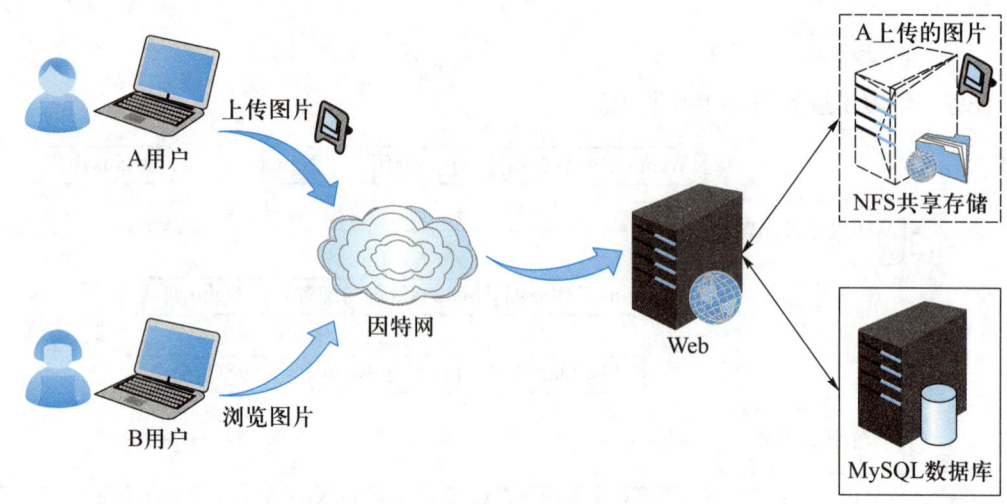

图 2-2-1 MySQL 在 Web 应用中的架构

2.2.1 MySQL 概要

MySQL 是一种关联数据库管理系统，关联数据库将数据保存在不同的表中，而不是将所有数据放在一个大仓库内，这样就增加了速度并提高了灵活性。MySQL 所使用的 SQL 语言是用于访问数据库的最常用标准化语言。MySQL 软件采用了双授权政策，它分为社区版和商业版，由于其性能高、成本低、可靠性好，已经成为最流行的开源数据库，因此被广泛地应用在 Internet 上的中小型网站中。随着 MySQL 的不断成熟，目前被用于更多大规模网站和应用，比如维基百科、Google 和 Facebook 等网站。

与其他的大型数据库例如 Oracle、DB2、SQL Server 等相比，MySQL 自有它的不足之处，但是这丝毫也没有减少它受欢迎的程度。对于一般的个人使用者和中小型企业来说，MySQL 提供的功能已经绰绰有余，而且由于 MySQL 是开放源码软件，所以可以大大降低总体拥有成本。

非常流行的开源软件组合 LAMP（Linux+Apache/Nginx+MySQL+PHP）中的"M"指的就是 MySQL。 MySQL 作为数据库，Linux 作为操作系统，Apache 和 Nginx 作为 Web 服务器，PHP/Perl/Python 作为服务器端脚本解释器。由于这四个软件都是免费或开放源码软件，所以使用这种方式不用花一分钱（除开人工成本）就可以建立起一个稳定、免费的网站系统。

2.2.2 MySQL 安装与配置

1. MySQL 安装概要

MySQL 支持大部分操作系统，包括 Windows、Linux、Mac。Windows 环境下安装相对简单，在实际 Web 应用架构中，MySQL 大都是在 Linux 环境下使用。教学中我们选择在 Linux 系统平台下进行讲解。

2. Linux 环境下 MySQL 安装

在 Linux 环境下，MySQL 有多种不同的安装方式，其不同安装方法都有各自优缺点，如表 2-2-1 所示，其中在线安装和二进制包安装比较简单，我们重点讲解离线包安装。

表 2-2-1　MySQL 安装方法对比

MySQL 安装方法	在线安装	二进制包安装	源码安装	自定制安装
优点	1. 简单，安装快 2. 适合初学者学习使用	1. 安装简单，安装路径灵活 2. 一台服务器可以安装多个 MySQL	1. 根据需要可定制编译，路径灵活 2. 一台服务器可以安装多个 MySQL 3. 性能最好	结合在线和源码安装的优点，将源码制作成符合要求的安装包，放到仓库里实现在线安装
缺点	无法定制，安装路径不灵活，默认路径不能修改，一台服务器只能安装一个 MySQL	1. 已经经过编译，性能不如源码编译的好 2. 不能灵活定制编译参数	1. 安装过程相对复杂 2. 编译时间较长	

准备 1 台服务器（虚拟机也可以），并安装好 CentOS 6.5 Server，设置好固定 IP 地址，这里 IP 地址设置为 192.168.8.210。

软件：mysql-5.6.32-linux-glibc2.5-x86_64.tar.gz

（1）创建 MySQL 用户和账号

以 root 身份登录 CentOS 系统，然后执行如下命令。

添加 mysql 组：

```
[root@mysql~]# groupadd mysql
```

添加 mysql 用户账号：

```
[root@mysql~]# useradd –s /sbin/nologin –g mysql –M mysql
```

useradd 命令参数说明如表 2-2-2 所示。

表 2-2-2　useradd 命令参数说明

useradd 参数	说明
–s /sbin/nologin	只创建用户角色，禁止用户登录操作系统，增加安全
–g mysql	创建 mysql 用户属于 mysql 组
–M	不创建用户家目录

下面检查刚刚创建的用户和组,执行如下命令:

【代码2-2-1】 查看创建的用户和组

```
[root@mysql~]# tail -1 /etc/passwd
mysql:x:501:501::/home/mysql:/sbin/nologin
[root@mysql~]# id mysql
Uid=501(mysql) gid=501(mysql) group=501(mysql)
```

(2)创建MySQL数据存放目录

```
[root@mysql~]# mkdir -pv /mydata/data
```

更改data数据目录的属主、属组为mysql用户和mysql组,权限设为710。

```
[root@mysql~]# cd /mydata
[root@mysql mydata]# chown -R mysql: mysql data/
```

代码如图2-2-2和2-2-3所示。

```
[root@mysql mydata]# cd /mydata
[root@mysql mydata]# chown -R mysql:mysql data/
[root@mysql mydata]# ll
total 4
drwxr-xr-x. 13 mysql mysql 4096 Sep 29 09:04 data
```

图2-2-2 更改data数据目录的属主、属组

```
[root@mysql mydata]# chmod 710 data/
```

```
[root@mysql mydata]# chmod 710 data/
[root@mysql mydata]# ll
total 4
drwx--x---. 13 mysql mysql 4096 Sep 29 09:04 data
[root@mysql mydata]#
```

图2-2-3 更改data数据目录的权限

(3)安装并初始化MySQL,使用通用二进制格式的MySQL

在安装MySQL前需要先安装MySQL初始化所需的依赖库,安装命令如下:

【代码2-2-2】 安装MySQL初始化所需的依赖库

```
[root@mysql~]# yum install libaio -y
下载MySQL安装包:
[root@mysql~]#wget
https://cdn.mysql.com//archives/mysql-5.6/mysql-5.6.32-linux-glibc2.5-x86_64.tar.gz
解压到指定文件夹:
[root@mysql~]tar -zxvf mysql-5.6.32-linux-glibc2.5-x86_64.tar.gz
创建MySQL软连接:
[root@mysql~]# cd /usr/local/
[root@mysql local]# ln -sv /mydata/mysql-5.6.32-linux-glibc2.5-x86_64 mysql
```

更改mysql目录中的文件的属主、属组为mysql用户和mysql组:

```
[root@mysql local]# cd mysql
[root@mysql mysql]# chown –R mysql.mysql
```

代码如图 2-2-4 所示。

```
[root@mysql mysql]# chown -R mysql.mysql .
[root@mysql mysql]# ll
total 76
drwxr-xr-x.  2 mysql mysql  4096 Sep 26 14:05 bin
-rw-r--r--.  1 mysql mysql 17987 Jul 11 17:19 COPYING
drwxr-xr-x.  3 mysql mysql  4096 Sep 26 14:05 data
drwxr-xr-x.  2 mysql mysql  4096 Sep 26 14:05 docs
drwxr-xr-x.  3 mysql mysql  4096 Sep 26 14:05 include
drwxr-xr-x.  3 mysql mysql  4096 Sep 26 14:05 lib
drwxr-xr-x.  4 mysql mysql  4096 Sep 26 14:05 man
-rw-r--r--.  1 mysql mysql   943 Sep 26 14:06 my.cnf
-rw-r--r--.  1 mysql mysql   943 Sep 26 14:07 my-new.cnf
drwxr-xr-x. 10 mysql mysql  4096 Sep 26 14:05 mysql-test
-rw-r--r--.  1 mysql mysql  2496 Jul 11 17:19 README
drwxr-xr-x.  2 mysql mysql  4096 Sep 26 14:05 scripts
drwxr-xr-x. 28 mysql mysql  4096 Sep 26 14:05 share
drwxr-xr-x.  4 mysql mysql  4096 Sep 26 14:05 sql-bench
drwxr-xr-x.  2 mysql mysql  4096 Sep 26 14:21 support-files
```

图 2-2-4　更改 mysql 目录中的文件的属主、属组为 mysql 用户和 mysql 组

执行 scripts 目录下 mysql_install_db 脚本，该文件的作用是：初始化 MySQL。

【代码 2-2-3】 初始化 MySQL

```
[root@mysql mysql]# scripts/mysql_install_db --user=mysql --basedir=/usr/local/mysql --datadir=/mydata/data/
```

如果初始化数据库报错如下：

```
[root@mysql mysql]# ./scripts/mysql_install_db --user=mysql
–bash: ./scripts/mysql_install_db: /usr/bin/perl: bad interpreter: No such file or Directory.
```

错误信息表示缺少 Perl 注释器，我们只需要安装 Perl 和 Perl-devel，执行 yum –y install perl perl-devel 后再初始化数据库即可解决该问题。

如果提示错误信息如下：

```
FATAL ERROR: please install the following Perl modules before executing
scripts/mysql_install_db:Data::Dumper.
```

解决方法是执行 yum-y install autoconf 来安装 Data:Dumper 模块。为了安全，需要把 mysql 目录下文件属主更改回 root 用户：

```
[root@mysql mysql]# chown –R root .
```

代码如图 2-2-5 所示。

```
[root@mysql mysql]# chown -R root .
[root@mysql mysql]# ll
total 76
drwxr-xr-x.  2 root mysql  4096 Sep 26 14:05 bin
-rw-r--r--.  1 root mysql 17987 Jul 11 17:19 COPYING
drwxr-xr-x.  3 root mysql  4096 Sep 26 14:05 data
drwxr-xr-x.  2 root mysql  4096 Sep 26 14:05 docs
drwxr-xr-x.  3 root mysql  4096 Sep 26 14:05 include
drwxr-xr-x.  3 root mysql  4096 Sep 26 14:05 lib
drwxr-xr-x.  4 root mysql  4096 Sep 26 14:05 man
-rw-r--r--.  1 root mysql   943 Sep 26 14:06 my.cnf
-rw-r--r--.  1 root mysql   943 Sep 26 14:07 my-new.cnf
drwxr-xr-x. 10 root mysql  4096 Sep 26 14:05 mysql-test
-rw-r--r--.  1 root mysql  2496 Jul 11 17:19 README
drwxr-xr-x.  2 root mysql  4096 Sep 26 14:05 scripts
drwxr-xr-x. 28 root mysql  4096 Sep 26 14:05 share
drwxr-xr-x.  4 root mysql  4096 Sep 26 14:05 sql-bench
drwxr-xr-x.  2 root mysql  4096 Sep 26 14:21 support-files
```

图 2-2-5　把 mysql 目录下文件属主更改回 root 用户

（4）修改 MySQL 服务脚本及配置文件

【代码 2-2-4】 拷贝 MySQL 服务脚本并设置开机启动

```
[root@mysql mysql]# cp support-files/mysql.server /etc/init.d/mysqld
[root@mysql mysql]# chmod +x /etc/init.d/mysqld
[root@mysql mysql]# chkconfig --add mysqld
[root@mysql mysql]# chkconfig mysqld on
[root@mysql mysql]# chkconfig --list mysqld
```

查看 MySQL 开机启动代码如图 2-2-6 所示。

```
[root@mysql mysql]# chkconfig --list mysqld
mysqld          0:off   1:off   2:on    3:on    4:on    5:on    6:off
```

图 2-2-6　查看 MySQL 开机启动

修改 MySQL 配置文件 datadir 数据目录位置：

```
[root@mysql mysql]# vi /etc/my.cnf
```

在 my.cnf 文件中添加如下内容：

【代码 2-2-5】 My.cnf 修改 datadir 数据目录

```
datadir=/mydata/data
```
先在 /var/log/ 目录下新建 mysql 目录，并新建 mysql.log，该文件用于存储 MySQL 的日志信息，然后在 /var/run/ 目录下新建 mysql 目录，该目录下用于存储 mysql.pid 文件。
```
log-error=/var/log/mysql/mysql.log
pid-file=/var/run/mysql/mysql.pid
```

my.cnf 配置相关参数说明如表 2-2-3 所示。

表 2-2-3　my.cnf 配置相关参数说明

参数	说明
basedir	使用指定目录作为根目录（安装目录）
datadir	指定数据库文件目录
port	指定 MySQL 侦听的端口
server_id	指定本机的序号，序列号设为 1 即本机为 master
socket	为 MySQL 客户程序与服务器之间的本地通信指定一个套接字文件

（5）启动 MySQL 服务

```
[root@mysql mysql]# service mysqld start
```

成功启动如图 2-2-7 所示。

```
[root@mysql mysql]# service mysqld start
Starting MySQL SUCCESS!
```

图 2-2-7　MySQL 启动成功

```
[root@mysql mysql]# netstat –tnlp | grep 3306
```

（6）为 MySQL 添加 PATH 环境变量

```
[root@mysql mysql]# vi /etc/profile.d/mysqld.sh
```

添加如下内容：

```
#!/bin/bash
export PATH=$PATH：/usr/local/mysql/bin
```

执行 mysqld.sh：

```
[root@mysql mysql]# . /etc/profile.d/mysqld.sh
```

查看变量路径：

```
[root@mysql mysql]# echo $PATH
```

查看系统变量路径的代码如图 2-2-8 所示。

```
[root@mysql mysql]# echo $PATH
/usr/local/sbin:/usr/local/bin:/sbin:/bin:/usr/sbin:/usr/bin:/usr/local/apache/b
in:/usr/local/mysql/bin:/usr/local/mysql/bin:/root/bin
```

图 2-2-8　查看系统变量路径

（7）为 MySQL 添加 man 帮助及输出头文件和库文件

```
[root@mysql mysql]# vi /etc/man.config
```

添加如下内容：

```
MANPATH /usr/local/mysql/man
```

添加软链接：

```
[root@mysql mysql]# ln –sv /usr/local/mysql/include/ /usr/include/mysql
```

添加软链接代码如图 2-2-9 所示。

```
[root@mysql mysql]# ln -sv /usr/local/mysql/include/ /usr/include/mysql
'/usr/include/mysql/include' -> '/usr/local/mysql/include/'
```

图 2-2-9　添加 MySQL 软连接

编辑 mysql.conf 文件：

```
[root@mysql mysql]# vi /etc/ld.so.conf.d/mysql.conf
```

添加如下内容：

```
/usr/local/mysql/lib
```

查看动态链接库：

```
[root@mysql mysql]# ldconfig –v
```

具体代码如图2-2-10所示。

```
[root@mysql mysql]# ldconfig -v
/usr/local/mysql/lib:
        libmysqlclient.so.18 -> libmysqlclient_r.so.18.1.0
/usr/lib64/mysql:
        libmysqlclient_r.so.16 -> libmysqlclient_r.so.16.0.0
        libmysqlclient.so.16 -> libmysqlclient.so.16.0.0
```

图 2-2-10　查看动态链接库

建立软连接：

```
[root@mysql mysql]# ln –s /var/lib/mysql/mysql.sock /tmp/mysql.sock
```

（8）登录 MySQL

执行如下命令登录 MySQL：

```
[root@mysql mysql]# mysql –u root –p
```

登录 MySQL 代码如图 2-2-11 所示。

```
[root@mysql mysql]# mysql -u root -p
Enter password:
welcome to the MySQL monitor.  Commands end with ; or \g.
Your MySQL connection id is 4251
Server version: 5.6.32 MySQL Community Server (GPL)

Copyright (c) 2000, 2016, Oracle and/or its affiliates. All rights reserved.

Oracle is a registered trademark of Oracle Corporation and/or its
affiliates. Other names may be trademarks of their respective
owners.

Type 'help;' or '\h' for help. Type '\c' to clear the current input statement.

mysql>
```

图 2-2-11　登录 MySQL

至此，MySQL 安装完毕。

3. 数据库的安全设置

网络数据库通常由一台或多台服务器提供服务，这种方式给我们带来了很多方便，但也会给予不法分子可乘之机。由于数据都是通过网络传输的，所以它们可以在传输的过程中被截获，或者通过非常手段进入数据库。因此，数据库安全就显得十分重要。

（1）账户安全

账户是 MySQL 最简单的安全措施。每一账户都由用户名、密码以及位置（一般由服务器名、IP 或通配符）组成。如用户 A 从 server1 进行登录可能从 server2 登录的权限不同。

MySQL 的用户结构是用户名 / 密码 / 位置。这其中并不包括数据库名。下面的两条命令为 database1 和 database2 设置了 SELECT 用户权限。

```
GRANT SELECT ON database1.* to 'A'@'server1' IDENTIFIED BY 'password1';
GRANT SELECT ON database2.* to 'A'@'server1' IDENTIFIED BY 'password2';
```

第一条命令设置了用户 A 在连接数据库 database1 时使用 password1。第二条命令设置了用户 A 在连接数据库 database2 时使用 password2。因此，用户 A 在连接数据库 database1 和 database2 时的密码是不一样的。

上面的设置是非常有用的。如果你只想让用户对一个数据库进行有限的访问，而对其他数据库不能访问，那么它可以对同一个用户设置不同的密码。如果不这样做，当用户发现这个用户名可以访问其他数据库时，将会造成麻烦。

MySQL 使用了很多授权表来跟踪用户和这些用户的不同权限。这些表就是在 MySQL 数据库中的 MyISAM 表。将这些安全信息保存在 MySQL 中是非常有意义的。因此，我们可以使用标准的 SQL 来设置不同的权限。

一般在 MySQL 数据库中可以使用以下 3 种不同类型的安全检查。

● 登录验证：也就是最常用的用户名和密码验证。一旦输入了正确的用户名和密码，这个验证就可通过。

● 授权：在登录成功后，就要求设置这个用户的具体权限。如是否可以删除数据库中的表等。

● 访问控制：这个安全类型更具体。它涉及这个用户可以对数据表进行什么样的操作，如是否可以编辑数据库，是否可以查询数据等。

访问控制由一些特权组成，这些特权涉及如何使用和操作 MySQL 中的数据。它们都是布尔型，即要么允许，要么不允许，所以在给用户授权时要特别谨慎。这些特权的列表如表 2-2-4 所示。

表 2-2-4 访问控制的特权表

权限	说明
SELECT	SELECT 是设定用户是否可以使用 SELECT 来查询数据。如果用户没有这个特权，那么就只能执行一些简单的 SELECT 命令，如计算表达式（SELECT 1+2），或是日期转换（SELECT UNIX_TIMESTAMP(NOW( ))）等
INDEX	INDEX 决定用户是否可以对表的索引进行设置。如果用户没有这个权限，那么将无法设置表中的索引
GRANT	如果一个用户拥有这个 GRANT 权限，那么他就可以将自己的权限授给别的用户。也就是说，这个用户可以和其他用户共享自己的权限
REFERENCES	有了 REFERENCES 权限，用户就可以将其他表的一个字段作为某一个表的外键约束
RELOAD	这个权限可以使用户有权执行各种 FLUSH 命令，如 FLUSH TABLES, FLUSH STATUS 等
SHUTDOWN	这个权限允许用户关闭 MySQL
PROCESS	通过这个权限，用户可以执行 SHOW PRO CESSLIST 和 KILL 命令。这些命令可以查看 MySQL 的处理进程，可以通过这种方式查看 SQL 执行的细节
FILE	这个权限决定用户是否可以执行 LOAD DATA INFILE 命令。给用户这个权限要慎重，因为有这个权限的用户可以将任意的文件装载到表中，这对 MySQL 是十分危险的
SUPER	这个权限允许用户终止任何查询（这些查询可能并不是这个用户执行的）

（2）MySQL 中的 SSL

以上的账户安全只是以普通的 Socket 进行数据传输的，这样非常不安全。因此，在 MySQL 4.1 版以后提供了对 SSL（secure sockets layer）的支持。MySQL 使用的是免费的 OpenSSL 库。

由于 MySQL 的 Linux 版本一般都是随 Linux 本身一起发布，所以它们默认时都不使用 SSL 进行传输数据。如果要打开 SSL 功能，需要对 hava_openssl 变量进行设置。

MySQL 的 Windows 版本已经将 OpenSSL 加入了。下面的命令是查看 MySQL 是否打开了 SSL 功能。

```
SHOW VARIABLES LIKE 'have_openssl';

+----------------+-------+
| Variable_name | Value |
+----------------+-------+
| have_openssl | NO |
+----------------+-------+
1 row in set(0.00 sec)
```

如果返回的是 NO，那么说明用户需要将 OpenSSL 编译进自己的 MySQL，但有时需要将用户名和密码进行加密传输。这时可以使用下面的 GRANT 命令：

```
GRANT ALL PRIVILEGES ON ssl_only_db.* to 'A'@'%' IDENTIFIED BY "password!" REQUIRE SSL;
```

还可以通过 REQUIRE x509 选项进行 SSL 传输：

```
GRANT ALL PRIVILEGES ON ssl_only_db.* to 'A'@'%' IDENTIFIED BY "password!" REQUIRE x509;
```

此外，还可以使用 REQUIRE SUBJECT 来指定一个特定的客户端证书来访问数据库：

```
GRANT ALL PRIVILEGES ON ssl_only_db.* to 'A'@'%' IDENTIFIED BY "password!" REQUIRE SUBJECT "/C=US/ST=New York/L=Albany/O=Widgets Inc./CN=client-ray. example.com/emailAddress=raymond@example.com";
```

如果并不关心使用的是什么客户许可，而仅仅关心证书，那么可以使用 REQUIRE ISSUER 来实现：

```
GRANT ALL PRIVILEGES ON ssl_only_db.* to 'A'@'%' IDENTIFIED BY "password!" REQUIRE ISSUER "/C=US/ST=New+20York/L=Albany/O=Widgets Inc./CN=cacert.example. com/emailAddress=admin@example.com";
```

SSL 还可以直接通过密码进行加密，可以使用 REQUIRE CIPHER 设置密码：

```
GRANT ALL PRIVILEGES ON ssl_only_db.* to 'abc'@'%' IDENTIFIED BY "password!" REQUIRE CIPHER "EDH-RSA-DES-CBC3-SHA";
```

上面使用了 GRANT 命令对用户权限进行设置。这些信息都保存在授权表中，这些表是安全系统的心脏，保存了每一个用户和客户机所具有的权限。如果正确地操作这些表，将会对数据库的安全起到积极的作用，而如果使用不慎，将是非常危险的。MySQL 中的重要的5 个授权表如表 2-2-5 所示。

表 2-2-5　MySQL 授权表

授权表	说明
user	user 表保存了用户的权限和被加密的密码。它负责确定哪些用户和客户机可以连接到服务器上
host	host 表为每一个客户机分配权限，它并不考虑用户的权限。MySQL 在确定接收还是拒绝一个连接时，首先考虑的是 user 表。而使用 GRANT 或 REVOKE 命令并不影响 host 表，可以通过手工方式修改这个表中的内容
db	db 表保存了数据库层的权限信息
tables_priv	tables_priv 表存储了表的权限信息
columns_priv	columns_priv 表保存了单独列的权限信息。通过这个表，可以将操作某一列的权限授予一个用户

（3）哈希加密

如果数据库保存了敏感的数据，如银行卡密码、客户信息等，那么我们可以将这些数据以加密的形式保存在数据库中。这样即使有人进入了数据库，并看到了这些数据，也很难获得其中的真实信息。

在应用程序的大量信息中，也许只需要将很小的一部分进行加密，如用户的密码等。这些密码不应该以明文的形式保存，它们应该以加密的形式保存在数据库中。一般情况下，大多数系统，包括 MySQL 本身都是使用哈希（Hash）算法对敏感数据进行加密的。

哈希加密是单向加密，也就是说，被加密的字符串是无法得到原字符串的。这种方法使用很有限，一般只使用在密码验证或其他需要验证的地方。在比较时并不是将加密字符串进行解密，而是将输入的字符串也使用同样的方法进行加密，再和数据库中的加密字符串进行比较。这样即使知道了算法并得到了加密字符串，也无法还原最初的字符串。银行卡密码就是采用的这种方式进行加密。

MySQL 提供了 4 个函数用于哈希加密：PASSWORD、ENCRYPT、SHA1 和 MD5。我们以加密字符串 "pa55word" 为例，说明这几个函数的使用方法。

下面是 MD5 函数：

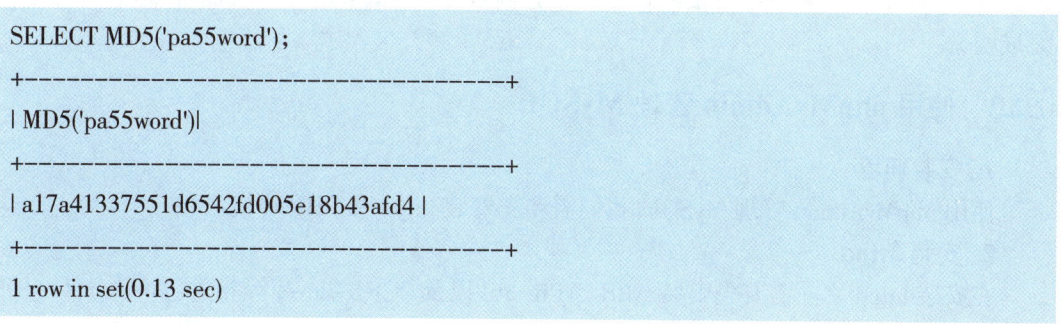

```
SELECT MD5('pa55word');

+--------------------------------+
| MD5('pa55word')|
+--------------------------------+
| a17a41337551d6542fd005e18b43afd4 |
+--------------------------------+
1 row in set(0.13 sec)
```

下面是 PASSWORD 函数：

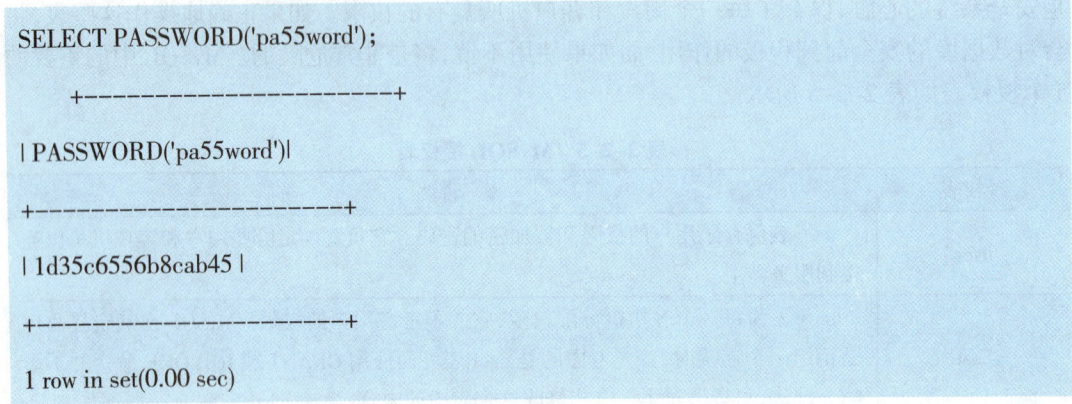

```
SELECT PASSWORD('pa55word');

    +----------------------+

| PASSWORD('pa55word')|

+----------------------+

| 1d35c6556b8cab45 |

+----------------------+

1 row in set(0.00 sec)
```

下面是 ENCRYPT 函数：

```
SELECT ENCRYPT('pa55word');
+---------------------+

| ENCRYPT('pa55word')|

+---------------------+

| up2Ecb0Hdj25A |

+---------------------+

1 row in set(0.17 sec)
```

上面的每个函数都返回了一个加密后的字符串。为了区分加密字符串的大小写，最好在使用 ENCRYPT 生成加密字符串时，将这个字段定义成 CHAR BINARY 类型。

上面列举了 3 种加密的方法，从实际经验来说，使用 MD5 加密是最好的。因为这样做可以将明文密码显示在处理列表中或是查询日志中，便于跟踪。如下面的 INSERT 语句中插入了一条记录，其中的密码使用了 MD5 进行加密：

```
INSERT INTO table1(user,pw)VALUE('user1',MD5('password1'));
```

可以通过如下的语句进行密码验证：

```
SELECT * FROM table1 WHERE user = 'user1' AND pw = MD5('password1');
```

因此，哈希加密方法可以很好地对密码进行加密，使用了这种方法加密，密码将无法恢复成明文。

2.2.3　使用 phpMyAdmin 管理 MySQL

1. 安装环境
使用 phpMyAdmin 管理 MySQL，我们需要先安装 httpd 和 PHP 环境。

2. 安装 httpd
在安装 httpd 之前需要先安装 APR、APR-util 以及 PCRE-devel 等相关包。由于 CentOS

是最小化安装的，在编译安装 httpd 之前需要 Development Tools 开发工具集，步骤如下。

【代码 2-2-6】 安装需要 Development Tools 开发工具集

```
[root@mysql~]# yum groupinstall Development Tools –y
[root@mysql~]# yum install pcre–devel –y
[root@mysql~]# yum install openssl–devel –y
```

（1）安装 APR

【代码 2-2-7】 安装 APR

```
[root@mysql~]# wget http://mirrors.hust.edu.cn/apache/apr/apr-1.5.2.tar.bz2
[root@mysql~]# tar xf apr-1.5.2.tar.bz2
[root@mysql~]# cd apr-1.5.2
[root@mysql apr-1.5.2]# ./configure --prefix=/usr/local/apr
[root@mysql apr-1.5.2]# make;make install
[root@mysql apr-1.5.2]# cd ..
```

（2）安装 APR–util

【代码 2-2-8】 安装 APR–util

```
[root@mysql~]# wget http://mirrors.hust.edu.cn/apache/apr/apr-util-1.5.4.tar.bz2
[root@mysql~]# tar xf apr-util-1.5.4.tar.bz2
[root@mysql~]# cd apr-util-1.5.4
[root@mysql apr-util-1.5.4]# ./configure --prefix=/usr/local/apr-util
--with-apr=/usr/local/apr
[root@mysql apr-util-1.5.4]# make;make install
[root@mysql apr-util-1.5.4]# cd ..
```

（3）安装 httpd

【代码 2-2-9】 安装 httpd

```
[root@mysql~]# wget http://mirrors.hust.edu.cn/apache/httpd/httpd-2.4.25.tar.bz2
[root@mysql~]# tar xf httpd-2.4.25.tar.bz2
[root@mysql~]# mv apr-1.5.2 httpd-2.4.25/srclib/apr
[root@mysql~]# mv apr-util-1.5.4 httpd-2.4.25/srclib/apr-util
[root@mysql~]# cd httpd-2.4.25
[root@mysql httpd-2.4.25]# ./configure --prefix=/usr/local/apache --sysconfdir=/etc/httpd
--enable-so --enable-ssl --enable-cgi --enable-rewrite --with-zlib --with-pcre
--with-apr=/usr/local/apr --with-apr-util=/usr/local/apr-util --enable-modules=most
--enable-mpms-shared=all --with-mpm=event --with-included-apr
[root@mysql httpd-2.4.25]# make;make install
[root@mysql httpd-2.4.25]# cd ..
```

（4）启动 httpd 服务并测试

编辑路径 /etc/httpd/httpd.conf 文件，启用 ServerName 并设置域名或 IP 地址，如图 2-2-12 所示。

[root@mysql~]# vi /etc/httpd/httpd.conf

```
# ServerName gives the name and port that the server uses to identify itself.
# This can often be determined automatically, but we recommend you specify
# it explicitly to prevent problems during startup.
#
# If your host doesn't have a registered DNS name, enter its IP address here.
#
ServerName 192.168.8.210:80
```

图 2-2-12　启用 ServerName 并设置域名或 IP 地址

启动 httpd 服务：

[root@mysql~]# /usr/local/apache/bin/apachectl start

正常启动如图 2-2-13 所示。

```
[root@mysql ~]# /usr/local/apache/bin/apachectl start
httpd (pid 15211) already running
```

图 2-2-13　正常启动

打开浏览器，进行测试，如果看到如图 2-2-14 所示页面即表示 httpd 安装成功。

图 2-2-14　启动后 httpd 首页

（5）为 httpd 服务配置环境变量

[root@mysql ~]# vi /etc/profile.d/httpd.sh

添加如下内容：

```
#!/bin/bash
export PATH=$PATH：/usr/local/apache/bin
```

执行 httpd.sh 文件：

[root@mysql ~]# . /etc/profile.d/httpd.sh
[root@mysql ~]# echo $PATH

具体代码如图 2-2-15 所示。

```
[root@mysql ~]# echo $PATH
/usr/lib64/qt-3.3/bin:/usr/local/sbin:/usr/local/bin:/sbin:/bin:/usr/sbin:/usr/bin:/usr/lo
cal/mysql/bin:/root/bin:/usr/local/apache/bin
```

图 2-2-15　查看确认系统变量路径

（6）安装 PHP

安装相关依赖文件：

【代码 2-2-10】　安装相关依赖文件

```
[root@mysql ~]# yum install libxml2-devel -y
[root@mysql ~]# yum install bzip2-devel -y
[root@mysql ~]# wget ftp://mcrypt.hellug.gr/pub/crypto/mcrypt/libmcrypt/libmcrypt- 2.5.6.tar.gz
[root@mysql ~]# tar xf libmcrypt-2.5.6.tar.gz
[root@mysql ~]# cd libmcrypt-2.5.6
[root@mysql libmcrypt-2.5.6]# ./configure
[root@mysql libmcrypt-2.5.6]# make;make install
```

解压并编译安装 php-5.6.8：

【代码 2-2-11】　解压并编译安装 php-5.6.8

```
[root@mysql ~]# wget http://am1.php.net/distributions/php-5.5.38.tar.gz
备用地址：http://am1.php.net/distributions/php-5.5.38.tar.gz
[root@mysql ~]# tar xf php-5.5.38.tar.gz
[root@mysql ~]# cd php-5.5.38
[root@mysql php-5.5.38]# ./configure --prefix=/usr/local/php
--with-mysql=/usr/local/mysql --with-openssl
--with-mysqli=/usr/local/mysql/bin/mysql_config --enable-mbstring --with-freetype-dir --with-jpeg-
dir --with-png-dir --with-zlib --with-libxml-dir=/usr --enable-xml
--enable-sockets --with-apxs2=/usr/local/apac he/bin/apxs --with-mcrypt
--with-config-file-path=/etc --with-config-file-scan-dir=/etc/php.d --with-bz2
--enable-maintainer-zts --enable-fpm
[root@mysql php-5.5.38]# make;make install
```

安装选项说明：

【代码 2-2-12】　安装选项说明

```
--prefix=/usr/local/php（安装目录）
--with-mysql=/usr/local/mysql（指定 MySQL 位置）
--with-openssl（支持 OpenSSL 功能）
--with-mysqli=/usr/local/mysql/bin/mysql_config（一种 MySQL 接口）
--enable-mbstring( 支持 mbstring 库 )
--with-freetype-dir（支持 FreeType 功能、字体库、引用特定字体）
--with-jpeg-dir（支持 JPEG)
--with-png-dir（支持 PNG)
--with-zlib（支持通用压缩库）
--with-libxml-dir=/usr（扩展标记语言，XML 库路径位置）
```

--enable-xml（支持扩展标记语言）
--enable-sockets（套接字）
--with-apxs2=/usr/local/apache/bin/apxs（实现让 PHP 编译成 Apache 模块）
--with-mcrypt（加密库）
--with-config-file-path=/etc（配置文件位置）
--with-config-file-scan-dir=/etc/php.d（文件 php.d 目录下也是配置文件一部分）
--with-bz2（压缩）
--enable-maintainer-zts (Apache 是 prwork 模式时不需要用，否则需要用)

启动开机脚本：

【代码 2-2-13】 启动开机脚本

```
[root@mysql php-5.5.38]# cp sapi/fpm/init.d.php-fpm /etc/init.d/php-fpm
[root@mysql php-5.5.38]# chmod +x /etc/init.d/php-fpm
[root@mysql php-5.5.38]# chkconfig --add php-fpm
[root@mysql php-5.5.38]# chkconfig php-fpm on
```

配置文件：

```
[root@mysql php-5.5.38]# cd /usr/local/php/etc
[root@mysql etc]# cp php-fpm.conf.default php-fpm.conf
```

启动测试：

```
[root@mysql etc]# service php-fpm start
Starting php-fpm    done
```

（7）配置 httpd，使其能够支持 PHP

```
[root@mysql etc]# cd /etc/httpd/
```

编辑 httpd.conf 文件：

```
[root@mysql etc]# vi httpd.conf
```

修改如下内容：

【代码 2-2-14】 编辑 httpd.conf 文件，使其支持 PHP

```
# 添加 PHP 类型
AddType application/x-httpd-php .php
AddType application/x-httpd-php-source .phps
# 支持 PHP 网页
<IfModule dir_module>
    DirectoryIndex index.php index.html
</IfModule>
```

（8）重启 httpd 服务，测试 PHP 网页

【代码 2-2-15】 重启 httpd 服务，编辑 PHP 测试网页

```
[root@mysql ~]# service httpd restart
[root@mysql ~]# cd /usr/local/apache/htdocs
创建 index.php 文件：
[root@mysql htdocs]# vi index.php
```

添加如下内容：

```
<?php
phpinfo ();
?>
```

访问 192.168.8.210 PHP 测试网页，如图 2-2-16 所示。

System	Linux mysql 2.6.32-431.el6.x86_64 #1 SMP Fri Nov 22 03:15:09 UTC 2013 x86_64
Build Date	May 4 2017 16:29:37
Configure Command	'./configure' '--prefix=/usr/local/php' '--with-mysql=/usr/local/mysql' '--with-openssl' '--with-mysqli=/usr/local/mysql/bin/mysql_config' '--enable-mbstring' '--with-freetype-dir' '--with-jpeg-dir' '--with-png-dir' '--with-zlib' '--with-libxml-dir=/usr' '--enable-xml' '--enable-sockets' '--with-apxs2=/usr/local/apache/bin/apxs' '--with-mcrypt' '--with-config-file-path=/etc' '--with-config-file-scan-dir=/etc/php.d' '--with-bz2' '--enable-maintainer-zts' '--enable-fpm'
Server API	Apache 2.0 Handler
Virtual Directory Support	enabled
Configuration File (php.ini) Path	/etc
Loaded Configuration File	(none)
Scan this dir for additional .ini files	/etc/php.d
Additional .ini files parsed	(none)
PHP API	20121113
PHP Extension	20121212

图 2-2-16 PHP 测试页

（9）利用 phpMyAdmin 测试 MySQL 连接

从 phpMyAdmin 官方获取最新版本：https://www.phpmyadmin.net/downloads/，下面以 phpMyAdmin-4.6.4-all-languages.tar.gz 为例进行讲解。

【代码 2-2-16】 利用 phpMyAdmin 测试 MySQL 连接

```
[root@mysql htdocs]# wget
https://files.phpmyadmin.net/phpMyAdmin/4.6.4/phpMyAdmin- 4.6.4-all-languages.tar.gz
[root@mysql htdocs]# tar xf phpMyAdmin-4.6.4-all-languages.tar.gz
[root@mysql htdocs]# ln -sv phpMyAdmin-4.6.4-all-languages/ phpmyadmin
'phpmyadmin' -> 'phpMyAdmin-4.6.4-all-languages/'
```

访问 192.168.8.210/phpmyadmin 登录页，如图 2-2-17 所示。

图 2-2-17　phpMyAdmin 登录页

MySQL 配置文件完整代码请扫二维码：

资源 2-3　MySQL 配置文件

2.2.4　任务回顾

 知识点总结

1. MySQL 数据库的安装和配置。
2. 使用 phpMyAdmin，通过网页端管理 MySQL 数据库。

学习足迹

任务二学习足迹如图 2-2-18 所示。

图 2-2-18　任务二学习足迹

思考与练习

1. 编译安装 MySQL。
2. 安装 phpMyAdmin 并能管理 MySQL。

2.3　任务三：NFS 存储部署

【任务描述】

在企业 Web 应用架构中，NFS 网络文件系统一般用来存储共享的视频、图片、附件等静态资源，一般把网站用户上传的文件都放到 NFS 共享里，例如图片、附加、头像，然后前端所有的节点访问这些静态资源时都会读取 NFS 存储上的资源。NFS 是当前互联网系统架构中最常用的数据存储服务之一。NFS 在 Web 应用中架构图如图 2-3-1 所示。

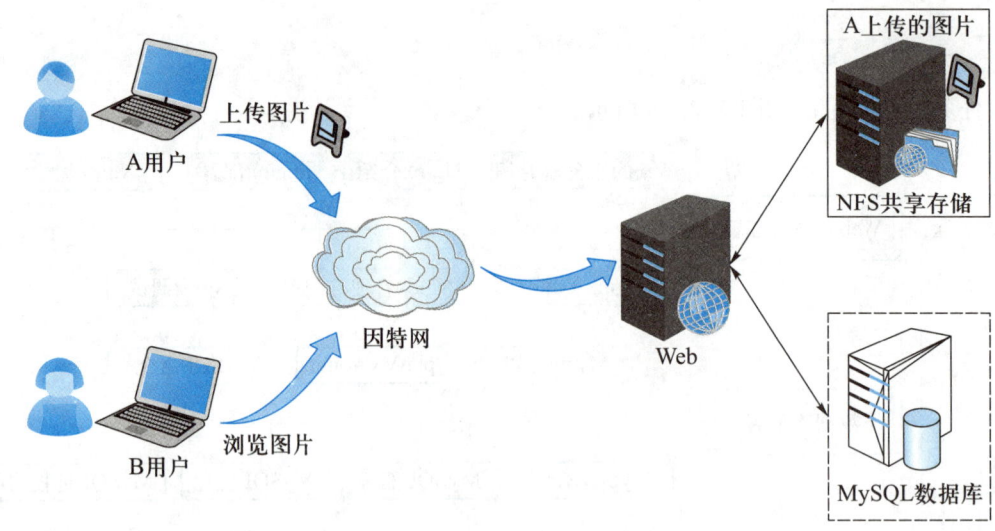

图 2-3-1　NFS 在 Web 应用中的架构

2.3.1　NFS 介绍

　　NFS 的主要功能是通过网络让不同的机器系统之间可以彼此共享文件和目录。NFS 服务器可以允许 NFS 客户端将远端 NFS 服务器端的共享目录挂载到本地的 NFS 客户端中。在本地的 NFS 客户端的机器看来，NFS 服务器端共享的目录就好像自己的磁盘分区和目录一样。一般客户端挂载到本地目录的名字可以随便取，但为方便管理，我们一般和服务器端取一样的名字。

　　NFS 就是通过网络共享目录，让网络上的其他服务器能够挂载访问共享目录内的数据。一般用来存储共享视频、图片等静态数据。NFS 挂载结构图如图 2-3-2 所示。

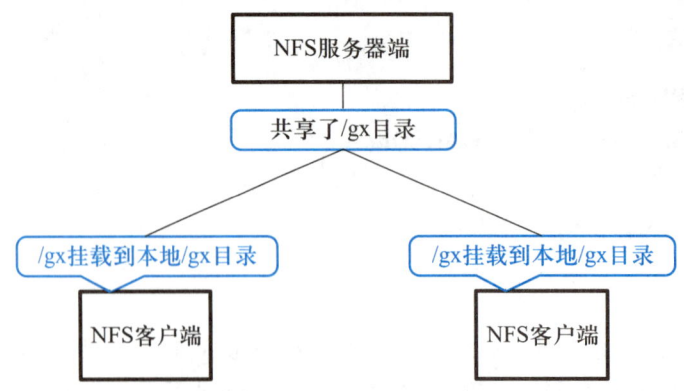

图 2-3-2　NFS 挂载结构图

　　如图 2-3-2 所示，当我们在 NFS 服务器设置好一个共享目录 /data 后，有权访问 NFS 服务器的 NFS 客户端就可以将这个目录挂载到本地，并且能够看到服务器端 /data 的所有数据。因为挂载在本地的 /data 目录，其实就是服务器端的 /data 目录。如果服务器端配置的客户端权限为只读，那么客户端就只能够读；如果权限配置为读写，客户端就能够进行读写。

挂载后，NFS 客户端查看磁盘信息命令为：#df –h。

NFS 是通过网络来进行服务器端和客户端之间的数据传输，两者之间要传输数据就要有相对应的网络端口来进行传输。NFS 服务器端其实是随机选择端口来进行数据传输的。那 NFS 客户端又是如何知道 NFS 服务器端到底使用的是哪个端口呢？其实，NFS 服务器是通过远程过程调用（remote procedure call，RPC）协议 / 服务来实现的。也就是说 RPC 服务会统一管理 NFS 的端口，客户端和服务器端通过 RPC 先沟通 NFS 使用了哪些端口，之后再利用这些端口（小于 1024）来进行数据的传输，由此我们可以知道 RPC 管理服务器端的 NFS 端口分配，客户端要传数据时，客户端的 RPC 会先向服务器端的 RPC 要服务器的端口，要到端口后再建立连接，然后传输数据。

那么 RPC 与 NFS 两者之间究竟存在怎样的关系呢？

RPC 就是用来统一管理 NFS 端口的服务，并且统一对外的端口是 111。NFS 服务器端需要先启动 RPC，再启动 NFS，这样 NFS 才能够到 RPC 去注册端口信息。客户端的 RPC 可以通过向服务器端的 RPC 请求获取服务器端的 NFS 端口信息。当获取到了 NFS 端口信息后，就会以实际端口进行数据的传输。

因为 NFS 有很多功能，不同的功能需要使用不同的端口，所以 NFS 无法固定端口。而 RPC 会记录 NFS 端口的信息，这样我们就能够通过 RPC 实现服务器端和客户端的 RPC 来沟通端口信息。

RPC 和 NFS 之间又是如何相互通信的呢？

首先当 NFS 启动后，就会随机使用一些端口，然后 NFS 就会向 RPC 去注册这些端口，RPC 就会记录下这些端口并且开启 111 端口，等待客户端 RPC 的请求，如果客户端有请求，那么服务器端的 RPC 就会将记录的 NFS 端口信息告知客户端。

> **提示：** 在启动 NFS server 之前，首先要启动 RPC 服务（即 PortMap 服务，下同），否则 NFS server 就无法向 RPC 服务区注册。另外，如果 RPC 服务重新启动，原来已经注册好的 NFS 端口数据就会全部丢失。因此，此时 RPC 服务管理的 NFS 程序也要重新启动以重新向 RPC 注册。特别注意：一般修改 NFS 配置文档后，不需要重启 NFS，直接在命令执行 /etc/init.d/nfs reload 或 exportfs–rv 即可使修改的 /etc/exports 生效。

RPC 一定要先于 NFS 启动，否则 NFS 无法向 RPC 注册。如果 NFS 修改了配置，直接 reload 就可以了。

客户端 NFS 和服务器端 NFS 通信过程如图 2-3-3 所示。

（1）首先，服务器端启动 RPC 服务，并开启 111 端口；

（2）启动 NFS 服务，并向 RPC 注册端口信息；

（3）客户端启动 RPC（PortMap 服务），向服务器端的 RPC（PortMap）服务请求服务器端的 NFS 端口；

（4）服务器端的 RPC（PortMap）服务反馈 NFS 端口信息给客户端；

（5）客户端通过获取的 NFS 端口来建立和服务器端的 NFS 连接并进行数据的传输。

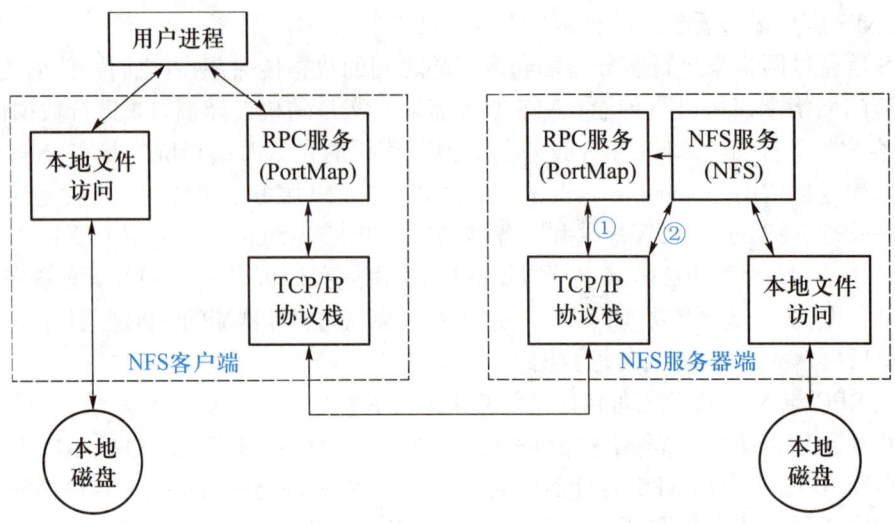

图 2-3-3　客户端 NFS 和服务器端 NFS 通信过程

2.3.2　NFS 部署和配置

1. 服务器端安装

（1）查看系统信息

首先查看系统版本和内核参数。同一个软件在不同版本和内核之间是有差异的，所以部署的方法也不一样。

查看操作系统信息：

```
root@nfssvr01：~# uname –a
Linux nfssvr01 2.6.32–431.el6.x86_64 #1 SMP Fri Nov 22 03：15：09 UTC 2013 x86_64 x86_64 x86_64 GNU/Linux
```

（2）NFS 软件安装

要部署 NFS 服务，必须安装两个软件包：NFS–utils：NFS 主程序、PortMap：RPC 主程序。NFS 服务器端和 Client 端都需要安装这两个软件。

- nfs–utils：NFS 的主程序，包含 rpc.nfsd 和 rpc.mount 这两个 deamons。
- rpcbind：RPC 主程序，可以将 NFS 视为 RPC 下的一个子程序。

查询 nfs–utils 和 rpcbind 包是否安装：

```
root@nfssvr01：~# rpm –qa nfs–utils rpcbind
```

具体代码如图 2-3-4 所示。

```
[root@nfssvr01 ~]# rpm -qa nfs-utils rpcbind
nfs-utils-1.2.3-70.el6_8.2.x86_64
rpcbind-0.2.0-12.el6.x86_64
```

图 2-3-4　查询 nfs–utils 和 rpcbind 包是否安装

如果没有安装，可以使用命令进行安装：

yum –y install nfs–utils rpcbind

（3）NFS 服务启动

因为 NFS 及其辅助程序都是基于 RPC 协议的（使用 RPC 的 111 端口来进行请求的监听）所以首先要确保系统中运行了 rpcbind 服务。客户端和服务器端都要启动 rpcbind 服务，客户端不用启动 NFS 服务，而服务器端需要启动 NFS 服务。

检查 rpcbind 服务状态：

/etc/init.d/rpcbind status

具体代码如图 2-3-5 所示。

```
[root@nfssvr01 ~]# /etc/init.d/rpcbind status
rpcbind is stopped
```

图 2-3-5 检查 rpcbind 服务状态

rpcbind 服务未启动，通过 rpcinfo –p（rpc informationRPC 信息）Localhost 检查时会报错，如图 2-3-6 所示。

```
[root@nfssvr01 ~]# rpcinfo -p
rpcinfo: can't contact rpcbind: RPC: (unknown error code)
```

图 2-3-6 rpcbind 服务未启动

rpcbind 启动命令：

/etc/init.d/rpcbind start

具体代码如图 2-3-7 所示。

```
[root@nfssvr01 ~]# service rpcbind  status
rpcbind (pid  23755) is running...
```

图 2-3-7 启动 rpcbind

查看系统中启用的端口：

netstat –lnt

具体代码如图 2-3-8 所示。

```
[root@nfssvr01 ~]# netstat  -lnt
Active Internet connections (only servers)
Proto Recv-Q Send-Q Local Address           Foreign Address         State
tcp        0      0 0.0.0.0:111             0.0.0.0:*               LISTEN
tcp        0      0 0.0.0.0:22              0.0.0.0:*               LISTEN
tcp        0      0 127.0.0.1:631           0.0.0.0:*               LISTEN
tcp        0      0 127.0.0.1:25            0.0.0.0:*               LISTEN
tcp        0      0 0.0.0.0:54436           0.0.0.0:*               LISTEN
tcp        0      0 :::111                  :::*                    LISTEN
tcp        0      0 :::60625                :::*                    LISTEN
tcp        0      0 :::22                   :::*                    LISTEN
tcp        0      0 ::1:631                 :::*                    LISTEN
tcp        0      0 ::1:25                  :::*                    LISTEN
```

图 2-3-8 查看系统启用的端口

由图 2-3-8，我们可以看到多了一个 111 端口，这个端口就是 RPC 的监听端口。
rpcbind 服务启动正常的显示信息如图 2-3-9 所示。

```
[root@nfssvr01 ~]# rpcinfo -p localhost
program vers proto   port  service
 100000    4   tcp    111  portmapper
 100000    3   tcp    111  portmapper
 100000    2   tcp    111  portmapper
 100000    4   udp    111  portmapper
 100000    3   udp    111  portmapper
 100000    2   udp    111  portmapper
```

图 2-3-9　rpcbind 服务启动正常的显示信息

rpfinfo 就是用来查看在 RPC 注册的端口信息。NFS 系统服务启动后，就会向 RPC 去注册信息，此时就能够查看到注册了哪些信息。

启动 NFS 服务：

/etc/init.d/nfs start

具体代码如图 2-3-10 所示。

```
[root@nfssvr01 ~]# /etc/init.d/nfs start
Starting NFS services:  [  OK  ]
Starting NFS quotas:    [  OK  ]
Starting NFS mountd:    [  OK  ]
Starting NFS daemon:    [  OK  ]
Starting RPC idmapd:    [  OK  ]
```

图 2-3-10　启动 NFS 服务

查看 NFS 状态：

service nfs status

具体代码如图 2-3-11 所示。

```
[root@nfssvr01 ~]# /etc/init.d/nfs status
rpc.svcgssd is stopped
rpc.mountd (pid 1490) is running...
nfsd (pid 1505 1504 1503 1502 1501 1500 1499 1498) is running...
rpc.rquotad (pid 1486) is running...
```

图 2-3-11　查看 NFS 状态

在查看 NFS 的状态时，显示了 4 个程序的状态，其中，rpc.svcgssd 与本节所要讲的内容无关，这里先不做讨论。此外，NFS 包含了 mountd 挂载和 quotad 配额的管理机制的程序，各自代表含义如表 2-3-1 所示。

表 2-3-1　NFS 程序表

RPC 主程序的三个进程	含义
rpc.mountd	NFS 挂载程序，管理客户端是否能够登入
nfsd	NFS 主程序，管理客户端能够取得的权限
rpc.rqutod	管理共享配额

从 NFS 服务启动的信息中，我们可以看到 NFS 默认需要启动的进程有 rpc.mountd，nfsd，rpc.rquotad。NFS 服务器启动时依靠 rpc.mountd 和 nfsd 两个进程，rpc.mountd 管理客户端是否能够登入，nfsd 管理客户端能够取得的权限。如果还需要管理配额（quota），NFS 还要加载 rpc.rquotad 程序。

- nfsd（rpc.conf），这个 daemon 的主要功能就是管理客户端是否能够登入主机，其中还包含登入者的 ID 判别。
- rpc.mountd，这个 daemon 的主要功能则是管理 NFS 的文件系统。当客户端顺利通过rpc.nfsd 登入主机后，在它可以使用 NFS 服务器提供规定文件之前，还会经过文件使用权限的认证程序。它会去读取 NFS 的配置文件 /etc/exports 来对比客户端的权限，当通过这一关之后，客户端也就会取得使用 NFS 文件的权限。因此，仅在 /etc/exports 中设置 NFS 的权限是不够的。

设置 rpcbind 开机启动：

```
chkconfig   rpcbind on
```

设置 NFS 开机启动：

```
chkconfig   nfs   on
```

利用 chkconfig --list 命令检测 NFS 服务器的自启动状态：

```
chkconfig --list   | egrep "nfs|port"
```

具体代码如图 2-3-12 所示。

```
[root@nfssvr01 ~]# chkconfig --list   | egrep "nfs|port"
nfs              0:off   1:off   2:on    3:on    4:on    5:on    6:off
nfslock          0:off   1:off   2:off   3:on    4:on    5:on    6:off
portreserve      0:off   1:off   2:on    3:on    4:on    5:on    6:off
```

图 2-3-12　检测 NFS 服务器的自启动状态

说明：0、1、2、6 运行级别下是关闭的，3、4、5 运行级别下是开启的，即当系统运行在 3、4、5 运行级别时，NFS 服务能够随系统的启动而启动，别的运行级别则不行。

2. 配置 NFS 服务

（1）创建共享目录 /data

```
root@nfssvr01：~# mkdir –p /data
```

修改 /data 及子文件属主属组为 nfsnobody：

```
root@nfssvr01：~# chown –R nfsnobody.nfsnobody /data
```

具体代码如图 2-3-13 所示。

```
[root@nfssvr01 /]# ll -ld /data
drwxr-xr-x. 2 nfsnobody nfsnobody 4096 Oct   9 17:20 /data
```

图 2-3-13　修改 data 及子文件属主属组为 nfsnobody

NFS 服务配置文件路径为：/etc/exports，默认是为空。具体代码如图 2-3-14 所示。

```
[root@nfssvr01 ~]# ll /etc/exports
-rw-r--r--. 1 root root 0 Jan 12  2010 /etc/exports
```

图 2-3-14　NFS 服务配置文件路径

（2）编辑 NFS 服务端配置文件

编辑文件：vi /etc/exports，添加如下内容。这里要注意添加 all_squash 是将所有的普通用户压缩成匿名用户 nobody，如果不加 rw 参数，客户端普通用户将没有写的权限。

/data 192.168.8.0/24（rw，sync，all_squash）

NFS 服务器共享配置格式说明如表 2–3–2 所示。

表 2–3–2　NFS 服务器共享配置格式

基本格式	共享目录客户端地址（共享参数）
共享目录	存在于我们本机上的目录，可以共享给网络上的其他主机使用。如要共享 /data 目录，那么此选项可以直接写 /data 目录
客户端地址	客户端地址能够设置一个网络，也可以设置单个主机
共享参数设置	rw：读写属性 sync：同步更新，文件实际写入磁盘后才返回 all_squash：压缩来访账号，所有访问用户均被压缩成后续接的用户 anonuid：默认压缩的用户 anongid：默认压缩的用户组

客户端地址选项说明如表 2–3–3 所示。

表 2–3–3　客户端共享配置格式

客户端地址	具体地址例子	说明
授权单一客户端访问 NFS	192.168.8.100	一般情况下，生产环境中此配置不多
授权整个网段可访问 NFS	192.168.8.0/24	其中的 /24 表示掩码为 255.255.255.0，这在生产环境中最常见的配置
授权整个网段	192.168.8.*	指定网段的另外写法（需要验证）

生产环境常见配置实例如表 2–3–4 所示。

表 2–3–4　生产示例常见配置

常用格式说明	要共享的目录客户端 IP 地址或 IP 段
配置实例 1	/data　192.168.8.0/24(rw,sync) sync 表示同步更新到磁盘，同步将内存内的文件写入到磁盘空间，保证数据不丢失，但会影响性能
配置实例 2	/data 192.168.8.0/24(rw,sync,all_squash,anonuid=2000,anongid=2000) 生产环境中常用的一种配置，适合多客户端共享一个 NFS 目录 all_squash 是指不管客户端是以什么样的身份来进行访问的，都会被压缩成为 all_squash 后面所接的用户和群组身份。此处用 anonuid、anongid 编号来表示
配置实例 3	/data 192.168.8.0/24(ro)

NFS 配置权限设置，即 /etc/exports 文件配置格式中小括号 ( ) 里的参数集，如表 2-3-5 所示。

表 2-3-5　NFS 配置权限设置

参数命令	参数用途
rw***	表示可读写
ro	Read-only，表示只读权限
Sync***	请求或者写入数据时，数据同步写入到 NFS server 的硬盘中后才会返回
no_root_squas	访问 NFS server 共享目录的用户如果是 root 的话，它对该目录具有 root 权限。这个配置原本是为无盘用户准备的，用户应避免使用
root_squash	对于访问 NFS server 共享目录的用户，如果是 root 的话会被压缩成为 nobody 用户身份
all_squash***	不管访问 NFS server 共享目录的用户身份如何包括 root，其权限都将被压缩成为匿名用户，同时它们的 udi 和 gid 都会变成 nobody 或 nfsnobody 账户的 uid 和 gid。在多个 NFS 客户端同时读写 NFS server 数据时，参数 *** 很有用，它可以确保大家写入的数据的权限是一样的。 但不同系统有可能匿名用户的 uid、gid 不同，因为此处我们需要服务器端和客户端之间的用户一样。比如：服务器端指定匿名用户的 uid 为 2000，那么客户端也一定要存在 2000 这个账号才可以
anonuid	anonuid 就是匿名的 uid 和 gid，用来说明客户端以什么权限来访问服务器端，在默认情况下是 nfsnobody.Uid65534
anongid	同 anongid，就是把 uid 换成 gid 而已

（3）重新加载 NFS 服务

NFS 服务配置完成后重新加载：

```
/etc/init.d/nfs reload ===exportfs -r
```

查看共享目录状态：

```
cat /var/lib/nfs/etab
```

具体代码如图 2-3-15 所示。

```
[root@nfssvr01 ~]# cat /var/lib/nfs/etab
/data    192.168.8.0/24(rw,sync,wdelay,hide,nocrossmnt,secure,root_squash,all_squash,no_sub
tree_check,secure_locks,acl,anonuid=65534,anongid=65534,sec=sys,rw,root_squash,all_squash)
```

图 2-3-15　查看共享目录状态

挂载前首先检查有权限需要挂载的信息：

```
root@nfssvr01:~# showmount -e 192.168.8.223
```

具体代码如图 2-3-16 所示。

```
[root@nfssvr01 ~]# showmount -e 192.168.8.223
Export list for 192.168.8.223:
/data 192.168.8.0/24
```

图 2-3-16 检查有权限需要挂载的信息

（4）检查或测试挂载

将 /data 共享目录挂载到 /mnt 目录：

root@nfssvr01：~# mount –t nfs 192.168.8.223：/data /mnt

用 df-h 查看挂载情况，如图 2-3-17 所示。

```
[root@nfssvr01 ~]# df -h
Filesystem                         Size  Used Avail Use% Mounted on
/dev/mapper/vg_nfssvr01-lv_root     50G  1.9G   45G   5% /
tmpfs                              495M     0  495M   0% /dev/shm
/dev/sda1                          485M   34M  426M   8% /boot
/dev/mapper/vg_nfssvr01-lv_home     47G  180M   45G   1% /home
192.168.8.223:/data                 50G  1.9G   45G   5% /mnt
```

图 2-3-17 查看挂载情况

（5）NFS 开启防火墙配置

修改 /etc/services 文件：vi /etc/services，配置 rpc、nfsd、rquotad、mountd 使用的端口（配置之前先检查一下是否已经配置过了，已经配置过的就不需要再配置），一般系统中默认配置了 rpc、nfsd、rquotad，只需要在文件末尾添加如下 mountd 配置：

mountd	48620/tcp	# rpc.mountd
mountd	48620/udp	# rpc.mountd

这里有一点要注意，配置 mountd 占用端口如果大于 1024，在文件 /etc/exports 里需要加入参数 insecure。如：192.168.8.223（insecure, rw, async, root_squash, no_all_squash）。

在防火墙配置文件里开放上面配置的端口。

编辑文件 vi /etc/sysconfig/iptables，添加如下内容：

【代码 2-3-1】 在防火墙配置文件里开放上面配置的端口

```
#rpc
–A INPUT –m state ––state NEW –m tcp –p tcp ––dport 121 –j ACCEPT
–A INPUT –m state ––state NEW –m udp –p udp ––dport 121 –j ACCEPT
#nfsd
–A INPUT –m state ––state NEW –m tcp –p tcp ––dport 2049 –j ACCEPT
–A INPUT –m state ––state NEW –m udp –p udp ––dport 2049 –j ACCEPT
#rquotad
–A INPUT –m state ––state NEW –m tcp –p tcp ––dport 875 –j ACCEPT
–A INPUT –m state ––state NEW –m udp –p udp ––dport 875 –j ACCEPT
#mountd
–A INPUT –m state ––state NEW –m tcp –p tcp ––dport 48620 –j ACCEPT
–A INPUT –m state ––state NEW –m udp –p udp ––dport 48620 –j ACCEPT
```

（6）设置 NFS 服务开机启动

启动文件路径为 /etc/rc.local，打开文件，在末尾加上如下内容：

```
/etc/init.d/rpcbind start
/etc/init.d/nfs start
root@nfssvr01：~# vi /etc/rc.local
```

具体代码如图 2-3-18 所示。

```
#!/bin/sh
#
# This script will be executed *after* all the other init scripts.
# You can put your own initialization stuff in here if you don't
# want to do the full Sys V style init stuff.

touch /var/lock/subsys/local

/etc/init.d/rpcbind start
/etc/init.d/nfs start
```

图 2-3-18　设置 NFS 服务开机启动

【想一想】

* 客户端以什么身份来访问？

客户端访问服务器端默认是使用 nfsnobody 这个用户来进行访问的。uid 和 gid 为 65534。服务器默认共享时，也是加上了 all_squash 这个参数，并制定 anonuid 为 65534（也就是 nfsnobody 用户）。当然如果系统中 nfsnobody 是其他的 uid，那么就有可能造成访问权限出现问题。所以最好我们可以通过统一设置一个用户来访问，统一 uid、gid。

* 挂载情况是怎样的？

有两个重要的文件，能够解决这个疑问。/var/lib/nfs/etab、/var/lib/nfs/rmtab 这两个文件就能够查看服务器上共享了什么目录，到底有多少客户端挂载了共享，以及客户端挂载的具体信息。

① etab 这个文件能看到服务器上共享了哪些目录，执行哪些人可以使用，并且设定的参数为何。

② rmtab 这个文件就是能够查看到共享目录被挂载的情况。

3. NFS 挂载实例

实例 1：将 /data 目录共享给 192.168.8.0/24 网段。

（1）客户端安装

不同类型的操作系统安装有所区别，CentOS 系统客户端安装命令为：

```
yum -y install nfs-utils rpcbind
```

（2）查看 NFS server 上共享的目录

```
root@mobileshop：~# showmount -e 192.168.8.233
```

具体代码如图 2-3-19 所示。

```
root@mobileshop:~# showmount -e 192.168.8.223
Export list for 192.168.8.223:
/data 192.168.8.0/24
```

图 2-3-19 查看 NFS server 上共享的目录

（3）执行挂载

root@mobileshop：~# mount –t nfs 192.168.8.223：/data /mnt

具体代码如图 2-3-20 所示。

```
root@mobileshop:~# df -h
文件系统            容量     已用    可用  已用%  挂载点
udev              480M       0    480M   0%  /dev
tmpfs             100M    4.5M     95M   5%  /run
/dev/sda1          49G    2.9G     43G   7%  /
tmpfs             497M       0    497M   0%  /dev/shm
tmpfs             5.0M       0    5.0M   0%  /run/lock
tmpfs             497M       0    497M   0%  /sys/fs/cgroup
tmpfs             100M       0    100M   0%  /run/user/1000
192.168.8.223:/data  50G   2.0G     45G   5%  /mnt
```

图 2-3-20 执行挂载

（4）测试读写权限

在挂载目录下分别创建测试文件和文件夹：

root@mobileshop：~# mkdir –p /mnt/ceshi

root@mobileshop：~# touch ceshi.txt

创建后目录结构如图 2-3-21 所示。

```
root@mobileshop:/mnt# mkdir /mnt/ceshi
root@mobileshop:/mnt# touch ceshi.txt
root@mobileshop:/mnt# ll
总用量 12
drwxr-xr-x  3 nobody 4294967294 4096 10月 10 16:50 ./
drwxr-xr-x 22 root   root       4096 9月  30 09:41 ../
drwxr-xr-x  2 nobody 4294967294 4096 10月 10 16:50 ceshi/
-rw-r--r--  1 nobody 4294967294    0 10月 10 16:50 ceshi.txt
```

图 2-3-21 创建测试文件和文件夹的目录结构

回到服务端共享目录查看文件是否创建成功：

root@nfssvr01：~# cd /data

root@nfssvr01：~# ll

目录结构如图 2-3-22 所示。

```
[root@nfssvr01 data]# cd /data
[root@nfssvr01 data]# ll
total 4
drwxr-xr-x. 2 nfsnobody nfsnobody 4096 Oct 10 16:50 ceshi
-rw-r--r--. 1 nfsnobody nfsnobody    0 Oct 10 16:50 ceshi.txt
```

图 2-3-22 查看服务端共享目录下的文件是否创建成功

（5）设置客户端挂载开机启动

启动文件路径为 /etc/rc.local，编辑该文件在末尾加上如下内容：

/bin/mount −t nfs 192.168.8.223：/data /mnt

具体代码如图 2-3-23 所示。

```
#!/bin/sh -e
#
# rc.local
#
# This script is executed at the end of each multiuser runlevel.
# Make sure that the script will "exit 0" on success or any other
# value on error.
#
# In order to enable or disable this script just change the execution
# bits.
#
# By default this script does nothing.

/bin/mount -t nfs 192.168.8.223:/data /mnt

exit 0
```

图 2-3-23　设置客户端挂载开机启动

（6）mount 挂载性能优化参数选项

① 禁止更新目录及文件时间戳挂载

mount −t nfs −o noatime，nodiratime 192.168.8.223：/data /mnt

② 安全加优化的挂载方式

mount −t nfs −o

nosuid，noexec，nodev，noatime，nodiratime，intr，rsize=131072，wsize=131072 192.168.8.223：/

data /mnt

具体代码如图 2-3-24 所示。

```
ictuniv@mobileshop:/mnt$ cat /proc/mounts
sysfs /sys sysfs rw,nosuid,nodev,noexec,relatime 0 0
proc /proc proc rw,nosuid,nodev,noexec,relatime 0 0
udev /dev devtmpfs rw,nosuid,relatime,size=490808k,nr_inodes=122702,mode=755 0 0
devpts /dev/pts devpts rw,nosuid,noexec,relatime,gid=5,mode=620,ptmxmode=000 0 0
tmpfs /run tmpfs rw,nosuid,noexec,relatime,size=101628k,mode=755 0 0
/dev/sda1 / ext4 rw,relatime,errors=remount-ro,data=ordered 0 0
securityfs /sys/kernel/security securityfs rw,nosuid,nodev,noexec,relatime 0 0
tmpfs /dev/shm tmpfs rw,nosuid,nodev 0 0
tmpfs /run/lock tmpfs rw,nosuid,nodev,noexec,relatime,size=5120k 0 0
tmpfs /sys/fs/cgroup tmpfs ro,nosuid,nodev,noexec,mode=755 0 0
cgroup /sys/fs/cgroup/systemd cgroup rw,nosuid,nodev,noexec,relatime,xattr,release_agent=/
lib/systemd/systemd-cgroups-agent,name=systemd 0 0
pstore /sys/fs/pstore pstore rw,nosuid,nodev,noexec,relatime 0 0
cgroup /sys/fs/cgroup/net_cls,net_prio cgroup rw,nosuid,nodev,noexec,relatime,net_cls,net_
prio 0 0
systemd-1 /proc/sys/ts/binfmt_misc autofs rw,relatime,fd=24,pgrp=1,timeout=0,minproto=5,ma
xproto=5,direct 0 0
mqueue /dev/mqueue mqueue rw,relatime 0 0
debugfs /sys/kernel/debug debugfs rw,relatime 0 0
hugetlbfs /dev/hugepages hugetlbfs rw,relatime 0 0
fusectl /sys/fs/fuse/connections fusectl rw,relatime 0 0
sunrpc /run/rpc_pipefs rpc_pipefs rw,relatime 0 0
192.168.8.223:/data /mnt nfs4 rw,relatime,vers=4.0,rsize=131072,wsize=131072,namlen=255,ha
rd,proto=tcp,port=0,timeo=600,retrans=2,sec=sys,clientaddr=192.168.8.5,local_lock=none,add
r=192.168.8.223 0 0
tmpfs /run/user/1000 tmpfs rw,nosuid,nodev,relatime,size=101628k,mode=700,uid=1000,gid=100
0 0 0
```

图 2-3-24　安全加优化的挂载方式

【知识拓展】

常用分布式文件系统介绍

当前市面上各种分布式文件系统种类繁多。当前比较流行的分布式文件系统包括：Lustre、Hadoop、Mogile FS、FreeNAS、FastDFS、NFS、OpenAFS、Moose FS、pNFS 以及 GoogleFS。

（1）Lustre

Lustre 是一个大规模的、安全可靠的、具备高可用性的集群文件系统，它是由 SUN 公司开发和维护。该项目主要目的就是开发下一代的集群文件系统，可以支持超过 10 000 个节点，数以 PB 的数量存储系统。

Lustre 是开放源代码的集群文件系统，采取 GPL 许可协议，目前在集群计算机里，计算机与磁盘间数据交换的提升无法跟上微处理器和内存增长的速度，从而也拖累了应用程序的性能，一种新兴的集群文件系统软件提高了 I/O 速度，可能降低企业购买存储设备的成本并改变企业购买存储的方式，集群文件系统已经在大学、实验室和超级计算机研究中心使用，而且即将进入通用商业计算市场。新的集群文件系统采用了开源的 Lustre 技术，由美国能源部（Department of Energy）开发，HP 公司提供商业支持。它显著提高了输入输出（I/O）速度，目前已经在高校、国家实验室和超级计算研究中心产生了一定影响，未来几年中，它很有可能进入普通的商业计算机领域。

运行环境为 Linux，开发语言为 C/C++。

（2）Hadoop

Hadoop 并不仅仅是一个用于存储的分布式文件系统，而且是设计用来在由通用计算设备组成的大型集群上执行分布式应用的框架。

（3）Mogile Fs

Mogile Fs 是一个开源的分布式文件系统，主要特征包括：应用层的组件、无单点故障、自动文件复制、具有比 RAID 更好的可靠性、无须 RAID nigukefs 支持、运行环境为在 Linux。

（4）FreeNAS

FreeNAS 是网络附加存储（NAS）服务专用操作系统（FreeBSD 的简化版）。基于 m0n0wall 防火墙，该系统通过提供磁盘管理及 RAID 软件，可让用户 home 将 PC 转换为 NAS 服务器，支持 FTP/NFS/RSYNC/CIFS/AFP/UNISON/SSH sourceforge.net/pro 协议，旨在让人们重新使用旧硬件。

（5）FastDFS

FastDFS 是一个开源的分布式文件系统，它对文件进行管理，功能包括：文件存储、文件同步、文件访问（文件上传、文件下载）等，解决了大容量存储和负载均衡的问题。特别适合以文件为载体的在线服务，如相册网站、视频网站等。FastDFS 服务端有两个角色：跟踪器（tracker）和存储节点（storage）。跟踪器主要做调度的工作，在访问上起负载均衡的作用。存储节点用于存储文件，完成文件管理的所有功能：包括存储、同步和提供存取接口。FastDFS 同时对文件的 meta data 进行管理。文件的

meta data 就是文件的相关属性，以键值对（key value pair）方式表示，如：width=1024，其中的 key 为 width，value 为 1024。文件 meta data 是文件属性列表，可以包含多个键值树。

开发语言为 C/C++，运行环境为 Linux 系统。

（6）NFS

网络文件系统是 FreeBSD 支持的文件系统中的一种，也被称为 NFS。

NFS 允许一个系统在网络上与他人共享目录和文件。通过使用 NFS，用户和程序可以像访问本地文件一样访问远端系统上的文件。它的优点如下。

① 本地工作站使用更少的磁盘空间，因为通常的数据可以存放在一台机器上而且可以通过网络访问到。

② 用户不必在每个网络上机器里面都有一个 home 目录。home 目录可以被放在 NFS 服务器上并且在网络上处处可用。

③ 诸如软驱、CDROM 和 ZIP 之类的存储设备可以在网络上面被别的机器使用。可以减少整个网络上的可移动介质设备的数量。

开发语言为 C/C++，可跨平台运行。

（7）OpenAFS

OpenAFS 是一套开放源代码的分布式文件系统，允许系统之间通过局域网和广域网来分享档案和资源。OpenAFS 是围绕一组叫作 cell 的文件服务器组织的，每个服务器的标识通常隐藏在文件系统中，从 AFS 客户机登录的用户将分辨不出他们在哪个服务器上运行，因为从用户的角度上看，他们想在有识别的 UNIX 文件系统语义的单个系统上运行。

文件系统内容通常都是跨 cell 复制，一个硬盘的失效不会损害 OpenAFS 客户机上的运行。OpenAFS 需要高达 1GB 的大容量客户机缓存，以允许访问经常使用的文件。它是一个十分安全的基于 Kerberos 的系统，它使用访问控制列表（ACL）以便可以进行细粒度的访问，这不是基于通常的 Linux 和 UNIX 的安全模型。

开发协议为 IBM Public，运行环境为 Linux。

（8）Moose FS

Moose FS 是一个具备容错功能的网络分布式文件系统，它将数据分布在网络中的不同服务器上。Moose FS 通过 FUSE 后，看起来就像是一个 UNIX 的文件系统。但是，它还是不能解决单点故障的问题。

开发语言为 Perl，可跨平台操作。

（9）pNFS

网络文件系统（NFS）是大多数局域网（LAN）的重要的组成部分。但 NFS 不适用于高性能计算中苛刻的输入输出密集型程序，至少以前是这样。NFS 标准的最新修改纳入了 parallel NFS（pNFS），它是文件共享的并行实现，将传输速率提高了几个数量级。

开发语言为 C/C++，运行环境为 Linux。

（10）Google FS

Google FS 是一种比较不错的可扩展分布式文件系统，用于大型的、分布式的、对大量数据进行访问的应用。它运行于廉价的普通硬件上，但可以提供容错功能，也可以给大量的用户提供性能较高的服务。它是 Google 自己开发的。

2.3.3　任务回顾

知识点总结

1. NFS 共享存储介绍。
2. NFS 部署和配置。
3. Linux 系统下磁盘挂载。

学习足迹

任务三学习足迹如图 2-3-25 所示。

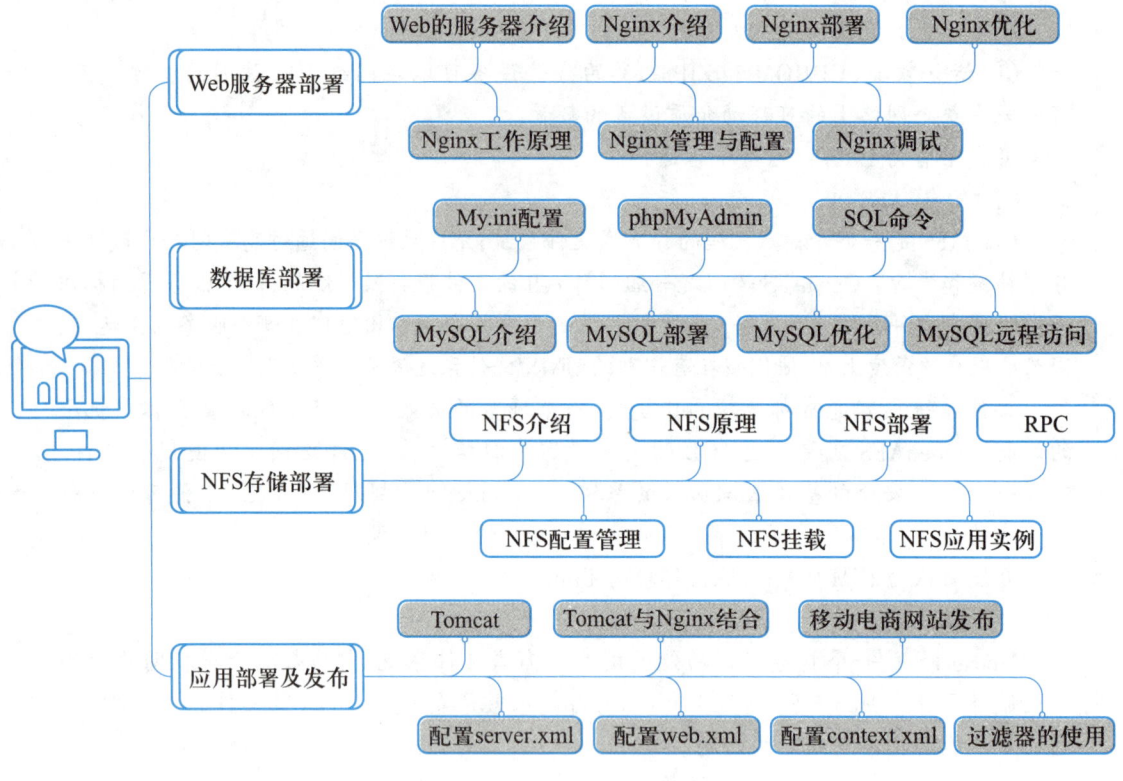

图 2-3-25　任务三学习足迹

思考与练习

1. 安装部署 NFS 服务器。
2. 把 NFS 共享目录挂载到本地。

2.4　任务四：移动电商应用发布

【任务描述】

我们平时浏览的网站可能由不同的 Web 语言编写，如 ASP，JSP，PHP 等。当然，这些语言与传统的语言有着密切的联系,如 PHP 基于 C 和 C++ 语言,JSP 基于 Java 语言。移动电商系统(后面简称 mobileshop)采用 Java 主流框架开发,基于 Spring、Struts2 和 FreeMarker 集成框架。本节我们介绍的 Tomcat 是一个 JSP 和 Servlet 的运行平台。我们选择采用 Tomcat 作为 mobileshop 的发布容器。

2.4.1　Tomcat 应用服务器

1. Tomcat 介绍

Tomcat 是一个免费开源的 Serlvet 容器,它是 Apache 基金会的 Jakarta 项目中的一个核心项目,由 Apache、Sun 和其他一些公司及个人共同开发而成。Tomcat 是一个小型的轻量级应用服务器,在中小型系统和并发访问用户不是很多的场合下被普遍使用,是开发和调试 JSP 程序的首选。

在 Tomcat 中,应用程序的部署很简单,只需将 WAR 文件放到 Tomcat 的 webapps 目录下,Tomcat 会自动检测到这个文件,并将其解压。然后在浏览器中输入应用的 JSP 地址即可访问。

2. Tomcat 应用服务器部署

(1)JDK 环境安装

从官网下载 JDK。本手册以 jdk–7u80–linux–x64.tar.gz 安装为例。

新建 jvm 目录:

```
mkdir –p /usr/lib/jvm
```

解压文件到该目录下:

```
sudo tar –zxvf jdk–7u80–linux–x64.tar.gz –C /usr/lib/jvm
```

修改目录名称为 java:

```
mv jdk1.7.0_80 java
```

(2)配置环境变量

【代码 2–4–1】 配置环境变量

```
cd /usr/lib/jvm
执行 sudo vim /etc/profile,在文件末尾加上如下环境变量:
export JAVA_HOME=/usr/lib/jvm/java
export JRE_HOME=${JAVA_HOME}/jre
export CLASSPATH=.:${JAVA_HOME}/lib:${JRE_HOME}/lib
export PATH=${JAVA_HOME}/bin:$PATH
```

使环境变量生效:

```
source /etc/profile
```

打开终端输入命令：java –version，出现如下代码则说明安装成功：

```
java version "1.7.0_80"
Java（TM）SE Runtime Environment（build 1.7.0_80–b15）
Java HotSpot（TM）64–Bit Server VM（build 24.80–b11，mixed mode）
```

（3）安装部署 Tomcat

首先，登录 Tomcat 官网下载 Tomcat。

解压 apache–tomcat–7.0.62.zip：

```
unzip apache–tomcat–7.0.62.zip
```

复制解压后的文件到 /opt/tomcat 目录：

```
sudo cp –r apache–tomcat–7.0.62 /opt/tomcat
```

编辑启动脚本文件 startup.sh，关闭脚本文件 shutdown.sh：

```
sudo vim /opt/tomcat/bin/startup.sh
sudo vim /opt/tomcat/bin/shutdown.sh
```

添加如下 JDK 和 JRE 环境变量保存：

【代码 2–4–2】 添加 JDK 和 JRE 环境变量保存

```
JAVA_HOME=/usr/lib/jvm/java
JRE_HOME=${JAVA_HOME}/jre
PATH=$PATH:${JAVA_HOME}/bin:${JRE_HOME}
CLASSPATH=.:${JRE_HOME}/lib/rt.jar:${JAVA_HOME}/lib/dt.jar:${JAVA_HOME}/lib/tools.jar
TOMCAT_HOME=/opt/tomcat
```

修改 bin 目录下 .sh 权限：

```
sudo chmod u+x *.sh
```

启动 Tomcat：

```
sudo /opt/tomcat/bin/startup.sh
```

打开浏览器，输入网址：http：//localhost：8080/，显示如图 2–4–1 则表示配置成功。

停止 Tomcat：

```
sudo /opt/tomcat/bin/shutdown.sh
```

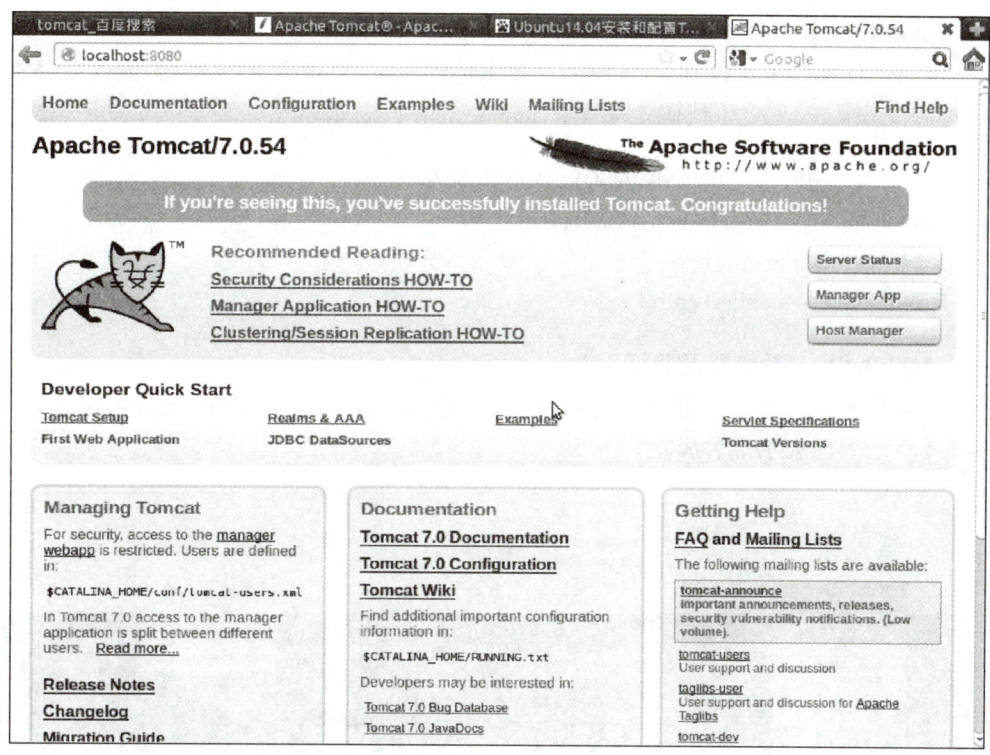

图 2-4-1　Tomcat 首页

2.4.2　移动电商系统打包发布

1. MobileShop 系统上传及配置

使用 SSH 连接服务器，使用 scp 指令将本地的 mobileshop.war 上传到服务器端的 /opt/tomcat/webapps 目录下。上传之前，我们需要临时修改 /opt/tomcat/webapps 目录，让其具有可写权限，在上传完毕后，再去掉其可写权限。上传指令如下：

```
scp ~/Desktop/mobileshop.war username@192.168.8.203：/opt/tomcat/webapps
```

上传完毕，进入目标目录进行查验。

修改数据库连接配置文件 jdbc.properties，数据库是任务二安装的 MySQL 数据库，IP 地址为 192.168.8.210。

【代码 2-4-3】　修改数据库连接配置文件 jdbc.properties

```
sudo vim /opt/tomcat/webapps/config/jdbc.properties
jdbc.url=jdbc\:mysql\://192.168.8.210\:3306/mobileshop?useUnicode\=true&characterEncoding\=utf8
&autoReconnect\=true
    jdbc.username= 数据库用户
    jdbc.password= 数据库密码
    jdbc.driverClassName=com.mysql.jdbc.Driver
```

2. mobileshop 数据库导入

上传 mobileshop.sql 文件到服务器中，这里上传到 home 目录下，打开终端，输入命令如下。

【代码 2-4-4】　mobileshop 数据库导入

```
mysql -u root -p，输入密码登录到 MySQL，执行如下语句：
mysql> create database mobileshop default charset utf8;
    -> use mobileshop;
    -> source /home/mobileshop.sql
```

3. MobileShop 系统登录验证

打开浏览器，分别输入前台界面、后台登录界面和后台管理界面，出现如图 2-4-2 ～
图 2-4-4 所示界面表示部署成功。

图 2-4-2　移动电商前台首页

图 2-4-3　移动电商后台登录页面

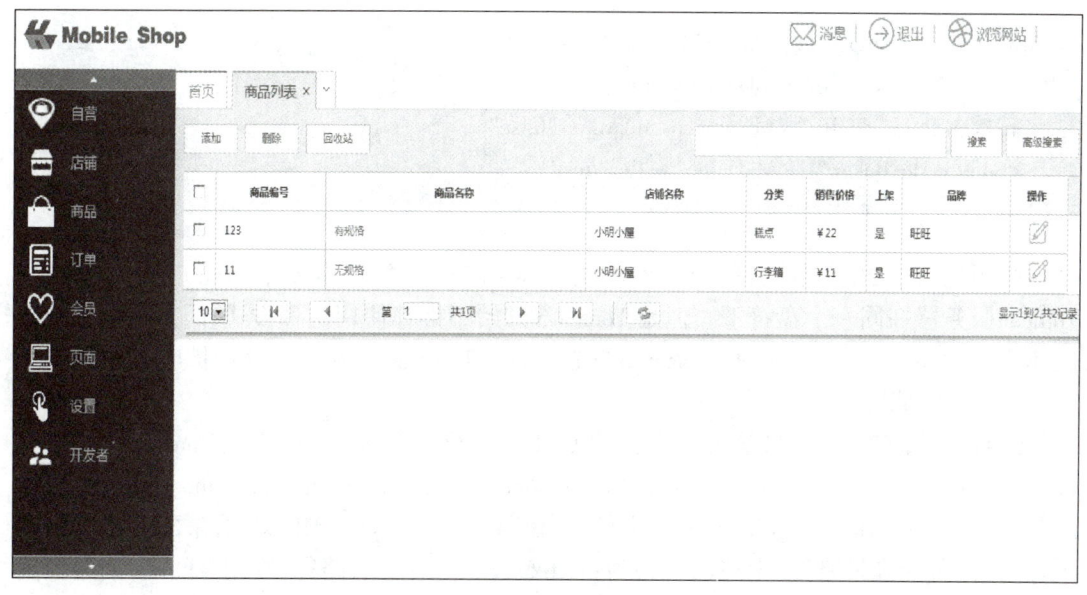

图 2-4-4 移动电商后台管理页面

具体地址如下：

① 前台界面：http://192.168.8.10/mobileshop

② 后台登录界面：http://192.168.8.10/mobileshop/admin

③ 后台管理界面：http://192.168.8.10：8080/mobileshop/admin/backendUi!main.do

4. Web 应用部署方式介绍

（1）基本发布

Tomcat 安装目录下有一个 webapps 目录，该目录存放所有的 Web 应用程序，Tomcat 会自动管理该目录下的所有 Web 应用。因此，最简单的部署方式就是将要部署的 Web 应用直接复制到 Tomcat 安装目录下的 webapps 目录中。

这种方式通常用于开发过程中。在真正的项目实施中可能会受到限制：当使用租借的（或他人的）Web 服务器时，该服务器所在的盘符如果存在权限控制，则不能够将 Web 应用程序复制到该盘符中，此时就不能使用这种方式部署项目，只能使用其他方式。

（2）修改配置文件

Tomcat 安装目录下的 conf 目录用于存放 Tomcat 的配置文件，该目录下的 server.xml 文件用于配置服务器的有关信息。在该文件最后的 <Host /> 元素中通过子元素 <Context /> 配置 Web 应用的物理路径和虚拟路径。该元素最简单的配置如下：

```
<Context docBase="C:\MyDemo" path="/test"/>
```

docBase：指定 Web 应用所在的路径；

path：指定访问该应用的路径，即如果按照上面的配置，则访问该 Web 应用的路径应该是：http://localhost：8080/test/ 资源名称。

注意：Context 标签的第一个字母是大写的 C。

该元素应该位于 <Host /> 元素中的最后位置，即 </Host> 的上面一行：

```
<Host name="localhost"  appBase="webapps"
    unpackWARs="true" autoDeploy="true"
    xmlValidation="false" xmlNamespaceAware="false">
    <Context docBase="C：\MyDemo" path="/test"/>
</Host>
```

使用这种方式操作比较方便，不需复制 Web 应用，并且不要求 Web 应用的位置与 Tomcat 服务器在同一个盘符下。但是 Tomcat6 开始不推荐使用这种方式，因为这种方式会破坏 Tomcat 的文件结构，修改 Tomcat 的配置文件。Tomcat6 开始推荐使用扩展部署方式。

（3）扩展部署

这种方式是在修改配置文件方式的基础上进行了扩展，避免修改 Tomcat 的配置文件。进入路径：Tomcat 安装目录 /conf/Catalina/localhost，默认情况下，localhost 目录中只有 host-manager.xml 和 manager.xml 两个文件，可以自己定义一个 XML 文件，来配置要部署的项目，文件名为虚拟路径，上述路径则为：test.xml，如果有多层路径，则用 # 间隔，如路径为 http://localhost：8080/a/b/c，则文件名为 a#b#c.xml。在该文件中直接通过 <Context /> 元素的 docBase 属性配置 Web 应用的物理路径即可：

```
<Context docBase="C：\MyDemo"/>
```

使用这种方式不需要重启服务器，并且也没有修改 Tomcat 的文件，只是对其进行扩展。在实际的部署中推荐使用这种方式。总结起来部署过程分为以下三步：

第一步，复制应用到 webapps 目录下；

第二步，在 conf 目录下的 </Host> 前添加 <Context /> 标签：

```
<Context docBase=" 物理路径 " path="/ 虚拟路径 "/>
```

第三步，在 conf/Catalina/localhost 目录下添加 "虚拟路径 .xml" 文件：

```
<Context docBase=" 物理路径 "/>
```

数据库连接配置文件 jdbc.properties 文件完整代码请扫二维码：

资源 2-4　数据库配置文件

Tomcat 启动文件脚本完整代码请扫二维码：

资源 2-5　tomcat.sh

2.4.3 任务回顾

 **知识点总结**

1. Tomcat 应用服务器部署。
2. Tomcat 中应用程序发布。

 **学习足迹**

任务四学习足迹如图 2-4-5 所示。

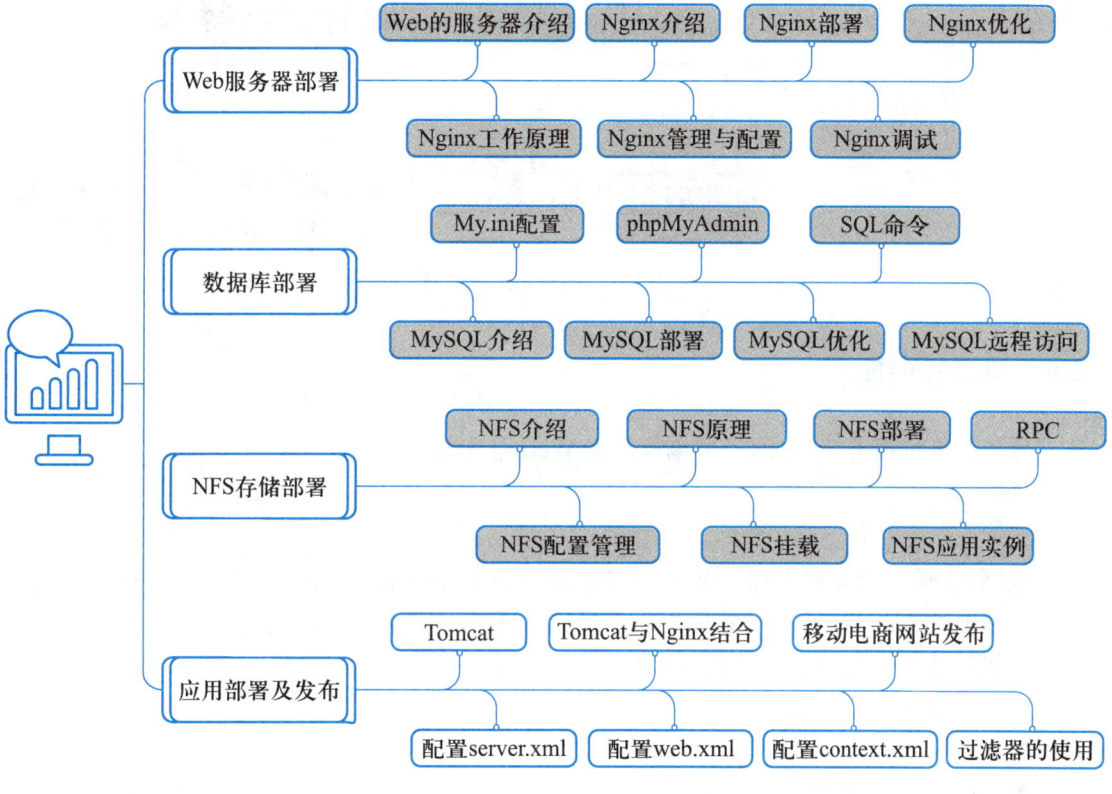

图 2-4-5 任务四学习足迹

 思考与练习

1. 配置系统环境变量,编译安装 Tomcat。
2. 移动电商系统打包发布,实现移动电商系统正常访问。

2.5 项目总结

通过本项目学习,熟悉移动电商系统基于 LNMT 服务器基础架构上单点部署技能,包括

Nginx、MySQL、NFS、Tomcat 的部署和配置管理，并能够实现 Web 站点的单点访问。项目 2 技能图谱如图 2-5-1 所示。

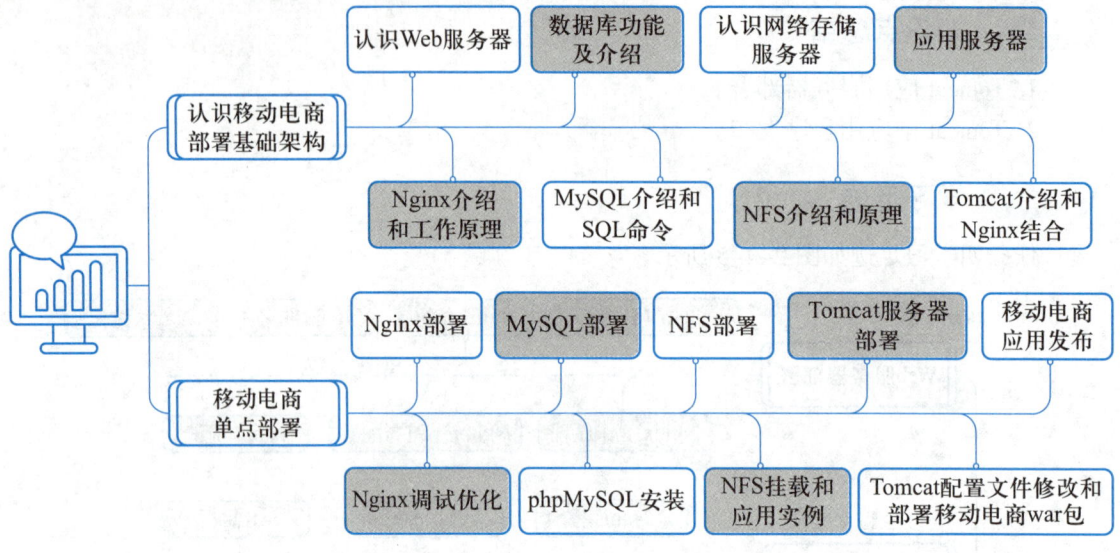

图 2-5-1　项目 2 技能图谱

2.6　拓展训练

服务器单机部署拓展：服务器单机部署 Web 服务器

　方案要求：

选题：在单机服务器上部署 Web 服务器，采用 Linux+Apache+MySQL+PHP 的方案，实现为客户端提供 Web 服务、文件共享服务，并能掌握配置文件各选项的功能和意义。

单机部署 Web 服务器需要包括以下关键操作：

- Web 服务器的定义
- Apache 和 Nginx 各自的优点和缺点
- Apache 的安装配置
- MySQL 的安装配置
- NFS 的安装配置
- PHP 的安装配置

　格式要求：在 Linux 环境下命令行操作部署。

　考核方式：采取部署界面截图和课内发言两种形式，时间要求 10 ～ 15 分钟。

　评估标准：拓展训练评估标准表如表 2-6-1 所示。

表 2-6-1　拓展训练评估标准表

项目名称： 单机部署 Web 服务器	项目承接人： 姓名：	日期：
项目要求	扣分标准	得分情况
总体要求（10 分） 1. 理解 Web 服务器的定义 2. 了解 Nginx 和 Apacha 服务器的优缺点 3. 安装 Apache 并根据要求更改配置文件 4. 安装 MySQL 并根据要求更改配置文件 5. 安装 NFS 并根据要求更改配置文件 6. 安装 PHP 并根据要求更改配置文件 7. 发布移动电商系统	基本要求以上 7 个内容（每缺少一个内容扣 1 分） 　逻辑混乱，语言表达不清楚（扣 1 分） 　部署不成功（扣 3 分）	部署成功（加 3 分）
评价人	评价说明	备注
个人		
老师		

进 / 阶 / 篇

移动电商运维实战

欲知山中事

须问打柴人

Tonny 测试工程

锱铢必较

项目3: 构建移动电商服务器集群

 项目引入

经过前期加班加点地忙碌,我们的网站顺利上线了! 年中促销活动也如约而至,虽然公司全体成员对这次活动进行多方面地准备和"布防",可是意外还是发生了。就在促销优惠购物活动的当天,猛然增加的用户访问量直接导致浏览器购物车提交页面显示"server is too busy",如此巨大的访问量是我们没有预计到的,服务器繁忙导致许多用户的订单提交不成功,公司客服部的电话响个不停,我们运维部门的压力陡增。

Philip 立刻召开了部门紧急会议。

> **Philip**:这次年中促销活动对我们的网站平台是一次真实的"压力"测试,测试结果是我们的平台显然还有亟待完善的地方。George,你之前和 Amanda 处理了平台系统搭建的大部分工作,关于这次事件,你认为是什么原因?
>
> **George**:用户访问频次的巨量提升是客观因素,这对我们的服务器是不小的冲击。但我估计我们对数据库的容量设计没有到位,这次访问压力事件的爆发很可能出在数据库访问瓶颈上。
>
> **Philip**:是的,业务情况总有淡旺季,这次促销活动能吸引到这么多用户也是市场那边都没有预估到的。Amanda,你觉得数据库设计这块,我们应该从什么方向下手?
>
> **我**:老大,您有一点提醒我了,网站上的用户访问总是有常态和"非常态",我们的数据库应该有成熟的伸缩架构设计,能够在像这次事件的情况下快速对数据库扩容,尽快缓解用户访问压力。
>
> ⋯⋯

为解决此类问题,会上决定重新设计构建电商系统集群,先测试稳定后再将现有系统迁移过来。

 知识图谱

项目 3 知识图谱如图 3-0-1 所示。

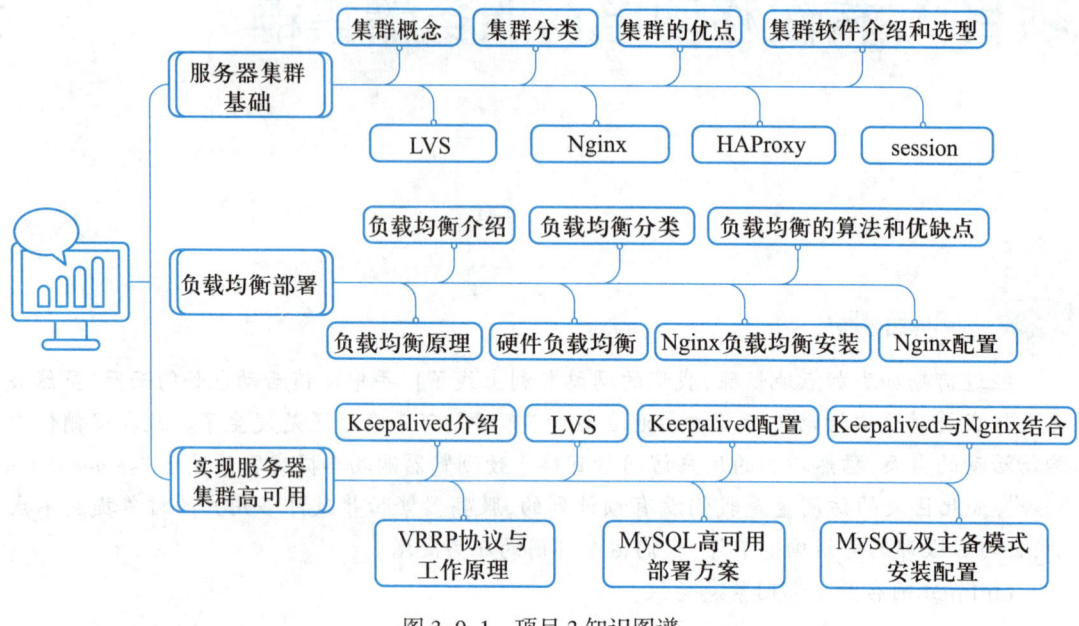

图 3-0-1　项目 3 知识图谱

3.1　任务一：认识服务器集群

【任务描述】

随着 mobileshop 的业务量增加与规模扩大，系统对服务器的要求也原来越高，单台服务器已经不能满足业务增长的访问请求，这时候我们所采用的办法是在不影响原有业务的情况下增加服务器数量，下面我们将深入学习服务器集群相关知识。

3.1.1　服务器集群介绍

集群（cluster）是将若干台相互独立的计算机，通过网络连接，使它们协同工作，共同完成一项或者多项工作。这样的计算机群体，我们把它叫作计算机集群。集群技术是一种主流技术、也是当前大型移动电商系统部署主要的解决手段。通过集群技术，可以在付出较低成本的情况下获得在性能、可靠性、灵活性方面相对较高的收益，其任务调度则是集群系统中的核心技术，集群配置则可用于提高可用性和可缩放性。

我们平时打开淘宝网、京东网购物，看起来简单，而实际上，这些购物网站背后是由成千上万台服务器构成的集群协同工作的结果。而这么多服务器的维护和管理，以及保证网站稳定高效的运行，都是运维工作的成果。

简而言之，集群，即一堆服务器相互协作共同做一件事。这些服务器可能需要整个技术团队架构、设计和管理，这些服务器既可以分布在一个机房中，也可以分布在全国甚至全世界各个地区的机房中。图 3-1-1 是移动电商网站集群架构。

1. 为什么要使用集群

长期以来，科学计算、数据中心等领域一直是高端 RISC 服务器的天下，用户只能选择 IBM、SGI、SUN、HP 等公司的产品，不但价格昂贵，而且运行、维护成本高。随着 Internet 服务

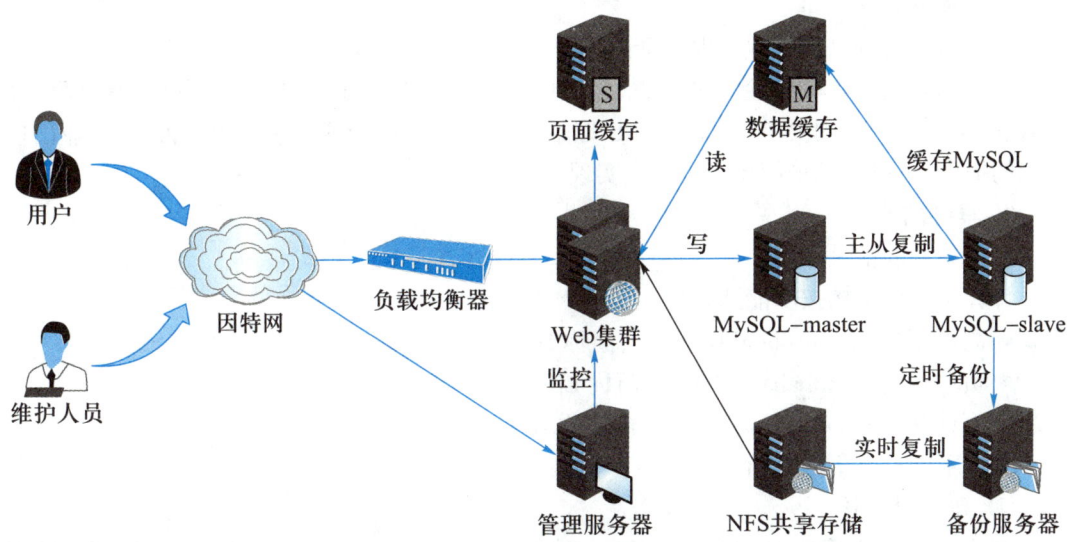

图 3-1-1 移动电商网站集群架构

和移动电商的迅速发展,计算机系统的重要性日益上升,对服务器可伸缩性和高可用性的要求也变得越来越高。RISC 系统高昂的代价和社会旺盛的需求形成强烈的反差。集群技术的出现和 IA 架构服务器的快速发展为社会的需求提供了新的选择。它价格低廉,易于使用和维护,而且采用集群技术可以构造超级计算机,其超强的处理能力可以取代价格昂贵的中大型机,为行业的高端应用开辟了新的方向。 集群技术是一种相对较新的技术,通过集群技术,可以在付出较低成本的情况下获得在性能、可靠性、灵活性方面相对较高的收益。目前,在世界各地正在运行的超级计算机中,有许多都是采用集群技术来实现的。集群同时还存在以下优点。

（1）高可伸缩性

随着业务需求和负荷的增长,很容易通过对集群系统进行扩展从而达到要求,且不会降低服务质量。

通常情况下,硬件设备如果要扩展性能,只能增加新 CPU、内存和存储设备,当无法增加时,就不得不采购更高性能的服务器,对于任何一台服务器,可增加的设备总是有限的。如果采用集群技术,只需要向集群系统添加更多的服务器。在这样的配置中,可以有多台服务器执行相同的应用和数据库操作。从访问的用户的角度看,系统服务在连续性上都没有变化,系统在不知不觉中完成了升级,加大了访问能力,轻松实现了扩展。集群系统的节点可以增长到成千上万个,其伸缩性远超过单台超级计算机。

（2）高可用性

单一的计算机系统总会面临硬件设备出现问题的状况,比如 CPU、内存、主板、硬盘、电源等,只要其中一个部件出故障,这个计算机系统就可能无法正常工作,导致服务中断。在集群系统中,服务器上的硬件和软件也会出现故障,但整个系统的服务可以保证 7×24 小时可用。

集群架构技术可以使得系统在若干硬件设备发生故障时依旧能够提供服务,大大减少服务器和应用程序的停机时间。集群系统在提高系统可靠性的同时,也大大降低了系统故障造成的业务损失。

（3）高可管理性

系统管理员可以从远程管理一个甚至一组集群，就好像在单机系统中一样。

对于信息化时代的各企业来说，很多应用需要高性能的计算中心，需要满足高并发、高负载、高可用性的使用要求，如果系统出现故障，造成服务中断或者重要资料丢失，企业出现重大的损失，可以考虑采用集群技术来实现。

2. 集群的分类

（1）集群的常见分类

计算机集群架构按功能和结构主要分为以下几类：

- 高可用（high-availability）集群，简称 HAC。
- 负载均衡（loadbalance）集群，简称 LBC。
- 高性能（high performance）集群，简称 HPC。

（2）不同种类集群介绍

① 高可用集群

有许多应用程序都必须是一天 24 小时不停地运转，如各大网站的 Web 服务器、数据中心、远程通信转接器、医学与军事监测仪以及股票处理机等。对这些应用程序而言，暂时的停机都会导致数据的丢失和灾难性的后果。高可用集群正适用于这种情况：它利用两台（或更多）有相同服务的服务器，实现集群服务的高冗余度，对外提供不间断的服务。

集群系统的每个服务都有主服务器与（一台或多台）备用服务器，服务由主服务器处理，而备用服务器处于等待状态。集群内各服务器都运行 Heartbeat 或者 Keepalived 等程序，使用以太网、串口、共享存储等方式相互发送信息，以检测其他服务器的运行状况。当备用服务器发现主服务器不能正常工作时，它会自动接管主服务器的服务，然后继续对外服务；当主服务器恢复正常时，备用服务器又可把服务自动交还主服务器处理。集群的服务仅可能在服务器切换过程中有短暂中断。

在任一时刻，高可用集群的任一服务只能由一台服务器提供，但可以有多个备用服务器，更多的备用服务器意味着更高的冗余度。高可用集群的不同服务器可以是不同服务的主服务器，并同时也可以是其他多个服务器的备用服务器。集群对某一服务的处理能力相当于单台服务器的处理能力，其架构如图 3-1-2 所示。

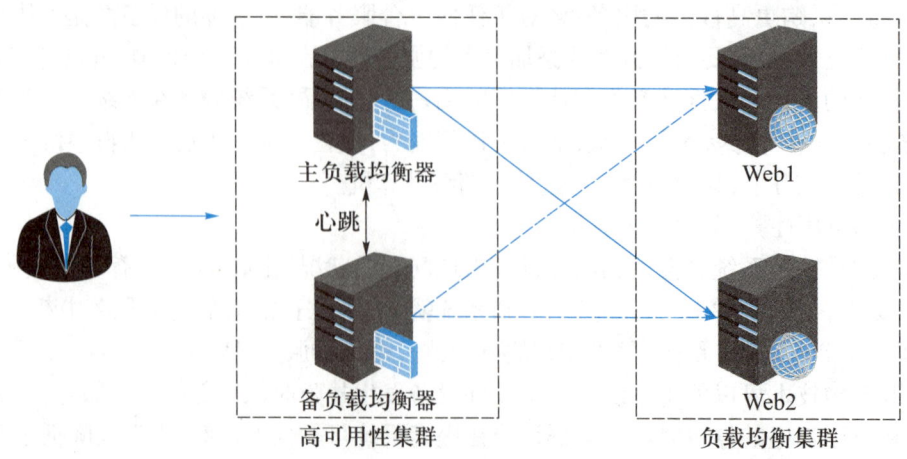

图 3-1-2 服务器负载均衡高可用

② 负载均衡集群

负载均衡集群可使负载在集群中尽可能平均地分摊处理，充分利用集群内各节点机的处理能力，提高对任务的处理效率。这种集群非常适合于需要运行同一组应用程序的大量用户，每个节点都可以处理一部分负载，并且可以在节点之间动态分配负载以实现平衡。

在这种集群中，同一任务或服务由多个节点共同承担，集群的处理能力是这些节点机处理能力之和。由于集群内有多个节点可完成同一任务，当某一节点发生故障时，其他节点仍可继续工作，从而保证了服务的连续性，所以这种集群也有一定的高可用性。

根据所承担任务的不同，负载均衡集群又可进一步分为面向作业处理的批处理型负载均衡集群和面向网络服务的网络流量型负载均衡集群。

批处理负载均衡集群一般利用批处理作业管理系统，如 LSF、PBS 等。它们不断监测集群内各节点机的负载情况，把作业分配到负载较轻的节点进行处理，加快处理速度，提高集群的使用效率。

网络流量负载均衡集群主要面向网络服务，如 Web、Mail 等。集群中的服务器分为两类，即 Director（网络流量负载均衡服务器）与 Realserver（实际服务器）。Director 是集群的核心，它接收来自用户的网络请求，根据集群内各服务器的负载情况把这些请求转发给适当的服务器处理。Realserver 是集群内负责提供真实服务的服务器，完成实际的处理工作。通过把网络流量均衡分配在集群内，加快了对用户请求的响应速度。

负载均衡集群典型的开源软件包括 LVS、Nginx、HAProxy 等，其架构如图 3-1-3 所示。

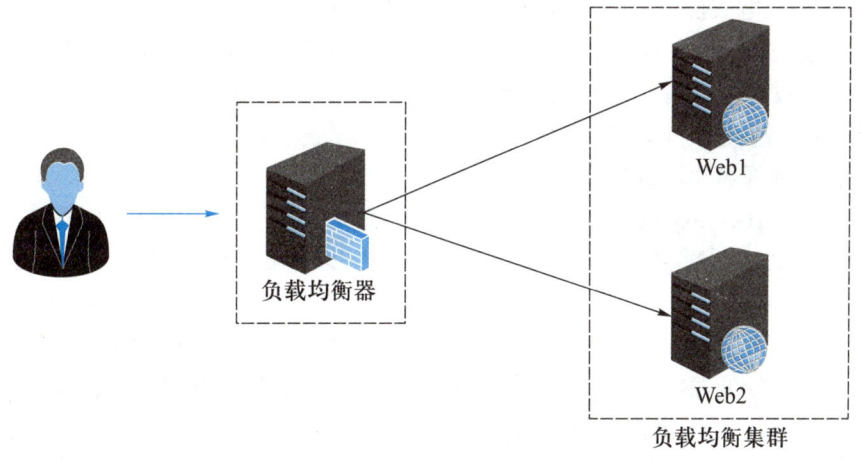

图 3-1-3 服务器负载均衡图

③ 高性能集群

高性能集群主要用于处理复杂的计算问题，应用在需要大规模科学计算的环境中，如天气预报、石油勘探与油藏模拟、分子模拟、基因测序等。高性能集群上运行的应用程序一般使用并行算法，把一个大的普通问题根据一定的规则分为许多小的子问题，在集群内的不同节点上进行计算，而这些小问题的处理结果，经过处理可合并为原问题的最终结果。这些小问题的计算一般是可以并行完成的，从而可以缩短问题的处理时间。

高性能集群在计算过程中，各节点是协同工作的，它们分别处理大问题的一部分，并在处理中根据需要进行数据交换，各节点的处理结果都是最终结果的一部分。高性能集群的处理能力与集群的规模成正比，是集群内各节点处理能力之和，但这种集群一般没有高可用性。

3.1.2 常用集群软硬件介绍和选型

1. 企业运维中常用的集群软硬件产品

在互联网企业中常用的开源负载均衡软件有：LVS、Nginx、HAProxy，常用的高可用开源软件有：Keepalived、Heartbeat。

常用负载均衡硬件有：F5、Netscaler、Radware、A10 等，工作模式相当于 HAProxy 的工作模式。

2. 对于集群负载均衡产品如何选型

现在对网络负载均衡的使用，是随着网站规模的提升，根据不同的阶段来使用不同的技术。

第一阶段：利用 Nginx 或者 HAProxy 进行单点的负载均衡。这一阶段服务器规模刚脱离开单服务器、单数据库的模式，需要一定的负载均衡，但是仍然规模较小，没有专业的维护团队来进行维护，也不需要进行大规模的网站部署。因此，利用 Nginx 或者 HAProxy 就是第一选择，它们上手快，配置容易，在七层之上利用 HTTP 协议就可以。

第二阶段：随着网络服务进一步扩大，单点的 Nginx 已经不能满足，这时使用 LVS 或者商用 F5 就是首要选择。Nginx 此时作为 LVS 或者 F5 的节点来使用，具体的 LVS 或 F5 的选择是根据公司规模、人才以及资金能力来决定，但是一般来说这阶段相关人才的能力跟不上业务的提升，所以购买商业负载均衡已经成为必经之路。

第三阶段：这时网络服务已经成为主流产品，随着公司知名度的进一步扩展，相关人才的能力以及数量也有提升，无论从开发适合自身产品的定制，还是降低成本来讲，开源的 LVS 已经成为首选，这时 LVS 会成为主流。

3. 如何选择开源集群软件产品

LVS、Nginx、HAProxy 都可以用作多机负载的方案，在生产环境中需要分析实际情况并加以利用，我们先来看看它们各自的特点及适用环境，以方便我们在实际工作中做出选择。

（1）LVS 的特点

* 抗负载能力强，工作在网络 4 层之上仅作分发之用，没有流量的产生；
* 配置性比较低，这既是缺点也是优点，因为没有可太多配置的东西，所以并不需要太多接触，大大减少了人为出错的概率；
* 工作稳定，自身有完整的双机热备方案；
* 无流量，保证了均衡器 IO 的性能不会受到大流量的影响；
* 应用范围比较广，可以对所有应用做负载均衡；
* LVS 需要向 IDC 多申请一个 IP 来做 Visual IP，因此需要一定的网络知识，对操作人的要求比较高。

（2）Nginx 的特点

* 工作在网络的 7 层之上，可以针对 HTTP 应用做一些分流的策略，比如针对域名、目录结构；
* Nginx 对网络的依赖比较小；
* Nginx 安装和配置比较简单，测试起来比较方便；

- 也可以承担高的负载压力且稳定，一般能支撑超过 1 万次的并发；
- Nginx 可以通过端口检测到服务器内部的故障，比如根据服务器处理网页返回的状态码、超时等，并且会把返回错误的请求重新提交到另一个节点，而缺点就是不支持 URL 来检测；
- Nginx 对请求的异步处理可以帮助节点服务器减轻负载；
- Nginx 能支持 HTTP 和 Email，因此适用范围小很多；
- 不支持 session 的保持，对 big request header 的支持不是很好，另外默认的只有 Round-robin 和 IP-hash 两种负载均衡算法。

（3）HAProxy 的特点

- HAProxy 工作在网络 7 层之上；
- 能够弥补 Nginx 的一些缺点，比如 session 的保持，cookie 的引导等工作；
- 支持 URL 检测后端的服务器，对于问题的检测会有很好的帮助；
- 更多的负载均衡策略，比如：动态加权轮循（dynamic round robin），加权源地址哈希（weighted source hash），加权 URL 哈希（weighted URL hash）和加权参数哈希（weighted parameter hash）已经实现；
- 单纯从效率上来讲，HAProxy 更会比 Nginx 有更出色的负载均衡速度；
- HAProxy 可以对 MySQL 进行负载均衡，对后端的 DB 节点进行检测和负载均衡。

中小型互联网企业网站在并发访问和总访问量不是很大的情况下，建议首选 Nginx 负载均衡，因为 Nginx 负载均衡配置简单、使用方便、安全稳定、社区活跃，使用的人逐渐增多，成为流行趋势。另外一个实现负载均衡的类似产品为 HAProxy，支持 L4 和 L7 负载，同样也很优秀。

如果考虑负载均衡的高可用功能，建议首选 Keepalived 软件，因为安装和配置简单、使用方便、安全稳定。与 Keepalived 类似的高可用软件还有 Heartbeat，在配置上面相对复杂些。

大型互联网企业，负载均衡产品可以选择 LVS+ Keepalived，在前端做四层转发，一般是主备、主主，如果需要扩展可以使用 DNS 或前端使用 OSPF（开放最短路径优先协议），后端使用 Nginx 或者 HAProxy 做七层转发（可扩展到上百台），再后面是应用服务器，如果是数据库与存储的负载均衡和高可用，建议选择 LVS+Heartbeat，LVS 支持 TCP 转发且 DR 模式效率很高，Heartbeat 可以配合 DRBD，不仅支持 VIP 切换，还可以支持块设备级别的数据同步（DRBD），以及资源服务的管理。

3.1.3　任务回顾

 **知识点总结**

1. 集群具有哪些优点？
2. 集群架构分类：高可用集群、负载均衡、高性能集群。
3. 集群软硬件选型。

 **学习足迹**

任务一学习足迹如图 3-1-4 所示。

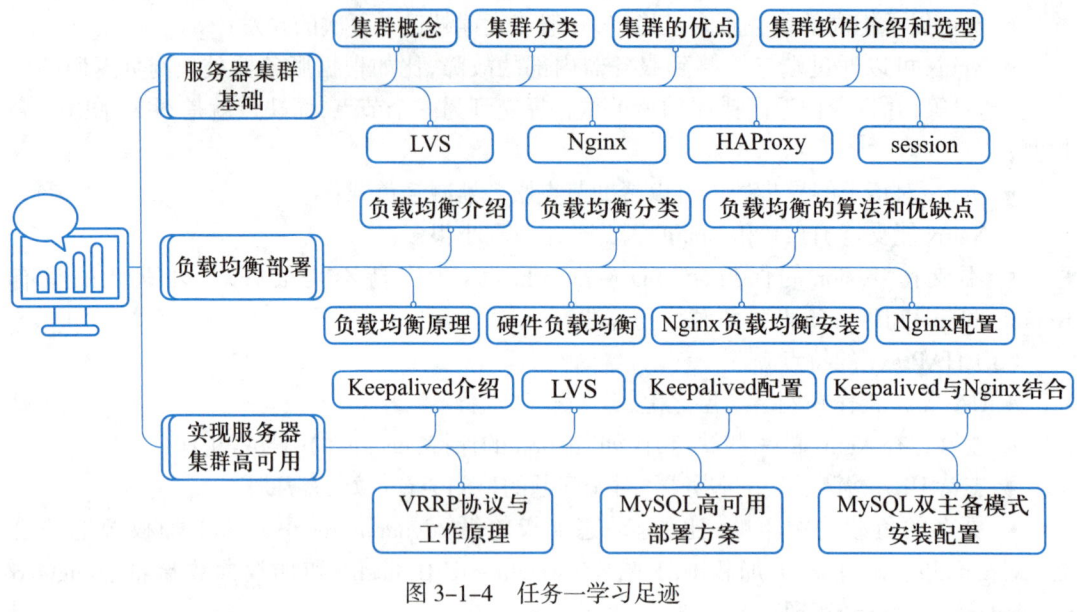

图 3-1-4　任务一学习足迹

思考与练习

1. 计算机集群架构按功能和结构主要为_____、_____、_____。
2. 简述 LVS、Nginx、HAProxy 的特点。

3.2　任务二：负载均衡部署

【任务描述】

在项目 2 中我们了解了 Nginx 作为 Web 服务器的特点，此外 Nginx 还能作为负载均衡来使用。Nginx 作为负载均衡具有很多优点，本节中将深入解析 Nginx 作为负载均衡的配置和管理。

3.2.1　负载均衡介绍

随着移动电商平台访问量越来越高，单台服务器部署已经很难满足需求，页面响应时间超过 4 秒，会造成用户大量流失。面对访问高并发请求和海量数据，我们需要考虑业务拆分和分布式部署，来解决大型网站访问量大、并发量高、海量数据的问题。

为了解决大容量、高并发访问的问题，移动电商采取集群分布式部署的方式，将应用拆分后，部署到不同的服务器，实现大规模集群分布式系统。分布式和业务拆分解决了从集中到分布的问题，但是每个部署的独立业务还存在单点的问题和访问统一入口问题，为解决单点故障，我们可以采取将相同的应用部署到多台机器上，在集群前面增加负载均衡设备，实现流量分发和高可用。

1. 负载均衡原理

负载均衡（load balance），就是将负载（工作任务，访问请求）平衡、分摊到多个操作单元（服务器，组件）上执行。

典型的集群和负载均衡架构如图 3-2-1 所示。

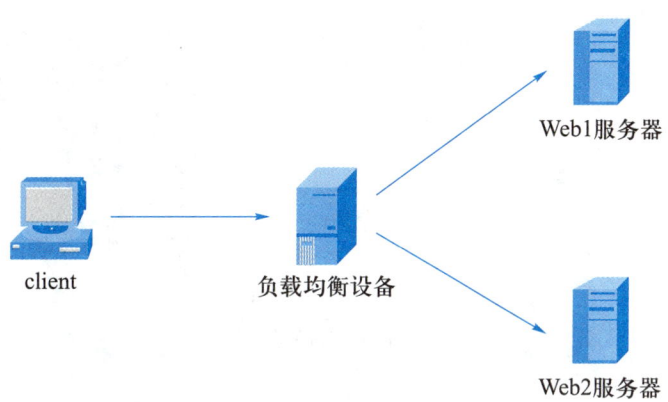

图 3-2-1 负载均衡工作原理

实现负载均衡需要以下两方面。

- 应用集群:将同一应用部署到多台机器上,组成处理集群,接收负载均衡设备分发的请求,进行处理,并返回相应数据。
- 负载均衡设备:将用户访问的请求,根据负载均衡算法,分发到集群中的一台处理服务器。这是一种把网络请求分散到一个服务器集群中的可用服务器上去的设备。

2. 负载均衡的作用

(1)用户请求分发,解决高并发压力,提高应用响应速度;

(2)当一台或几台服务器出现宕机等不可用时,服务不会中断,实现服务器高可用;

(3)通过添加或减少服务器数量,提供移动电商网站伸缩性(扩展性);

(4)安全防护(负载均衡设备上做一些过滤、黑白名单等处理)。

(5)对外只提供一个 IP 地址(或域名)。

3. 负载均衡分类

根据实现技术不同,可分为 DNS 负载均衡、HTTP 负载均衡、IP 负载均衡、链路层负载均衡等。

(1)DNS 负载均衡

利用域名解析实现负载均衡,在 DNS 服务器配置多个 A 记录,这些 A 记录对应的服务器构成集群。大型网站总是部分使用 DNS 解析,作为第一级负载均衡,如图 3-2-2 所示。

DNS 负载均衡的优点如下。

- 使用简单:负载均衡工作交给 DNS 服务器处理,省掉了负载均衡服务器维护的麻烦,技术实现比较灵活简单;
- 提高性能:可以根据用户 IP 来进行智能解析。DNS 服务器可以在所有可用的 A 记录中寻找离用户最近的一台服务器。

DNS 负载均衡的缺点如下。

- 可用性差:变更 DNS 服务器后,第一次解析时间较长,等待过程中,用户无法访问网站。
- 扩展性低:无法将 HTTP 请求的上下文引入到调度策略中,也无法根据实时服务器负载,调整调度策略;
- 维护性差:没有用户能直接看到 DNS 解析到了哪一台实际服务器,给服务器运维人员的调试带来了不便。

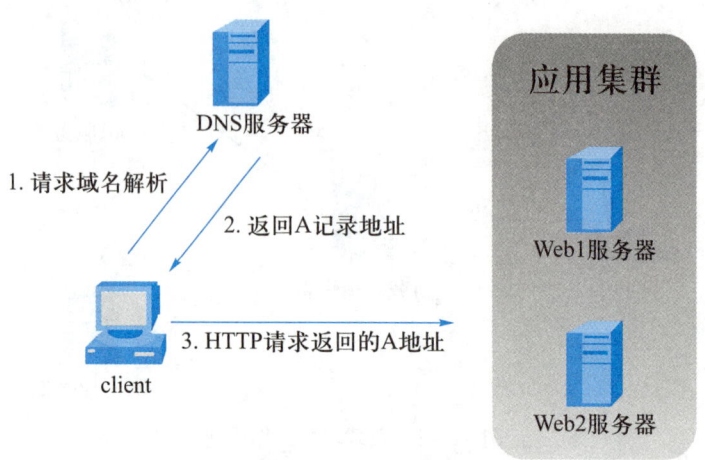

图 3-2-2　DNS 解析负载均衡示意图

在实践应用中，将 DNS 作为第一级负载均衡，A 记录对应着内部负载均衡的多个 IP 地址，通过内部负载均衡将请求分发到真实的应用服务器上，如图 3-2-3 所示。

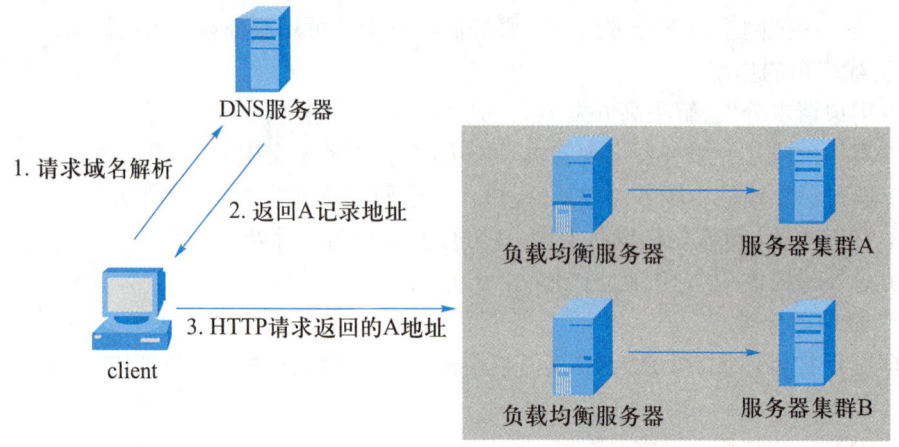

图 3-2-3　实践中 DNS 解析负载均衡

（2）IP 负载均衡

在网络层通过修改请求目标地址进行负载均衡，称为 IP 负载均衡。

用户请求数据包到达负载均衡服务器后，负载均衡器在接收到第一个来自客户端的 SYN 请求时，会通过设定的负载均衡算法选择一台最佳的后端服务器，同时将报文中目标 IP 地址修改为后端服务器 IP，然后直接转发给该后端服务器。

后端服务器处理完成后，响应数据包回到负载均衡服务器，负载均衡服务器再将数据包源地址修改为自身的 IP 地址，发送给用户浏览器。如图 3-2-4 所示。

IP 负载均衡的优点为，在内核进程完成数据分发，比在应用层分发性能更好。

IP 负载均衡的缺点为：

● 所有请求响应都需要经过负载均衡服务器，集群最大吞吐量受限于负载均衡服务器网卡带宽。

● IP 负载均衡工作在 ISO 模型的第四层，状态监测功能单一。

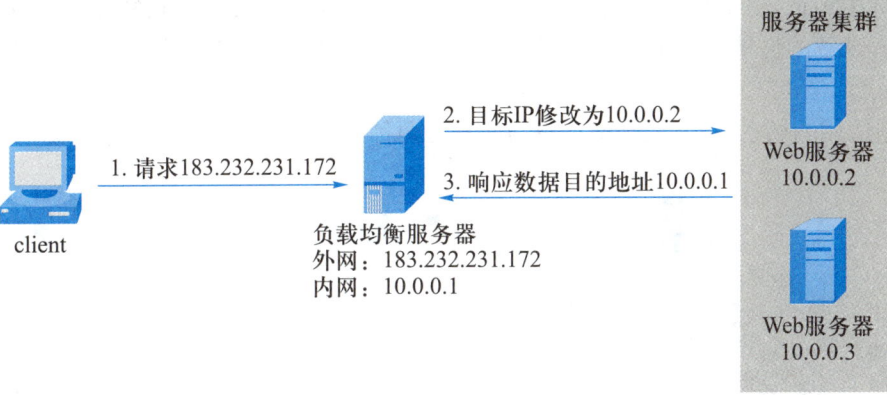

图 3-2-4 负载均衡返回数据给用户

（3）链路层负载均衡

在通信协议的数据链路层修改 MAC 地址，进行负载均衡，称为链路层负载均衡。

数据分发时，不修改 IP 地址，只修改目标 MAC 地址，配置真实物理服务器集群所有机器虚拟 IP 和负载均衡服务器 IP 地址一致，从而达到不修改数据包的源地址和目标地址就可以进行数据分发的目的。

实际处理服务器 IP 和数据请求目的 IP 一致，不需要经过负载均衡服务器进行地址转换，可将响应数据包直接返回给用户浏览器，避免负载均衡服务器网卡带宽成为瓶颈，也称为直接路由模式（DR 模式），如图 3-2-5 所示。

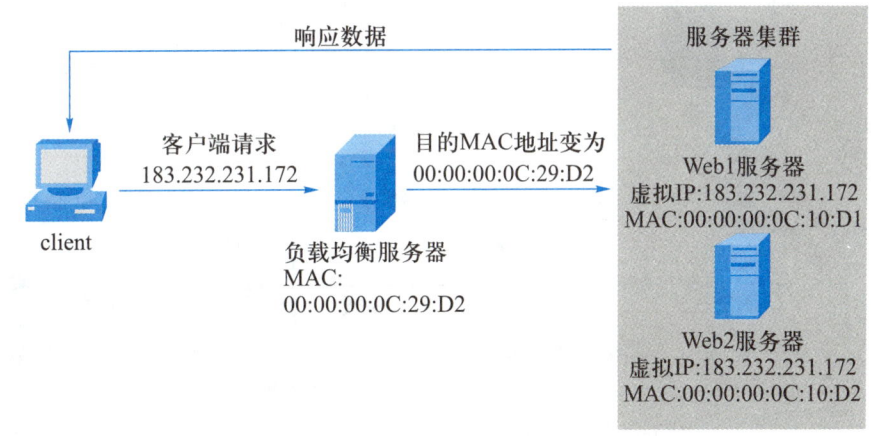

图 3-2-5 直接路由模式

DR 模式的优点是性能好。

DR 模式的缺点是配置复杂。

在实践中，DR 模式是目前使用最广泛的一种负载均衡方式。

（4）混合型负载均衡

由于多个服务器群内存在硬件设备、各自的规模、提供的服务等的差异，可以考虑给每个服务器群采用最合适的负载均衡方式，然后又在这多个服务器群间再一次负载均衡或群集起来，以一个整体向外界提供服务（即把这多个服务器群当作一个新的服务器

群),从而达到最佳的性能。我们称这种方式为混合型负载均衡。此种方式有时也用于单台均衡设备的性能不能满足大量连接请求的情况,是目前大型互联网公司普遍使用的方式。

根据适用的场景不同,混合型负载均衡分为两种方式。方式一如图 3-2-6 所示。

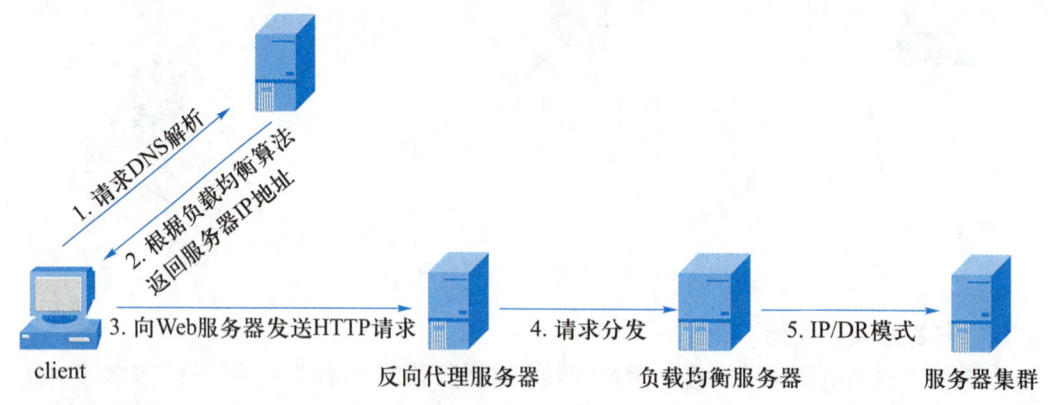

图 3-2-6   混合式负载均衡 (动静分离场景适用)

该模式适合有动静分离的场景,反向代理服务器 (集群) 可以起到缓存和动态请求分发的作用,当静态资源缓存在代理服务器时,则直接返回到浏览器。如果是动态页面,则请求后面的应用负载均衡 (应用集群)。

方式二如图 3-2-7 所示。

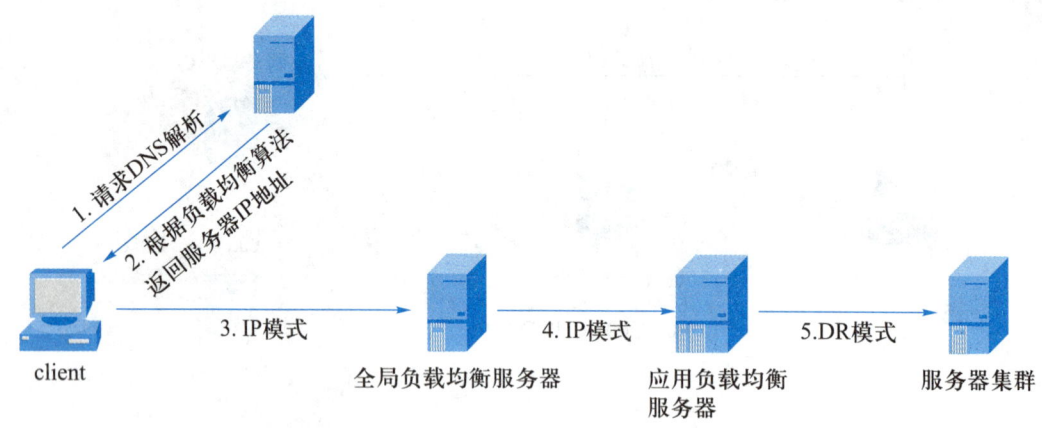

图 3-2-7   混合式负载均衡 (动态请求场景适用)

该模式适合动态请求场景。

混合型负载均衡可以根据具体场景,灵活搭配各种方式。

4. 负载均衡算法及优缺点

常用的负载均衡算法有轮询、随机、最少链接、源地址散列、加权等方式。

（1）轮询

将所有请求依次按顺序分发到后端服务器上,不关心服务器实际连接数和系统负载。适合服务器硬件相同的场景。

优点 : 配置简单,服务器请求数目相同。

缺点：不能根据服务器实际负载情况分配请求。

（2）随机

通过系统的随机算法，将请求随机分配到各个服务器。

优点：使用简单。

缺点：不适合机器配置不同的场景。

（3）最少链接

根据后端服务器当前的连接情况，动态地选取其中当前积压连接数最少的一台服务器来处理当前的请求。

优点：根据服务器当前的请求处理情况，动态分配。

缺点：算法实现相对复杂，需要监控服务器请求连接数。

（4）Hash（源地址散列）

根据 IP 地址进行 Hash 计算，得到 IP 地址。

优点：将来自同一 IP 地址的请求，在同一会话期内，转发到相同的服务器，从而实现会话黏滞。

缺点：目标服务器宕机后，会话会丢失。

（5）加权

在轮询、随机、最少链接、Hash 等算法的基础上，通过分配不同的权重，进行负载服务器分配。

优点：根据权重，调节转发服务器的请求数目。

缺点：使用相对复杂。

5. 硬件负载均衡

采用硬件的方式实现负载均衡，一般是单独的负载均衡服务器，价格昂贵。业界领先的有两款，分别为 F5 和 A10。

使用硬件负载均衡，主要考虑以下几个方面：

（1）功能考虑：功能全面支持各层级的负载均衡，支持全面的负载均衡算法，支持全局负载均衡；

（2）性能考虑：一般软件负载均衡支持到 5 万级并发已经很困难了，但硬件负载均衡可以支持；

（3）稳定性：商用硬件负载均衡，经过了良好的严格的测试和大规模使用，稳定性高；

（4）安全防护：硬件均衡设备除具备负载均衡功能外，还具备防火墙，防 DDOS 攻击等安全功能；

（5）维护角度：提供良好的维护管理界面、售后服务和技术支持；

（6）F5 BIG IP 价格为 15 万元 ~55 万元，A10 价格为 55 万元 ~100 万元。

硬件负载均衡的缺点如下：

（1）价格昂贵；

（2）不能二次开发，扩展能力差。

3.2.2　软件负载均衡概述

硬件负载均衡性能优越、功能全面，但是价格昂贵。因此，软件负载均衡在互联网领域大量使用。常用的软件负载均衡软件有 Nginx，LVS，HAProxy 等。本书中我们以 Nginx 为例。

Nginx 作为一个优秀的 Web 服务软件，具有高性能、高并发、低内存使用等特点。本节中，我们接着学习 Nginx 的另一项功能，即 Nginx 作为负载均衡系统。

1. Nginx 负载均衡

Nginx 具有反向代理负载均衡功能及环境缓存功能，是工作在七层 HTTP 协议的负载均衡系统。在反向代理负载均衡功能方面，它类似于大名鼎鼎的 LVS 负载均衡及 HAProxy 等专业代理软件，但是 Nginx 部署起来更为简单方便；在缓存服务功能方面，它又类似于 Squid 等专业的缓存服务软件。

2. 均衡策略

Nginx 的负载均衡策略可以划分为两大类：内置策略和扩展策略。内置策略包含加权轮询和 IP Hash，在默认情况下这两种策略会编译进 Nginx 内核，只需在 Nginx 配置中指明参数即可。扩展策略有很多，如 fair、通用 Hash、一致性 Hash 等，默认不编译进 Nginx 内核。由于在 Nginx 版本升级中负载均衡的代码没有本质性的变化，所以下面将以 Ngnix1.0.15 稳定版为例，从源码角度分析各个策略。

（1）加权轮询（weighted round robin）

Nginx 采用的是先深搜索算法，即首先将请求都分给高权重的机器，直到该机器的权值降到了比其他机器低，才开始将请求分给下一个高权重的机器；第二，当所有后端机器都宕机时，Nginx 会立即将所有机器的标志位清成初始状态，以避免造成所有的机器都处在 timeout 的状态，从而导致整个前端被夯住。

（2）IP hash

IP hash 是 Nginx 内置的另一个负载均衡的策略，流程和轮询类似，只是其中的算法和具体的策略有些变化。

（3）fair

fair 策略是扩展策略，默认不被编译进 Nginx 内核。其原理是根据后端服务器的响应时间判断负载情况，从中选出负载最轻的机器进行分流。这种策略具有很强的自适应性，但是实际的网络环境往往不是那么简单，因此要慎用。

（4）通用 Hash、一致性 Hash

这两种也是扩展策略，在具体的实现上有些差别。通用 hash 比较简单，能够以 Nginx 内置的变量为 key 进行 hash；一致性 hash 采用了 Nginx 内置的一致性 hash 环，可以支持 memcache。

Nginx 一般作为入口负载均衡或内部负载均衡，结合反向代理服务器使用，具体使用根据场景而定。

① 入口负载均衡架构

Nginx 入口负载均衡如图 3-2-8 所示。

Nginx 服务器在用户访问的最前端，根据用户请求再转发到具体的应用服务器或二级负载均衡服务器（LVS）。

② 内部负载均衡架构

Nginx 内部负载均衡如图 3-2-9 所示。

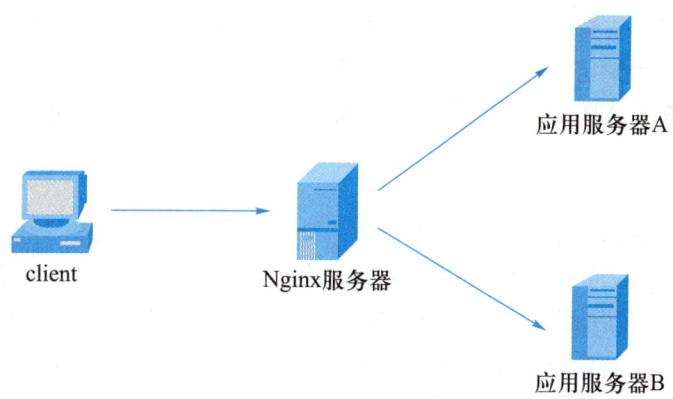

图 3-2-8　Nginx 入口负载均衡

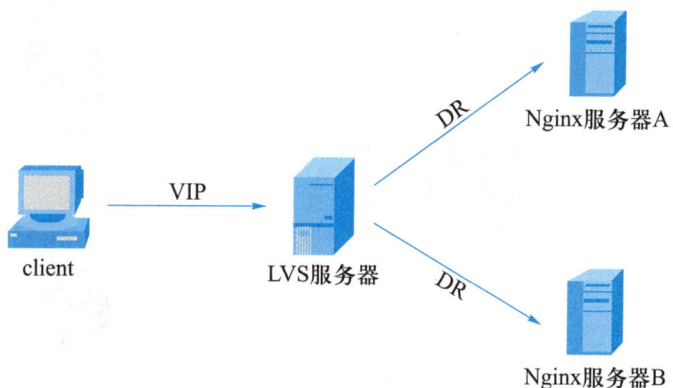

图 3-2-9　Nginx 内部负载均衡

LVS 作为入口负载均衡，将请求转发到二级 Nginx 服务器，Nginx 再根据请求转发到具体的应用服务器。

③ Nginx 高可用

Nginx 高可用架构如图 3-2-10 所示。

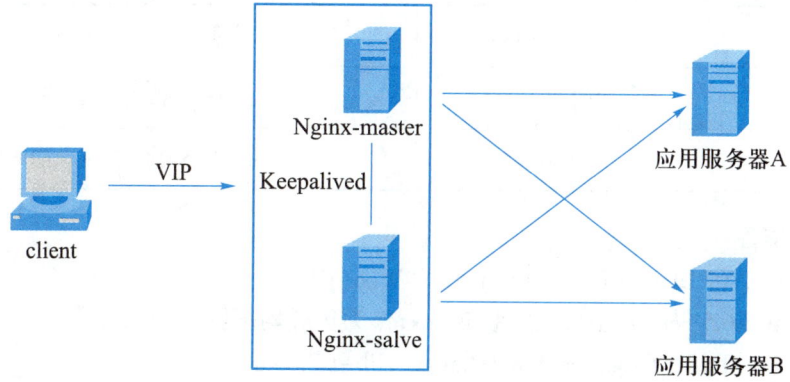

图 3-2-10　Nginx 高可用架构

分布式系统中, 应用只部署一台服务器会存在单点故障, 负载均衡同样有类似的问题。一般可采用主备或负载均衡设备集群的方式节约单点故障或高并发请求分流。

Nginx 高可用, 至少包含两个 Nginx 服务器, 即一台主服务器和一台备服务器, 两者之间使用 Keepalived 做健康监控和故障检测。开放 VIP 端口, 通过防火墙进行外部映射。

3.2.3   Nginx 负载均衡安装

1. Nginx 负载均衡环境准备及安装

前面已经对 Nginx 负载均衡做了介绍, 本节主要进行实地部署操作, 使学习者对 Nginx 有一个初步的认识, 在后面的章节中, 我们将深入讲解 Nginx 核心应用知识及配置。

图 3-2-11 所示为 Nginx 负载均衡架构逻辑图, 图中所有用户请求统一发送到 Nginx 负载均衡, 然后由负载均衡根据调度算法来请求两台 Web 服务器。

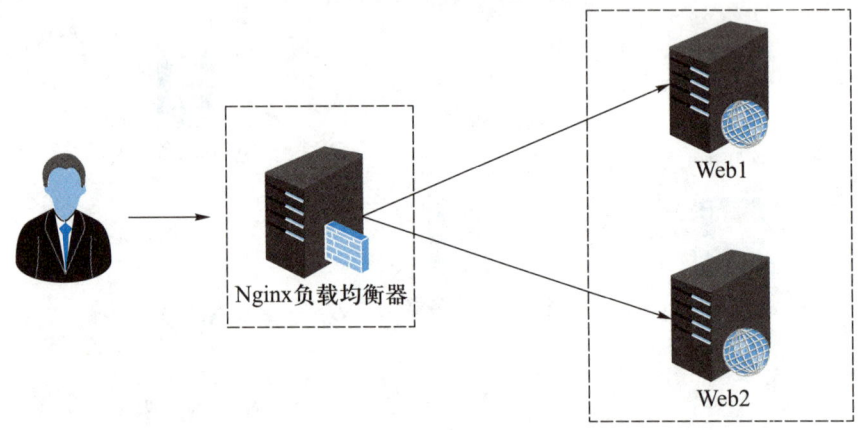

图 3-2-11   Nginx 负载均衡逻辑架构图

2. 环境准备

准备 3 台试验用虚拟机, 一台作为负载均衡器, 两台作为 Web 主机, 如表 3-2-1 所示。

表 3-2-1   Nginx 服务器实验环境

主机名	IP 地址	说明
Lb1	192.168.1.10	Nginx 主负载均衡器 (CentOS 6.5)
Web1	192.168.1.12	Web1 服务器 (Ubuntu 16.04)
Web2	192.168.1.13	Web2 服务器 (Ubuntu 16.04)

3. 软件准备

操作系统: 2 台 Ubuntu 16.04 Server, 作为 Web 主机,

1 台 CentOS 6.5 Server, 主机上安装 Nginx, 作为负载均衡器。

软件: nginx-1.10.1.tar.gz, prce-8.38.tar.gz, zlib-1.2.8.tar.gz。

4. 安装 Nginx 软件

Nginx 的官方网站是 http://nginx.org/cn, 从这里可以获得 Nginx 的最新版本信息。Nginx

有三个版本：稳定版、开发版和历史稳定版。这里选择当前的稳定版本 nginx-1.10.1。在安装 Nginx 之前，确保系统已经安装了 GCC、OpenSSL-devel、PCRE-devel 和 zlib-devel 软件库。

　　Linux 开发库需要在安装系统时通过手动选择安装，GCC、OpenSSL-devel、zlib-devel 三个软件库可以通过安装光盘直接选择安装得到，而 PCRE-devel 库默认不在系统光盘中，所以这里重点介绍 PCRE-devel 库。

5. Nginx 负载均衡配置与调试

（1）Nginx 配置文件结构

　　Nginx 的配置文件是一个纯文本文件，它一般位于 Nginx 安装目录的 conf 目录下，整个配置文件是以 block 的形式组织的。每个 block 一般以一个大括号"{}"来表示，block 可以分为几个层次，整个配置文件中 Main 指令位于最高层，在 Main 层下面可以有 Events、HTTP 等层级，而在 HTTP 层中又包含有 server 层，即 server block，server block 中又可分为 location 层，并且一个 server block 中可以包含多个 location block。

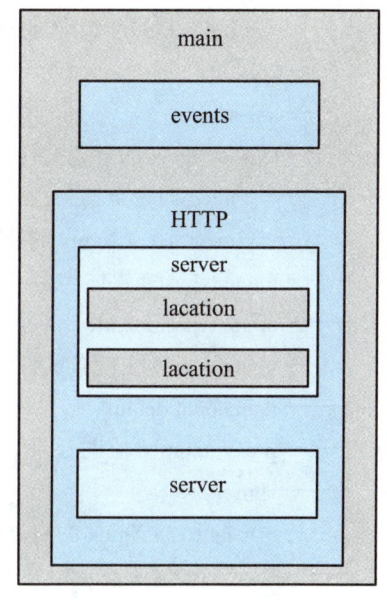

　　一个完整的配置文件结构如图 3-2-12 所示。

　　在了解完配置文件结构之后，就可以开始配置和调试 Nginx 了。

（2）Nginx 配置文件详解

　　根据前面 Nginx 安装的路径，Nginx 配置文件路径为 /usr/local/nginx/conf，其中 nginx.conf 为 Nginx 的主配置文件。下面将重点介绍 nginx.conf 配置文件。

　　Nginx 主配置文件主要分成四个部分：main（全局设置）、server（主机设置）、upstream（负载均衡服务器

图 3-2-12　Nginx 配置文件结构

设置）和 location（URL 匹配特定位置的设置）。其中 main 部分设置的命令将影响其他所有设置，server 部分设置主要用于指定主机和对应的端口，upstream 部分设置主要用于负载均衡后端对应的服务器，location 部分设置用于匹配网页位置。这四者之间的关系为：server 继承 main，location 继承 server，upstream 既不会继承其他部分的设置也不会被继承。

　　在这四个部分当中，每个部分都包含若干指令，这些指令主要包含 Nginx 的主模块指令、事件模块指令、HTTP 核心模块指令，同时每个部分还可以使用其他 HTTP 模块指令，例如 HTTP SSL 模块、HTTPGzip Static 模块和 HTTP Addition 模块等。

　　Nginx 的强大是因为有如下功能模块。

　　① Nginx 的核心功能模块：负责 Nginx 的全局应用，主要对应主配置文件的 main 区块和 events 区块，重要的全局参数配置就在这里。

　　② 标准的 HTTP 功能模块：大部分默认安装在 Nginx 里面。

　　Nginx 目录结构说明如下：

【代码 3-2-1】　Nginx 目录结构

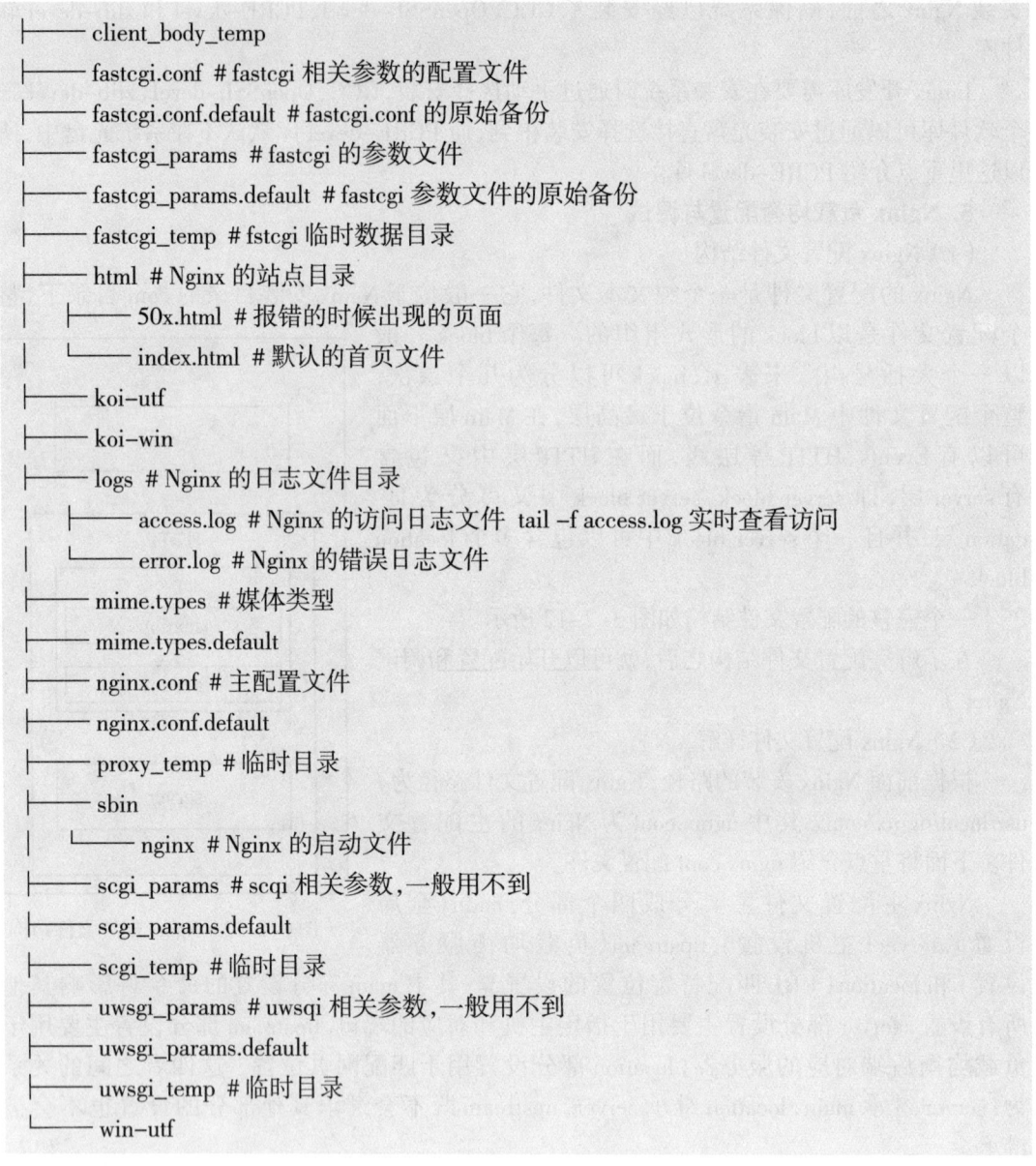

```
├─── client_body_temp
├─── fastcgi.conf # fastcgi 相关参数的配置文件
├─── fastcgi.conf.default # fastcgi.conf 的原始备份
├─── fastcgi_params # fastcgi 的参数文件
├─── fastcgi_params.default # fastcgi 参数文件的原始备份
├─── fastcgi_temp # fstcgi 临时数据目录
├─── html # Nginx 的站点目录
│    ├─── 50x.html # 报错的时候出现的页面
│    └─── index.html # 默认的首页文件
├─── koi-utf
├─── koi-win
├─── logs # Nginx 的日志文件目录
│    ├─── access.log # Nginx 的访问日志文件  tail –f access.log 实时查看访问
│    └─── error.log # Nginx 的错误日志文件
├─── mime.types # 媒体类型
├─── mime.types.default
├─── nginx.conf # 主配置文件
├─── nginx.conf.default
├─── proxy_temp # 临时目录
├─── sbin
│    └─── nginx # Nginx 的启动文件
├─── scgi_params # scqi 相关参数，一般用不到
├─── scgi_params.default
├─── scgi_temp # 临时目录
├─── uwsgi_params # uwsqi 相关参数，一般用不到
├─── uwsgi_params.default
├─── uwsgi_temp # 临时目录
└─── win-utf
```

目录中，所有结尾是 default 的文件全部都是备份文件。

下面通过一个 Nginx 配置实例详细介绍 Nginx.conf 每个命令的含义。Nginx 配置文件 nginx.cnf 主体结构如下：

【代码 3-2-2】　Nginx 配置文件 nginx.cnf 主体结构

```
1    user nobody nobody;
2    worker_processes 1;              ┐
3    error_log logs/error.log;        ├ 第 2 ～ 3 行为 main 区块，Nginx 核心功能模块
4    pid      logs/nginx.pid;         ┘
```

```
5    events {                              第 5 ~ 7 行为 events 区块，Nginx 核心功能模块
6        worker_connections
7    1024;
8    }
9    http {                                第 9 行是 HTTP 区块的开始，Nginx HTTP 核心模块
10       include    mime.types;
11       default_type application/octet-stream;
12       sendfile      on;
13       keepalive_timeout 65;
14       server {
15           listen      80;
16           server_name localhost;
17           location / {                  第 17 ~ 19 行为          第 14 ~ 20 行为
18               root   html;              location 模块            server 区块
19               index  index.html index.htm;
20           }
21           error_page  500 502 503 504 /50x.html;
22           location = /50x.html {        第 22 ~ 23 行为 location 模块
23               root   html;
24           }
25       }
     }
```

nginx.cnf 是 Nginx 最重要的配置文件之一，Nginx 配置文件 nginx.cnf 的参数详细介绍如下：

【代码 3-2-3】 Nginx 配置文件 nginx.cnf 的参数

```
user nobody nobody;                      # Nginx 默认用户
worker_processes 1;                      # 进程数量
error_log logs/error.log;                # 错误日志
pid     logs/nginx.pid;                  # Nginx 进程文件
events {                                 # 事件区块的开始
    worker_connections 1024;             # 每个进程支持的最大连接数
}                                        # 事件区块结束
http {                                   # HTTP 区块的开始
    include    mime.types;               #Nginx 的媒体类型文件
    default_type application/octet-stream;  # 默认媒体类型
    sendfile      on;                    # 开启高效传输模式
    keepalive_timeout 65;                # 链接超时
    server {                             #server 区块的开始，表示一个独立的虚拟主机站点
```

```
    listen    80;                              # 监听的端口号
    server_name  localhost;                    # 提供服务的域名主机
    location / {                               # 第一个 location 区块的开始
        root   html;                           # 站点的根目录
        index  index.html index.htm;           # 默认站点首页文件
    }                                          # location 区块结束
    error_page  500 502 503 504  /50x.html;    # 出现页面错误的对应码的时候，使用 50x.html 回
                                                  应客户端
    location = /50x.html {                     # location 区块的开始
        root   html;                           # 指定站点目录
    }                                          # location 区块结束
  }                                            # serve 区块结束
}                                              # HTTP 区块结束
```

6. Nginx 常用配置

Nginx 作为一个 HTTP 服务器，在功能实现方面和性能方面都表现得非常卓越，完全可以与 Apache 相媲美，几乎可以实现 Apache 的所有功能。下面就介绍一些 Nginx 常用的配置实例，具体包含虚拟主机配置、负载均衡配置、防盗链配置以及日志管理等。

（1）虚拟主机配置实例

虚拟主机配置主要包含基于域名的虚拟主机配置、基于端口的虚拟主机配置和基于 IP 的虚拟主机配置，此处我们不一一列举相关实例。

（2）负载均衡配置实例

下面通过 Nginx 的反向代理功能配置一个 Nginx 负载均衡服务器。后端有三个服务节点，用于提供 Web 服务，通过 Nginx 的调度实现三个节点的负载均衡。

【代码 3-2-4】　Nginx 负载均衡配置实例

```
1   http {
2   upstream mobilshop {
3   server 192.168.1.12:80 weight=3 max_fails=3 fail_timeout=20s;
4   server 192.168.1.13:80 weight=1 max_fails=3 fail_timeout=20s;
5   }
6   server {
7   listen 80;
8   server_name 192.168.1.10;
9   index indel;
10  root /ixdba/web/wwwroot;
11  location / {
12  myserver;
```

```
13    proxy_next_upstream http_500 http_502 http_503 error timeout invalid_header;
14    include /opt/nginx/conf/nf;
15    }
16    }
17    }
```

在上面这个配置实例中，首先定义了一个负载均衡组 mobileshop，然后在 location 部分通过 "proxy_pass&//myserver" 实现负载调度功能，其中 proxy_pass 指令用来指定代理的后端服务器地址和端口，地址可以是主机名或者 IP 地址，也可以是通过 upstream 指令设定的负载均衡组名称。proxy_next _upstream 用来定义故障转移策略，当后端服务节点返回 500、502、503、504 和执行超时等错误时，自动将请求转发到 upstream 负载均衡组中的另一台服务器，实现故障转移。最后通过 include 指令包含进来一个 nf 文件。其中 /opt/nginx/conf/nf 的内容为：

【代码 3-2-5】 /opt/nginx/conf/nf 的内容

```
proxy_redirect off;
proxy_set_header Host $host;
proxy_set_header X-Real-IP $remote_addr;
proxy_set_header X-Forwarded-For $proxy_add_x_forwarded_for;
proxy_connect_timeout 90;
proxy_send_timeout 90;
proxy_read_timeout 90;
proxy_buffer_size 4k;
proxy_buffers 4 32k;
proxy_busy_buffers_size 64k;
proxy_temp_file_write_size 64k;
```

Nginx 的代理功能是通过 HTTP Proxy 模块来实现的。我们默认在安装 Nginx 时已经安装了 HTTP Proxy 模块，因此可直接使用 HTTP Proxy 模块。下面详细解释 nf 文件中每个选项代表的含义。

proxy_set_header：设置由后端的服务器获取用户的主机名或者真实 IP 地址，以及代理者的真实 IP 地址。

client_body_buffer_size：用于指定客户端请求主体缓冲区大小，可以理解为先保存到本地再传给用户。

proxy_connect_timeout：表示与后端服务器连接的超时时间，即发起握手等候响应的超时时间。

proxy_send_timeout：表示后端服务器的数据回传时间，即在规定时间之内后端服务器必须传完所有的数据，否则，Nginx 将断开这个连接。

proxy_read_timeout：设置 Nginx 从代理的后端服务器获取信息的时间，表示连接建立成功后，Nginx 等待后端服务器的响应时间，其实是 Nginx 已经进入后端的排队之中等候处理的时间。

proxy_buffer_size：设置缓冲区大小，默认该缓冲区大小等于指令 proxy_buffers 设置的大小。

proxy_buffers：设置缓冲区的数量和大小。Nginx 从代理的后端服务器获取的响应信息，会放置到缓冲区。

proxy_busy_buffers_size：用于设置系统很忙时可以使用的 proxy_buffers 大小，官方推荐的大小为 proxy_buffers*2。

proxy_temp_file_write_size：指定 Proxy 缓存临时文件的大小。

（3）防盗链配置实例

Nginx 的防盗链功能也非常强大。在默认情况下，只需要进行简单的配置，即可实现防盗链处理。请看下面的这个实例：

【代码 3-2-6】 防盗链配置实例

```
location ~* \.(jpg|gif|png|swf|flv|wma|wmv|asf|mp3|mmf|zip|rar)$ {
    valid_referers none blocked  *.example.com ;
    if ($invalid_referer) {
    return 403;
    }
}
```

在上面这段防盗链设置中，分别针对不同文件类型和不同的目录进行了设置，读者可以根据自己的需求进行类似的设定。

"jpg|gif|png|swf|flv|wma|wmv|asf|mp3|mmf|zip|rar"表 示 对 以 jpg、gif、png、swf、flv、wma、wmv、asf、mp3、mmf、zip 和 rar 为后缀的文件实行防盗链处理。

"*.example.com"表示这个请求可以正常访问上面指定的文件资源。

if{} 中的内容的意思是：如果地址不是上面指定的地址就跳转到通过 rewrite 指定的地址，也可以直接通过 return 返回 403 错误。

如果要做更加复杂的防盗链处理，可以使用 Nginx 的 HttpAccessKeyModule，通过这个模块可以实现功能更强大的防盗链处理。更详细的说明请参考官方文档。

7. Nginx 模块组成和工作原理

Nginx 由内核和模块组成，其中，内核的设计非常微小和简洁，完成的工作也非常简单，仅仅通过查找配置文件将客户端请求映射到一个 Location block（Location 是 Nginx 配置中的一个指令，用于 URL 匹配），而在这个 Location 中所配置的每个指令将会启动不同的模块去完成相应的工作。

Nginx 的模块从结构上分为核心模块、基础模块和第三方模块。HTTP 模块、EVENT 模块和 MAIL 模块等属于核心模块；HTTP Access 模块、HTTP FastCGI 模块、HTTP Proxy 模块和 HTTP Rewrite 模块属于基础模块；而 HTTP Upstream Request Hash 模块、Notice 模块和 HTTP Access Key 模块属于第三方模块。用户根据自己的需要开发的模块都属于第三方模块。正是有了这么多模块的支撑，Nginx 的功能才会如此强大。

Nginx 的模块从功能上分为如下三类。

Handlers（处理器模块）：此类模块直接处理请求，并进行输出内容和修改 headers 信息等操作。Handlers 处理器模块一般只能有一个。

Filters（过滤器模块）：此类模块主要对其他处理器模块输出的内容进行修改操作，最后由 Nginx 输出。

Proxies（代理类模块）：此类模块是 Nginx 的 HTTP Upstream 之类的模块，这些模块主要与后端一些服务比如 FastCGI 等进行交互，实现服务代理和负载均衡等功能。

Nginx 模块常规的 HTTP 请求和响应的过程如图 3-2-13 所示。

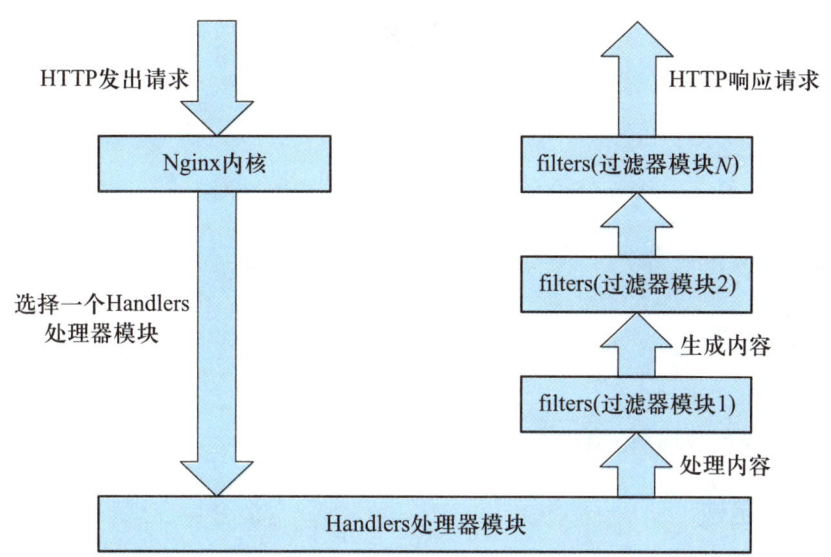

图 3-2-13　Nginx 模块常规的 HTTP 请求和响应的过程

在工作方式上，Nginx 分为单工作进程和多工作进程两种模式。在单工作进程模式下，除主进程外，还有一个工作进程，工作进程是单线程的；在多工作进程模式下，每个工作进程包含多个线程。Nginx 默认为单工作进程模式。

Nginx 的模块直接被编译进 Nginx，因此属于静态编译方式。启动 Nginx 后，Nginx 的模块被自动加载，首先将模块编译为一个 so 文件，然后在配置文件中指定是否进行加载。在解析配置文件时，Nginx 的每个模块都有可能去处理某个请求，但是同一个处理请求只能由一个模块来完成。

8. Nginx 的性能优势

Nginx 作为 HTTP 服务器的优势是显而易见的，它有很多其他 Web 服务器无法比拟的性能和优势。

作为 Web 服务器，Nginx 处理静态文件、索引文件，自动索引的效率非常高。

作为代理服务器，Nginx 可以实现无缓存的反向代理加速，提高网站运行速度。

作为负载均衡服务器，Nginx 既可以在内部直接支持 Rails 和 PHP，也可以支持 HTTP 代理服务器对外进行服务，同时还支持简单的容错和利用算法进行负载均衡。

在性能方面，Nginx 是专门为性能优化而开发的，在实现上非常注重效率。它采用内核 Poll 模型，可以支持更多的并发连接，最大可以支持对 50 000 个并发连接数的响应，而且只占用很低的内存资源。

在稳定性方面，Nginx 采取了分阶段资源分配技术，使得 CPU 与内存的占用率非常低。Nginx 官方表示，Nginx 保持 10 000 个没有活动的连接，而这些连接只占用 2.5 MB 内存。因此，类似 DOS 这样的攻击对 Nginx 来说基本上是没有任何作用的。

在高可用性方面，Nginx 支持热部署，启动速度特别迅速，因此可以在不间断服务的情况下，对软件版本或者配置进行升级，即使运行数月也无须重新启动，几乎可以做到 7×24 小时不间断地运行。

Nginx 配置文件 Nginxf.cnf 完整代码请扫二维码：

资源 3-1　Nginx.cnf

3.2.4　任务回顾

　知识点总结

1. 负载均衡实现原理。
2. Nginx 作为负载均衡的配置与管理。

　学习足迹

任务二的学习足迹如图 3-2-14 所示。

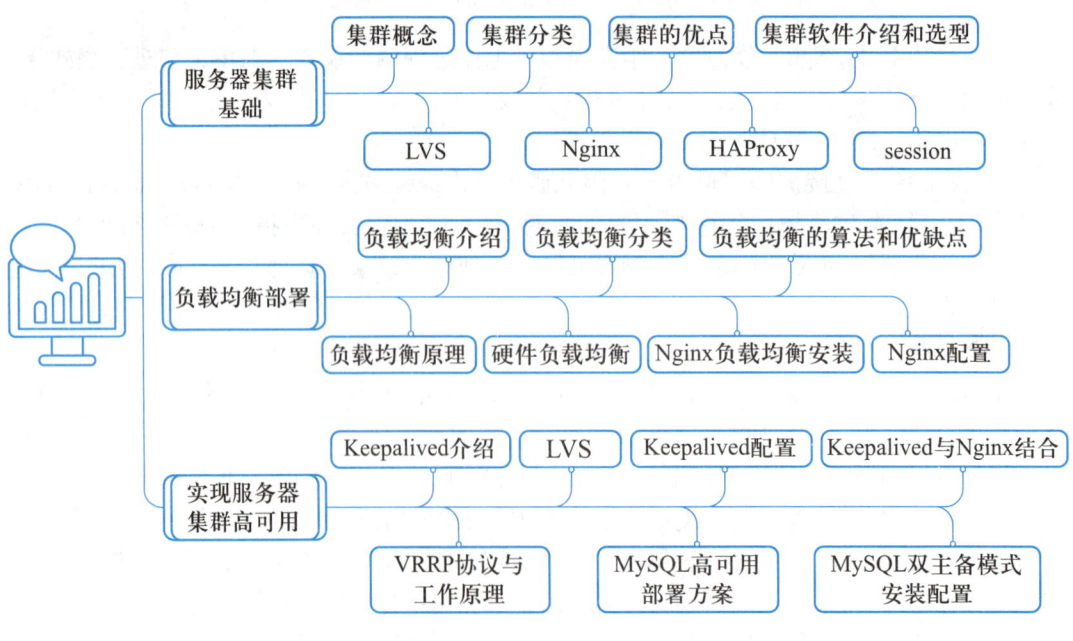

图 3-2-14　任务二学习足迹

思考与练习

1. 根据负载均衡实现技术不同，可分为_____、_____、_____、_____。
2. 简述软硬件负载均衡的优缺点。
3. Nginx 实现负载均衡的策略有_____、_____、_____、_____、_____。

3.3 任务三：实现服务器集群的高可用

【任务描述】

单台服务器部署存在隐患，一旦服务器故障，其所在的业务应用将不能使用，必须提高服务器对业务持续支持访问。本节中采用 Keepalived 实现数据库服务器访问的高可用。

3.3.1 构建高性能主站点集群

1. Keepalived 高可用软件介绍

（1）Keepalived 介绍

Keepalived 是 Linux 下一个轻量级的高可用解决方案，它与 Heartbeat、RoseHA 实现的功能类似，都可以实现服务或者网络的高可用，但是又有差别：Heartbeat 是一个专业的、功能完善的高可用软件，它提供了 HA 软件所需的基本功能，比如心跳检测和资源接管、监测集群中的系统服务、在群集节点间转移共享 IP 地址的所有者等。Heartbeat 功能强大，但是部署和使用相对比较麻烦；与 Heartbeat 相比，Keepalived 主要是通过虚拟路由冗余来实现高可用功能，虽然它没有 Heartbeat 功能强大，但 Keepalived 部署和使用非常简单，所有配置只需一个配置文件即可完成。这也是本章重点介绍 Keepalived 的原因。

（2）Keepalived 是什么

Keepalived 起初是为 LVS 设计的，专门用来监控集群系统中各个服务节点的状态。它根据 layer3、4 和 5 交换机制检测每个服务节点的状态，如果某个服务节点出现异常或工作出现故障，Keepalived 能够检测到并将出现故障的服务节点从集群系统中剔除，而在故障节点恢复正常后，Keepalived 又可以自动将此服务节点重新加入到服务器集群中。这些工作全部自动完成，不需要人工干涉，需要人工完成的只是修复出现故障的服务节点。

Keepalived 后来又加入了 VRRP 的功能，VRRP 是 Virtual Router Redundancy Protocol（虚拟路由器冗余协议）的缩写。它的出现是为了解决静态路由出现的单点故障问题，通过 VRRP 可以实现网络不间断地、稳定地运行。因此，Keepalived 一方面具有服务器状态检测和故障隔离功能，另一方面也具有 HA cluster 功能。下面详细介绍 VRRP 协议的实现过程。

（3）VRRP 协议与工作原理

在现实的网络环境中，主机之间的通信都是通过配置静态路由（默认网关）完成的，而主机之间的路由器一旦出现故障，通信就会失败。因此，在这种通信模式中，路由器就成了一个单点瓶颈，为了解决这个问题，就引入了 VRRP 协议。

VRRP 协议是一种主备模式的协议，通过 VRRP 可以在网络发生故障时透明地进行设备切换而不影响主机间的数据通信，这其中涉及两个概念：物理路由器和虚拟路由器。

VRRP 可以将两台或多台物理路由器设备虚拟成一个虚拟路由器，这个虚拟路由器通过虚拟 IP（一个或多个）对外提供服务，而在虚拟路由器内部，是多个物理路由器协同工作，同一时间只有一台物理路由器对外提供服务，这台物理路由器被称为主路由器（处于 master 角色）。一般情况下 master 由选举算法产生，它拥有对外服务的虚拟 IP，提供各种网络功能，如 ARP 请求、ICMP、数据转发等。而其他物理路由器不拥有对外的虚拟 IP，也不提供对外网络功能，仅仅接收 master 的 VRRP 状态通告信息，这些路由器被统称为备份路由器（处于 backup 角色）。当主路由器失效时，处于 backup 角色的备份路由器将重新进行选举，产生一个新的主路由器进入 master 角色继续提供对外服务，整个切换过程对用户来说完全透明。

每个虚拟路由器都有一个唯一标识，称为 VRID，一个 VRID 与一组 IP 地址构成了一个虚拟路由器。在 VRRP 协议中，所有的报文都是通过 IP 多播形式发送的，而在一个虚拟路由器中，只有处于 master 角色的路由器会一直发送 VRRP 数据包，处于 backup 角色的路由器只接收 master 发过来的报文信息，用来监控 master 运行状态，因此，不会发生 backup 抢占的现象，除非它的优先级更高。而当 master 不可用时，backup 也就无法收到 master 发过来的报文信息，于是就认定 master 出现故障，接着多台 backup 就会进行选举，优先级最高的 backup 将成为新的 master，这种选举并进行角色切换的过程非常快，因而也就保证了服务的持续可用性。

（4）Keepalived 工作原理

上节简单介绍了 Keepalived 通过 VRRP 实现高可用功能的工作原理，而 Keepalived 作为一个高性能集群软件，它还能实现对集群中服务器运行状态的监控及故障隔离。下面介绍 Keepalived 对服务器运行状态监控和检测的工作原理。

Keepalived 工作在 TCP/IP 参考模型的第三层、第四层和第五层，也就是网络层、传输层和应用层。根据 TCP/IP 参考模型各层所能实现的功能，Keepalived 运行机制如下。

在网络层，运行着四个重要的协议：互联网协议 IP、互联网控制报文协议 ICMP、地址转换协议 ARP 以及反向地址转换协议 RARP。Keepalived 在网络层采用的最常见的工作方式是通过 ICMP 协议向服务器集群中的每个节点发送一个 ICMP 的数据包（类似于 ping 实现的功能），如果某个节点没有返回响应数据包，那么就认为此节点发生了故障，Keepalived 将报告此节点失效，并从服务器集群中剔除故障节点。

在传输层，提供了两个主要的协议：传输控制协议 TCP 和用户数据协议 UDP。传输控制协议 TCP 可以提供可靠的数据传输服务，IP 地址和端口代表 TCP 连接的一个连接端。要获得 TCP 服务，须在发送机的一个端口上和接收机的一个端口上建立连接，而 Keepalived 在传输层就是利用 TCP 协议的端口连接和扫描技术来判断集群节点是否正常的。比如，对于常见的 Web 服务默认的 80 端口、SSH 服务默认的 22 端口等，Keepalived 一旦在传输层探测到这些端口没有响应数据返回，就认为这些端口发生异常，然后强制将此端口对应的节点从服务器集群组中移除。

在应用层，可以运行 FTP、TELNET、SMTP、DNS 等各种不同类型的高层协议，Keepalived 的运行方式也更加全面化和复杂化，用户可以自定义 Keepalived 的工作方式，例如用户可以通过编写程序来运行 Keepalived,而 Keepalived 将根据用户的设定检测各种程序或服务是否允许正常,如果 Keepalived 的检测结果与用户设定不一致,Keepalived 将把对应的服务从服务器中移除。

（5）Keepalived 的体系结构

Keepalived 是一个高度模块化的软件,结构简单,但扩展性很强。图 3-3-1 是官方给出的 Keepalived 体系结构拓扑图。

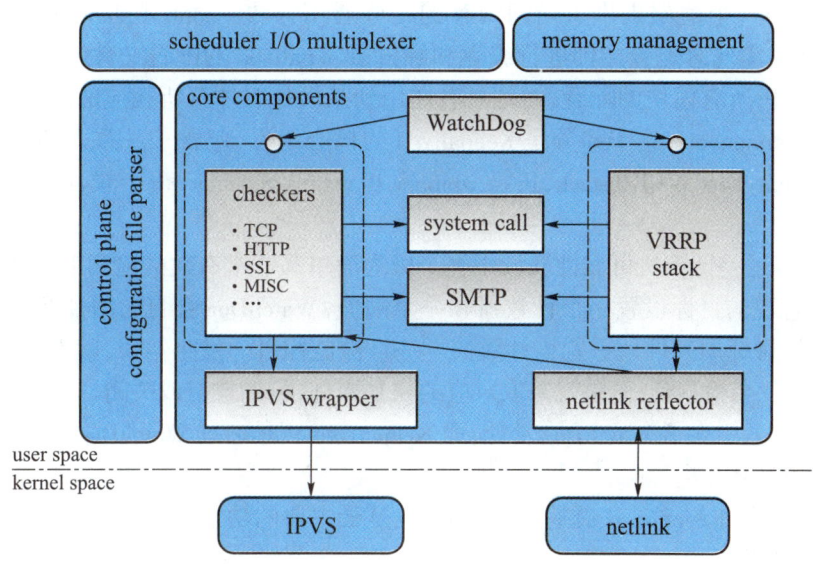

图 3-3-1　Keepalived 体系结构拓扑图

从图 3-3-1 中可以看出,Keepalived 的体系结构从整体上分为两层,分别是用户空间层（user space）和内核空间层（kernel space）。下面介绍 Keepalived 两层结构的详细组成及实现的功能。

内核空间层处于最底层,它包括 IPVS 和 netlink 两个模块。IPVS 模块是 Keepalived 引入的一个第三方模块,通过 IPVS 可以实现基于 IP 的负载均衡集群。IPVS 默认包含在 LVS 集群软件中。而在 LVS 集群软件中,IPVS 安装在 Director Server 服务器上,同时在 Director Server 上虚拟出一个 IP 地址来对外提供服务,而用户必须通过这个虚拟 IP 地址才能访问服务。这个虚拟 IP 一般称为 LVS 的 VIP,即 Virtual IP。访问的请求首先经过 VIP 到达 Director Server,然后由 Director Server 从服务器集群节点中选取一个服务节点响应用户的请求。

Keepalived 最初就是为 LVS 提供服务的,由于 Keepalived 可以实现对集群节点的状态检测,而 IPVS 可以实现负载均衡功能,所以,Keepalived 借助于第三方模块 IPVS 就可以很方便地搭建一套负载均衡系统。在这里有个误区,由于 Keepalived 可以和 IPVS 一起很好地工作,所以很多初学者都以为 Keepalived 就是一个负载均衡软件,这种理解是错误的。

在 Keepalived 中,IPVS 模块是可配置的,如果需要负载均衡功能,可以在编译 Keepalived 时打开负载均衡功能,反之,也可以通过配置编译参数关闭。

NETLINK 模块主要用于实现一些高级路由框架和一些相关的网络功能,完成用户空间层 Netlink Reflector 模块发来的各种网络请求。

用户空间层位于内核空间层之上,Keepalived 的所有具体功能都在这里实现,下面介绍几个重要部分所实现的功能。

在用户空间层,Keepalived 又分为四个部分,分别是 scheduler I/O multiplexer、memory management、control plane 和 core components。其中,scheduler I/O multiplexer 是一个 I/O 复用分发调度器,它负责安排 Keepalived 所有内部的任务请求。memory management 是一个内存管理机制,这个框架提供了访问内存的一些通用方法。control plane 是 Keepalived 的控制面板,可以实现对配置文件进行编译和解析,Keepalived 的配置文件解析比较特殊,它并不是一次解析所有模块的配置,而是只有在用到某模块时才解析相应的配置。最后详细说一下 core components,这个部分是 Keepalived 的核心组件,包含了一系列功能模块,主要有 WatchDog、checkers、VRRP stack、IPVS wrapper 和 netlink reflector,每个模块所实现的功能如下。

● WatchDog 是计算机可靠性领域中一个极为简单又非常有效的检测工具,它的工作原理是针对被监视的目标设置一个计数器和一个阈值,WatchDog 会自己增加此计数值,然后等待被监视的目标周期性地重置该计数值。一旦被监控目标发生错误,就无法重置此计数值,WatchDog 就会检测到,于是就采取对应的恢复措施,例如重启或关闭。

Linux 很早就引入了 WatchDog 功能,而 Keepalived 正是通过 WatchDog 的运行机制来监控 checkers 和 VRRP 进程的。

● checkers 是 Keepalived 最基础的功能,也是最主要的功能,可实现对服务器运行状态检测和故障隔离。

● VRRP stack 是 Keepalived 后来引入的 VRRP 功能,可以实现 HA 集群中失败切换(failover)功能。Keepalived 通过 VRRP 功能再结合 LVS 负载均衡软件即可部署一套高性能的负载均衡集群系统。

● IPVS wrapper 是 IPVS 功能的一个实现。IPVS wrapper 模块可以将设置好的 IPVS 规则发送到内核空间并提交给 IPVS 模块,最终实现 IPVS 模块的负载均衡功能。

● netlink reflector 用来实现高可用集群中 failover 时虚拟 IP(VIP)的设置和切换。netlink reflector 的所有请求最后都发送到内核空间的 NETLINK 模块来完成。

2. Keepalived 安装与配置

Keepalived 的安装非常简单,下面通过源码编译的方式介绍 Keepalived 的安装过程。首先打开 Keepalived 的官方网址 http://www.keepalived.org,从中可以下载到各种版本的 Keepalived,这里下载的是 keepalived-1.2.12.tar.gz。以操作系统环境 CentOS 6.5 为例,在两台 Nginx 上安装及配置 Keepalive,安装步骤如下:

【代码 3-3-1】 Keepalived 安装与配置

```
[root@keepalived-master app]#tar zxvf keepalived-1.2.12.tar.gz
[root@keepalived-master app]#cd keepalived-1.2.12
[root@keepalived-master keepalived-1.2.12]#./configure  --sysconf=/etc \
    > --with-kernel-dir=/usr/src/kernels/2.6.32-431.5.1.el6.x86_64
[root@keepalived-master keepalived-1.2.12]#make
```

```
[root@keepalived-master keepalived-1.2.12]#make install
[root@keepalived-master keepalived-1.2.12]#ln -s /usr/local/sbin/keepalived /sbin/
[root@keepalived-master keepalived-1.2.12]# chkconfig --add keepalived
[root@keepalived-master keepalived-1.2.12]# chkconfig --level 35 keepalived on
```

在编译选项中，"--sysconf"指定了 Keepalived 配置文件的安装路径，即路径为 /etc/Keepalived/Keepalived.conf。"--with-kernel-dir"是个很重要的参数，但这个参数并不是要把 Keepalived 编译进内核，而是指定使用内核源码中的头文件，即 include 目录。只有在使用 LVS 时，需要"--with-kernel-dir"参数，其他时候是不需要的。在安装完成后，会得到如图 3-3-2 所示内容。

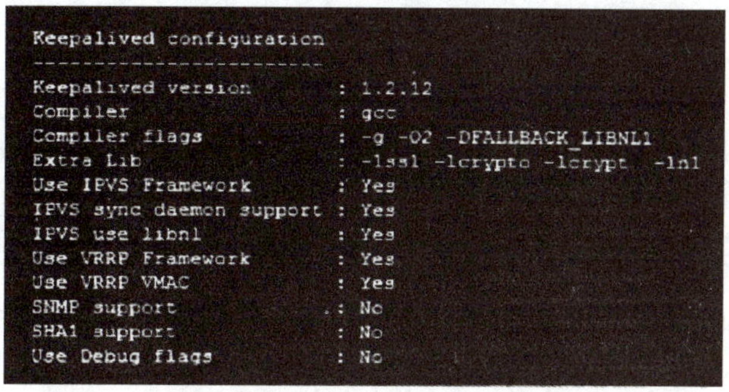

图 3-3-2　Keepalived 编译输出模块信息

观察 Keepalived 输出的加载模块信息，其含义分别如下。

"Use IPVS Framework"表示使用 IPVS 框架，也就是负载均衡模块，后面的"Yes"表示启用 IPVS 功能。一般在搭建高可用负载均衡集群时会启用 IPVS 功能，如果只是使用 Keepalived 的高可用功能，则不需要启用 IPVS 模块，可以在编译 Keepalived 时通过"--disable-lvs"关闭 IPVS 功能。

"IPVS sync daemon support"表示启用 IPVS 的同步功能，此模块一般和 IPVS 模块一起使用，如果需要关闭，可在编译 Keepalived 时通过"--disable-lvs-syncd"参数实现。

"IPVS use libnl"表示使用新版的 libnl。libnl 是 netlink 的一个实现，如果要使用新版的 libnl，需要在系统中安装 libnl 和 libnl-devel 软件包。

"Use VRRP Framework"表示使用 VRRP 框架，这是实现 Keepalived 高可用功能必需的模块。

"Use VRRP VMAC"表示使用基础 VMAC 接口的 xmit VRRP 包，这是 Keepalived 在1.2.10 版本以后新增的一个功能。

至此，Keepalived 的安装介绍完毕。下面开始进入 Keepalived 配置的讲解。

（1）Keepalived 的全局配置

在上节安装 Keepalived 的过程中，指定了 Keepalived 配置文件的路径为 /etc/Keepalived/Keepalived.conf，Keepalived 的所有配置均在这个配置文件中完成。由于 Keepalived.conf 文件中可配置的选项比较多，这里根据配置文件所实现的功能，将 Keepalived 配置分为三类，分别是：全局配置（global configuration）、VRRPD 配置和 LVS 配置。下面将主要介绍

Keepalived 配置文件中一些常用配置选项的含义和用法。

Keepalived 的配置文件都是以块（block）的形式组织的，每个块的内容都包含在 {} 中，以 "#" 和 "!" 开头的行都是注释。全局配置就是对整个 Keepalived 都生效的配置，基本内容如下：

【代码 3-3-2】　Keepalived 的全局配置

```
! Configuration File for keepalived
global_defs {
        notification_email {
            ictuniv@163.com
        }
notification_email_from Keepalived@localhost
smtp_server smtp.163.com
smtp_connect_timeout 30
router_id LVS_DEVEL
    }
```

全局配置以 "global_defs" 作为标识，在 "global_defs" 区域内的都是全局配置选项，具体如下。

notification_email 用于设置报警邮件地址，可以设置多个，每行一个。注意，如果要开启邮件报警，需要开启本机的 sendmail 服务。

notification_email_from 用于设置邮件的发送地址。

smtp_server 用于设置邮件的 smtp server 地址。

smtp_connect_timeout 用于设置连接 smtp server 的超时时间。

router_id 表示运行 Keepalived 服务器的一个标识，是发邮件时显示在邮件主题中的信息。

（2）Keepalived 的 VRRPD 配置

VRRPD 配置是 Keepalived 所有配置的核心，主要用来实现 Keepalived 的高可用功能。从结构上来看，VRRPD 配置又可分为 VRRP 同步组配置和 VRRP 实例配置。

这里首先介绍同步组实现的主要功能。同步组是相对于多个 VRRP 实例而言的，在多个 VRRP 实例的环境中，每个 VRRP 实例所对应的网络环境会有所不同，假设一个实例处于网段 A，另一个实例处于网段 B，而如果 VRRPD 只配置了网段 A 的检测，那么当网段 B 主机出现故障时，VRRPD 会认为自身仍处于正常状态，进而不会进行主备节点的切换，这样问题就出现了。同步组就是用来解决这个问题的，将所有 VRRP 实例都加入到同步组中，这样任何一个实例出现问题，都会导致 Keepalived 进行主备切换。

下面是两个同步组的配置样例：

【代码 3-3-3】　两个同步组的配置示例

```
vrrp_sync_group G1 {
    group {
      VI_1
      VI_2
```

```
        VI_5
    }
notify_backup "/usr/local/bin/vrrp.back arg1 arg2"
notify_master "/usr/local/bin/vrrp.mast arg1 arg2"
notify_fault "/usr/local/bin/vrrp.fault arg1 arg2"
    }
vrrp_sync_group G2 {
    group {
        VI_3
        VI_4
    }
}
```

其中，G1 同步组包含 VI_1、VI_2、VI_5 三个 VRRP 实例，G2 同步组包含 VI_3、VI_4 两个 VRRP 实例。这五个实例将在 vrrp_instance 段进行定义。另外，在 vrrp_sync_group 段中还出现了 notify_master、notify_backup、notify_fault 和 notify_stop 四个选项，这是 Keepalived 配置中的一个通知机制，也是 Keepalived 包含的四种状态。下面介绍每个选项的含义。

notify_master：指定当 Keepalived 进入 master 状态时要执行的脚本，这个脚本可以是一个状态报警脚本，也可以是一个服务管理脚本。Keepalived 允许脚本传入参数，因此灵活性很强。

notify_backup：指定当 Keepalived 进入 backup 状态时要执行的脚本，同理，这个脚本可以是一个状态报警脚本，也可以是一个服务管理脚本。

notify_fault：指定当 Keepalived 进入 fault 状态时要执行的脚本，脚本功能与前两个类似。

notify_stop：指定当 Keepalived 程序终止时需要执行的脚本。

下面正式进入 VRRP 实例的配置，也就是配置 Keepalived 的高可用功能。VRRP 实例段主要用来配置节点角色（主或从）、实例绑定的网络接口、节点间验证机制、集群服务 IP 等。下面是实例 VI_1 的一个配置样例。

【代码 3-3-4】　实例 VI_1 的一个配置示例

```
vrrp_instance VI_1 {
        state MASTER
        interface eth0
        virtual_router_id 51
        priority 100
        advert_int 1
        mcast_src_ip
        garp_master_delay  10
    track_interface {
    eth0
```

```
    eth1
    }
        authentication {
            auth_type PASS
            auth_pass qwaszx
        }
        virtual_ipaddress {
            192.168.8.203
            192.168.8.201 dev eth1
            192.168.8.202 dev eth2
        }
virtual_routes {
            src 192.168.8.1 to 192.168.8.0/24 via 192.168.8.254 dev eth1
            192.168.8.0/24 via 192.168.8.254 dev eth1
            192.168.8.0/24 dev eth2
            192.168.8.0/24 via 192.168.100.254
            192.168.8.0/24 via 192.168.8.252 or 192.168.8.253
    }
    nopreempt
    preemtp_delay  300
    }
```

以上 VRRP 配置以 "vrrp_instance" 作为标识，在这个实例中包含了若干配置选项，分别介绍如下。

vrrp_instance 是 VRRP 实例开始的标识，后跟 VRRP 实例名称。

state 用于指定 Keepalived 的角色，MASTER 表示此主机是主服务器，BACKUP 表示此主机是备用服务器。

interface 用于指定 HA 监测网络的接口。

virtual_router_id 是虚拟路由标识，这个标识是一个数字，同一个 VRRP 实例使用唯一的标识，即在同一个 vrrp_instance 下，MASTER 和 BACKUP 必须是一致的。

priority 用于定义节点优先级，数字越大表示节点的优先级就越高。在一个 vrrp_instance 下，MASTER 的优先级必须大于 BACKUP 的优先级。

advert_int 用于设定 MASTER 与 BACKUP 主机之间同步检查的时间间隔，单位是秒。

mcast_src_ip 用于设置发送多播包的地址，如果不设置，将使用绑定的网卡所对应的 IP 地址。

garp_master_delay 用于设定在切换到 MASTER 状态后延时进行 Gratuitous ARP 请求的时间。

track_interface 用于设置一些额外的网络监控接口，其中任何一个网络接口出现故障，Keepalived 都会进入 fault 状态。

authentication 用于设定节点间通信验证类型和密码，验证类型主要有 PASS 和 AH 两种，在一个 vrrp_instance 下，MASTER 与 BACKUP 必须使用相同的密码才能正常通信。

virtual_ipaddress 用于设置虚拟 IP 地址（VIP），又叫作漂移 IP 地址。可以设置多个虚拟 IP 地址，每行一个。之所以称为漂移 IP 地址，是因为 Keepalived 切换到 MASTER 状态时，这个 IP 地址会自动添加到系统中，而切换到 BACKUP 状态时，这些 IP 又会自动从系统中删除。Keepalived 通过"ip address add"命令的形式将 VIP 添加进系统中。要查看系统中添加的 VIP 地址，可以通过"ip add"命令实现。"virtual_ipaddress"段中添加的 IP 形式可以多种多样，例如可以写成"192.168.16.189/24 dev eth1"这样的形式，而 Keepalived 会使用 IP 命令"ip addr add 192.168.16.189/24 dev eth1"将 IP 信息添加到系统中。因此，这里的配置规则和 IP 命令的使用规则是一致的。

virtual_routes 和 virtual_ipaddress 段一样，用来设置在切换时添加或删除相关路由信息。使用方法和例子可以参考上面的示例。通过"ip route"命令可以查看路由信息是否添加成功，此外，也可以通过上面介绍的 notify_master 选项来代替 virtual_routes 实现相同的功能。

nopreempt 设置的是高可用集群中的不抢占功能。在一个 HA cluster 中，如果主节点死机了，备用节点会进行接管，主节点再次正常启动后一般会自动接管服务。这种来回切换的操作，对于实时性和稳定性要求不高的业务系统来说，还是可以接受的，而对于稳定性和实时性要求很高的业务系统来说，不建议来回切换，毕竟服务切换存在一定的风险和不稳定性，在这种情况下，就需要设置 nopreempt 这个选项了。设置 nopreempt 可以实现主节点故障恢复后不再切回到主节点，让服务一直在备用节点工作，直到备用节点出现故障才会进行切换。在使用不抢占时，只能在"state"状态为"BACKUP"的节点上设置，而且这个节点的优先级必须高于其他节点。

preemtp_delay 用于设置抢占的延时时间，单位是秒。有时候系统启动或重启之后网络需要经过一段时间才能正常工作，在这种情况下进行发生主备切换是没必要的，此选项就是用来设置这种情况发生的时间间隔。在此时间内发生的故障将不会进行切换，而如果超过"preemtp_delay"指定的时间，并且网络状态异常，那么才开始进行主备切换。

（3）Keepalived 的 LVS 配置

由于 Keepalived 属于 LVS 的扩展项目，所示，Keepalived 可以与 LVS 无缝整合，轻松搭建一套高性能的负载均衡集群系统。下面介绍 Keepalived 配置文件中关于 LVS 配置段的配置方法。

LVS 段的配置以"virtual_server"作为开始标识，此段内容有两部分组成，分别是 real_server 段和健康检测段。下面是 virtual_server 段常用选项的一个配置示例：

【代码 3-3-5】 virtual_server 段常用选项的一个配置示例

```
virtual_server 192.168.12.200 80 {

    delay_loop 6

    lb_algo rr

    lb_kind DR

    persistence_timeout 50

    persistence_granularity
```

```
    protocol TCP
    ha_suspend
    virtualhost
    sorry_server
}
```

下面介绍每个选项的含义。

virtual_server：设置虚拟服务器开始标识，后面跟虚拟 IP 地址和服务端口，IP 与端口之间用空格隔开。

delay_loop：设置健康检查的时间间隔，单位是秒。

lb_algo：设置负载调度算法，可用的调度算法有 rr、wrr、lc、wlc、lblc、sh、dh 等，常用的算法有 rr 和 wlc。

lb_kind：设置 LVS 实现负载均衡的机制，有 NAT、TUN 和 DR 三个模式可选。

persistence_timeout：会话保持时间，单位是秒。这个选项对动态网页是非常有用的，为集群系统中的 session 共享提供了一个很好的解决方案。有了这个会话保持功能，用户的请求会一直分发到某个服务节点，直到超过这个会话的保持时间。需要注意的是，这个会话保持时间是最大无响应超时时间，也就是说，用户在操作动态页面时，如果在 50 秒内没有执行任何操作，那么接下来的操作会被分发到另外的节点，但是如果用户一直在操作动态页面，则不受 50 秒的时间限制。

persistence_granularity：此选项是配合 persistence_timeout 的，后面跟的值是子网掩码，表示持久连接的粒度。默认是 255.255.255.255，也就是一个单独的客户端 IP。如果将掩码修改为 255.255.255.0，那么客户端 IP 所在的整个网段的请求都会分配到同一个 real server 上。

protocol：指定转发协议类型，有 TCP 和 UDP 两种可选。

ha_suspend：节点状态从 MASTER 到 BACKUP 切换时，暂不启用 real server 节点的健康检查。

virtualhost：在通过 HTTP_GET/ SSL_GET 做健康检测时，指定的 Web 服务器的虚拟主机地址。

sorry_server：相当于一个备用节点，在所有 real server 失效后，这个备用节点会启用。

下面是 real_server 段的一个配置示例：

【代码 3-3-6】 real_server 段的一个配置示例

```
real_server 192.168.8.204 80 {
    weight 3
    inhibit_on_failure
    notify_up    |
    notify_down |
    }
```

下面介绍每个选项的含义。

real_server：是 real_server 段开始的标识，用来指定 real server 节点，后面跟的是 real server 的真实 IP 地址和端口，IP 与端口之间用空格隔开。

weight：用来配置 real server 节点的权值。权值大小用数字表示，数字越大，权值越高。设置权值的大小可以为不同性能的服务器分配不同的负载，为性能高的服务器设置较高的权值，而为性能较低的服务器设置相对较低的权值，这样才能合理地利用和分配了系统资源。

inhibit_on_failure：表示在检测到 real server 节点失效后，把它的"weight"值设置为 0，而不是从 IPVS 中删除。

notify_up：此选项与上面介绍过的 notify_maser 有相同的功能，后跟一个脚本，表示在检测到 real server 节点服务处于 UP 状态后执行的脚本。

notify_down：表示在检测到 real server 节点服务处于 DOWN 状态后执行的脚本。

健康检测段允许多种检查方式，常见的有 HTTP_GET、SSL_GET、TCP_CHECK、SMTP_CHECK、MISC_CHECK。首先看 TCP_CHECK 检测方式示例：

【代码 3-3-7】 TCP_CHECK 检测方式示例

```
TCP_CHECK {
    connect_port 80
            connect_timeout  3
            nb_get_retry  3
            delay_before_retry  3
        }
```

下面介绍每个选项的含义。

connect_port：健康检查的端口，如果无指定，默认是 real_server 指定的端口。

connect_timeout：表示无响应超时时间，单位是秒，这里是 3 秒超时。

nb_get_retry：表示重试次数，这里是 3 次。

delay_before_retry：表示重试间隔，这里是间隔 3 秒。

下面是 HTTP_GET 和 SSL_GET 检测方式的示例：

【代码 3-3-8】 HTTP_GET 和 SSL_GET 检测方式的示例

```
HTTP_GET |SSL_GET
    {
    url {
    path /index.html
    digest  e6c271eb5f017f280cf97ec2f51b02d3
    status_code  200
    }
    connect_port 80
    bindto  192.168.12.80
    connect_timeout  3
    nb_get_retry  3
    delay_before_retry  2
    }
```

下面介绍每个选项的含义。

url：用来指定 HTTP/SSL 检查的 URL 信息，可以指定多个 URL。

path：后跟详细的 URL 路径。

digest：SSL 检查后的摘要信息，这些摘要信息可以通过 genhash 命令工具获取。例如：genhash −s 192.168.8.180 −p 80 −u /index.html。

status_code：指定 HTTP 检查返回正常状态码的类型，一般是 200。

bindto：表示通过此地址来发送请求对服务器进行健康检查。

下面是 MISC_CHECK 检测方式的示例：

【代码 3-3-9】 MISC_CHECK 检测方式的示例

```
MISC_CHECK
    {
    misc_path /usr/local/bin/script.sh
    misc_timeout 5
    ! misc_dynamic
    }
```

MISC 健康检查方式可以通过执行一个外部程序来判断 real server 节点的服务状态，使用非常灵活。下面是常用的几个选项的含义。

misc_path：用来指定一个外部程序或者一个脚本路径。

misc_timeout：设定执行脚本的超时时间。

misc_dynamic：表示是否启用动态调整 real server 节点权重，"!misc_dynamic"表示不启用，相反则表示启用。在启用这功能后，Keepalived 的健康检查进程将通过退出状态码来动态调整 real server 节点的"weight"值，如果返回状态码为 0，表示健康检查正常，real server 节点权重保持不变；如果返回状态码为 1，表示健康检查失败，那么就将 real server 节点权重设置为 0；如果返回状态码为 2~255 之间任意数值，表示健康检查正常，但 real server 节点的权重将被设置为返回状态码减 2，例如返回状态码为 10，real server 节点权重将被设置为10−2=8。

到这里为止，Keepalived 配置文件中常用的选项已经介绍完毕，在默认情况下，Keepalived 在启动时会查找 /etc/Keepalived/Keepalived.conf 配置文件，如果配置文件放在其他路径下，通过"Keepalived −f"参数指定配置文件的路径即可。

在配置 Keepalived.conf 时，需要特别注意配置文件的语法格式，因为 Keepalived 在启动时并不检测配置文件的正确性，即使没有配置文件，Keepalived 也照样能够启动，所以一定要保证配置文件正确。

Keepalived 配置文件完整代码请扫二维码：

资源 3-2 keepalived 配置文件

3. 通过 Keepalived+Nginx 构建高性能 Web

3.2 任务中，我们将两台 Nginx 均衡器环境搭建好，两台 Nginx 服务器的安装环境保持一致。这里，我们来配置 Nginx+Keepalived 实现双主高可用 Web 系统。

（1）在 Lb1、Lb2 上配置 Nginx 负载均衡

Nginx 负载均衡器的配置如下：

【代码 3-3-10】 Lb1、Lb2 上的 Nginx 负载均衡配置

```
user www www;

worker_processes 8;

pid /usr/local/nginx/nginx.pid;

worker_rlimit_nofile 102400;

events {

use epoll;

worker_connections 102400;

}

http {

include       mime.types;

default_type  application/octet-stream;

fastcgi_intercept_errors on;

charset  utf-8;

server_names_hash_bucket_size 128;

client_header_buffer_size 4k;

large_client_header_buffers 4 32k;

client_max_body_size 300m;

sendfile on;

tcp_nopush     on;

keepalive_timeout 60;

tcp_nodelay on;

client_body_buffer_size  512k;

proxy_connect_timeout    5;

proxy_read_timeout       60;

proxy_send_timeout       5;

proxy_buffer_size        16k;

proxy_buffers            4 64k;

proxy_busy_buffers_size 128k;

proxy_temp_file_write_size 128k;
```

```
    gzip on;
    gzip_min_length  1k;
    gzip_buffers     4 16k;
    gzip_http_version 1.1;
    gzip_comp_level 2;
    gzip_types       text/plain application/x-javascript text/css application/xml;
    gzip_vary on;
##change nginx logs
    log_format  main '$http_x_forwarded_for - $remote_user [$time_local] "$request" '
             '$status $body_bytes_sent "$http_referer"'
             '"$http_user_agent" $request_time $remote_addr';


    upstream mobile_shop {
    server 192.168.1.12:8080 weight=1 max_fails=2 fail_timeout=30s;
    server 192.168.1.13:8080 weight=1 max_fails=2 fail_timeout=30s;
    }
## 负载均衡服务器地址或者网站域名
    server {
      listen 192.168.1.9:80;
      server_name  www.mobileshop.com;
      index index.html index.htm index.jsp index.do;
      # 发布目录 /data/www
      root  /data/www;
      location / {
      proxy_next_upstream http_502 http_504 error timeout invalid_header;
      proxy_set_header Host  $host;
      proxy_set_header X-Real-IP $remote_addr;
      proxy_set_header X-Forwarded-For $proxy_add_x_forwarded_for;
      proxy_pass http://mobile_shop;
      expires    3d;
      }
      location ~ .*\.(php|jsp|cgi)?$ {
          proxy_set_header Host $host;
          proxy_set_header X-Real-IP $remote_addr;
          proxy_set_header X-Forwarded-For $proxy_add_x_forwarded_for;
          proxy_pass http://mobile_shop;
      }
    }
}
```

（2）在 Lb1、Lb2 上配置 Keepalived 服务

Lb1 上 Keepalived 服务实例节点配置如下：

【代码 3-3-11】　Lb1 上 Keepalived 服务实例节点配置

```
global_defs {
    notification_email {
    test@163.com
    }
    notification_email_from keepalived@localhost
    smtp_server 127.0.0.1
    smtp_connect_timeout 30
    router_id NGINX_VIP1
}
vrrp_script chk_http_port {
    script "/usr/local/src/check_nginx_pid.sh"
    interval 2          #（检测脚本执行的间隔）
    weight 2
}
vrrp_instance VI_1 {
    state MASTER
    interface bond0
    virtual_router_id 51
    priority 100
    advert_int 1
    authentication {
        auth_type PASS
        auth_pass 1111
    }
    track_script {
    chk_http_port          #（调用检测脚本）
    }
    virtual_ipaddress {
    192.168.1.10/24 broadcast 192.168.1.9 dev bond0 label bond0:1
    }
}
vrrp_instance VI_2 {
    state BACKUP
    interface bond0
    virtual_router_id 52
```

```
priority 99
advert_int 1
authentication {
auth_type PASS
auth_pass 1111
}
track_script {
 chk_http_port      #（调用检测脚本）
}
virtual_ipaddress {
192.168.1.11/24 broadcast 192.168.1.9 dev bond0 label bond0:2
}
}
```

Lb2 上 Keepalived 服务单实例节点配置如下：

【代码 3-3-12】 Lb2 上 Keepalived 服务单实例节点配置

```
global_defs {
    notification_email {
    test@163.com
    }
    notification_email_from keepalived@localhost
    smtp_server 127.0.0.1
    smtp_connect_timeout 30
    router_id NGINX_VIP2
}
vrrp_script chk_http_port {
    script "/usr/local/src/check_nginx_pid.sh"
    interval 2          #（检测脚本执行的间隔）
    weight 2
    }
vrrp_instance VI_1 {
    state BACKUP
    interface bond0
    virtual_router_id 51
    priority 99
    advert_int 1
    authentication {
    auth_type PASS
    auth_pass 1111
```

```
    }
track_script {
    chk_http_port          #（调用检测脚本）
    }
    virtual_ipaddress {
    192.168.1.10/24 broadcast 192.168.1.9 dev bond0 label bond0:1
    }
}
vrrp_instance VI_2 {
    state MASTER
    interface bond0
    virtual_router_id 52
    priority 100
    advert_int 1
    authentication {
    auth_type PASS
    auth_pass 1111
    }
    track_script {
       chk_http_port          #（调用检测脚本）
    }
    virtual_ipaddress {
    192.168.1.11/24 broadcast 192.168.1.9 dev bond0 label bond0:2
    }
}
```

（3）访问测试高可用

测试代理的 Web 节点可正常访问，执行如下命令：

```
[root@lb1 keepalived]# lsof-i:80
```

以下是针对 Nginx 状态进行检测的脚本，第一次 Nginx 服务故障时会重新启动，如果 Nginx 无法正常启动，则结束 Keepalived 进程。开始 Nginx 负载均衡测试，停掉其中一台的任何服务，不影响整个系统的运作。

【代码 3-3-13】 检测 Nginx 状态脚本

```
vim  /usr/local/src/check_nginx_pid.sh
#!/bin/bash
A='ps -C nginx --no-header |wc -l'
if [ $A -eq 0 ];then
```

```
        /usr/local/nginx/sbin/nginx
        if ['ps −C nginx −−no−header |wc −l' −eq 0 ];then
            killall keepalived
        fi
    fi
fi
```

3.3.2　构建高性能 MySQL 集群

1. MySQL 主流高可用解决方案

高可用架构对于移动电商服务基本是标配,无论是应用服务还是数据库服务都需要做到高可用,对于一个系统而言,可能包含很多模块,比如前端应用、缓存、数据库、搜索、消息队列等,每个模块都需要做到高可用,才能保证整个系统的高可用。对于数据库服务而言,高可用可能更复杂,对用户的服务可用,不仅仅是能访问,还需要有正确性保证,因此讨论数据库的高可用方案时,一般会同时考虑方案中数据一致性问题。下面总结了 MySQL 数据库的高可用部署方案,以及每一种方案的特点和优缺点。

（1）基于共享存储的方案 SAN

SAN（storage area network）就是可以实现网络中不同服务器的数据共享,共享存储能够为数据库服务器和存储解耦。使用共享存储时,服务器能够正常挂载文件系统并操作,如果服务器宕机,备用服务器可以挂载相同的文件系统,执行需要的恢复操作,然后启动 MySQL。共享存储的架构如图 3-3-3 所示。

SAN 的优点如下:
- 可以避免存储外的其他组件引起的数据丢失;
- 部署简单,切换逻辑简单,对应用透明;
- 保证主备数据的强一致。

SAN 的限制或缺点如下:
- 共享存储是单点,若共享存储宕机,则会丢失数据;
- 价格比较昂贵。

（2）基于磁盘复制的方案 DRBD

方案介绍：DRBD（distributed replicated block device）是一种磁盘复制技术,可以获得和 SAN 类似的效果。DBRD 是一个以 Linux 内核模块方式实现的块级别同步复制技术,它通过网卡将主服务器的每个块复制到另外一个服务器块设备上,并在主设备提交块之前记录下来。DRBD 与 SAN 类似,也有一个热备机器,开始提供服务时会使用和故障机器相同的数据,只不过 DRBD 的数据是复制存储,不是共享存储。DRBD 的架构图如图 3-3-4 所示。

DRBD 的优点如下:
- 切换对应用透明;

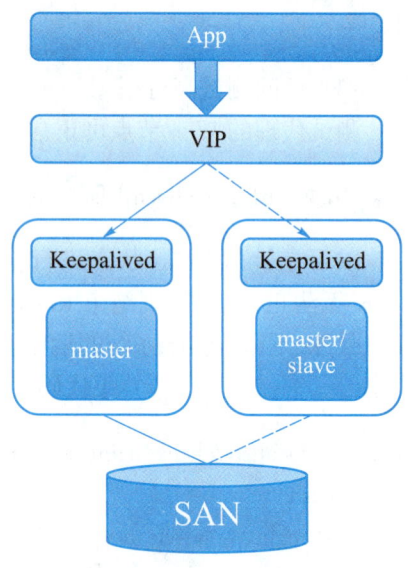

图 3-3-3　SAN 共享存储的架构

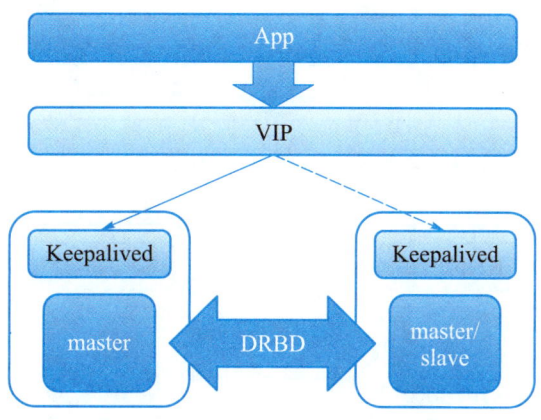

图 3-3-4　DRBD 存储架构

- 保证主备数据的强一致。

DRBD 的限制或缺点如下：

- 影响写入性能，即每次写磁盘，实质都需要同步到网络服务器；
- 一般配置两节点同步，可扩展性比较差；
- 备库不能提供读服务，资源浪费。

（3）基于主从复制（单点写）方案

前面讨论的两种方案分别依赖于底层的共享存储和磁盘复制技术，来解决 MySQL 服务器单点和磁盘单点的问题。而实际生产环境中，高可用更多的是依赖 MySQL 本身的复制，通过复制为 master 制作一个或多个热副本，在 master 故障时，将服务切换到热副本。下面的几种方案都是基于主从复制的方案，方案由简单到复杂，功能也越来越强大，实施难度由易到难，可以根据实际情况选择合适的方案。

① Keepalived/Heartbeat

方案介绍：

keepalived 是一个 HA 软件，它的作用是检测服务器（Web 服务器、DB 服务器等）状态，检查原理是模拟网络请求检测，检测方式包括 HTTP_GET、SSL_GET、TCP_CHECK、SMTP_CHECK、MISC_CHECK 等。对于 DB 服务器而言，主要就是 IP、端口（TCP_CHECK），但这可能不够（比如 DB 服务器 ReadOnly），因此 Keepalived 也支持自定义脚本。Keepalived 通过监听来确认服务器的状态，如果发现服务器故障，则将故障服务器从系统中剔除。Keepalived 的高可用架构如图 3-3-5 所示，分别在主、从服务器上安装 Keepalived 的软件，并配置同样的 VIP。VIP 层将真实 IP 屏蔽，应用服务器通过访问 VIP 来获取 DB 服务。当 master 故障时，Keepalived 感知，并提升 Slave，继续提供服务对应用层透明。

Keepalived 的高可用架构的优点如下：

- 安装配置简单；
- master 故障时，slave 快速切换提供服务，并且对应用透明。

Keepalived 的高可用架构的限制或缺点如下：

- 需要主备的 IP 在同一个网段；
- 提供的检测机制比较弱，需要自定义脚本来确定 master 是否能提供服务，比如更新心跳表等。

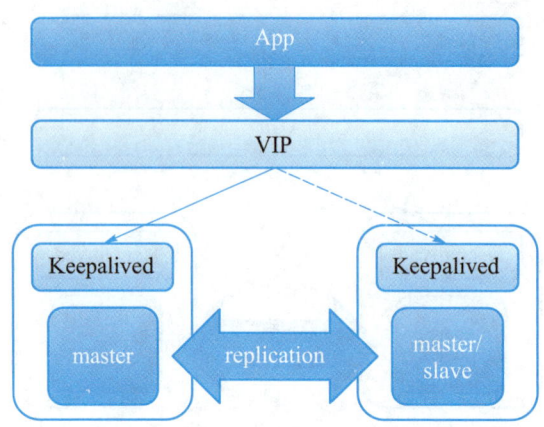

图 3-3-5 Keepalived 的高可用架构

- 无法保证数据的一致性,原生的 MySQL 采用异步复制,若 master 故障,slave 数据可能不是最新,导致数据丢失。因此切换时要考虑 slave 延迟的因素,确定切换策略。对于强一致需求的场景,可以开启半同步,从而减少数据丢失。

- Keepalived 软件自身的 HA 无法保证。

② MHA

MHA (master high availability) 是日本的一位 MySQL "大牛"用 Perl 写的一套 MySQL 故障切换方案,用来保证数据库的高可用。MHA 通过从宕机的主服务器上保存二进制日志来进行回补,能在最大程度上减少数据丢失。MHA 由两部分组成:MHA Manager (管理节点) 和 MHA Node (数据节点)。它可以单独部署在一台独立的机器上,管理多个 master-slave 集群,MHA Node 运行在每台 MySQL 服务器上,主要作用是切换时处理二进制日志,确保切换时尽量少丢数据。MHA Manager 会定时探测集群中的 master 节点,当 master 出现故障时,它可以自动将最新数据的 slave 提升为新的 master,然后将所有其他的 slave 重新指向新的 master,整个故障转移过程对应用程序完全透明。MHA 的架构如图 3-3-6 所示。

MHA failover 过程如下:

a. 检测到 master 异常,进行一系列判断,最后确定 master 宕机;

b. 检查配置信息,罗列出当前架构中各节点的状态;

c. 根据定义的脚本处理故障的 master、VIP 漂移或者关掉 mysqld 服务;

d. 所有 slave 比较位点,选出位点最新的 slave,再与 master 比较并获得 binlog 的差异,复制到管理节点;

e. 从候选节点中选择新的 master,新的 master 会和位点最新的 slave 进行比较并获得 relaylog 的差异;

f. 管理节点把 binlog 的差异复制到新 master,新 master 应用 binlog 差异和 relaylog 差异,最后获得位点信息,并接受写请求 (read_only=0);

g. 其他 slave 与位点最新的 slave 进行比较,并获得 relaylog 的差异,复制到对应的 slave;

h. 管理节点把 binlog 的差异复制到每个 slave,比较 Exec_Master_Log_Pos 和 Read_Master_Log_Pos,获得差异日志;

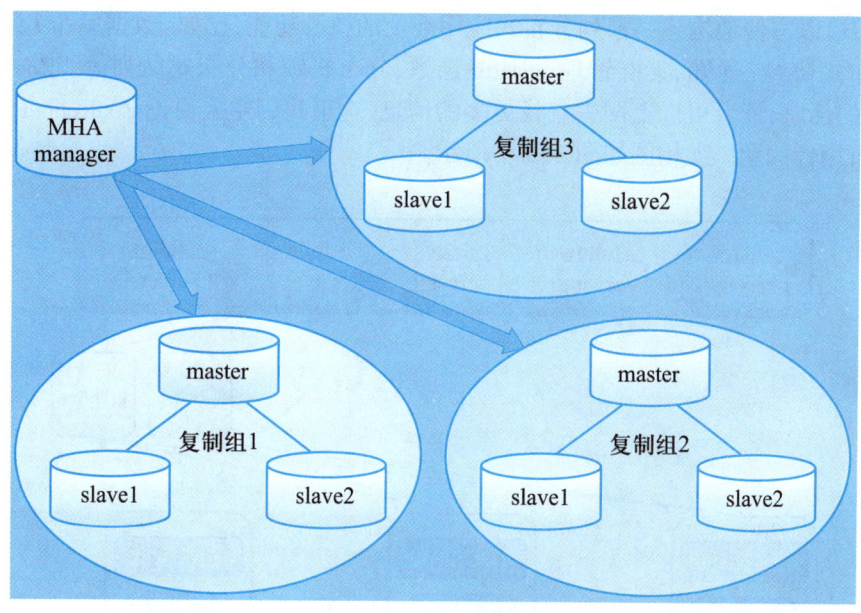

图 3-3-6　MHA 的架构

i. 每个 slave 应用所有差异日志，然后重置 slave 并重新指向新 master；

j. 新 master 重置 slave，清除 slave 信息。

MHA 的优点如下：

a. 代码开源，方便结合业务场景二次开发；

b. 故障切换时，可以修复多个 slave 之间的差异日志，最终使所有 slave 保持数据一致，然后从中选择一个充当新的 master，并将其他 slave 指向它；

c. 可以灵活选择 VIP 方案或者全局目录数据库方案（更改 master IP 映射）来进行切换。

MHA 的缺点如下：

a. 无法保证强一致，因为从故障 master 上保存二进制日志并不总是可行，比如 master 磁盘坏了，或者 SSH 认证失败等；

b. 只支持一主多从架构，要求一个复制集群中必须最少有三台数据库服务器，一主二从，即一台充当 master，一台充当备用 master，另外一台充当从库；

c. 采用全局目录数据库方案切换时，需要应用感知变化，因此对应用不透明，若要保持切换对应用透明，则依然依赖于 VIP；

d. 不适用于大规模集群部署，配置比较复杂；

e. MHA 管理节点本身的 HA 无法保证。

③ 基于 ZooKeeper 的高可用

与前两种方案相比，无论是 Keepalived 方案还是 MHA 方案，都无法解决 HA 软件自身的高可用问题，因为 HA 本身是单点。如果将 HA 也引入多个副本，那么又带来新的问题：HA 软件之间如何保证强同步？如何确保不会有多个 HA 同时进行切换动作？这两个问题实质都是分布式系统一致性问题，为此，可以为 HA 软件引入 Paxos、Raft 之类的分布式一致性协议，保证 HA 软件的可用性。ZooKeeper 是一个典型的发布/订阅模式的分布式数据管理与协调框架，通过 ZooKeeper 中丰富的数据节点类型进行交叉使用，配合 watcher 事件通知机制, 可以方便地构建一系列分布式应用涉及的核心功能, 比如: 数据发布 / 订阅、负载均衡、分布式协调 / 通知、集群管理、master 选举、分布式锁和分布式队列等。ZooKeeper 是一个很大的话题, 读者可以上网去查找更多的信息, 这里我们主要讨论 ZooKeeper 如何解决 HA 自身可用性问题。架构图如图 3-3-7 所示。

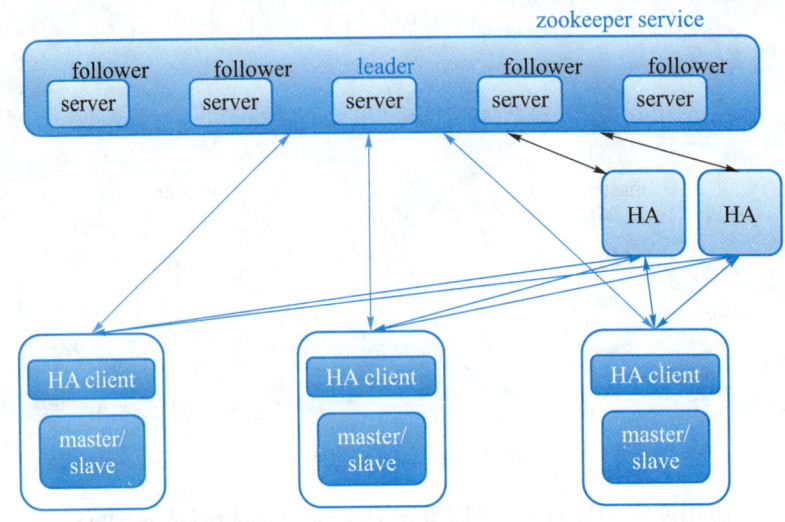

图 3-3-7　基于 ZooKeeper 的高可用架构

图 3-3-7 中每个 MySQL 节点上都部署了一个 HA client, 用于实时向 ZooKeeper 汇报本地节点的心跳状态, 比如主库 crash, 通过修改 ZooKeeper (以下简称 ZK) 上的节点信息, 来通知 HA。HA 节点在 ZK 上注册监听事件, 当 ZK 节点发生变化时会自动让 HA 感知, HA 节点可以部署一个或多个, 主要用于容灾。HA 节点之间通过 ZooKeeper 服务来实现数据的一致性, 通过分布式锁保证多个 HA 节点不会同时对一个主从节点进行切换。HA 本身是无状态的, 所有 MySQL 节点状态信息全部保存在 ZooKeeper 服务器上, 切换时, HA 会对 MySQL 节点进行复检, 然后切换。引入 ZooKeeper 后的切换流程如下:

　　a. HA client 检测到 master 异常, 进行一系列判断, 最后确定 master 宕机;

　　b. HA client 删除 master 在 ZK 上的节点信息;

　　c. 由于监听机制, HA 会感知到有节点被删除;

　　d. HA 对 MySQL 节点进行复检, 比如建立连接、更新心跳表等;

　　e. 确认异常后, 则进行切换。

在这种架构下, 是否能保证 HA 自身的高可用

● 如果 HA client 本身宕机, MySQL 节点还是否正常?

HA client 管理的 MySQL 节点无法与 zookeeper 保持心跳, ZK 服务将节点删除, HA 会感知到这种变化, 准备尝试一次切换, 切换前, 会进行复检, 复检时发现 MySQL 节点没有问题的, 则不会切换。

● MySQL 节点与 zookeeper 的网络断了, 那么表现如何?

由于 HA client 与节点在同一台主机, 因此 HA client 无法再定时向 ZK 汇报心跳, ZK 会将对应的 MySQL 节点信息删除, HA 尝试复检, 如果依然失败, 则进行切换。

● HA 宕机, 表现如何?

由于 HA 无状态，并且有多个副本，因此一个 HA 宕机，不会对整个系统造成影响。
ZK 的优点如下：

a. 保证了整个系统的高可用。

b. 主从的强一致依赖于 MySQL 本身，比如半同步，或者外围工具的回补策略，类似 MHA。

c. 扩展性非常好，可以管理大规模集群。

ZK 的缺点为引入 ZK，整个系统将会变得复杂。

④ 基于 cluster（多点写）方案

任务 3 讨论的方案基本是目前业内使用的主流方案，这类方案的特点是单点写。虽然我们可以借助中间件进行分片（sharding），但是对于同一份数据，依然只允许一个节点写，从这个角度来说，上面的方案是伪分布式。下面讨论的两种方案算是真正分布式，同一个数据理论上可以在多个节点写入，类似于 Oracle 的 RAC、EMC 的 GreenPlum 等分布式数据库。在 MySQL 领域，主要提供了 2 种解决方案：基于 Galera 的 PXC 和 NDB cluster。MySQL cluster 实现基于 NDB 存储引擎，具有很多局限性，而 PXC 是基于 innodb 引擎，虽然也有局限性，但由于目前 innodb 使用非常广泛，所以有一定的参考价值。例如，去哪儿公司在他们的生产环境中使用了 PXC 方案。PXC（percona XtraDB cluster）的架构图如图 3-3-8 所示。

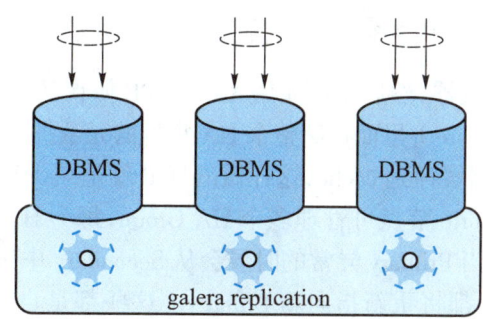

图 3-3-8 基于 PXC 的架构图

PXC 的优点如下：

a. 准同步复制；

b. 多个可同时读写节点，可实现写扩展，较分片方案更进一步；

c. 自动节点管理；

d. 数据严格一致；

e. 服务高可用。

PXC 的缺点如下：

a. 只支持 innodb 引擎；

b. 所有表都要有主键；

c. 由于写要同步到其他节点，所以存在写扩大问题；

d. 非常依赖于网络稳定性，不适用于远距离同步。

⑤ 基于中间件 Proxy 的方案

准确来说，中间件与高可用没有特别大的关系，因为切换都是在数据库层完成，但引入中间层后，使得对应用更透明。在引入中间件之前，所有的方案，基本都依赖于 VIP 漂移机制，或者不依赖于 VIP 又不能保证对应用透明。通过加入中间件层，可以同时实现对应用透明和高可用。此外中间层还可以做 sharding，方便写扩展。Proxy 的方案很多，比如 MySQL 自带的 MySQL Proxy 和 Fabric，阿里巴巴的 Cobar 和 TDDL 等。我们以 fabric 为例，其架构图如图 3-3-9 所示。

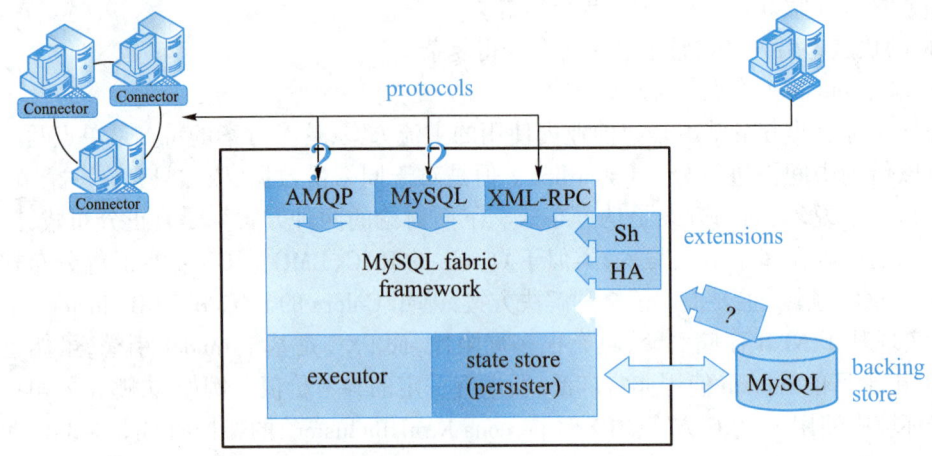

图 3-3-9　基于中间件 Proxy 的架构

应用都请求 Fabric 连接器，然后通过使用 XML-RPC 协议访问 Fabric 节点，Fabric 节点依赖于备用存储（backing store），里面存储整个 HA 集群的元数据信息。连接器读取 backing store 的信息，然后将元数据缓存到 cache，这样做的好处就是减少每次建立连接时与管理节点交互所带来的开销。Fabric 节点可管理多个 HA Group，每个 HA Group 里有一个 Primary 和多个 Secondary（slave），当 Primary 异常的时候会从 Secondary 中选出最合适的节点提升为新 Primary，其余 Secondary 都将重新指向新 Primary。这些都是自动操作，对业务是无感知的，HA 切换之后还需要通知连接器更新的元数据信息。

Proxy 的优点如下：
- 切换对应用透明；
- 可扩展性强，方便分片扩展；
- 可以跨机房部署切换。

Proxy 的缺点如下：
- 它是一个比较新的组件，没有很多实际应用场景；
- 没有解决强一致问题，主备强一致性依赖于 MySQL 自身（半同步），以及回滚回补机制。

以上介绍了目前 MySQL 几种典型的高可用架构，包括基于共享存储方案、基于磁盘复制的方案和基于主从复制的方案。对于基于主从复制的方案，分别介绍了 Keepalived、MHA 以及引入 ZooKeeper 的方案。对于每种方案，都从持续可用、数据强一致性以及切换对应用的透明性进行说明。当前基于 MySQL 复制的方案是主流，也非常成熟，引入中间件和引入 ZooKeeper 虽然能将系统的可用性做得更好，使系统可支撑的规模更大，但也对研发和运维也提出了更高的要求。因此，在选择方案时，要根据业务场景和运维规模做抉择。

2. MySQL 双主互备架构详解

（1）MySQL 概述

MySQL 数据库目前已被 Oracle 收购，并发展出多个版本。目前使用最广泛且免费的 MySQL 版本是 MySQL Community（社区版），另外还有三个付费的 MySQL 版本：MySQL Standard（MySQL 标准版）、MySQL Enterprise（MySQL 企业版）、MySQL Cluster（MySQL 集群版），这三个版本是按照 CPU 内核进行费用计算，价格由低到高。此外，Oracle 还提供了两个微型的 MySQL 版本：MySQL Classic（MySQL 经典版），这个版本的 MySQL 只提供了 MyISAM 存储引擎，但是安装快速，占用空间较少；MySQL Embedded（MySQL 嵌入式版本），这个版本的竞争软件是 SQLite。虽然社区版本是免费的并且提供的功能也没有企业级版本丰富，同样的硬件条件下单节点性能也没有企业基本版优秀，但是我们可以借助社区版本自身提供的功能和一些第三方软件配合使用，搭建起相对廉价且性能不俗的 MySQL 数据库集群。

（2）MySQL 主从方案及工作原理

MySQL 自带的日志复制机制称为 MySQL Replicaion。从很早的 MySQL 5.1 版本就有 Replicaion 技术，发展到现有版本该技术已经非常成熟，通过它的支持，技术人员可以做出多种 MySQL 集群结构。

下面我们来介绍主从复制解决方案。

MySQL Replication 是 MySQL 自身提供的一种高可用解决方案，数据同步方法采用的是 MySQL Replication 技术。这种技术就是一种日志的复制过程。在复制过程中一台服务器充当主库服务器，而一台或者多台其他服务器充当备库服务器。图 3-3-10 是 MySQL 使用 Replication 的场景。

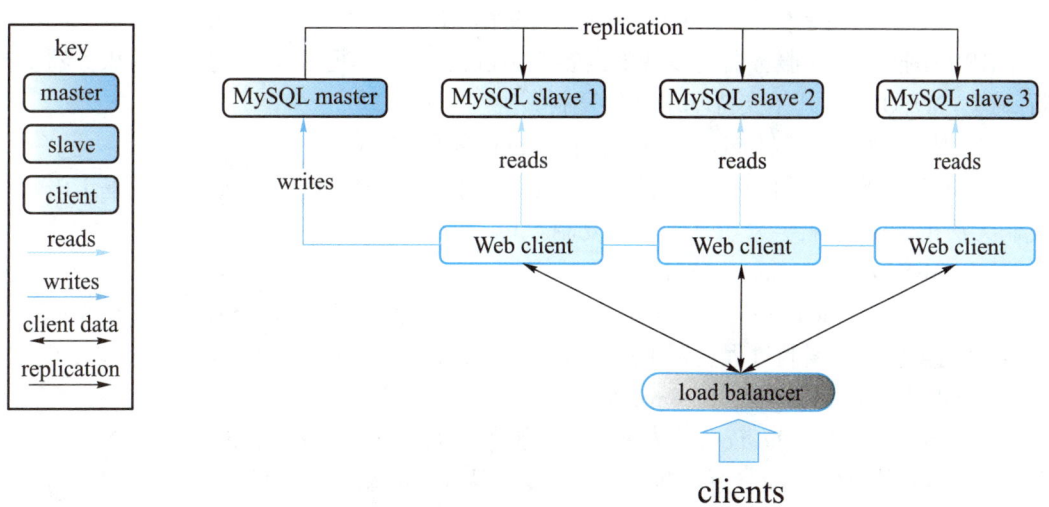

图 3-3-10　MySQL 使用 replication 的场景

MySQL replication 是单向、异步复制，基本复制过程为：master 服务器首先将更新写入二进制日志文件，并维护文件的一个索引以跟踪日志的循环。这些日志文件发送到 slave 服务器进行更新。当一台 slave 服务器连接 master 服务器时，它从 master 服务器日志中读取上一次成功更新的位置。然后 slave 服务器开始接收从上一次完成更新后发生的所有更新，所有更新完成，将等待主库服务器通知新的更新。

简而言之，主备复制解决方案就是：备库服务器（slave）获取主库服务器（master）的二进制日志文件。然后在备库服务器上将日志文件解析成相应的SQL，重新执行一遍主库服务器的操作，通过这种方式确保了数据的一致性。

MySQL Replication 支持链式复制，也就是说，slave 服务器下还可以再链接 slave 服务器，同时 slave 服务器也可以充当 master 服务器角色。这里需要注意的是，在 MySQL 主备复制中，所有表的更新必须在 master 服务器上进行，slave 服务器仅能提供查询操作。

基于单向复制的 MySQL Replication 技术有如下优点：

● 增加了 MySQL 应用的健壮性，如果 master 服务器出现问题，可以随时切换到 slave 服务器，继续提供服务。

● 可以将 MySQL 读、写操作分离，写操作只在 master 服务器完成，读操作可在多个 slave 服务器上完成，由于 master 服务器和 slave 服务器是保持数据同步的，因此不会对前端业务系统产生影响。同时，通过读、写的分离，可以大大降低 MySQL 的运行负荷。

● 在网络环境较好，业务量不是很大的环境中，slave 服务器同步数据非常快，基本可以达到实时同步，并且，slave 服务器在同步过程中不会干扰 master 服务器。

MySQL Replication 支持多种类型的复制方式，常见的有基于语句的复制、基于行的复制和混合类型的复制。

① 基于语句的复制（statement-based replication，简称 SBR）

SBR 是 MySQL 默认采用基于语句的复制，效率很高。基本方式是：在 Master 服务器上执行的 SQL 语句，在 Slave 服务器上再次执行同样的语句。而一旦发现没法精确复制时，会自动选择基于行的复制。

② 基于行的复制（row-based replication，简称 RBR）

RBR 是把 Master 服务器上改变的内容复制过去，而不是把 SQL 语句在备库服务器上执行一遍。MySQL 5.0 开始支持基于行的复制。

③ 混合类型的复制（mixed-based replication，简称 MBR）

MBR 其实就是上面两种类型的组合，默认采用基于语句的复制，如果发现基于语句的复制无法精确完成，就会采用基于行的复制。

（3）MySQL replication 工作原理

MySQL replication 是一个从 master 复制到一台或多台 slave 的异步过程，在 master 与 slave 之间实现整个复制过程主要由三个线程来完成，其中一个线程 I/O 在 master 端，另两个线程（SQL 线程和 I/O 线程）在 slave 端。

要实现 MySQL Replication，首先在 master 服务器上打开 MySQL 的 binary log（产生二进制日志文件）功能，整个复制过程实际上就是 slave 从 master 端拉取该日志，然后在自身将二进制文件解析为 SQL 语句并完全顺序地执行 SQL 语句所记录的各种操作。更详细的过程如下。

首先，slave 上的 I/O 线程连接上 master，然后请求从指定日志文件的指定位置或者从最开始的日志位置之后的日志内容。

master 在接收到来自 slave 的 I/O 线程请求后，通过自身的 I/O 线程，根据请求信息读取指定日志位置之后的日志信息，并返回给 Slave 端的 I/O 线程。返回信息中除了日志所包含的信息之外，还包括此次返回的信息在 master 端对应的 binary log 文件的名称以及在 binary log 中的位置。

slave 的 I/O 线程接收到信息后，将获取到的日志内容依次写入 slave 端的 relay log 文件（类似于 mysql-relay-bin.xxxxxx），并且将读取到的 master 端的 binary log 的文件名和位置记录到一个名为 master-info 的文件中，以便在下一次读取的时候能够迅速定位开始往后读取日志信息的位置。

slave 的 SQL 线程在检测到 relay log 文件中新增加了内容后，会马上解析该 relay log 文件中的内容，将日志内容解析为 SQL 语句，然后在自身执行这些 SQL。由于是在 master 端和 slave 端执行了同样的 SQL 操作，所以两端的数据是完全一样的。至此整个复制过程结束。MySQL 主备复制原理如图 3-3-11 所示。

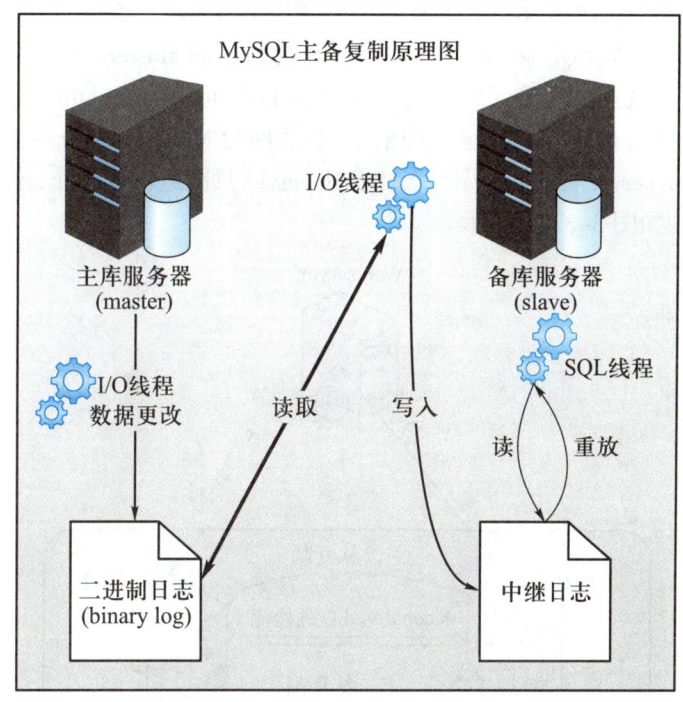

图 3-3-11　MySQL 主备复制原理图

（4）MySQL replication 常用架构

MySQL replication 技术在实际应用中有多种实现架构，常见的有如下几种。

- 一主一备，即一台 master 服务器和一台 slave 服务器。这是最常见的架构。
- 一主多备，即一台 master 服务器和两台或两台以上 slave 服务器。经常用在写操作不频繁、查询量比较大的业务环境中。
- 主主互备，又称双主互备，即两台 MySQL server 互相将对方作为自己的 master，自己又同时作为对方的 slave 来进行复制。主要用于对 MySQL 写操作要求比较高的环境中，避免了 MySQL 单点故障。
- 双主多备，其实就是双主互备，然后再加上多台 slave 服务器。主要用于对写操作要求比较高，同时查询量比较大的环境中。

其实，我们可以根据具体的情况灵活地将 master/slave 结构进行变化组合，但万变不离其宗。在进行 MySQL replication 的各种部署之前，必须遵守的规则如下：

- 同一时刻只能有一台 master 服务器进行写操作；
- 一台 master 服务器可以有多台 slave 服务器；
- 无论是 master 服务器还是 slave 服务器，都要确保各自的 server ID 唯一，否则双主互备就会出问题；
- 一台 slave 服务器可以将其从 master 服务器获得的更新信息传递给其他的 slave 服务器，以此类推。

（5）MySQL 双主互备模式架构

企业级 MySQL 集群具备高可用、可扩展、易管理、低成本的特点。下面将介绍企业环境中经常应用的一个解决方案，即 MySQL 的双主互备架构，主要设计思路是通过 MySQL Replication 技术，两台 MySQL server 互相将对方作为自己的 Master，自己又同时作为对方的 Slave 来进行复制。这样就实现了高可用构架中的数据同步功能，同时，将采用 Keepalived 来实现 MySQL 的自动 failover。在这个构架中，虽然两台 MySQL server 互为主从，但同一时刻只有一个 MySQL server 可读写，另一个 MySQL server 只能进行读操作，这样可保证数据的一致性。整个架构如图 3-3-12 所示。

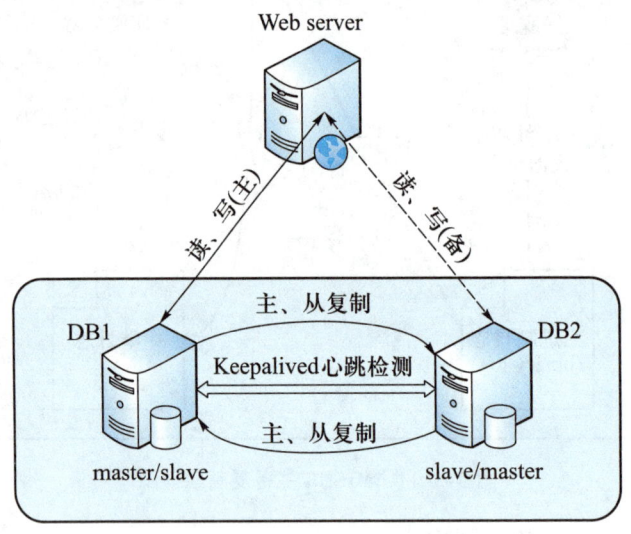

图 3-3-12　MySQL 双主互备架构

图 3-3-12 中，DB1 和 DB2 互为主从，这样就保证了两台 MySQL 的数据始终是同步的，同时在 DB1 和 DB2 上还需要安装高可用软件 Keepalived。在正常情况下，Web server 主机仅从 DB1 进行数据读写操作，DB2 只负责从 DB1 上同步数据，而 Keepalived 维护着一个 IP（VIP），此 IP 用来对外提供连接服务，同时 Keepalived 还负责监控 DB1 和 DB2 上 MySQL 数据库的运行状态，当 DB1 主机出现故障或 MySQL 运行异常时，自动将 VIP 地址和 MySQL 服务切换到 DB2 上，此时 Web server 主机继续从 DB2 上进行数据的读写操作。通过高可用软件 Keepalived 保持了数据库服务的连续性。整个切换过程非常快，并且对前端 Web server 主机是透明的。

3. MySQL 双主互备模式配置

MySQL 双主互备模式配置过程与主从结构是一样的，MySQL 双主互备模式配置环境如表 3-3-1 所示。

表 3-3-1　MySQL 双主互备模式配置环境

主机名	操作系统	MySQL 版本	主机 IP	MySQL VIP
DB1（master）	CentOS 6.5	MySQL 5.5.39	192.168.1.15	192.168.1.14
DB2（slave）	CentOS 6.5	MySQL 5.5.39	192.168.1.16	

MySQL 双主互备模式配置过程如下。

（1）修改 MySQL 配置文件

在默认情况下 MySQL 的配置文件是 /etc/my.cnf。但我们需要修改的路径是自己安装 MySQL 的路径。首先修改 DB1 主机的配置文件，在 /usr/local/mysql/my.cnf 文件中的"［mysqld］"段添加如下内容：

【代码 3-3-14】　DB1 主机的配置文件

```
server-id = 1
log-bin = mysql-bin
relay-log = mysql-relay-bin
replicate-wild-ignore-table=mysql.%
replicate-wild-ignore-table=test.%
replicate-wild-ignore-table=information_schema.%
```

然后修改 DB2 主机的配置文件，在 /usr/local/mysql/my.cnf 文件中的"［mysqld］"段添加如下内容：

【代码 3-3-15】　DB2 主机的配置文件

```
server-id = 2
log-bin=mysql-bin // 如果只有一主一从，在从库上是不需要开启 binlog 日志的，后面是为了演
示互为主从这才加上去的
relay-log = mysql-relay-bin
replicate-wild-ignore-table=mysql.%
replicate-wild-ignore-table=test.%
replicate-wild-ignore-table=information_schema.%
```

其中，server-id 是节点标识，主、从节点不能相同，必须全局唯一。log-bin 表示开启 MySQL 的 binlog 日志功能。"mysql-bin"表示日志文件的命名格式，会生成文件名为 mysql-bin.000001、mysql-bin.000002 等的日志文件。relay-log 用来定义 relay-log 日志文件的命名格式。replicate-wild-ignore-table 是个复制过滤选项，可以过滤掉不需要复制的数据库或表，例如"mysql.%"表示不复制 MySQL 库下的所有对象，其他以此类推。与此对应的是 replicate_wild_do_table 选项，用来指定需要复制的数据库或表。

这里需要注意的是，不要在主库上使用 binlog-do-db 或 binlog-ignore-db 选项，也不要在从库上使用 replicate-do-db 或 replicate-ignore-db 选项，因为这样可能产生跨库更新失败的问题。推荐在从库上使用 replicate_wild_do_table 和 replicate-wild-ignore-table 两个选项

来解决复制过滤问题。

（2）手动同步数据库

如果 DB1 上已经有 MySQL 数据，那么在执行主主互备之前，需要将 DB1 和 DB2 上两个 MySQL 的数据保持同步，首先在 DB1 上备份 MySQL 数据，执行如下 SQL 语句：

【代码 3-3-16】 DB1 上备份 MySQL 数据

```
mysql> FLUSH TABLES WITH READ LOCK;      （解锁：unlock tables;）
Query OK, 0 rows affected (0.00 sec)
```

不要退出这个终端，否则这个锁就失效了。在不退出终端的情况下，再开启一个终端直接打包压缩数据文件或使用 mysqldump 工具来导出数据。这里通过打包 MySQL 文件来完成数据的备份，操作过程如下：

【代码 3-3-17】 打包 MySQL 文件来完成数据的备份

```
[root@DB1 ~]# cd /usr/local
[root@DB1 lib]# tar zcvf mysql.tar.gz mysql
[root@DB1 lib]# scp mysql.tar.gz  DB2:/usr/local/
```

将数据传输到 DB2 后，依次重启 DB1 和 DB2 上面的 MySQL。

（3）创建复制用户并授权

首先在 DB1 的 MySQL 库中创建复制用户，操作过程使用如下命令：

mysql>grant replication slave on *.* to 'repl_user'@'192.168.1.15' identified by 'repl_passwd'；

然后在 DB2 的 MySQL 库中将 DB1 设为自己的主服务器，操作命令如下：

【代码 3-3-18】 在 DB2 的 MySQL 库中将 DB1 设为自己的主服务器

```
mysql> change master to
   -> master_host='192.168.1.15',
   -> master_user='repl_user',
   -> master_password='repl_passwd',
   -> master_log_file='mysql-bin.000001',
   -> master_log_pos=431;
```

这里需要注意 master_log_file 和 master_log_pos 两个选项，这两个选项的值刚好是在 DB1 上通过 SQL 语句 "show master status" 查询到的结果。

接着就可以在 DB2 上启动 slave 服务了，可执行如下 SQL 命令：

```
    mysql>start slave；
```

通过查看 slave 的运行状态发现，一切运行正常，这里需要重点关注的是 Slave_IO_Running 和 Slave_SQL_Running，这两个就是在 Slave 节点上运行的主从复制线程，正常情况下这两个值都应该为 Yes。另外还需要注意的是 Slave_IO_State、Master_Host、Master_Log_File、Read_Master_Log_Pos、Relay_Log_File、Relay_Log_Pos 和 Relay_Master_Log_File 几 个 选 项，从

中可以查看出 MySQL 复制的运行原理及执行规律。最后还有一个 Replicate_Wild_Ignore_ Table 选项，这个是之前在 my.cnf 中添加过的，通过此选项的输出值可以知道过滤掉了哪些数据库。

到这里位置，从 DB1 到 DB2 的 MySQL 主从复制已经完成了。接下来开始配置从 DB2 到 DB1 的 MySQL 主从复制，这个配置过程与上面的完全一样，首先在 DB2 的 MySQL 库中创建复制用户，操作命令如下：

```
mysql>sgrant replication slave on *.* to 'repl_user'@'192.168.1.16' identified by 'repl_passwd';
```

然后在 DB1 的 MySQL 库中将 DB2 设为自己的主服务器，操作如下：

【代码 3-3-19】 在 DB1 的 MySQL 库中将 DB2 设为自己的主服务器

```
mysql> schange master to
    -> master_host='192.168.1.16',
    -> master_user='repl_user',
    -> master_password='repl_passwd',
    -> master_log_file='mysql-bin.000001',
    -> master_log_pos=862;
```

接着就可以在 DB1 上启动 slave 服务了，可执行如下 SQL 命令：

```
mysql>start slave;
```

Slave_IO_Running 和 Slave_SQL_Running 都是 Yes 状态，表明 DB1 上复制服务运行正常。至此，MySQL 双主模式的主从复制已经配置完毕了。

4. 配置 Keepalived 实现 MySQL 双主高可用

在进行高可用配置之前，首先需要在 DB1 和 DB2 服务器上安装 Keepalived 软件。关于 Keepalived，在后面我们会做详细介绍，这里主要关注 Keepalived 的安装和配置，安装过程与任务三中一样，这里不再说明。安装完成后，进入 Keepalived 的配置过程。

下面是 DB1 服务器上 /etc/keepalived/keepalived.conf 文件的内容。

【代码 3-3-20】 DB1 服务器 Keepalived 配置示例

```
global_defs {
    notification_email {
        acassen@firewall.loc
        failover@firewall.loc
        sysadmin@firewall.loc
    }
    notification_email_from Alexandre.Cassen@firewall.loc
    smtp_server 192.168.200.1
    smtp_connect_timeout 30
```

```
    router_id LVS_DEVEL
}
vrrp_script check_mysqld {
    script "/etc/keepalived/mysqlcheck/check_slave.pl 127.0.0.1" # 检测 MySQL 复制状态的脚本
    interval 2
    }
vrrp_instance VI_1 {
    state BACKUP  # 在 DB1 和 DB2 上均配置为 BACKUP
    interface eth0
    virtual_router_id 80
    priority 100
    advert_int 2
    nopreempt  # 不抢占模式，只在优先级高的机器上设置即可，优先级低的机器不设置
    authentication {  # 效验 DB1 和 DB2 需一致
    auth_type PASS
    auth_pass qweasdzxc
    }
    track_script {
    check_mysqld
    }
    virtual_ipaddress {
        192.168.1.84/24 dev eth0   #MySQL 的对外服务 IP，即 VIP
    }
}
```

　　　　其中，/etc/keepalived/mysqlcheck/check_slave.pl 文件的内容为：

　　　　　　　【代码 3-3-21】　/etc/keepalived/mysqlcheck/check_slave.pl 详细代码

```
#!/usr/bin/perl -w
use DBI;
use DBD::mysql;
# CONFIG VARIABLES
$SBM = 120;
$db = "mysql";
$host = $ARGV[0];
$port = 3306;
$user = "root";
$pw = "xxxxxx";
# SQL query
```

```perl
$query = "show slave status";
$dbh = DBI->connect ("DBI:mysql:$db:$host:$port", $user, $pw, { RaiseError => 0,PrintError => 0 });
if (!defined ($dbh)) {
    exit 1;
}
$sqlQuery = $dbh->prepare ($query);
$sqlQuery->execute;
$Slave_IO_Running = "";
$Slave_SQL_Running = "";
$Seconds_Behind_Master = "";
while (my $ref = $sqlQuery->fetchrow_hashref ()) {
    $Slave_IO_Running = $ref->{'Slave_IO_Running'};
    $Slave_SQL_Running = $ref->{'Slave_SQL_Running'};
    $Seconds_Behind_Master = $ref->{'Seconds_Behind_Master'};
}
$sqlQuery->finish;
$dbh->disconnect ();
if ( $Slave_IO_Running eq "No" || $Slave_SQL_Running eq "No" ) {
    exit 1;
} else {
    if ( $Seconds_Behind_Master > $SBM ) {
        exit 1;
    } else {
        exit 0;
    }
}
```

这是个用 Perl 写的检测 MySQL 复制状态的脚本，ixdba 是本例中的一个数据库名，读者只需修改文件中数据库名、数据库的端口、用户名和密码即可直接使用，但在使用前要保证此脚本有可执行权限。

接着将 keepalived.conf 文件和 check_slave.pl 文件复制到 DB2 服务器上对应的位置，然后将 DB2 上 keepalived.conf 文件中 priority 值修改为 90，同时去掉 nopreempt 选项。

在完成所有配置后，分别在 DB1 和 DB2 上启动 Keepalived 服务，在正常情况下 VIP 地址应该运行在 DB1 服务器上。

5. 测试 MySQL 主从同步功能

为了验证 MySQL 的复制功能，可以编写一个简单的程序进行测试，也可以通过远程客户端登录进行测试。这里通过一个远程 MySQL 客户端，然后利用 MySQL 的 VIP 地址登录，看是否能登录，并在登录后进行读、写操作，看 DB1 和 DB2 之间是否能够实现数据同步。由于是远程登录测试，所以 DB1 和 DB2 两台 MySQL 服务器都要事先做好授权，允许从远程登录。

（1）在远程客户端通过 VIP 登录测试

首先通过远程 MySQL 客户端命令登录 VIP 为 192.16.1.14 的数据库，操作命令过程如下：

```
mysql>show variables like "%hostname%";
mysql>show variables like "%server_id%";
```

（2）数据复制功能测试

接着上面 MySQL 操作过程，通过远程的 MySQL 客户端连接 VIP，进行读写操作测试，操作过程命令如下：

【代码 3-3-22】 MySQL 主从同步功能功能测试

```
mysql> create database mobileshop;
mysql> show databases;
mysql> use mobileshop;
mysql> cteate table mb_shop (id int,email varchar (80),password varchar (40) not null);
mysql> show tables;
mysql> insert into mb_shop (id,email,password) values (1,master@163.com,"123456")
```

6. 测试 Keepalived 实现 MySQL 故障转移

为了测试 Keepalived 实现的故障转移功能，需要模拟一些故障，比如，可以通过断开 DB1 主机的网络、关闭 DB1 主机、关闭 DB1 上 MySQL 服务等各种操作实现。这里我们在 DB1 服务器上关闭 MySQL 的日志接收功能，以此来模拟 DB1 上 MySQL 的故障。由于在 DB1 和 DB2 服务器上都添加了监控 MySQL 运行状态的脚本 check_slave.pl，所以当关闭 DB1 的 MySQL 日志接收功能后，Keepalived 会立刻检测到，接着执行切换操作。

（1）MySQL 主从读写分离解决方案

如今大型的移动电商系统，在数据库层面大都采用读写分离技术，即一个 master 数据库，多个 slave 数据库。master 库负责数据更新，slave 库负责非实时数据查询。因为在实际的应用中，数据库都是读多写少（读取数据的频率高，更新数据的频率相对较低），而读取数据通常耗时比较长，占用数据库服务器的 CPU 较多，从而影响用户体验。

我们通常的做法就是把查询从主库中抽取出来，采用多个从库，使用负载均衡，减轻每个从库的查询压力。采用读写分离技术，能够有效减轻 master 库的压力，又可以把用户查询数据的请求分发到不同的 slave 库，从而保证系统的健壮性。

随着网站的业务不断扩展，数据不断增加，用户越来越多，数据库的压力也就越来越大，采用传统的方式，比如数据库或者 SQL 的优化，基本已达不到要求，这个时候可以采用读写分离的策略来改变现状。常见实现读写分离的方案如下。

① 应用层解决方案

通过应用层对数据源做路由来实现读写分离，项目是 SpringMVC+myBatis，SQL 路由交给 Spring，通过 AOP 或者 Annotation 由代码显示控制 Datasource。优点是路由策略的扩展性和可控性较强，缺点是耦合到 Spring，需要加入控制代码。

② 中间件解决方案

通过 MySQL 中间件做主从集群，MySQL Proxy、Amoeba、Atlas 等中间件都能符合需求。

优点是与应用层解耦,缺点是增加一个服务维护的风险点,性能及稳定性待测试,需要支持代码强制主从和事务。

③ 驱动解决方案

MySQL 自带的 ReplicationDriver 提供主从库访问的驱动,是通过保持多个数据源的链接并根据 ReadOnly True/False 来选择数据源。相当于应用层解决方案的一个现有实现,扩展性更弱,并且不能使用其他驱动。由于耦合较高,暂不考虑这种方案。

（2）实现读写分离方案的关键技术

① 在应用层使用 Spring 对数据源做路由,关键字：Spring AOP；

② 增加中间代理层,Amoeba 就属于这种情况,此外还有 MySQL 官方提供的 MySQL Proxy；

③ 在驱动层使用 MySQL 提供的主从库访问驱动,直接与数据库连接驱动耦合,扩展性弱,目前还未做原型尝试。

综合上述分析,考虑到需要与应用层解耦,现采用中间件解决方案,使用 Amoeba 做 SQL 路由,实现数据库读写分离。

7. 通过 Amoeba 实现 MySQL 读写分离

（1）Amoeba 介绍

Amoeba 是一个开源项目,致力于 MySQL 的分布式数据库前端代理层,它主要在应用层访问 MySQL 的时候充当 SQL 路由功能,专注于分布式数据库代理层（database Proxy）开发,坐落于 client、DB server（s）之间,对客户端透明。它具有负载均衡、高可用性、SQL 过滤、读写分离、可路由相关的到目标数据库、可并发请求多台数据库合并结果等优点。通过 Amoeba,我们能够完成多数据源的高可用、负载均衡、数据切片的功能。

（2）Amoeba 数据库代理应用架构

Amoeba 作为数据库代理,以中间件的形式存在,拓扑图如图 3-3-13 所示。

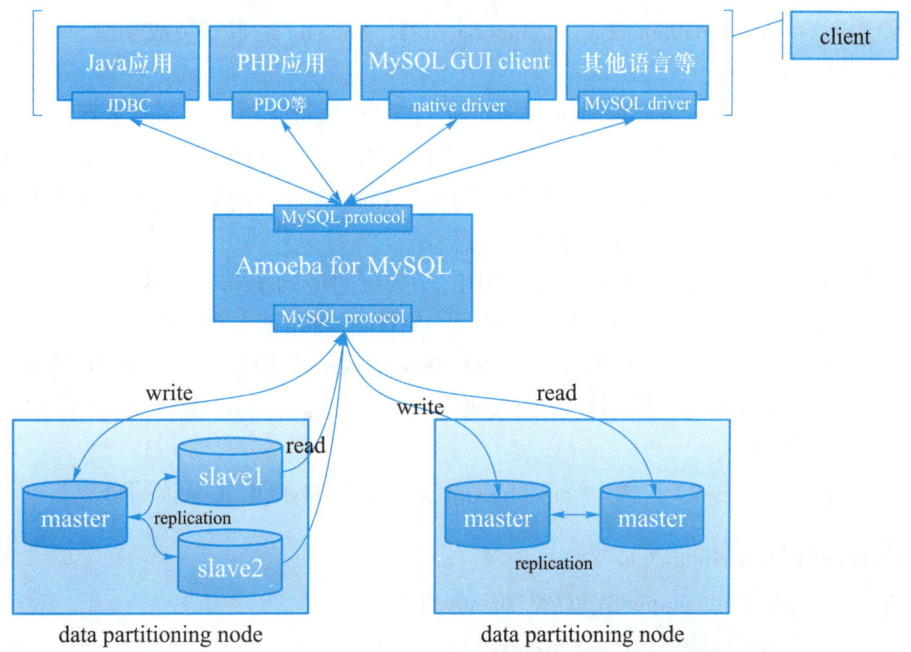

图 3-3-13　Amoeba 数据库代理拓扑图

（3）安装准备

主机环境如表 3-3-2 所示。

表 3-3-2　主 机 环 境

主机名	操作系统	MySQL 版本	主机 IP	MySQL VIP
DB1（master）	CentOS-6.5	MySQL-5.5.39	192.168.1.15	192.168.1.14
DB2（slave）	CentOS-6.5	MySQL-5.5.39	192.168.1.16	
Amoeba	CentOS-6.5		192.168.1.17	

（4）Amoeba 安装

首先，在 http://sourceforge.net/projects/amoeba/files/ 下载 Amoeba Amoeba for MySQL 的安装包，目前的最新版本为 amoeba-mysql-3.0.5-RC-distribution。运行 Amoeba 需要 JDK 环境，JDK 环境搭建请参考 2.4.1 小节。

解压 Amoeba 压缩包：

【代码 3-3-23】　解压 Amoeba 压缩包

```
[root@server6~]# unzip amoeba-mysql-3.0.5-RC-distribution.zip
[root@server6local]# mkdir /usr/local/amoeba
[root@server6~]# cp -rf amoeba-mysql-3.0.5-RC /usr/local/amoeba
```

启动 Amoeba：

```
[root@chenllcentos ~]# /usr/local/amoeba-mysql-3.0.5-RC/bin/launcher
```

可使用命令［/usr/local/amoeba/bin/amoeba］验证 Amoeba 是否安装成功。

（5）配置 Amoeba

Amoeba 配置文件位于 /usr/local/amoeba/conf 目录下，执行文件位于 bin 目录下，AmoebaFor MySQL 的使用非常简单，所有的配置文件都是标准的 XML 文件，总共有四个配置文件，分别如下：

amoeba.xml：主配置文件，配置所有数据源以及 Amoeba 自身的参数设置；可以实现主从；

rule.xml：配置所有 Query 路由规则的信息；

functionMap.xml：配置用于解析 Query 中的函数所对应的 Java 实现类；

rullFunctionMap.xml：配置路由规则中需要使用到的特定函数的实现类。

其中主要配置文件分别是 dbServers.xml 和 amoeba.xml，如果需要配置 IP 访问控制，还需要修改 access_list.conf 文件，下面我们就来通过更改 amoeba.xml 配置文件实现 MySQL 主从读写分离，配置如下：

【代码 3-3-24】　配置 amoeba.xml 文件实现 MySQL 主从读写分离

```
<?xmlversion="1.0"encoding="gbk"?>
<!DOCTYPEamoeba:configurationSYSTEM"amoeba.dtd">
<amoeba:configurationxmlns:amoeba="http://amoeba.meidusa.com/">
```

```
<server>
<!--proxyserver 绑定的端口 -->
<propertyname="port">9006</property>
<!--proxyserver 绑定的 IP-->
<propertyname="ipAddress">192.168.1.17</property>
<!--proxyservernetIOReadthreadsize-->
<propertyname="readThreadPoolSize">20</property>
<!--proxyserverclientprocessthreadsize-->
<propertyname="clientSideThreadPoolSize">30</property>
<!--mysqlserverdatapacketprocessthreadsize-->
<propertyname="serverSideThreadPoolSize">30</property>
<!--socketSendandreceiveBufferSize (unit:K)-->
<propertyname="netBufferSize">128</property>
<!--Enable/disableTCP_NODELAY (disable/enableNagle'salgorithm).-->
<propertyname="tcpNoDelay">true</property>
<!-- 对外验证的用户名 -->
<propertyname="user">root</property>
<!-- 对外验证的密码 -->
<propertyname="password">123456</property>
<!--querytimeout (default:60second,TimeUnit:second)-->
<propertyname="queryTimeout">60</property>
</server>
<!-- 每个 connection manager 都将作为一个线程启动。manager 负责 connection IO 读写 / 死亡
检测 -->
<connectionManagerList>
<connectionManagername="defaultManager"class="com.meidusa.amoeba.net.MultiConnection
ManagerWrapper">
<propertyname="subManagerClassName">com.meidusa.amoeba.net.AuthingableConnection
Manager</property>
<!--defaultvalueisavaliableProcessors
<propertyname="processors">5</property>
-->
</connectionManager>
</connectionManagerList>
<dbServerList>
<!--
一台 MySQL server 需要配置一个 Pool，多台平等的 MySQL 需要进行 loadBalance，
```

平台已经提供一个具有负载均衡能力的objectPool: com.meidusa.amoeba.mysql.server. MultipleServerPool

简单的配置是属性加上 virtual="true"，该 Pool 不允许配置 factoryConfig，或者自己写一个 ObjectPool。

```
-->
<!--Master 配置 -->
<dbServername="server1">
<!--PoolableObjectFactory 实现类 -->
<factoryConfigclass="com.meidusa.amoeba.mysql.net.MySQLServerConnectionFactory">
<propertyname="manager">defaultManager</property>
<!-- 真实 MySQL (Master) 数据库端口 -->
<propertyname="port">3306</property>
<!-- 真实 MySQL 数据库 IP (Master)-->
<propertyname="ipAddress">192.168.1.15</property>
<!-- 数据库名用 test, 软件根据授权的用户来决定负载的库, 可以随意填写, 但最好是用 test
-->
<propertyname="schema">test</property>
<!-- 用于登录 MySQL (Master) 的用户名 -->
<propertyname="user">amoeba</property>
<!-- 用于登录 MySQL (Master) 的密码 -->
<propertyname="password">123456</property>
</factoryConfig>
<!--ObjectPool 实现类 -->
<poolConfigclass="com.meidusa.amoeba.net.poolable.PoolableObjectPool">
<propertyname="maxActive">200</property>
<propertyname="maxIdle">200</property>
<propertyname="minIdle">10</property>
<propertyname="minEvictableIdleTimeMillis">600000</property>
<propertyname="timeBetweenEvictionRunsMillis">600000</property>
<propertyname="testOnBorrow">true</property>
<propertyname="testWhileIdle">true</property>
</poolConfig>
</dbServer>
<!--Slave 配置 -->
<dbServername="server2">
<!--PoolableObjectFactory 实现类 -->
<factoryConfigclass="com.meidusa.amoeba.mysql.net.MySQLServerConnectionFactory">
```

```xml
<propertyname="manager">defaultManager</property>
<!-- 真实 MySQL (slave) 数据库端口 -->
<propertyname="port">3306</property>
<!-- 真实 MySQL 数据库 IP_slave-->
<propertyname="ipAddress">192.168.1.16</property>
<!-- 数据库名用 test, 软件根据授权的用户来决定负载的库, 可以随意填写, 但最好是用 test-->
<propertyname="schema">test</property>
<!-- 用于登录 MySQL (slave) 的用户名 -->
<propertyname="user">amoeba</property>
<!-- 用于登录 MySQL (slave) 的密码 -->
<propertyname="password">123456</property>
</factoryConfig>
<!--ObjectPool 实现类 -->
<poolConfigclass="com.meidusa.amoeba.net.poolable.PoolableObjectPool">
<propertyname="maxActive">200</property>
<propertyname="maxIdle">200</property>
<propertyname="minIdle">10</property>
<propertyname="minEvictableIdleTimeMillis">600000</property>
<propertyname="timeBetweenEvictionRunsMillis">600000</property>
<propertyname="testOnBorrow">true</property>
<propertyname="testWhileIdle">true</property>
</poolConfig>
</dbServer>
<!--Master 负载配置 -->
<dbServername="master"virtual="true">
<poolConfigclass="com.meidusa.amoeba.server.MultipleServerPool">
<!-- 负载均衡参数 1=ROUNDROBIN,2=WEIGHTBASED,3=HA-->
<propertyname="loadbalance">1</property>
<!-- 参与该 Pool 负载均衡的 poolName 列表以逗号分隔 -->
<propertyname="poolNames">server1</property>
</poolConfig>
</dbServer>
<!--Slave 配置 -->
<dbServername="slave"virtual="true">
<poolConfigclass="com.meidusa.amoeba.server.MultipleServerPool">
<!-- 负载均衡参数 1=ROUNDROBIN,2=WEIGHTBASED,3=HA-->
<propertyname="loadbalance">1</property>
```

```
<!-- 参与该 Pool 负载均衡的 poolName 列表以逗号分隔 -->
<propertyname="poolNames">server1,server2</property>
</poolConfig>
</dbServer>
</dbServerList>
<queryRouterclass="com.meidusa.amoeba.mysql.parser.MySQLQueryRouter">
<propertyname="ruleConfig">${amoeba.home}/conf/rule.xml</property>
<propertyname="functionConfig">${amoeba.home}/conf/functionMap.xml</property>
<propertyname="ruleFunctionConfig">${amoeba.home}/conf/ruleFunctionMap.xml</property>
<propertyname="LRUMapSize">1500</property>
<!--masterslave 配置读写分离 -->
<propertyname="defaultPool">master</property>
<propertyname="writePool">master</property>
<propertyname="readPool">slave</property>
<!--masterslave 配置读写分离 -->
<propertyname="needParse">true</property>
</queryRouter>
</amoeba:configuration>
```

（6）启动 Amoeba

```
[root@ amoeba]# cd /usr/local/amoeba/bin
[root@ amoeba]# nohupbash-xamoeba&
```

这种启动方便用户看 nohup.log 日志，防止提示溢出。

（7）测试 Amobea 负载

在 mobileshop 里面临时新建一个 alvin 表：

```
mysql-->mysql
mysql-->create table alvin (idint (10), namechar (10));
```

在 slave 上，stopslave 用来临时验证测试，测试成功后再 start slave：

```
mysql-->stopslave;
```

在 master 操作，插入一条数据：

```
mysql-->insert into alvinvalues (1,'master');
```

在 slave 操作，插入一条数据：

```
mysql-->insert into alvinvalues (2,'slave');
```

在安装 Amoeba 的机器上登录验证。

常用配置写法如下。

① 一主一从的负载写法一

主只写配置 `<propertyname="poolNames">server1</property>`

从只读配置：`<propertyname="poolNames">server2</property>`

② 一主一从的负载写法二

主负写配置：`<propertyname="poolNames">server1</property>`

主从都负责读，比例 1:1 第一读，从第二次读住，循环写的只能写主，配置如下：

```
<propertyname="poolNames">server1,server2</property>
```

③ 一主多从的负载写法

比如一台主，3 台从被定义为：

```
server1 (master) server2 (slave1) server3 (slave2) server4 (slave3)
```

主只写配置：`<propertyname="poolNames">server1</property>`

从负载读配置：`<propertyname="poolNames">server2,server3,server4</property>`

权重：1:1 3 台轮询各一次，持续循环。比如需要 slave1 权重高一点，那么其他的 slave 每次读 1 次，slave1 读 2 次，配置如下：

```
<propertyname="poolNames">server2,server2,server3,server4</property>
```

Amoeba 配置文件完整代码请扫二维码：

资源 3-3　amoeba.xml

3.3.3　任务回顾

 **知识点总结**

1. Keepalived 高可用软件的使用。
2. 通过 Keepalived 构建 MySQL 高可用集群。

 **学习足迹**

任务三学习足迹如图 3-3-14 所示。

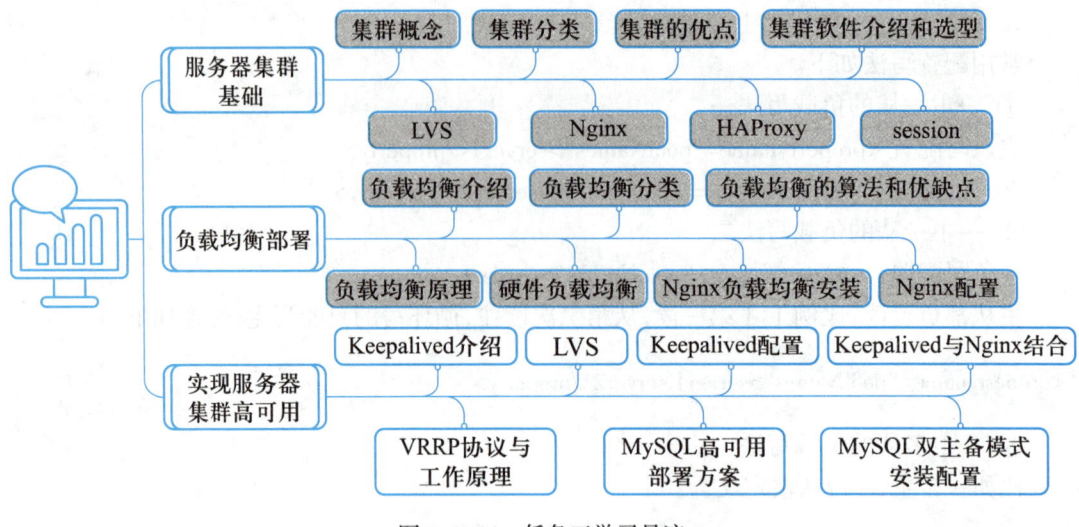

图 3-3-14　任务三学习足迹

思考与练习

1. 在不影响已有业务的情况下，重新编译配置 Nginx 并对其更新。
2. 理解 MySQL 高可用的架构方案思路及原理。

3.4　项目总结

通过本项目学习，了解服务器集群概念及相关知识，掌握负载均衡技术并能够部署和配置例如 Nginx 负载均衡服务器，并能使用高可用软件构建 MySQL 数据库高性能集群。项目 3 技能图谱如图 3-4-1 所示。

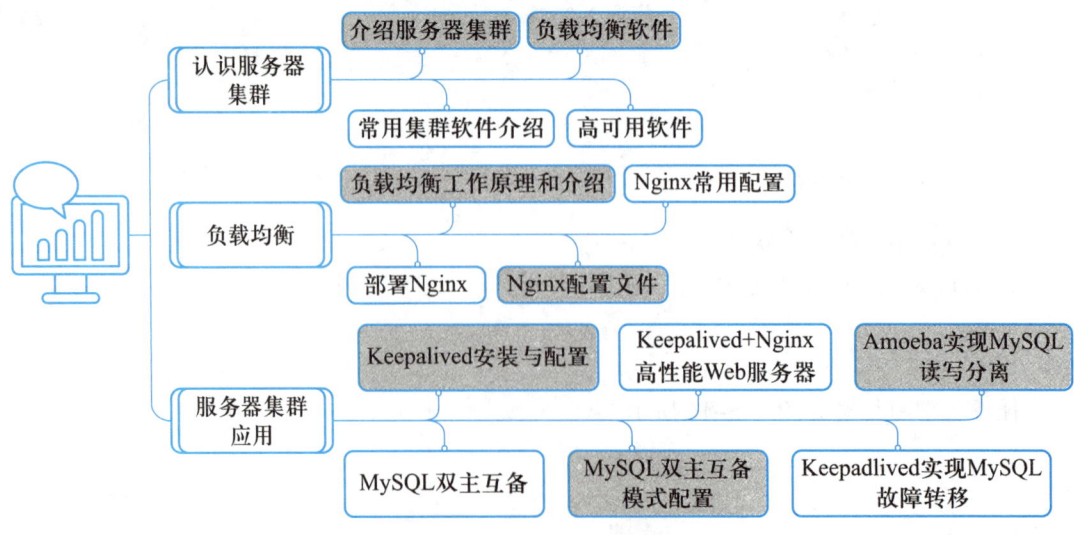

图 3-4-1　项目 3 技能图谱

3.5 拓展训练

服务器集群部署：服务器集群部署实现 Web 服务器高可用和高性能

 方案要求：

选题：用服务器集群部署的方式，实现 Web 服务器的高性能和 MySQL 的高可用，理解集群部署方式在实际应用中的意义。

服务器集群部署需要包括以下关键操作：

- 服务器集群部署的定义和作用；
- 实现集群部署软硬件的类型；
- 负载均衡的定义和实现过程；
- 构建高可用服务器集群；
- 构建高性能的 MySQL 服务器集群。

 格式要求：在 Linux 环境下命令行操作部署。

 考核方式：采取部署界面截图和课内发言两种形式，时间要求 10~15 分钟。

 评估标准：如表 3-5-1 所示。

表 3-5-1 拓展训练评估标准表

项目名称： 集群部署 Web 服务器		项目承接人： 姓名：	日期：
项目要求		**扣分标准**	**得分情况**
总体要求（10 分） 1. 理解服务器集群部署的定义 2. 简述实现 MySQL 高性能的几种方式 3. 用 Nginx 实现负载均衡部署 4. Keepalived 实现服务器高可用 5. 部署高性能 MySQL 服务器		基本要求以上 7 个内容（每缺少一个内容扣 1 分） 逻辑混乱，语言表达不清楚（扣 1 分） 部署不成功（扣 3 分）	部署成功（加 3 分）
评价人		**评价说明**	**备注**
个人			
老师			

项目 4：移动电商运维自动化

项目引入

在一次移动电商系统发布更新中，由于我不小心错误地删除了生产服务器上的执行代码，导致整个移动电商系统页面都无法访问，最后花很长时间才恢复，这次事故给公司带来了不小的麻烦。

Philip 组织整个运维团队进行故障分析、总结经验，提出了系统运维的两个观点：

第一，进一步减少人为直接干预修改生产环境系统引发的故障；

第二，提升效率，包括对集群进行运维时的日常备份、服务器状态监控和报警等，并告诉我们可以尝试运维自动化。

Philip 的一句话犹如迷雾中的灯塔，这让非常懊恼自责的我看到了下一步工作的重点和方向。运维工作需要时刻保持警惕和清醒，"不小心"的背后意味着错误甚至巨大的损失，人力虽然充满了创造的可能，但是自动化往往代表了更稳定且更有效率，如何在其中权衡，是我们都要思考的问题。

知识图谱

项目 4 知识图谱如图 4-0-1 所示。

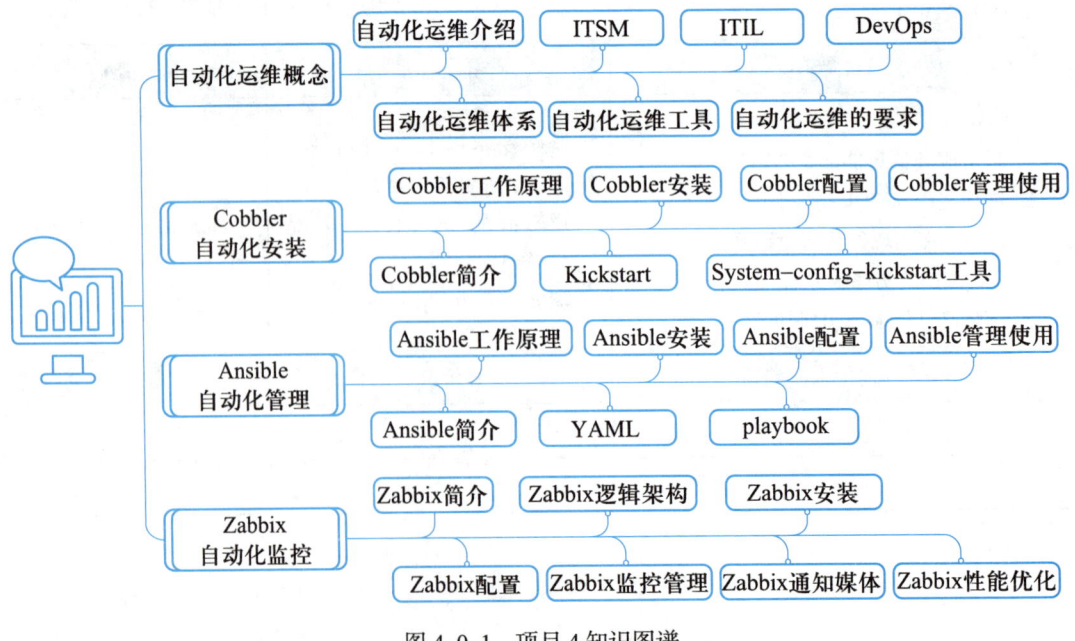

图 4-0-1　项目 4 知识图谱

4.1　任务一：自动化运维探索

【任务描述】

近期有一 Web 应用业务需要上线，预计短时间内会有几百台服务器要上线，要部署几百台服务器，运维部目前有限的人手根本不够，怎么办？

显然靠传统的运维不能快速有效地解决问题，解决方案就是我们这个项目中重点要讲的自动化运维。自动化运维就是：采取自动化安装、配置及监控的方案，在最少的人工干预下，利用脚本与第三方工具，保证业务系统 7×24 小时高效稳定运行。

4.1.1　自动化运维概要

1. 什么是自动化运维

在信息化飞速发展的今天，IT 系统已经成为维持企业日常工作正常运行的基本保障。面对越来越复杂的业务和越来越多样化的用户需求，不断扩展的 IT 应用需要越来越合理的模式来保障 IT 服务能灵活便捷、安全稳定，这种模式中的保障因素就是 IT 运维（其他因素是更加优越的 IT 架构等）。从初期的几台服务器发展到庞大的数据中心，单靠人工已经无法满足在技术、业务、管理等方面的要求，因此，标准化、自动化、架构优化、过程优化等降低 IT 服务成本的因素越来越被人们所重视。其中，自动化最开始以代替人工操作为出发点的诉求被广泛研究和应用。

IT 运维从诞生发展至今，自动化作为其重要属性之一，已经不仅是代替人工操作，更重要的是深层探知和全局分析，关注的是在当前条件下如何实现性能与服务最优化，同时保障投资收益最大化。自动化对 IT 运维的影响，已经不仅仅是人与设备之间的关系，更是发展到了面向客户服务驱动 IT 运维决策的层面。IT 运维团队的构成，也从各级技术人员占大多数发展到业务人员甚至用户占大多数的局面。

因此，IT 运维自动化是一组将静态的设备结构转化为根据 IT 服务需求动态弹性响应的策略，目的就是实现 IT 运维的质量，降低成本。

2. 运维自动化对运维人员要求

（1）事前预警

在故障出现之前，管理人员应该能在任何时间、任何地点接收到告警信息，并及时处理问题，把故障隐患扼杀在摇篮中。（强大的监控与报警机制）

（2）事中恢复

即使是再完美的运维方案，也可能有预料之外的故障。为保证在最短时间内恢复业务，关键数据不因故障丢失，我们需要有完整备份方案来应对自如。（强大的备份与恢复机制）

（3）事后存档

这里更加强调运维管理的方法，针对处理过的故障，应该记录在案，在处理过程当中运用过的处理技术、处理方案，应该形成经验文档，以供知识分享。（强大的 FAQ 机制）

4.1.2　运维知识体系

1. ITSM 和 ITIL

（1）ITSM（information technology service management）

IT 项目的生命周期中只有 20% 的时间与规划、建设、设施有关，其余 80% 的时间都与 IT 项目的服务和运维有关。随着企业信息化建设的不断深入，为了保证 IT 服务的质量，ITSM 应运而生。

ITSM 是一个理念，是一套方法论，可以帮助企业对 IT 服务进行有效管理。它结合了高质量服务不可缺少的流程、人员和技术三大要素：标准流程负责监控 IT 服务的运行状况；人员素质关系到服务质量的高低；技术则保证服务的质量和效率。这三大关键性要素的整合使 ITSM 成为企业 IT 管理人员管理企业 IT 系统的法宝和利器。ITSM 的根本目标也有三个：以客户为中心提供 IT 服务；提供高质量、低成本的服务；提供的服务是可准确计价的。

ITSM 从宏观的角度可以理解为是一个领域或行业；从中观的角度可以理解为是一种 IT 管理的方法论；从微观角度则可以理解为是一套协同运作的流程；从微观的角度来讲，ITSM 作为一种全新的 IT 管理理念和方法论，通过一套协同运作的流程，可以帮助 IT 部门以合理的成本提供更高质量的 IT 服务。

（2）ITIL（information technology infrastructure library）

ITIL 是 CCTA（英国国家计算机和电信局）于 20 世纪 80 年代中期开始开发的一套针对 IT 行业的服务管理标准库。

ITIL 产生的背景是，当时英国政府为了提高政府部门 IT 服务的质量，启动一个项目来邀请国内外知名 IT 厂商和专家共同开发一套规范化的、可进行财务计量的 IT 资源使用方法。这种方法应该是独立于厂商的，并且可适用于不同规模、不同技术和业务需求的组织。这个项目的最终成果就是现在被广泛认可的 ITIL，它把英国各个行业在 IT 管理方面的最佳实践归纳起来变成规范，旨在提高 IT 资源的利用率和 IT 服务质量，目前已经成为业界通用的事实标准。

（3）两者之间的关系和区别

* ITIL 是 ITSM 领域的最佳实践，ITIL 为 ITSM 提供创建了一组核心流程和专有名词；
* ITIL 并不是 ITSM 的全部，ITIL 只是告诉我们什么该做，但没有说具体怎么做，而对 ITSM 而言，这些都是 ITSM 的范围；
* 先有 ITSM 理念，后有 ITIL 标准；因为 ITIL，ITSM 才得到关注和发扬；
* ITIL 是标准，是 ITSM 实施过程中的抽象和经验总结，它是 ITSM 实施中的一套流程和准则；
* ITIL 和 ITSM 是企业信息化发展到一定阶段出现的产物，是 IT 技术在现代企业中重要性的一种体现。

（4）通过一个例子可以更好地理解 ITIL/ITSM 要做的事情

在一个周五的傍晚，一家 ISP 技术支持中心的接线员不断地接到来自不同客户的质疑：有些客户收不到电子邮件，有些客户却收到一些发给其他人的邮件，还有的客户无法发送任何邮件。总之，一切都乱套了。显然，ISP 的系统出了问题。问题究竟出在哪里？是系统遭到电脑黑客的破坏吗？公司的安全部门开始仔细地调查。结果发现，问题是由另一个业务部门当天安装的一个 Java 程序引起的,安装这一程序的原意是让客户能够更容易地通过网络收发电子邮件,但不幸的是,这段 Java 程序存在错误,而且这段 Java 程序的开发人员并没有把这一变化及时地通知 IT 部门的最高主管。在被问及此事时,他称这是一次"心血来潮"的做法。更糟糕的是,没有人将这一变化通知技术支持中心,从而使接线员可以告诉客户,或者在企业网站上发布详细的业务中断信息。虽然这种情况不明的业务中断只持续了几个小时,但却在客户中产生了非常不良的影响。对那些在夜晚负责管理 IT 系统的管理员来说,以上情况是每天都可能遇到的紧急情况。不过,如果公司有一套经过测试和验证的常识准则,并要求每一个环节的员工都遵守这一准则,这种情况是完全可以避免的。这就是信息技术基础设施库(ITIL)要解决的问题。

2. DevOps(development 和 operations 的组合)

(1)DevOps 介绍

可以把 DevOps 看作开发(软件工程)、技术运营和质量保障(QA)三者的交集,如图 4-1-1 所示。

传统的软件组织将开发、IT 运营和质量保障设为各自分离的部门。在这种环境下如何采用新的开发方法(例如敏捷软件开发)是一个重要的课题:按照从前的工作方式,开发和部署不需要 IT 支持或者 QA 深入的、跨部门的支持,却需要极其紧密的多部门协作。然而 DevOps 考虑的还不只是软件部署,它是一套针对这几个部门间沟通与协作问题的流程和方法。

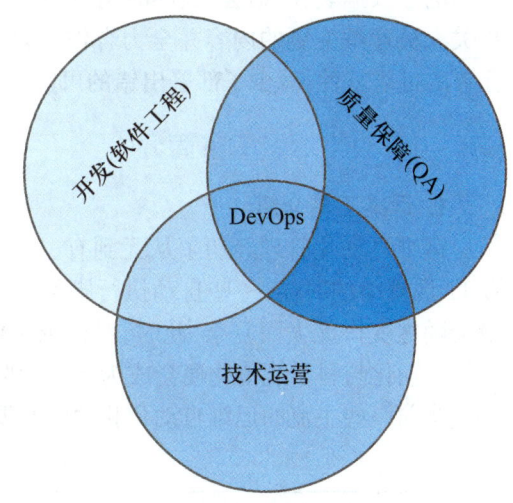

图 4-1-1 DevOps 介绍

需要频繁交付的企业可能更需要对 DevOps 有一个大致的了解。Flickr 发展了自己的 DevOps 能力,使之能够支撑业务部门"每天部署 10 次"的要求——如果一个组织要生产面向多种用户、具备多样功能的应用程序,其部署周期必然会很短。这种能力也被称为持续部署,并且经常与精益创业方法联系起来。从 2009 年起,相关的工作组、专业组织和博客快速涌现。

DevOps 的引入能对产品交付、测试、功能开发和维护(包括曾经罕见但如今已屡见不鲜的"热补丁")起到意义深远的影响。在缺乏 DevOps 能力的组织中,开发与运营之间存在着信息"鸿沟",例如运营人员要求更好的可靠性和安全性,开发人员则希望基础设施响应更快,而业务用户的需求则是更快地将更多的特性发布给最终用户使用。这种信息鸿沟就是最常出问题的地方。

以下几方面因素可能促使一个组织引入 DevOps:

- 使用敏捷或其他软件开发过程与方法;
- 业务负责人要求加快产品交付的速率;
- 虚拟化和云计算基础设施(可能来自内部或外部供应商)日益普遍;
- 数据中心自动化技术和配置管理工具的普及。

有一种观点认为,占主导地位的"传统"美国式管理风格会导致"烟囱式自动化",从而造成开发与运营之间的鸿沟，因此需要 DevOps 能力来克服由此引发的问题。

　　DevOps 经常被描述为"开发团队与运营团队之间更具协作性、更高效的关系"。由于团队间协作关系的改善，整个组织的效率也会得到提升，伴随频繁变化而来的生产环境的风险也能得到降低。

　　（2）DevOps 对应用程序发布的影响

　　在很多企业中，应用程序发布是一项涉及多个团队、压力很大、风险很高的活动。然而在具备 DevOps 能力的组织中，应用程序发布的风险很低。传统开发方法是大规模的、不频繁的发布（通常以"季度"或"年"为单位），与传统开发方法相比，敏捷方法大大提升了发布频率（通常以"天"或"周"为单位），此外减少变更范围。与传统的瀑布式开发模型相比，采用敏捷开发或迭代式开发意味着更频繁的发布、每次发布包含的变化更少。由于部署经常进行，所以每次部署不会对生产系统造成巨大影响，应用程序会以平滑的速率逐渐生长。加强发布协调靠强有力的发布协调人来弥合开发与运营之间的技能鸿沟和沟通鸿沟，采用电子数据表、电话会议、即时消息、企业门户（Wiki、SharePoint）等协作工具来确保所有相关人员理解变更的内容并全力合作。自动化运维，强大的部署，自动化手段，确保了部署任务的可重复性，减少了部署出错的可能性。

4.1.3　自动化运维工具简介

1. 运维工具介绍

　　运维自动化管理经历了从无到有、从小到大、由分散到整合、由无序到流程的过程。企业 IT 规模小的时候，一些自动执行脚本便可胜任工作，随着企业 IT 规模的扩大，IT 运维环境会随之变得庞大而复杂，此时，对运维工作进行科学规范化管理的重要性便凸显出来，运维的自动化与科学规范化便会成为运维团队必须解决的问题。

　　当前一些主流的运维自动化相关的开源工具总结如表 4-1-1 所示。

表 4-1-1　开源工具总结

安装部署相关	Kickstart：Red Hat 公司针对自动安装 Red Hat、Fedora 与 CentOS 这 3 种同一体系的操作系统而制定的问答规范。它一般会以 .cfg 作为文件后缀名
	Cobbler：能够快速建立网络安装环境，可以为各种 Linux 提供自动化安装任务
	Spacewalk：管理 Red Hat 公司衍生发行版的软件内容更新，同时提供预备和监控的功能
	OpenQRM：用来管理企业数据中心业务，同时包括虚拟环境管理、数据中心自动化
配置管理相关	ControlTier：跨平台部署服务器的自动化框架，可以在多个节点、多个应用层上进行服务扩展及管理工作
	Func：Red Hat 公司将 Fedora 统一网络控制器（Fedora unified network controller）用于自动化远程服务器的管理
	Chef：一个 IT 自动化平台，可让创建、部署、变更和管理基础设施运行时环境和应用
	Puppet：基于 Ruby 开发的一种 Linux、UNIX 平台的集中配置管理系统。可管理配置文件、用户、计划任务、软件包、系统服务等

续表

配置管理相关	Ansible：基于 Python 开发，提供自动化运维框架。结合众多的模块工作，可实现批量系统配置、批量程序部署、批量运行命令等功能
	SaltStack：基于 Python 开发的一个异构平台基础设置管理工具。具备配置管理、远程执行、监控功能
监控报警相关	Nagios：一种 Linux/UNIX 操作系统下的监视系统，可以监控系统、应用、服务以及各种进程的运行状况，并提供多种报警机制
	OpenNMS：一个基于 Java/XML 的企业级分布式网络和系统监控管理平台。可自动识别网络服务、事件管理与警报、性能测量任务等
	Zabbix：一个基于 Web 界面的提供分布式系统监视以及网络监视功能的企业级的开源解决方案。能监视各种网络参数，保证服务器系统的安全运营，并提供灵活的通知机制
	Cacti：基于 PHP 开发的一款网络流量监测图形分析工具。主要功能是用 SNMP 服务获取数据，然后用 RRDTool 储存和更新数据，用户需要查看数据时，用 RRDTool 生成图表呈现给用户
	Zenoss Core：一个智能监控软件，可依靠单一的 Web 控制台来监控网络架构的状态和健康度。主要功能具有监控可用性、性能、配置和各种事件

（1）安装部署相关工具

安装部署类相关工具可以自动化安装操作系统及软件包，自动化安装与升级系统补丁。它们借助服务器上的软件包系统比如 RPM 或者 APT 来安装软件包，甚至会做一些粗略的配置工作。

（2）配置管理相关工具

配置管理类相关工具可以自动化部署业务系统软件、设置参数或者远程管理开启一个服务器上的服务，也可以用来把对操作系统及业务支撑系统的变更管理回滚到上一版本。

（3）监控报警相关工具

监控报警类相关工具用来收集服务器数据，从而生成可用性、性能和其他系统状态的报告，并在第一时间向运维人员发送业务不可用的报警信息。

在运维自动化不断提升的过程中，由安装部署、配置管理以及监控报警 3 个方面共同构成一个完善的运维自动化体系。

2. 常用自动化运维工具对比及选择

（1）安装部署类

Kickstart：提供无人值守安装配置脚本，但自动化安装配置过程相对繁琐。

Cobbler：一个集成工具，集成了 PXE、DHCP、DNS、Kickstart 服务管理和 yum 仓库管理，简化了运维的工作量。

Spacewalk：可管理 Fedora、Rad Hat、CentOS、SUSE 与 Debian Linux 服务器。当数据中心拥

有多台 Linux 服务器时，手动管理将不堪重负，Spacewalk 是一个比较好的选择。Spacewalk 可以管理补丁、登录、更新，还有 Rad Hat 和 Solaris 服务器基于 Spacewalk 的企业级支持的管理解决方案 Satellite。SUSE 基于 Spacewalk 的 Linux 服务器管理软件项目 SUSE Manager。

OpenQRM：提供故障冗余和所有应用程序故障切换，在服务器虚拟化方面有很好的应用，且支持不同虚拟技术，可转换物理服务器成为虚拟服务器，可将存储虚拟化、可将多个服务器迁移到一个单一的物理服务器，在虚拟主机范围内提高性能和故障隔离。

（2）集中化配置管理类

① Chef 工具

● Chef 需要用户熟悉 Ruby 语言，入门较高，管理模块开发周期长；

● 资源脚本从前向后执行，在配置中心服务器端需要依赖的软件比较多，需要 CouchDB、RabbitMQ、Solr、Java 和 Erlang，配置过程复杂；

● Chef 的配置管理文件放在 CouchDB 和 Solr 索引等二进制文件中，通过远程命令工具 knife 来操作这些配置，维护不方便；

● Chef 的用户群体相对少。

② Puppet 工具

● 自有的配置语言较为高级，入门简单，管理模块开发周期短；

● 资源之间有显式的依赖关系，与这些资源在配置文件的位置或前后没有关系；

● 安装简单，需要的支持软件少，配置过程简单；

● 其配置管理文件为 Puppet 语言描述的文本文件，易于发布、备份和扩展；

● 用户很多，Google、Red Hat 等大公司都在使用，有成熟的经验可以借鉴。

③ CFEngine 工具

它是一种老牌的配置管理工具，功能强大，但语法晦涩，学习、维护成本高。

④ Puppet+Func 工具

它是一种新兴的配置管理工具，语法简单，易于学习、维护，但远程执行命令 Exec 资源只能返回成功与否，执行过程无法跟踪查看，需要和简单易用的 Linux 集群管理工具 Func 配合使用。

（3）监控类工具

监控类工具中有 Zabbix、Nagois 和 Cacti 等工具。其中，Zabbix 和 Nagois+Cacti 组合都是很优秀的工具。

在后面的教学项目中，我们将从上述工具中分别选择 Cobbler、Ansible、Zabbix 来进行讲述。

4.1.4 任务回顾

 **知识点总结**

1. 介绍自动化运维的概念以及对运维人员要求。

2. 运维知识体系 ITSM 和 ITIL。

3. 运维开发 DevOps。

4. 自动化运维常见的工具介绍及选择。

 **学习足迹**

任务一学习足迹如图 4-1-2 所示。

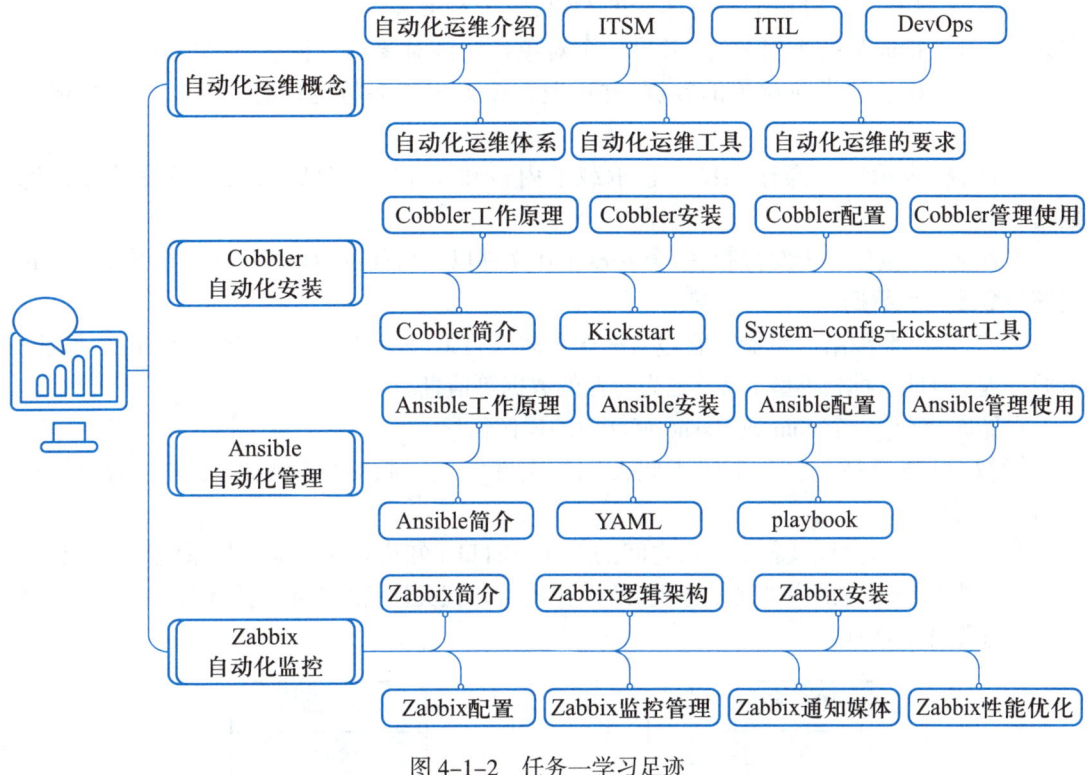

图 4-1-2 任务一学习足迹

思考与练习

1. 自动化运维与传统运维方式有哪些区别？
2. 什么情况下需要自动化运维？

4.2 任务二：构建 Cobbler 网络自动安装环境

【任务描述】

服务器系统的部署是一件单一且重复性较高的事，那么该怎样避免"重复造轮子"？本节主要介绍 Cobbler 及其部署实践，通过配置 Kickstart 的无人值守安装方式，服务器通过 PXE 启动方式，实现通过网络就可以在服务器上自动部署系统的目的。

4.2.1 Cobbler 简介

1. Cobbler 概述

Cobbler 由 Python 语言开发，是对 PXE、Kickstart 和 DHCP 的封装。它融合了很多特性，提供了 CLI 和 Web 的管理形式，更加方便地实行网络安装。同时，Cobbler 也提供了 API 接口,使用其他语言也很容易做扩展。它不仅可以安装物理机,同时也支持 KVM、XEN 虚拟化和 Guest OS 的安装。

2. Cobbler 组成

Cobbler 的配置结构基于一组注册的对象,每个对象表示一个与另一个实体相关联的实体(该对象指向另一个对象,或者另一个对象指向该对象)。当一个对象指向另一个对象时,它就继承了被指向对象的数据,并可覆盖或添加更多特定信息。对象类型的定义如下。

发行版:表示一个操作系统。它承载了内核和 initrd 的信息,以及内核参数等其他数据。

配置文件:包含一个发行版、一个 Kickstart 文件以及可能的存储库,还包含更多特定的内核参数等其他数据。

系统:表示要配给的机器。它包含一个配置文件或一个镜像,还包含 IP 和 MAC 地址、电源管理(地址、凭据、类型)以及更为专业的数据等信息。

存储库:保存一个 yum 或 Rsync 存储库的镜像信息。

镜像:可替换一个包含不属于此类别的文件的发行版对象(例如,无法分为内核和 initrd 的对象)。

基于注册的对象以及各个对象之间的关联,Cobbler 知道如何更改文件系统以反映具体配置。因为系统配置的内部是抽象的,所以我们可以仅关注想要执行的操作。Cobbler 对象关系图如图 4-2-1 所示。

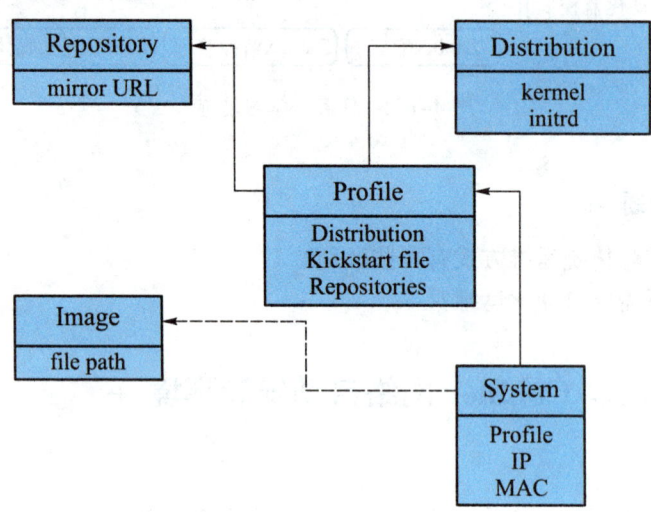

图 4-2-1　Cobbler 对象关系图

3. Cobbler 工作原理

Cobbler 工作原理如图 4-2-2 所示。

图 4-2-2 中 server 端的工作步骤如下:

第一步,启动 Cobbler 服务;

第二步,进行 Cobbler 错误检查,执行 Cobbler check 命令;

第三步,进行配置同步,执行 Cobbler sync 命令;

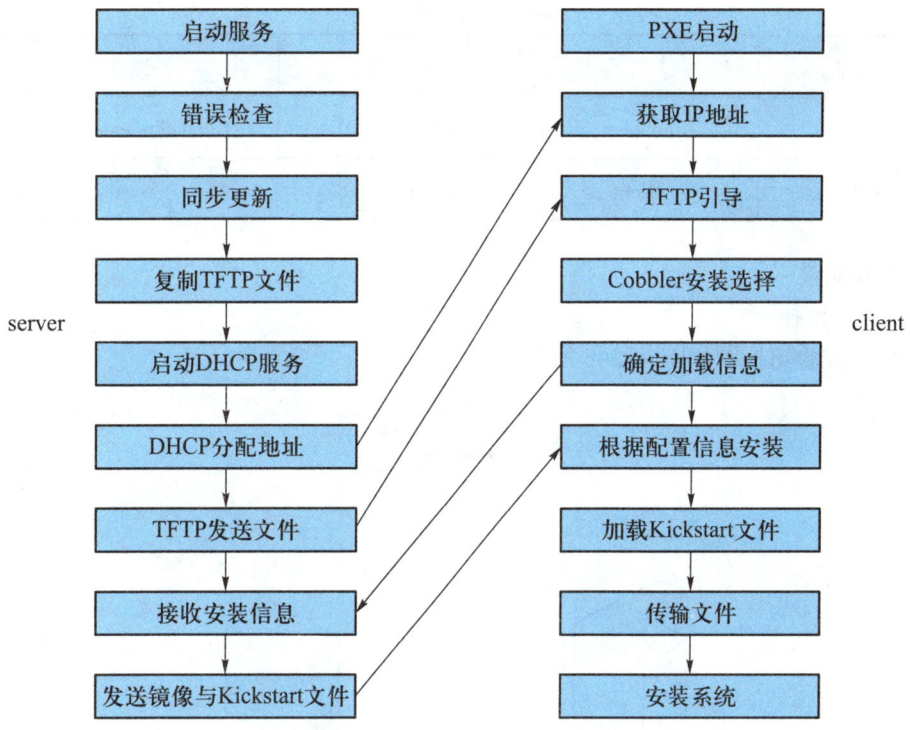

图 4-2-2　Cobbler 工作原理

第四步,复制相关启动文件到 TFTP 目录中;

第五步,启动 DHCP 服务,提供地址分配;

第六步,DHCP 服务分配 IP 地址;

第七步,TFTP 传输启动文件;

第八步,server 端接收安装信息;

第九步,server 端发送 ISO 镜像与 Kickstart 文件。

client 端的工作步骤如下:

第一步,客户端以 PXE 模式启动;

第二步,客户端获取 IP 地址;

第三步,通过 TFTP 服务器获取启动文件;

第四步,进入 Cobbler 安装选择界面;

第五步,客户端确定加载信息;

第六步,根据配置信息准备安装系统;

第七步,加载 Kickstart 文件;

第八步,传输系统安装的其他文件;

第九步,进行安装系统。

4.2.2　Cobbler 部署实验

1. 实验环境

实验环境如表 4-2-1 所示。

表 4-2-1　实 验 环 境

主机类型	主机名	IP 地址	操作系统
Cobbler server	cobbler	192.168.1.20	CentOS release 6.5（Final）
client	client	192.168.1.18	CentOS release 6.5（Final）

2. 环境配置

（1）实验拓扑

Cobbler 实验拓扑图如图 4-2-3 所示。

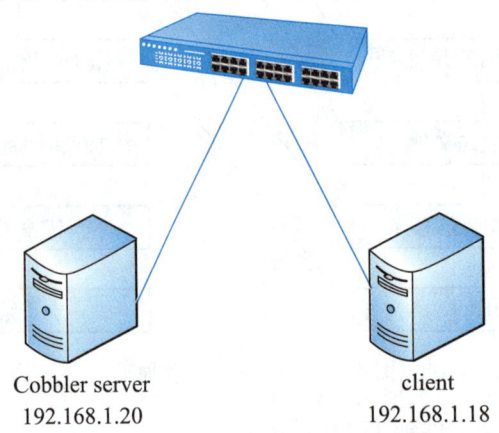

Cobbler server　　　　　　　　client
192.168.1.20　　　　　　　　192.168.1.18

图 4-2-3　Cobbler 实验拓扑图

（2）安装 yum 源

【代码 4-2-1】 安装 yum 源

```
[root@cobbler ~]# rpm –ivh
http://download.fedoraproject.org/pub/epel/6/x86_64/epel–release–6–8.noarch.rpm
    Retrieving http://download.fedoraproject.yum
org/pub/epel/6/x86_64/epel–release–6–8.noarch.rpm
    warning: /var/tmp/rpm–tmp.z0cbxV: Header V3 RSA/SHA256 Signature, key ID 0608b895: NOKEY
    Preparing...            ########################################### [100%]
    1:epel–release          ########################################### [100%]
```

（3）同步系统时间

【代码 4-2-2】 安装 NTP 服务器并同步时间

```
[root@cobbler ~]# yum install –y ntp
[root@cobbler ~]# ntpdate 202.120.2.101
4 Nov 13:49:41 ntpdate[1190]: step time server 202.120.2.101 offset 388653.714776 sec
[root@cobbler ~]# hwclock –w
```

（4）关闭防火墙与 SELinux

【代码 4-2-3】 关闭防火墙和 SELinux

```
[root@cobbler ~]# service iptables stop
[root@cobbler ~]# chkconfig iptables off
[root@cobbler ~]# getenforce
Enforcing
[root@cobbler ~]# setenforce 0
[root@cobbler ~]# getenforce
Permissive
```

3. Cobbler 安装

（1）Cobbler 运行所需基础包

【代码 4-2-4】 安装 Cobbler 所需的软件

```
[root@cobbler ~]# yum install –y cobbler tftp dhcp httpd cman pykickstart debmirror
```

（2）Cobbler 所需环境支持包

【代码 4-2-5】 安装 Cobbler 环境支持包

```
[root@cobbler ~]# yum install –y ed patch perl perl–Compress–Zlib perl–Digest–SHA1
perl–LockFile–Simple perl–libwww–perl
```

（3）设置服务开机启动

【代码 4-2-6】 设置开机启动

```
[root@cobbler ~]# chkconfig httpd on
[root@cobbler ~]# chkconfig dhcpd on
[root@cobbler ~]# chkconfig xinetd on
[root@cobbler ~]# chkconfig cobblerd on
[root@cobbler ~]#
[root@cobbler ~]# service httpd start
正在启动 httpd: httpd: Could not reliably determine the server's fully qualified domain name, using
cobbler_svr.test.com for ServerName [ 确定 ]
[root@cobbler ~]# service cobblerd start
Starting cobbler daemon:                        [ 确定 ]
```

（4）修改 Apache 相关配置并重新启动

【代码 4-2-7】 修改 Apache 参数并重启

```
[root@cobbler ~]# vim /etc/httpd/conf/httpd.conf
# 增加一行
ServerName localhost:80
[root@cobbler ~]# service httpd restart
停止 httpd:                       [ 确定 ]
正在启动 httpd:                   [ 确定 ]
```

（5）运行 Cobbler 检查命令

【代码 4-2-8】　Cobbler 运行前检查

```
[root@cobbler ~]# cobbler check
The following are potential configuration items that you may want to fix:
① The 'server' field in /etc/cobbler/settings must be set to something other than localhost, or
    kickstarting features will not work. This should be a resolvable hostname or IP for the boot server
    as reachable by all machines that will use it.
② For PXE to be functional, the 'next_server' field in /etc/cobbler/settings must be set to something
    other than 127.0.0.1, and should match the IP of the boot server on the PXE network.
③ some network boot-loaders are missing from /var/lib/cobbler/loaders, you may run 'cobbler get-
    loaders' to download them, or, if you only want to handle x86/x86_64 netbooting, you may ensure
    that you have installed a *recent* version of the syslinux package installed and can ignore this
    message entirely. Files in this directory, should you want to support all architectures, should include
    pxelinux.0, menu.c32, elilo.efi, and yaboot. The 'cobbler get-loaders' command is the easiest way
    to resolve these requirements.
④ change 'disable' to 'no' in /etc/xinetd.d/rsync
⑤ comment out 'dists' on /etc/debmirror.conf for proper debian support
⑥ comment out 'arches' on /etc/debmirror.conf for proper debian support
⑦ The default password used by the sample templates for newly installed machines ( default_
    password_crypted in /etc/cobbler/settings ) is still set to 'cobbler' and should be changed, try:
    "openssl passwd -1 -salt 'random-phrase-here' 'your-password-here'" to generate new one
Restart cobblerd and then run 'cobbler sync' to apply changes.
```

从上面的执行结果来看,存在 7 处错误,下面我们来一一解决。

错误 1,修改 /etc/cobbler/settings 里面的 server 为 Cobbler server 的 IP 地址,

```
[root@cobbler ~]# vim /etc/cobbler/settings
server: 192.168.1.20
```

错误 2,修改 /etc/cobbler/settings 里面的 next_server 为本机的 IP,

```
[root@cobbler ~]# vim /etc/cobbler/settings
next_server: 192.168.1.20
```

错误 3,选择支持所有架构,

```
 [root@cobbler ~]# cobbler get-loaders
task started: 2013-11-04_143149_get_loaders
task started (id=Download Bootloader Content, time=Mon Nov 4 14:31:49 2013)
downloading http://www.cobblerd.org/loaders/README to
/var/lib/cobbler/loaders/README
downloading http://www.cobblerd.org/loaders/COPYING.elilo to
/var/lib/cobbler/loaders/COPYING.elilo
```

downloading http://www.cobblerd.org/loaders/COPYING.yaboot to /var/lib/cobbler/loaders/COPYING.yaboot

downloading http://www.cobblerd.org/loaders/COPYING.syslinux to

/var/lib/cobbler/loaders/COPYING.syslinux

downloading http://www.cobblerd.org/loaders/elilo−3.8−ia64.efi to

/var/lib/cobbler/loaders/elilo−ia64.efi

downloading http://www.cobblerd.org/loaders/yaboot−1.3.14−12 to

/var/lib/cobbler/loaders/yaboot

downloading http://www.cobblerd.org/loaders/pxelinux.0−3.61 to

/var/lib/cobbler/loaders/pxelinux.0

downloading http://www.cobblerd.org/loaders/menu.c32−3.61 to

/var/lib/cobbler/loaders/menu.c32

downloading http://www.cobblerd.org/loaders/grub−0.97−x86.efi to

/var/lib/cobbler/loaders/grub−x86.efi

downloading http://www.cobblerd.org/loaders/grub−0.97−x86_64.efi to

/var/lib/cobbler/loaders/grub−x86_64.efi

*** TASK COMPLETE ***

错误 4,修改 /etc/xinetd.d/tftp,把 disable 修改为 no；修改 /etc/xinetd.d/rsync,把 disable 修改为 no,启动 xinetd 服务,

[root@cobbler ~]# vim /etc/xinetd.d/tftp

disable = no

[root@cobbler ~]# vim /etc/xinetd.d/rsync

disable = no

[root@cobbler ~]# service xinetd start

正在启动 xinetd：   [确定]

错误 5 与错误 6,debmmirror 有错误,

[root@cobbler ~]# vim /etc/debmirror.conf

注释掉 @dists="sid" 与 @arches="i386" 即可

#@dists="sid";

#@arches="i386";

错误 7,设置默认 root 密码 (客户端安装之后,系统的 root 密码)。

首先,生成你想要的密码的加密字符串,然后复制运行命令之后的加密代码：

[root@cobbler ~]# openssl passwd −1 −salt 'abc' '123456'

　　1hahaha$hSxFjZSHRoiEn4DYrrGUI.

然后,替换 /etc/cobbler/settings 中选项双引号中的加密代码：

[root@cobbler ~]# vim /etc/cobbler/settings

　　default_password_crypted: "1hahaha$hSxFjZSHRoiEn4DYrrGUI."

（6）重新启动 Cobbler 并运行检查命令

【代码 4-2-9】 重启 Cobbler 服务并自检

```
[root@cobbler ~]# service cobblerd restart
Stopping cobbler daemon:                        [ 确定 ]
Starting cobbler daemon:                         [ 确定 ]
[root@cobbler ~]# cobbler check
No configuration problems found. All systems go.
```

（7）最后查看启动的端口

【代码 4-2-10】 查看系统开启端口

```
[root@cobbler ~]# netstat –ntulp
    Active Internet connections (only servers)
    Proto Recv–Q Send–Q Local Address            Foreign Address        State
PID/Program name
    tcp    0     0 0.0.0.0:22          0.0.0.0:*                 LISTEN    1011/sshd
    tcp    0     0 127.0.0.1:25        0.0.0.0:*                 LISTEN    1087/master
    tcp    0     0 127.0.0.1:6010      0.0.0.0:*                 LISTEN    1126/sshd
    tcp    0     0 127.0.0.1:6011      0.0.0.0:*                 LISTEN    1607/sshd
    tcp    0     0 127.0.0.1:25151     0.0.0.0:*                 LISTEN    12077/python
    tcp    0     0 :::80          :::*          LISTEN    1696/httpd
    tcp    0     0 :::22          :::*          LISTEN    1011/sshd
    tcp    0     0 ::1:25         :::*          LISTEN    1087/master
    tcp    0     0 ::1:6010          :::*          LISTEN    1126/sshd
    tcp    0     0 ::1:6011          :::*          LISTEN    1607/sshd
```

4. Cobbler 配置详解

主要的 Cobbler 配置文件是 /etc/cobbler/settings 使用文本编辑器打开这个文件，并设置以下选项：

【代码 4-2-11】 Cobbler 配置文件

```
    manage_dhcp：1
    manage_dns：1
    manage_tftpd：1
    restart_dhcp：1
    restart_dns：1
    pxe_just_once：1
    next_server：< 服务器的 IP 地址 >
    server：< 服务器的 IP 地址 >
```

选项 manage_* 和 restart_* 无须加以说明。选项 next_server 用在 DHCP 配置文件中，向客户端告知提供引导文件的服务器地址。选项 server 在客户端安装期间用于引用 Cobbler 服务器地址。最后，选项 pxe_just_once 预防将机器中的安装循环配置为始终从网络引导。激活此选项时，机器告诉 Cobbler 安装已完成。Cobbler 将系统对象的 netboot 标志更改为 false，这会强制机器从本地磁盘引导。下面我们配置并管理 DHCP 服务与 HTTP 服务。

（1）Cobbler 管理 DHCP 服务器

【代码 4-2-12】　设置管理 DHCP 服务器

```
[root@cobbler ~]# vim /etc/cobbler/settings
manage_dhcp: 1
```

（2）修改 DHCP 模板

【代码 4-2-13】　修改 DHCP 模板

```
[root@cobbler ~]# vim /etc/cobbler/dhcp.template
    subnet 192.168.8.0 netmask 255.255.255.0 {
        option routers              192.168.8.1;
        option domain-name-servers  192.168.8.1;
        option subnet-mask          255.255.255.0;
        range dynamic-bootp         192.168.8.170 192.168.8.190;
        default-lease-time          21600;
        max-lease-time              43200;
```

（3）重新启动 Cobbler 服务

【代码 4-2-14】　重启 Cobbler 服务

```
[root@cobbler ~]# service cobblerd restart
Stopping cobbler daemon:                    [ 确定 ]
Starting cobbler daemon:                    [ 确定 ]
```

（4）编辑 /etc/httpd/conf.d/wsgi.conf 去掉相关注释

【代码 4-2-15】　编辑 /etc/httpd/conf.d/wsgi.conf 去掉相关注释

```
[root@cobbler ~]# vim /etc/httpd/conf.d/wsgi.conf
LoadModule wsgi_module modules/mod_wsgi.so
```

（5）运行 Cobbler sync 命令使配置生效，让 DHCP、HTTP 被 Cobbler 接管代码如图 4-2-4 所示。

```
 1  [root@cobbler    ~]# cobbler sync
 2  task started: 2016-11-04_164727_sync
 3  task started (id=Sync, time=Mon Nov 4 16:47:27 2013)
 4  running pre-sync triggers
 5  cleaning trees
 6  removing: /var/lib/tftpboo   xelinux.cfg/default
 7  removing: /var/lib/tftpboot/grub/grub-x86_64.efi
 8  removing: /var/lib/tftpboot/grub/images
 9  removing: /var/lib/tftpboot/grub/efidefault
10  removing: /var/lib/tftpboot/grub/grub-x86.efi
11  removing: /var/lib/tftpboot/s390x/profile_list
12  copying bootloaders
13  trying hardlink /var/lib/cobbler/loaders/grub-x86_64.efi -> /var/lib/tftpboot/grub/grub-x86_64.ef
14  trying hardlink /var/lib/cobbler/loaders/grub-x86.efi -> /var/lib/tftpboot/grub/grub-x86.efi
15  copying distros to tftpboot
16  copying images
17  generating PXE configuration files
18  generating PXE menu structure
19  rendering DHCP files
20  generating /etc/dhcp/dhcpd.conf
21  rendering TFTPD files
22  generating /etc/xinetd.d/tftp
23  cleaning link caches
24  running post-sync triggers
25  running python triggers from /var/lib/cobbler/triggers/sync/post/*
26  running python trigger cobbler.modules.sync_post_restart_services
27  running: dhcpd -t -q
28  received on stdout:
29  received on stderr:
30  running: service dhcpd restart
31  received on stdout: 关闭 dhcpd: [确定]
32  正在启动 dhcpd: [确定]
33  received on stderr:
34  running shell triggers from /var/lib/cobbler/triggers/sync/post/*
35  running python triggers from /var/lib/cobbler/triggers/change/*
36  running python trigger cobbler.modules.scm_track
```

图 4-2-4　运行 Cobbler sync 命令使配置生效

4.2.3　Cobbler 的管理与使用

1. 查看 Cobbler 命令

【代码 4-2-16】　查看 Cobbler 命令

[root@cobbler svr~]# cobbler

　　usage

　　=====

　　cobbler <distro|profile|system|repo|image|mgmtclass|package|file> ...

　　　　[add|edit|copy|getks*|list|remove|rename|report] [options|--help]

　　cobbler

<aclsetup|buildiso|import|list|replicate|report|reposync|sync|validateks|version>

[options|--help]

　　在上面的显示中，我们可以看到，Cobbler 命令有很多的选项，想获得相关选项的帮助只需要加 --help 即可：

[root@cobbler ~]# cobbler profile --help

2. Cobbler 常用命令

Cobbler 常用命令如表 4-2-2 所示。

表 4-2-2　Cobbler 常用命令

命令	描述
cobbler check	检查 Cobbler 配置
cobbler sync	同步配置到 DHCP/PXE 和数据目录
cobbler list	列出所有的 Cobbler 元素
cobbler import	导入安装的系统镜像
cobbler report	列出各元素的详细信息
cobbler distro	查看导入的发行版系统信息
cobbler profile	查看配置信息
cobbler system	查看添加的系统信息
cobbler reposync	同步 yum 仓库到本地

3. 导入镜像文件

（1）以 CentOS-6.5-x86_64-bin-DVD1.iso 为例导入 CentOS 6.5 镜像

① 挂载镜像

【代码 4-2-17】 挂载镜像

```
[root@cobbler ~]# mkdir -p /mnt/os/CentOS-6.5-x86_64    -->> 创建挂载目录
[root@cobbler ~]# mount /dev/cdrom /mnt/os/CentOS-6.5-x86_64
mount: block device /dev/sr0 is write-protected, mounting read-only
[root@cobbler ~]# ll /mnt/os/CentOS-6.5-x86_64
total 682
-r--r--r-- 2 root root    14 Nov 29  2013 CentOS_BuildTag
dr-xr-xr-x 3 root root    2048 Nov 29  2013 EFI
-r--r--r-- 2 root root    212 Nov 28  2013 EULA
-r--r--r-- 2 root root   18009 Nov 28  2013 GPL
dr-xr-xr-x 3 root root    2048 Nov 29  2013 images
dr-xr-xr-x 2 root root    2048 Nov 29  2013 isolinux
dr-xr-xr-x 2 root root 655360 Nov 29  2013 Packages
-r--r--r-- 2 root root    1354 Nov 28  2013 RELEASE-NOTES-en-US.html
dr-xr-xr-x 2 root root    4096 Nov 29  2013 repodata
-r--r--r-- 2 root root    1706 Nov 28  2013 RPM-GPG-KEY-CentOS-6
-r--r--r-- 2 root root    1730 Nov 28  2013 RPM-GPG-KEY-CentOS-Debug-6
-r--r--r-- 2 root root    1730 Nov 28  2013 RPM-GPG-KEY-CentOS-Security-6
-r--r--r-- 2 root root    1734 Nov 28  2013 RPM-GPG-KEY-CentOS-Testing-6
-r--r--r-- 1 root root    3380 Nov 29  2013 TRANS.TBL
```

② 使用 cobbler import 命令导入镜像

【代码 4-2-18】 导入挂载镜像

```
[root@cobbler ~]# cobbler import --path=/mnt/os/CentOS-6.5-x86_64
--name=CentOS-6.5-x86_64 --arch=x86_64
```

命令格式说明：

cobbler import --path：镜像路径；

--name：安装引导名；

--arch：32 位或 64 位。

参数说明：

--name 为安装源定义一个名字；

--arch 指定安装源是 32 位还是 64 位、ia6，目前支持的选项有：

x86 ｜ x86_64 ｜ ia64。

两点注意事项如下。

a. 该安装源的唯一标示就是这两个参数。

本例导入成功后，安装源的唯一标示就是：centos6.5-x86_64，如果重复，系统会提示导入失败，其他命令可通过 cobbler --help 来进行查看。如果需要更多的参数定制，也可以查看官方文档：man cobbler，然后查找 import 的配置，可以使用另外一个命令：cobbler distro。

正常导完之后会给出如下提示：

……(省略)

Adding distros from path /var/www/cobbler/ks_mirror/CentOS-6.5-x86_64:

creating new distro: CentOS-6.5-x86_64

trying symlink: /var/www/cobbler/ks_mirror/CentOS-6.5-x86_64 ->

/var/www/cobbler/links/CentOS-6.5-x86_64

creating new profile: CentOS-6.5-x86_64

……(省略)*** TASK COMPLETE ***

从上面显示信息所知，Cobbler 会将镜像中的所有安装文件拷贝到本地一份，放在 /var/www/cobbler/ks_mirrors 下的 centos6.5-x86_64 目录下。同时会创建一个名字为 centos6.5-x86_64 的发布版本，以及一个名字为 centos6.5- x86_64 的 profile 文件。

b. /var/www/cobbler 目录必须具有足够容纳 Linux 安装文件的空间。如果空间不够，可以对 /var/www/cobbler 目录进行移动，建软链接来修改文件存储位置。

例如：

```
# ln -s /home/cobbler /var/www
```

如果导入不成功，需要重新导入，最好先把之前的内容删除再导入 cobbler [distro] remove --name=[CentOS-6.5-x86_64]，方括号中的内容根据情况来填写，更多命令通过 cobbler --help 来查看。

其他系统导入方法类似，只需要将名字和路径更改下即可。重复上面的操作，把其他的系统镜像文件导入到 Cobbler，导入完成之后，可通过 cobbler list 来查看导入的结果。

```
[root@cobbler ~]# cobbler list
```

distros:

      CentOS–6.5–x86_64

profiles:

      CentOS–6.5–x86_64

③ 创建 Kickstarts 自动安装文件（For Centos/RHEL）

【代码 4–2–19】 安装启动 Kickstarts（KS）

这是关键步骤之一，由于需要安装的操作系统发行厂商不同，所以 KS 文件的写法要求也不同。在这里，我们主要讨论 CentOs/RHEL 系列的 KS 配置。

另外，操作系统版本不同，KS 也存在一定的差异，比如 CentOS 5 和 CentOS 6 情况下的 KS 就有不同。

官网的文档如下：

CentOS5:

http://www.centos.org/docs/5/html/Installation_Guide–en–US/s1–kickstart2–options.html

CentOS6:

https://access.redhat.com/knowledge/docs/en–US/Red_Hat_Enterprise_Linux/6/html/Installation_Guide/s1–kickstart2–options.html

在第一次导入系统镜像时，Cobbler 会给安装镜像指定一个默认的 Kickstart 自动安装文件，文件位于 /var/lib/cobbler/kickstarts/sample.ks。使用如下命令可以对自动安装文件进行查看修改和删除：

[root@cobbler ~]# cobbler profile list   --->> 查看 profile 列表

[root@cobbler ~]# cobbler profile report --name centos6.5–x86_64   --->> 查看具体 profile 设置

[root@cobbler ~]# cobbler distro report --name centos6.5–x86_64   --->> 查看安装镜像文件信息

[root@cobbler ~]# cobbler profile remove --name=centos6.5–x86_64 --->> 删除 profile（可不删除，但需在被安装主机上进行选择）

[root@cobbler ~]# cobbler profile add --name=centos6.5–x86_64

--distro=centos6.5–x86_64

  --kickstart=/var/lib/cobbler/kickstarts/centos6.5–x86_64.ks   --->> 添加 profile 文件

[root@cobbler ~]# cobbler sync   --->> 进行同步

Kiskstart 自动安装文件可使用图形界面工具 system–config–kickstart 生成。以客户端 Xshell 终端连接 centos6.5–x86_64 为例：

[root@cobbler ~]# yum install –y glib2–devel   --->> 安装 glib 支持

[root@cobbler ~]# yum install –y system–config–kickstart   --->> 安装图形界面工具

[root@cobbler ~]# yum groupinstall "X Window System"   --->> 安装 X Window 图形界面

[root@cobbler ~]# system–config–kickstart   --->> 运行工具进行配置

执行 system–config–kickstart 该命令后会出现如图 4–2–5 所示的 Kickstart 配置界面。

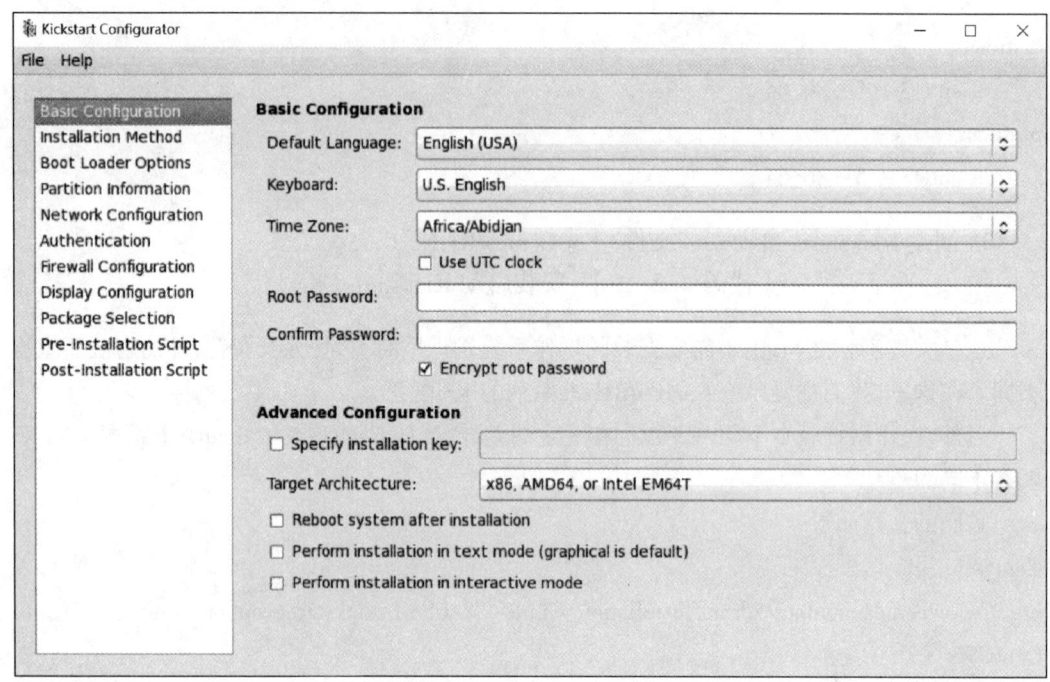

图 4-2-5　Kickstart 配置界面

我们以现有的 /root/anaconda-ks.cfg 文件为模板来进行配置："File"-->"Open File"。打开如图 4-2-6 所示界面，载入选中的 anaconda-ks.cfg 后再进行适当的修改。

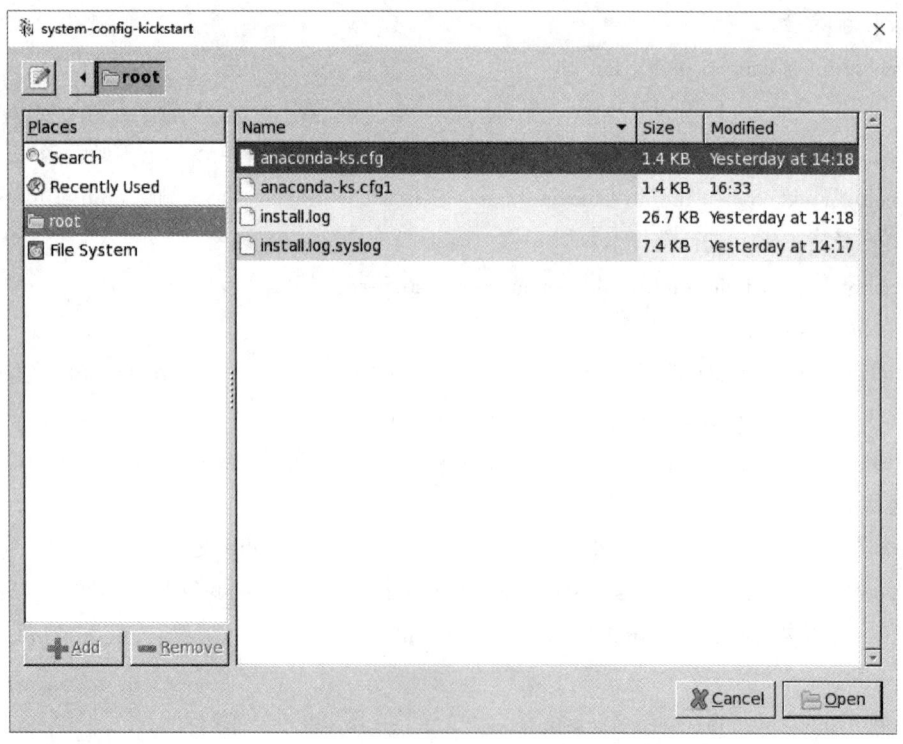

图 4-2-6　修改 naconda-ks.cfg 文件

　　最后将修改的文件保存至 Kickstart 自动安装文件路径，并执行如下命令，与镜像文件关联。

【代码 4-2-20】　将修改的文件保存至 Kickstart 自动安装文件路径并与镜像文件关联

```
[root@cobbler ~]# cobbler profile edit --name=centos6.5-x86_64
--distro=centos6.5-x86_64
        --kickstart=/var/lib/cobbler/kickstarts/centos6.5-x86_64.ks
```

　　命令说明：

　　cobbler profile add|edit|remove --name：安装引导名

　　--distro：系统镜像名

　　--kickstart：kickstart 自动安装文件路径

　　参数说明：

　　--name：自定义的安装引导名，不能重复。

　　--distro：系统安装镜像名，用 cobbler distro list 可以查看。

　　--kickstart：与系统镜像文件相关联的 Kickstart 自动安装文件。

　　为 Cobbler 添加 yum 仓库：

　　① 添加镜像

　　base、updates 库使用 163 的 repo 源并增加 EPEL 库。

　　base

```
[root@cobbler ~]# cobbler repo add --name=centos6.5-x86_64-base
--mirror=http://mirrors.163.com/centos/6/os/x86_64/
    updates
[root@cobbler ~]# cobbler repo add --name=centos6.5-x86_64-updates
--mirror=http://mirrors.163.com/centos/6.5/updates/x86_64/ --arch=x86_64 --breed=yum
```

　　② 添加 EPEL 仓库

```
[root@cobbler ~]# cobbler repo add --name=centos6.5-x86_64-epel
--mirror=http://mirrors.ustc.edu.cn/epel/6/x86_64/ --arch=x86_64 --breed=yum cobbler reposync
```

　　同步 yum 仓库内容到本地

```
    cobbler reposync
```

　　③ 将 repo 添加到 profle

```
[root@cobbler ~]# cobbler profile edit --name=CentOS-6.5-x86_64
--repos="CentOS-6.5-x86_64-base CentOS-6.5-x86_64-epel
CentOS-6.5-x86_64-updates" --distro=CentOS-6.5-x86_64
--kickstart=/var/lib/cobbler/kickstarts/CentOS-6.5-x86_64.cfg
```

　　④ 装机自动配置 Yum

　　安装系统时如需要自动配置 Yum，则进行以下配置：

```
[root@cobbler ~]# vim /etc/cobbler/settings
```

yum_post_install_mirror: 1

在装机脚本 KS 文件加入以下内容:

%post

\# Start yum configuration

$yum_config_stanza

\# End yum configuration

⑤ 同步 Cobbler 配置

获取上述所有配置的 Cobbler(包括启动 DHCP 等)。Cobbler 会自动进行初始化工作, 移除已经存在的启动项, 然后根据模板拷贝 loader 文件。之后再生成 PXE 的配置文件和 DHCP 的配置文件, 最后再重启 dhcp 服务。

[root@cobbler ~]# cobbler sync

每次更改 Kickstart 配置文件, 都需要使用 cobbler sync 重新同步所有配置。

至此, 就可以通过一台新机器, 用 PXE 启动系统了。

（2）客户端安装操作系统

① 安装前检查

【代码 4-2-21】 检查 Cobbler 运行环境

```
[root@cobbler ~]# cobbler check

    No configuration problems found. All systems go.

[root@cobbler ~]# cobbler sync

    task started: 2013-11-11_170434_sync

    task started (id=Sync, time=Mon Nov 11 17:04:34 2013)

    running pre-sync triggers

    cleaning trees

    removing: /var/www/cobbler/images/CentOS-5.5-x86_64

    removing: /var/www/cobbler/images/CentOS-5.5-xen-x86_64

    removing: /var/lib/tftpboot/pxelinux.cfg/default

    removing: /var/lib/tftpboot/grub/grub-x86_64.efi

    removing: /var/lib/tftpboot/grub/images

    removing: /var/lib/tftpboot/grub/efidefault

    removing: /var/lib/tftpboot/grub/grub-x86.efi

    removing: /var/lib/tftpboot/images/CentOS-5.5-x86_64

    removing: /var/lib/tftpboot/images/CentOS-5.5-xen-x86_64

    removing: /var/lib/tftpboot/s390x/profile_list

    copying bootloaders

    ……( 省略 )
```

② 查看已启动的服务端口

【代码 4-2-22】　查看已启动的端口

```
[root@cobbler mnt]# netstat –ntulp
    Active Internet connections (only servers)
    Proto Recv–Q Send–Q Local Address        Foreign Address       State
PID/Program name
    tcp    0    0 0.0.0.0:22         0.0.0.0:*          LISTEN    1031/sshd
    tcp    0    0 127.0.0.1:25       0.0.0.0:*          LISTEN    1108/master
    tcp    0    0 127.0.0.1:6010     0.0.0.0:*          LISTEN    1143/sshd
    tcp    0    0 127.0.0.1:25151    0.0.0.0:*          LISTEN    2015/python
    tcp    0    0 :::80             :::*          LISTEN    2030/httpd
    tcp    0    0 :::22             :::*          LISTEN    1031/sshd
    tcp    0    0 ::1:25            :::*          LISTEN    1108/master
    tcp    0    0 ::1:6010          :::*          LISTEN    1143/sshd
    udp    0    0 0.0.0.0:67         0.0.0.0:*                    1974/dhcpd
    udp    0    0 0.0.0.0:69         0.0.0.0:*                    1905/in.tftpd
```

③ 启动客户端并进行系统安装

a. 选择"CentOS-6.5-x86_64"进行安装，如图 4-2-7 所示。

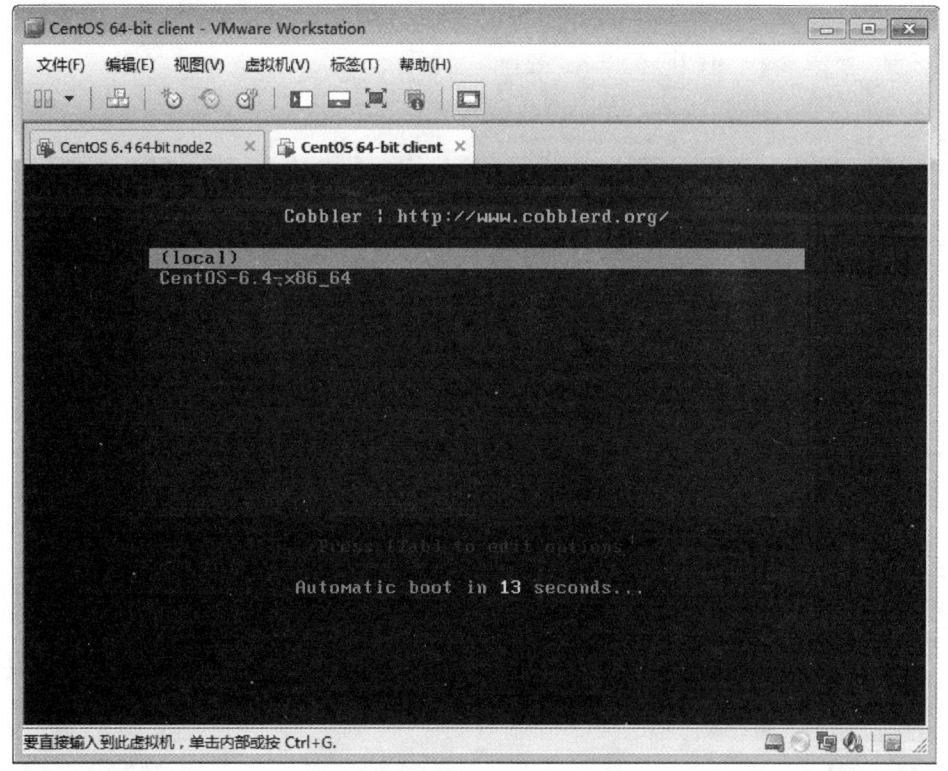

图 4-2-7　安装 CentOS-6.5-x86_64

b. 点击"Tab"键查看具体参数,如图 4-2-8 所示。

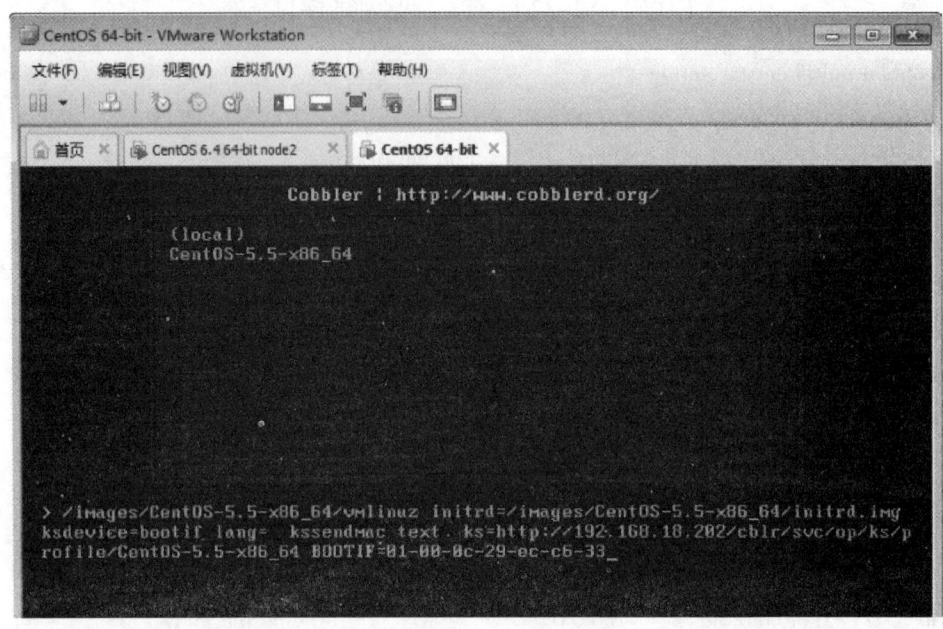

图 4-2-8　查看具体参数

c. 按"回车"键进行安装,如图 4-2-9 所示。

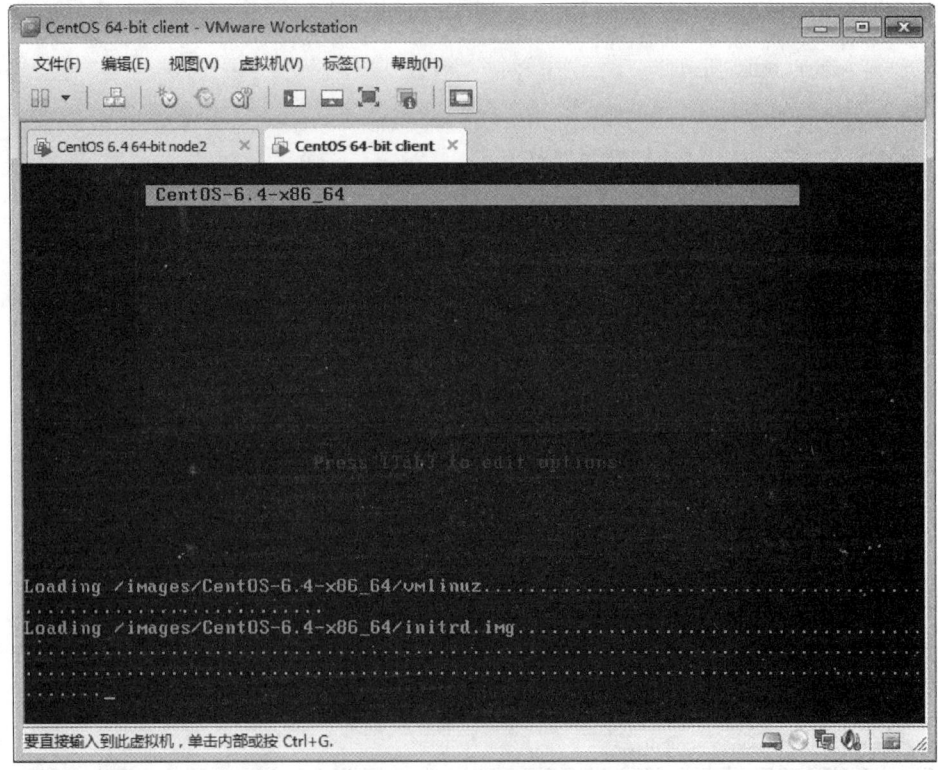

图 4-2-9　"回车"键进行安装

d. 开始安装初始化，如图 4-2-10 所示。

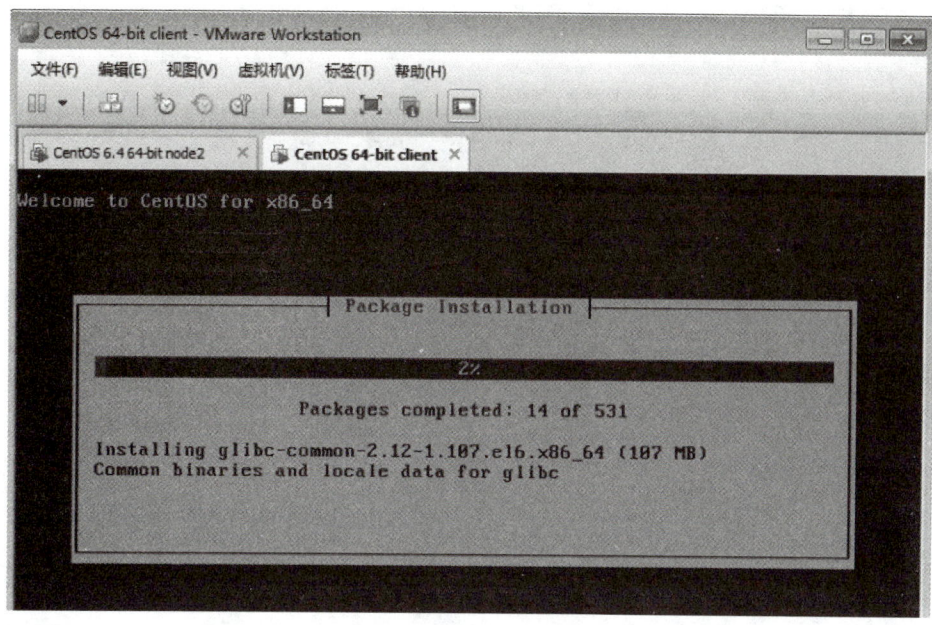

图 4-2-10　安装初始化界面

④ 安装完成进入如图 4-2-11 所示登录界面。

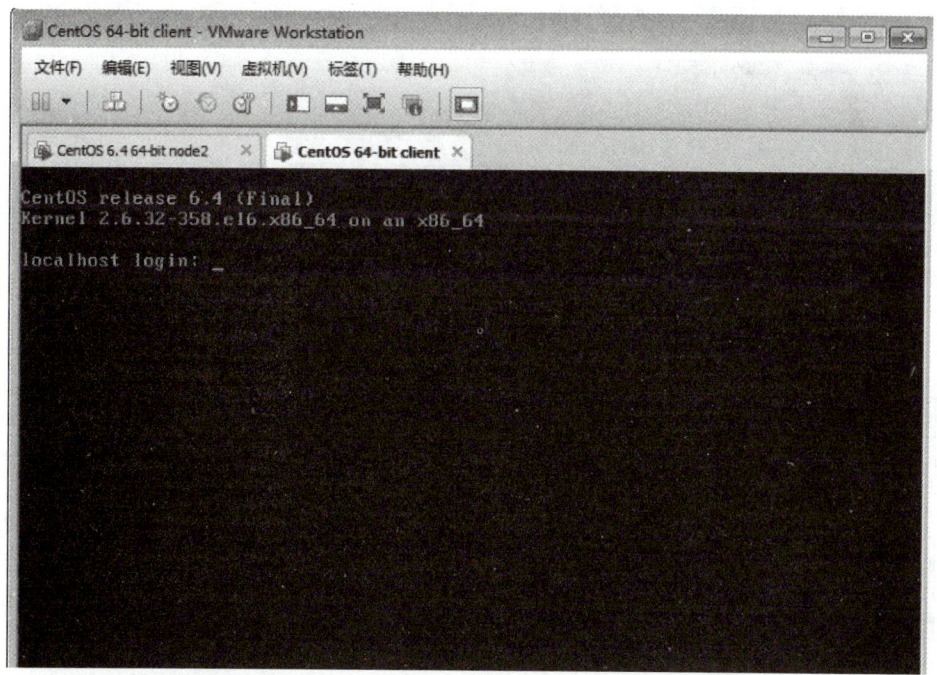

图 4-2-11　登录界面

4. 测试查看客户端安装的系统

（1）如图 4-2-12 所示，输入用户名 root 与密码 123456 进行登录测试

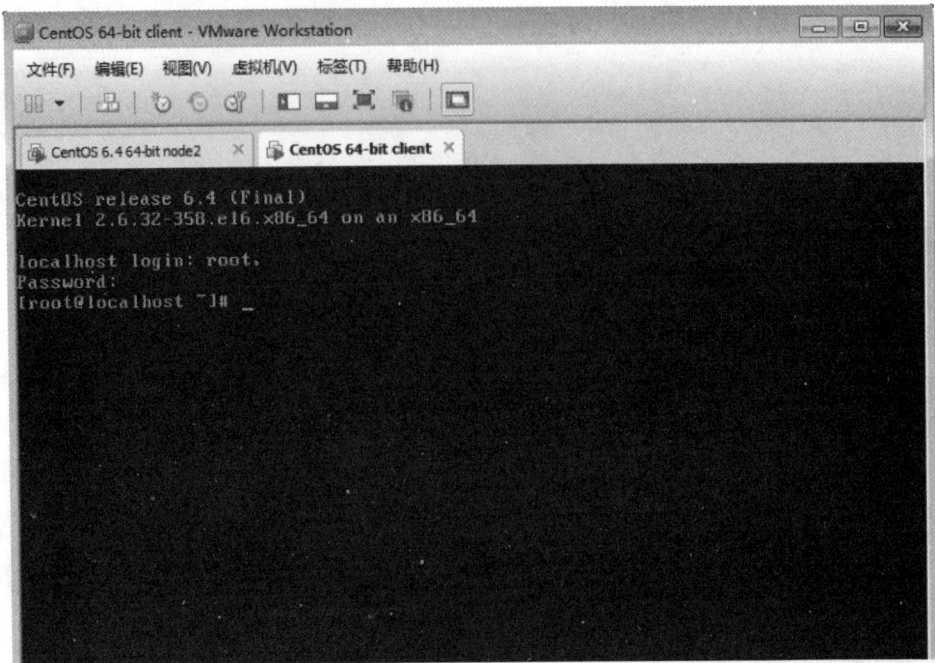

图 4-2-12　登录测试界面

（2）如图 4-2-13 所示，查看自定义的分区与时区

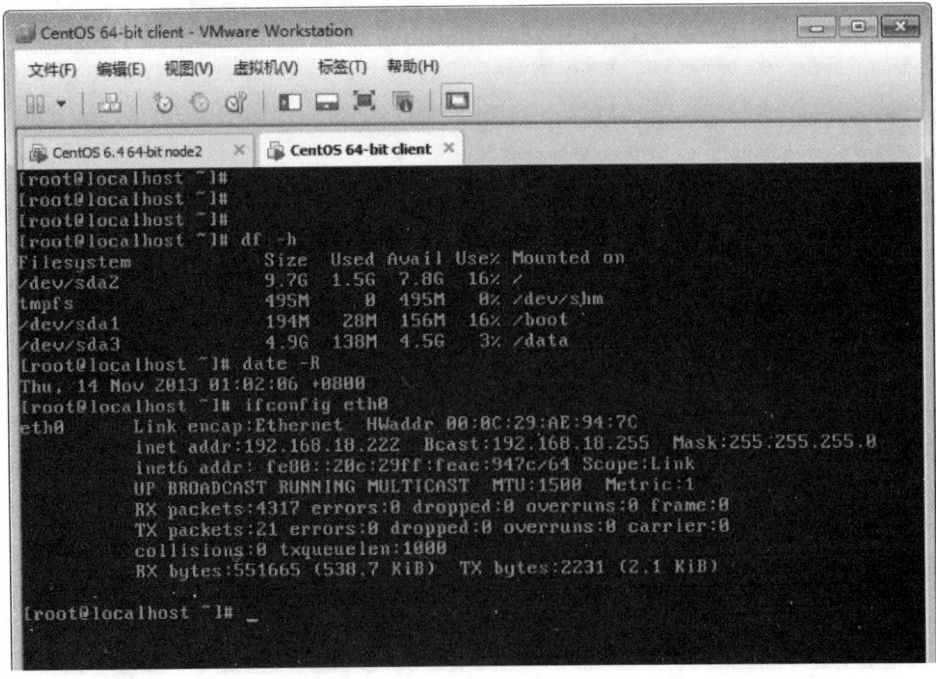

图 4-2-13　查看自定义的分区与时区

5. Cobbler 相关目录说明

（1）Cobbler 配置文件目录 /etc/cobbler 说明如表 4-2-3 所示

表 4–2–3　Cobbler 配置文件目录 /etc/cobbler 说明

配置文件或目录	说明
/etc/cobbler/settings cobbler	主配置文件
/etc/cobbler/iso/	iSO 模板配置文件
/etc/cobbler/pxe	PXE 模板文件
/etc/cobbler/power	电源的配置文件
/etc/cobbler/users.conf	Web 服务授权配置文件
/etc/cobbler/users.digest	用于 Web 访问的用户名密码配置文件
/etc/cobbler/dhcp.template	DHCP 服务的配置模板
/etc/cobbler/dnsmasq.template	DNS 服务的配置模板
/etc/cobbler/tftpd.template	TFTP 服务的配置模板
/etc/cobbler/modules.conf	Cobbler 模块配置文件

（2）Cobbler 数据目录 /var/lib/cobbler 说明如表 4–2–4 所示

表 4–2–4　cobbler 数据目录 /var/lib/cobbler 说明

配置文件或目录	说明
/var/lib/cobbler/config/	用于存放 distros、systems、profiles 等信息配置文件
/var/lib/cobbler/triggers	用于存放用户定义的 Cobbler 命令
/var/lib/cobbler/kickstarts/	默认存放 Kickstart 文件
/var/lib/cobbler/loaders	存放的各种引导程序

（3）镜像数据目录 /var/www/cobbler 说明如表 4–2–5 所示

表 4–2–5　镜像数据目录 /var/www/cobbler 说明

配置文件或目录	说明
/var/www/cobbler/ks_mirror/	导入的发行版系统的所有数据
/var/www/cobbler/images/	导入发行版的 Kernel 和 initrd 镜像用于远程网络启动
/var/www/cobbler/repo_mirror/	yum 仓库存储目录

（4）日志目录 /var/log/cobbler/ 说明如表 4-2-6 所示

表 4-2-6　日志目录 /var/log/cobbler/ 说明

配置文件或目录	说明
/var/log/cobbler/install.log	客户端的安装系统日志
var/log/cobbler/cobbler.log	Cobbler 日志

【知识拓展】

　　PEX 是预启动执行环境（preboot execution environment）的简称，也被称为预执行环境，是让计算机通过网卡独立地使用数据设备（如硬盘）或者安装操作系统的环境。它是基于 TCP/IP、DHCP、TFTP 等 Internet 协议之上的扩展网络协议，提供了一种从网络启动的新技术。严格来说，PXE 并不是一种安装方式，而是一种引导方式。进行 PXE 安装的必要条件是在要安装的计算机中必须包含一个 PXE 支持的网卡（NIC），即网卡中必须要有 PXE client。PXE 协议可以使计算机通过网络启动。此协议分为 client 端和 server 端，而 PXE client 则在网卡的 ROM 中。当计算机引导时，BIOS 把 PXE client 调入内存中执行，然后由 PXE client 将放置在远端的文件通过网络下载到本地运行。运行 PXE 协议需要设置 DHCP server 和 TFTP server。DHCP server 会给 PXE client（将要安装系统的主机）分配一个 IP 地址，由于是给 PXE client 分配 IP 地址，所以在配置 DHCP server 时需要增加相应的 PXE 设置。此外，在 PXE client 的 ROM 中，已经存在了 TFTP client，那么它就可以通过 TFTP 协议到 TFTP server 上下载所需的文件了。PXE 工作原理示意图如图 4-2-14 所示。

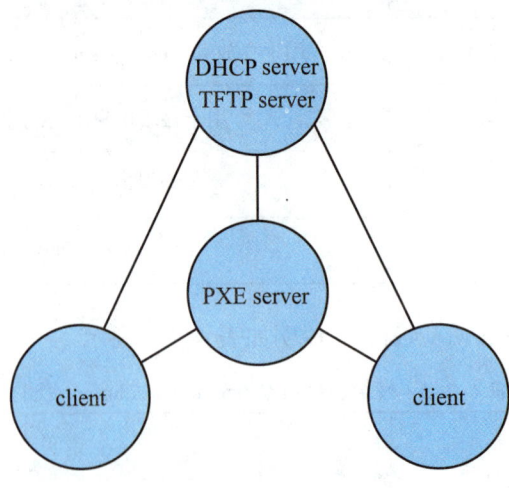

图 4-2-14　PXE 工作原理

4.2.4　任务回顾

 **知识点总结**

1. Kickstart：使用 System-config-Kickstart 工具定义自动化安装配置文件 Kickstart.cfg。
2. Cobbler 部署和配置：通过 Cobbler 实现 Linux 系统自动化安装部署。

学习足迹

任务二学习足迹如图 4-2-15 所示。

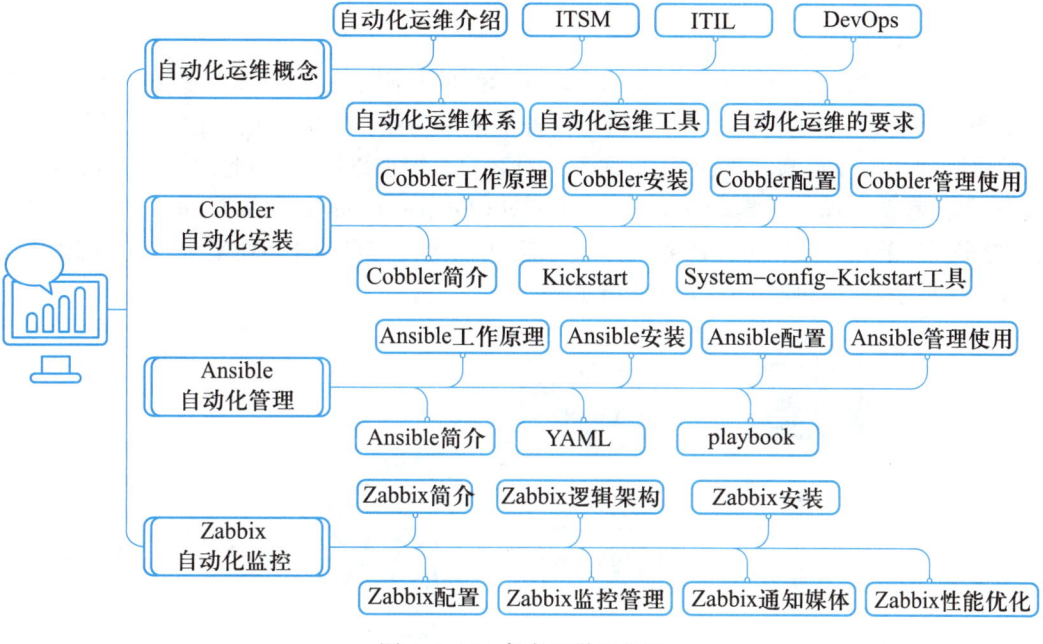

图 4-2-15　任务二学习足迹

思考与练习

请配置一个 Kickstart 自定安装文件，并使用 Cobbler 部署一台 Linux 服务器。
Cobbler 文件完整代码请扫二维码：

资源 4-1　Cobbler 配置文件

Cobbler dhcp 配置模板完整代码请扫二维码：

资源 4-2　Cobblerdhcp 模板

4.3　任务三:Ansible 自动化管理实践

【任务描述】

运维过程中,对服务器上业务程序的配置往往需要每台服务器都去连接,如果服务器数量不多,这种方式尚且可以,但如果存在大量服务器,那么这种连接方式显然耗费大量时间。如何解决这一问题? 本小节将讲解自动化配置管理工具 Ansible 的部署和使用,通过Ansible 实现对服务器批量配置管理,从而提高运维效率。

4.3.1　Ansible 简介

Ansible 是一款基于 Python 开发的自动化运维的开源工具,主要是实现批量系统配置、批量程序部署、批量运行命令、批量执行任务等诸多功能。它能够很大程度上简化运维中的配置管理与流程控制方式,利用推送方式对客户系统加以配置,因此,所有工作都可在主服务器端完成。Ansible 集合了众多运维工具(Puppet、Cfengine、Chef、Func、Fabric)的功能,能实现多节点发布和远程任务执行等功能,可满足日常自动化运维需求。其功能特性如图 4-3-1 所示,工作机制如图 4-3-2 所示。

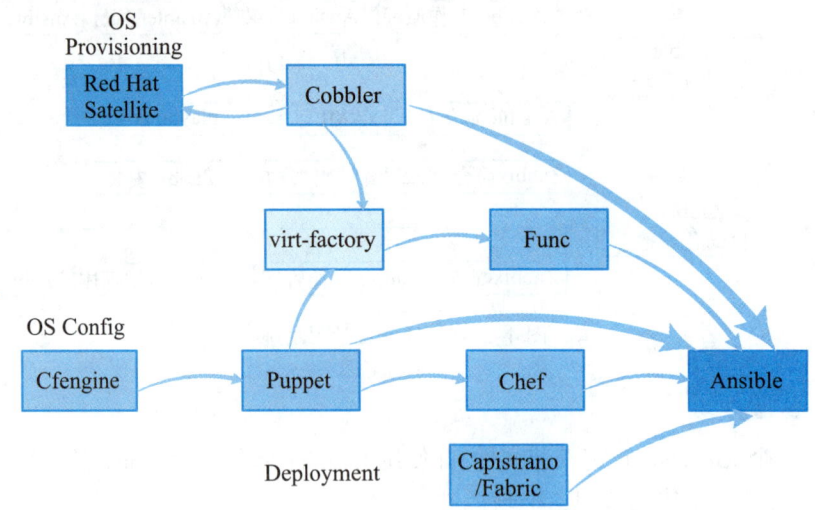

图 4-3-1　Ansible 的功能特性

1. Ansible 的特性

(1)不需要在被管控主机上安装任何客户端;

(2)无服务器端,使用时直接运行命令即可;

(3)基于模块工作,可使用任意语言开发模块;

(4)使用 YAML 语言定制剧本 playbook;

(5)基于 SSH 工作;

(6)可实现多级指挥。

2. Ansible 的基本架构

Ansible 的基本架构如图 4-3-3 所示。

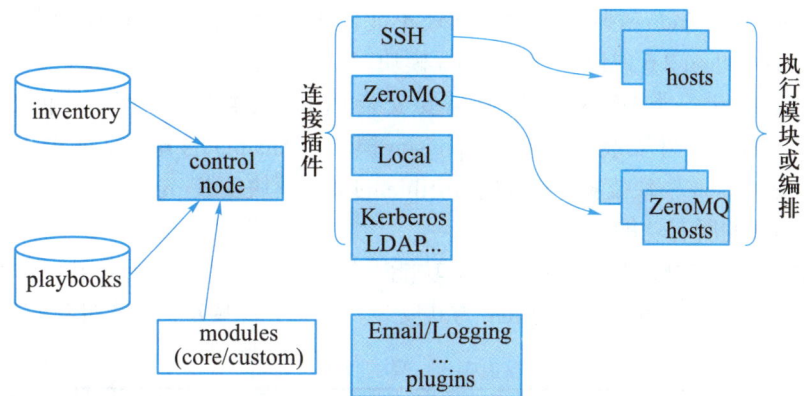

Ansible由5个部分组成:

ansible: **核心**

modules: **包括Ansible自带的核心模块及自定义模块**

plugins: **完成模块功能的补充,包括连接插件、邮件插件等**

playbooks: **编排,用于定义 Ansible 多任务配置文件,由Ansible自动执行**

inventory: **定义Ansible管理主机的清单**

图 4-3-2　Ansible 工作机制

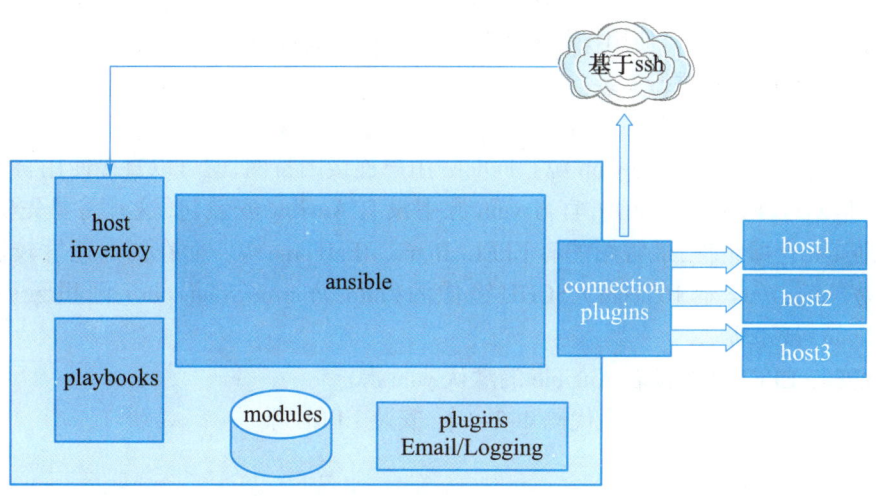

图 4-3-3　Ansible 基本架构

3. Ansible 的优点

我们之所以选择 Ansible,是因为其具有以下方面的优点:

(1) 轻量级,无需在客户端安装 Agent,更新时,只需在操作机上进行一次更新即可;

(2) 批量任务执行可以写成脚本,而且不用分发到远程就可以执行;

(3) 使用 Python 编写,维护更简单,Ruby 语法过于复杂;

(4) 支持 sudo。

4.3.2　Ansible 部署实验

1. Ansible 安装环境准备

Ansible 控制主机系统可以是各种类 UNIX 操作系统,如 Red Hat、Debian、CentOS、OS X、

BSD 等各种版本，Windows 环境系统当前还不能作为控制主机。Ansible 所在的控制主机需要的组件包括 Python 2.6 或以上、paramiko 模块、PyYAML、Jinja2、httplib2。

被控节点如果是类 UNIX 系统，则需要安装 Python 2.4 或以上版本。但如果版本低于 Python 2.5，则需要额外安装 python-simplejson 模块。Ansible 的 raw 模块和 script 模块不需要 python-simplejson 模块支持，可通过 Ansible 的 raw 模块安装 python-simplejson，然后就可以使用 Ansible 的所有功能。

教学中通过虚拟化环境部署两组业务功能服务器来进行演示。所采用的操作系统版本为 CentOS 6.5，自带 Python 2.6.6，将采用 yum 方式安装。相关实验服务器环境如表 4-3-1 所示。

表 4-3-1　实验服务器环境

主机类型	主机名	IP 地址	操作系统
Ansible 控制主机	ansible-ctrl	192.168.8.160	CentOS release 6.5（Final）
Ansible 被控节点	web1	192.168.8.151	CentOS release 6.5（Final）
Ansible 被控节点	web2	192.168.8.152	CentOS release 6.5（Final）

2. 安装 Ansible

Ansible 的安装部署方式非常灵活，可以满足各种环境部署的需求。可选的安装方式包括用源码进行安装，也可以使用操作系统软件包管理工具进行安装，教学中我们主要采用以软件包管理工具的方式进行安装。

（1）使用 yum 方式安装

首先，我们需要有合适的 yum 源。Fedora 用户连接因特网，就可以直接使用官方的 yum 源安装。但对于 RHEL、CentOS，官方 yum 源中没有 Ansible 安装包，这就需要先安装支持第三方的 yum 仓库组件，最常用的有 EPEL、Remi、RPMForge 等。而在国内速度较快的 yum 源有网易（http://mirrors.163.com）、SOHU 镜像源（http://mirrors.sohu.com）、阿里云源（http://mirrors.aliyun.com）等。

下面安装 EPEL 作为部署 Ansible 的默认 yum 源。

【代码 4-3-1】　安装 EPEL 源

```
RHEL(CentOS)6 版本：
rpm -Uvh http://mirrors.aliyun.com/epel/6/x86_64/epel-release-6-8.noarch.rpm
```

准备好 yum 源之后，可直接用 yum 命令安装 Ansible，命令如下：

```
yum install ansible
```

（2）Apt（Ubuntu）安装方式

Ubuntu 编译版可在如下地址中获得：https://launchpad.net/~ansible/+archive/ansible。

通过执行如下命令直接安装：

【代码 4-3-2】　ubuntu 安装 Ansible

```
$ sudo apt-get install software-properties-common
$ sudo apt-add-repository ppa:ansible/ansible
```

```
$ sudo apt-get update
$ sudo apt-get install ansible
```

（3）pip 方式安装

Ansible 也支持可通过 pip 方式安装。pip 是 Python 软件包的安装和管理工具，执行如下命令先安装 pip：

【代码 4-3-3】 pip 安装 Ansible

```
$ sudo easy_install pip
$ sudo pip install ansible
```

将 Ansible 安装在其他相对少见的 Linux 操作系统（如 Gentoo、FreeBSD 等）上的方法，详见 Ansible 官网。

3. 配置运行环境

（1）配置 Ansible 环境

Ansible 配置文件是以 ini 格式存储配置数据的，在 Ansible 中几乎所有的配置项都可以通过 Ansible 的 PlayBook 或环境变量来重新赋值。在运行 Ansible 命令时，命令将会按照预先设定的顺序查找配置文件，步骤如下：

● ANSIBLE_CONFIG：首先，Ansible 命令会检查环境变量和这个环境变量将指向的配置文件。

● ./ansible.cfg：其次，Ansible 命令将会检查当前目录下的 ansible.cfg 配置文件。

● ~/.ansible.cfg：再次，Ansible 命令将会检查当前用户 home 目录下的 .ansible.cfg 配置文件。

● /etc/ansible/ansible.cfg：最后，Ansible 命令将会检查在用软件包管理工具安装 Ansible 时自动产生的配置文件。

① 使用环境变量方式来配置

大多数的 Ansible 参数可以通过设置以 "ANSIBLE_" 为开头的环境变量进行配置，参数名称必须都是大写字母，配置项如下：

```
export ANSIBLE_SUDO_USER=root
```

设置了环境变量之后，ANSIBLE_SUDO_USER 就可以在 playbook 中直接引用。

② 设置 ansible.cfg 配置参数

Ansible 有很多配置参数，不一定都能够使用到。常用的配置参数如下：

● inventory：这个参数表示资源清单 inventory 文件的位置，资源清单就是一些 Ansible 需要连接管理的主机列表。在 1.9 版本之前有个类似功能的参数 hostfile，但 1.9 版本之后就不建议再使用了。后面将对资源清单做详细的讲解。配置实例如下：

```
inventory = /etc/ansible/hosts
```

● library：无论是本地还是远程，Ansible 的操作动作都使用一小段代码来执行，这段代码称为模块，这个 library 参数就是指向存放 Ansible 模块的目录。配置实例如下：

```
library = /usr/share/my_modules/
```

Ansible 支持多个目录方式，只要用冒号（：）隔开就可以，同时也会检查当前执行 playbook 位置下的 ./library 目录。

- forks：这个参数设置默认情况下 Ansible 最多能有多少个进程同时工作，默认设置最多 5 个进程并行处理。具体需要设置多少个，可以根据控制主机的性能和被管节点的数量来确定，可能是 50 或 100，默认值 5 是非常保守的设置。配置实例如下：

```
forks = 5
```

- sudo_user：这是设置默认执行命令的用户，也可以在 playbook 中重新设置这个参数。配置实例如下：

```
sudo_user = root
```

- remote_port：这是指定连接被管节点的管理端口，默认是 22。除非设置了特殊的 SSH 端口，不然这个参数一般是不需要修改的。配置实例如下：

```
remote_port = 22
```

- host_key_checking：这是设置是否检查 SSH 主机的密钥。可以设置为 True 或 False，后面将详细介绍。配置实例如下：

```
host_key_checking = False
```

- timeout：这是设置 SSH 连接的超时间隔，单位是秒。配置实例如下：

```
timeout = 60
```

- log_path：Ansible 系统默认是不记录日志的，如果想把 Ansible 系统的输出记录到日志文件中，需要设置 log_path 来指定一个存储 Ansible 日志的文件。配置实例如下：

```
log_path = /var/log/ansible.log
```

另外需要注意，执行 Ansible 的用户需要有写入日志的权限，模块将会调用被管节点的 syslog 来记录，口令是不会出现在日志中的。

（2）使用公钥认证

Ansible 1.2.1 之后的版本都默认启用公钥认证，采用 SSH 方式连接。如果有台被控节点重新安装系统并在 known_hosts 中有了与之前不同的密钥信息，就会提示一个密钥不匹配的错误信息，直到被纠正为止。在使用 Ansible 时，如果有台被控节点没有在 known_hosts 中，则在使用 Ansible 或定时执行 Ansible 时会提示对 key 信息的确认。

如果不想出现这种提示，只要修改 home 目录下 ~/.ansible.cfg 或 /etc/ansible/ansible.cfg 的配置项：

```
host_key_checking = False
```

或者直接在控制主机的操作系统中设置环境变量，如下所示：

```
$export ANSIBLE_HOST_KEY_CHECKING=False
```

需要说明的是，在早期使用 paramiko 模式时，公钥认证速度相当慢，因此在使用密钥认证方式时，建议采用 SSH 方式连接，这也是现在默认的连接方式。

（3）配置 Linux 主机 SSH 无密码访问

为了避免 Ansible 下发指令时输入目标主机密码，通过证书签名达到 SSH 无密码是一个好的方案。推荐使用 ssh-keygen 与 ssh-copy-id 来实现快速证书的生成及公钥下发，其中 ssh-keygen 生成一对密钥，使用 ssh-copy-id 来下发生成的公钥。具体操作如下。

在控制主机（Ansible Control）上创建密钥，执行：ssh-keygen-trsa，有询问时直接按回车键，将在 /root/.ssh/ 下生成一对密钥，其中 id_rsa 为私钥，id_rsa.pub 为公钥，过程如下：

【代码 4-3-4】 创建密钥

```
[root@ansible-ctrl]# ssh-keygen
Generating public/private rsa key pair.
Enter file in which to save the key (/root/.ssh/id_rsa): < 回车 >
Created directory '/root/.ssh'.
Enter passphrase (empty for no passphrase): < 回车 >
Enter same passphrase again: < 回车 >
Your identification has been saved in /root/.ssh/id_rsa.
Your public key has been saved in /root/.ssh/id_rsa.pub.
The key fingerprint is:
13:b2:4b:40:ab:dc:a8:40:53:21:b5:7d:30:7e:22:a0 root@ansible
……( 此处省略 )
```

下发生成的密钥就是控制主机把公钥 id_rsa.pub 下发到被控节点上用户下的 .ssh 目录，并重命名成 authorized_keys，且权限值为 400。采用常用的密钥拷贝工具 ssh-copy-id，把公钥文件 id_rsa.pub 公钥拷贝到被管节点，命令格式如下：

```
ssh-copy-id [-h|-?|-n] [-i [identity_file]] [-p port] [[-o <ssh -o options>]...]
```

使用以下命令同步公钥到被控节点 web1（192.168.8.151）：

【代码 4-3-5】 同步公钥到被控节点 web1

```
[root@ansible-ctrl]# ssh-copy-id -i /root/.ssh/id_rsa.pub root@192.168.8.151
    The authenticity of host '192.168.8.151 (192.168.8.151)' can't be established.
    RSA key fingerprint is f0:87:56:78:04:11:b3:15:8c:92:96:25:09:0c:c8:44.
    Are you sure you want to continue connecting (yes/no)? yes
    Warning: Permanently added '192.168.8.151' (RSA) to the list of known hosts.
    root@192.168.8.151's password: < 输入密码 >
    Now try logging into the machine, with "ssh 'root@192.168.8.151'", and check in:
      .ssh/authorized_keys
    to make sure we haven't added extra keys that you weren't expecting.
```

密钥分发后，验证 SSH 无密码配置是否成功，只需运行 ssh root@192.168.8.151，如果直接进入被管节点 root 账号提示符，即出现如下 [root@web1~]#，则说明配置成功。

```
[root@ansible .ssh]# ssh root@192.168.8.151
```

```
Last login: Fri Dec 16 10:57:20 2016 from 192.168.8.7
[root@web1 ~]#
```
以同样的配置方式对 web2(192.168.8.152) 做密钥分发。

4. 测试 Ansible

Ansible 安装完成之后，我们也了解了其基本配置方式，那么下面我们将通过介绍主机连通性测试和远程执行命令两个小场景来体会 Ansible 的便捷与强大。

（1）主机连通性测试

为了使用 Ansible，第一步需要修改主机与组配置，默认的文件在 /etc/ansible/hosts，定义方式为直接指明主机地址或者主机名，同时定义一个组指明主机地址或者主机名。我们这里添加两台 Web 主机的 IP 地址，同时定义一个 webservers 组包含这两个 IP 地址，内容如下：

【代码 4-3-6】 配置 etc/ansible/hosts

```
[root@ansible ~]# vim /etc/ansible/hosts
    192.168.8.151
    192.168.8.152
[webservers]
    192.168.8.151
    192.168.8.152
```

然后使用 ping 模块对单台主机进行 ping 操作，如下：

【代码 4-3-7】 使用 ping 模块对单台主机进行 ping

```
[root@ansible ~]# ansible 192.168.8.151 –m ping
    192.168.8.151 | SUCCESS => {
        "changed": false,
        "ping": "pong"
    }
```

再对 webservers 组进行 ping 操作，如下：

【代码 4-3-8】 webservers 组进行 ping 操作

```
[root@ansible ~]# ansible webservers –m ping
    192.168.8.151 | SUCCESS => {
        "changed": false,
        "ping": "pong"
    }
    192.168.8.152 | SUCCESS => {
        "changed": false,
        "ping": "pong"
    }
```
上述结果表示 Ansible 正确工作，主机的连通性测试成功。

实际生产环境中更倾向于使用 Linux 普通用户进行连接，通过 sudo 实现 root 权限，格式为：ansible webservers –m ping –u ansible –sudo

（2）在被控主机上批量执行命令

Ansible 是运维与开发结合的重要工具，在这里我们采用 hello ansible 程序作为自动化运维环境的测试、校验手段。

在用户 home 目录下创建一个资源清单文件 invertory.cfg，内容如下：

【代码 4-3-9】 下创建一个资源清单文件 invertory.cfg

```
[root@ansible ~]# ansible webservers –m shell –a '/bin/echo hello ansible!' –i inventory.cfg
    192.168.8.151 | SUCCESS | rc=0 >>
    hello ansible!
    192.168.8.152 | SUCCESS | rc=0 >>
    hello ansible!
```

另外，将上述命令中的 shell 换成 command 也可以得到类似的结果。

我们可以看到，这样简单的命令即可实现批量服务器的管理，这就是 Ansible 自动化运维的灵活、巧妙之处。下文中，我们将深入学习 Ansible。

5. 获取 Ansible 帮助信息

Ansible 帮助信息对于了解和学习 Ansible 系统非常重要，对于 Ansible 工具的使用，可以在命令后面加上 –h 或者 --help 直接获取帮助。

例如，列出 ansible-doc 工具的支持参数，其中，–l 列出可使用的模块，–s 列出某个模块支持的动作，如下所示：

【代码 4-3-10】 列出 ansible-doc 工具的支持参数

```
[root@ansible ~]# ansible-doc -h
    Usage: ansible-doc [options] [module...]
    Options:
    –h, --help              show this help message and exit
    –l, --list              list available modules
    –M MODULE_PATH, --module-path=MODULE_PATH
                            specify path(s) to module library (default=None)
    –s, --snippet           show playbook snippet for specified module(s)
    –v, --verbose           verbose mode (–vvv for more, –vvvv to enable
                            connection debugging)
    --version               show program's version number and exit
```

用 ansible-doc 直接加模块名称，将显示该模块的描述和使用示例，如 ansible-doc ping。要查看每个模块的详细动作，可使用 ansible-docv–s+ 模块名称，例如：

```
ansible-doc-s yum
```

另外，在 Ansible 调试自动化脚本过程中经常需要获取执行过程的详细信息，可以在命令后面添加 -v 或 -vvv 获取详细的结果，例如：

```
ansible webservers-i inventory.cfg-m ping-v
```

4.3.3　Ansible 组件介绍

Ansible Inventory 实际上包含静态 Inventory 和动态 Inventory 两部分。其中，静态 Inventory 指的是在文件 /etc/ansible/hosts 中定义主机和主机组。

（1）定义主机和主机组

【代码 4-3-11】　定义主机和主机组

```
0    [root@ansible ~]# vim /etc/ansible/hosts
1    192.168.8.151 ansible_ssh_pass='123456'
2    192.168.8.152 ansible_ssh_pass='123456'
3    [webservers]
4    192.168.8.15[1:2]
5    [webservers:vars]
6    ansible_ssh_pass='123456'
7    [ansible:children]
8    webservers
```

下面，我们将说明上述代码每一行的含义。

第 1 行，定义主机 192.168.8.151，使用 Ansible Inventory 内置参数定义 SSH 登录密码为 123456。

第 2 行，定义主机 192.168.8.152，使用 Ansible Inventory 内置参数定义 SSH 登录密码为 123456。

第 3 行，定义了一个 webservers 组。

第 4 行，定义 webservers 组下面 2 台主机，从 192.168.8.151 到 192.168.8.152。

第 5 行到第 6 行，针对 webservers 组，使用 Ansible Inventory 内置参数定义 SSH 登录密码为 123456。

第 7 行到第 8 行，定义了一个 ansible 组，这个组下面包含 webservers 组。

Inventory 文件一般用来定义远端主机的信息，比如 SSH 登录密码、用户名、key 等相关信息。基于 Inventory 文件支持主机或者主机组的灵活定义，在添加主机和主机组后我们就可以使用 Ansible 命令针对这些主机进行操作和管理了。例如，针对不同主机和主机组进行 Ansible 的 ping 模块检测，如下：

【代码 4-3-12】　针对不同主机和主机组进行 Ansible 的 ping 模块检测

```
[root@ansible ~]# ansible 192.168.8.151:192.168.8.152-m ping-o
    192.168.8.151| SUCCESS => {"changed": false, "ping": "pong"}
```

```
    192.168.8.152| SUCCESS => {"changed": false, "ping": "pong"}
[root@ansible ~]# ansible webservers−m ping−o
    192.168.8.152| SUCCESS => {"changed": false, "ping": "pong"}
    192.168.8.151| SUCCESS => {"changed": false, "ping": "pong"}
```

（2）多个 Inventory 列表

前面我们了解了 Inventory 文件定义主机和主机组，其实 Ansible 还支持多个 Inventory 文件，以方便我们管理不同业务或者不同环境中的主机。使用多个 Inventory 文件的步骤如下。

首先，修改 ansible.cfg 中 hosts 文件定义，或者使用 ANSIBLE_HOSTS 环境变量定义。例如，我们准备一个文件夹 Inventory，里面存放多个 Inventory 文件，如下目录所示：

【代码 4-3-13】 文件夹 Inventory 结构

```
[root@ansible ~]# tree inventory/
    inventory/
    ├────── hosts
    └────── webservers
```

然后在不同的文件存放不同的主机，文件内容分别如下：

【代码 4-3-14】 文件夹 Inventory 文件内容

```
[root@ansible ~]# cat inventory/hosts
    192.168.8.151 ansible_ssh_pass='123456'
    192.168.8.152 ansible_ssh_pass='123456'
[root@ansible ~]# cat inventory/webservers
    [webservers]
    192.168.8.15[1:2]
    [webservers:vars]
    ansible_ssh_pass='123456'
    [ansible:children]
    webservers
```

最后修改 ansible.cfg 文件中 inventory 的值，这里不再指向一个文件，而是指向一个目录，如下：

```
[ root@ansible ~ ]# vi /etc/ansible/ansible.cfg
inventory = /root/inventory/
```

使用 Ansible 的 list−hosts 参数进行对上述修改进行如下验证：

【代码 4-3-15】 list−hosts 参数验证

```
[root@ansible ~]# ansible 192.168.8.151:192.168.8.152−−list−hosts
    hosts (2):
```

```
    192.168.8.151
    192.168.8.152
[root@ansible ~]# ansible webservers——list—hosts
  hosts (2):
    192.168.8.151
    192.168.8.152
```

Ansible 中的多个 Inventory 文件跟单个文件在本质上没有区别，但我们可以更容易地定义或者引用多个 Inventory 文件，甚至可以将不同环境的主机或者业务主机放在不同的 Inventory 文件中，以方便后期的维护。

（3）动态 Inventory

在大多数情况下，静态 Inventory 文件可以很好地描述主机间的关系。尤其是在服务器规模不大的情况的情况下，即便是手动编辑更新 Inventory 文件也非常方便快捷。

然而，如今是云计算和大规模集群的时代。在实际生产应用中，经常会遇到业务的快速发展或者流量的急剧增加等情况，需要在短时间内向架构中添加几十台甚至上百台服务器来提高整个架构的处理能力。此时手动管理 Inventory 文件不仅效率低下，而且非常乏味。

因此，动态 Inventory 应运而生。Ansible 通过调用第三方脚本来动态配置 Inventory 文件。目前，一些知名的云主机供应商，如亚马逊 AWS、Cobbler、gitalOcean、Lnode、OpenStack 等，提供了现成的脚本，可供 Ansible 直接调用，其具体的用法，在对应的平台上都有详尽的官方文档说明，这里我们就不再赘述。接下来我们将详细介绍如何自行开发动态 Inventory 文件的脚本。

Ansible 启用动态 Inventory 是通过调用外部脚本（任何脚本都可以，二进制文件也可以，只要运行结果返回的是 JSON 串就可以）生成指定格式的 JSON 串。Ansible 可以对 JSON 格式的字符串进行行解析，并转化为 Ansible 可用的 Inventory 文件格式。所以，所谓的动态 Inventory 文件脚本开发其实就是编写脚本，根据具体环境将主机信息及关系（这些数据可以通过抓取数据库、调用外部 API 或者直接读取文件获得）以 JSON 格式来表示出来，并将其作为脚本输出结果传给 Ansible。

需要注意的是，用于生成 JSON 代码的脚本必须支持以下两个选项：

① ——list 或者 –l：返回所有的主机以及主机组信息，返回的数据格式是 JSON 格式；

② ——host 或者 –H <hostname>：返回该主机的所有信息（包括认证信息、主机变量等），返回的数据格式为 JSON 格式。

下面我们通过一个例子了解动态 Inventory 实现过程。我们编写了一个简单的 inventory.py 脚本，代码如下：

【代码4-3-16】 inventory.py 脚本内容

```
#!/usr/bin/env python
#coding:utf-8
import os
import sys
```

```python
import argparse
try:
    import json
except ImportError:
    import simplejson as json
class ExampleInventory(object):
    def __init__(self):
        self.inventory = {}
        self.read_cli_args()
        # 定义 '--list' 选项
        if self.args.list:
            self.inventory = self.example_inventory()
        # 定义 '--host [hostname]' 选项
        elif self.args.host:
            # 未部署，这里只演示 --list 选项功能
            self.inventory = self.empty_inventory()
        # 如果没有主机组或变量要设置，就返回一个空 Inventory
        else:
            self.inventory = self.empty_inventory()
        print json.dumps(self.inventory);
    # 用于展示效果的 JSON 格式的 Inventory 文件内容
    def example_inventory(self):
        return {
            'webservers': {
                'hosts': ['192.168.8.151', '192.168.8.152'],
                'vars': {
                    'ansible_ssh_user': 'ansible',
                    'ansible_ssh_private_key_file':
                        '~/.vagrant.d/insecure_private_key',
                    'example_variable': 'value'
                }
            },
            '_meta': {
                'hostvars': {
                    '192.168.8.151': {
                        'host_specific_var': 'foo'
                    },
                    '192.168.8.152': {
```

```
                          'host_specific_var': 'bar'
                      }
                  }
              }
          }
    # 返回仅用于测试的空 Inventory
    def empty_inventory(self):
        return {'_meta': {'hostvars': {}}}
    # 读取并分析读入的选项和参数
    def read_cli_args(self):
        parser = argparse.ArgumentParser( )
        parser.add_argument('--list', action = 'store_true')
        parser.add_argument('--host', action = 'store')
        self.args = parser.parse_args( )
# 获取 Inventory
ExampleInventory( )
```

将如上代码保存为文件 inventory.py，并赋予其可执行权限。然后使用其 --list 选项来测试其功能：

```
[root@ansible ~]# chmod +x inventory.py
[root@ansible ~]# ./inventory.py --list
```

相关问题说明，如果使用其 --list 选项测试其功能出现如 "ImportError：No module named argparse" 所示的错误提示，则表示缺少 argparse 模块，应使用下面命令安装：

```
[ root@ansible ~ ]# easy_install argparse
```

Ansible 默认是通过调用脚本的 --list 选项来获取 JSON 代码的，上述脚本运行结果如下：
【代码 4-3-17】 调用 inventory.py 的 --list 选项来获取 JSON 代码

```
[root@ansible ~]# python inventory.py --list
{
"webservers": {
  "hosts": [
  "192.168.8.151",
  "192.168.8.152"
  ],
    "vars": {
      "ansible_ssh_user": "vagrant",
      "ansible_ssh_private_key_file": "~/.vagrant.d/insecure_private_key",
      "example_variable": "value"
```

```
        }
    },
    "_meta": {
        "hostvars": {
            "192.168.8.152": {
            "host_specific_var": "bar"
            },
            "192.168.8.151": {
            "host_specific_var": "foo"
            }
        }
    }
}
```

在本例中，webservers 为主机组名，可自定义。hosts 为固定字段，用于以列表形式定义主机组的主机。vars 也为固定字段，用于为主机组设置主机组变量。字典 _meta 中定义的是主机变量。

主机变量并不是 Inventory 文件中必须的，所以 _meta 字典也不是必须生成的。当我们在 Inventory 脚本中生成 _meta 字典时，Ansible 会将 _meta 信息存放在缓存中，当任务中需要调用这些主机变量时，会直接从缓存中读取，而不是调用一次变量就执行一次 Inventory 脚本，因此大大提高了运行效率。

（4）Inventory 内置参数

Ansible Inventory 内置了一些参数，这些参数可以控制 Ansible 与远程主机的交互方式，我们可以直接在 Inventory 文件中定义它，这些参数如表 4-3-2 所示。

表 4-3-2　Inventory 文件参数

参数	解释	例子
ansible_ssh_host	定义连接的远程主机名	ansible_ssh_host=192.168.8.151
ansible_ssh_port	定义 SSH 端口号	ansible_ssh_port=8899
ansible_ssh_user	定义 SSH 用户名	ansible_ssh_user=ansible
ansible_ssh_pass	定义 SSH 用户密码	ansible_ssh_pass='123456'
ansible_sudo_pass	定义 sudo 密码	ansible_sudo_pass=ansible
ansible_sudo_exe	定义 sudo 命令路径	ansible_sudo_exe='123456'
ansible_connection	定义主机的连接类型	ansible_connection=local
ansible_ssh_private_key_file	定义 SSH 使用的私钥文件	ansible_ssh_private_key_file=/root/key
ansible_shell_type	定义目标系统的 Shell 类型	ansible_shell_type='bash'
ansible_python_interpreter	定义目标主机的 Python 路径	ansible_python_interpreter

① ansible-doc 命令

ansible-doc 命令也叫 ad-doc 命令。前面我们提到 Ansible 自带了很多模块，并且可以直接使用这些模块，通过命令 ansible-doc-l 显示所有模块，还可以通过 ansible-doc "模块名" 查看模块的介绍及案例。

ad-doc 命令其实是一个概念性的名字，是相对于写 Ansible playbook 来说的。它类似于在命令行敲入 Shell 命令和写 Shell Scripts 两者之间的关系。如果我们敲入一些命令去快速完成一件事情，而不需要将这些执行的命令特别保存下来，那么这样的命令就叫作 ad-hoc 命令。

Ansible 提供两种方式去完成任务，一种是 ad-hoc 命令，另一种是写 Ansible playbook，前者可以解决一些简单的任务，后者解决较复杂的任务。那么，什么样的情境下需要使用 ad-hoc 命令？

比如，圣诞节要来了，我们想要把所有实验室的电源关闭，则只需要执行一行命令就可以达成这个任务，而不需要写 playbook 来做这个任务。然而，配置管理或部署就要借助 playbook 来完成，即使用 "/usr/bin/ansible-playbook" 这个命令。

② Ansible 主要文件说明

```
/etc/ansible/ansible.cfg    ----》主配置文件
/etc/ansible/hosts    ----》主机分组定义库
/usr/bin/ansible-doc    ----》获取 Ansible 内部信息的文档
/usr/bin/ansible-vault    ----》加密存放 /usr/bin/ansible-playbook 读取时解密 /usr/bin/ansible-playbook 文件
```

查看各模块的使用方法如下：

【代码 4-3-18】 查看 Ansible 各模块的使用方法

```
ansible-doc [options] [modules]
主要选项有：
-l 或 --list # 列出可用的模块
-s 或 --snippet # 显示指定模块的简略使用方法
```

使用格式为：

【代码 4-3-19】 查看 Ansible 各模块的使用格式

```
ansible <host-pattern> [-f forks] [-m module] [-a args]
host-pattern # 可以是 all，或者配置文件中的主机组名
-f forks # 指定并行处理的进程数
-m module # 指定使用的模块，默认模块为 command
-a args # 指定模块的参数
```

模块命令说明为：

【代码 4-3-20】 Ansible 模块命令说明

```
-i # 设备列表路径，可以指定一些动态路径
-f # 并发任务数
```

–private–key # 私钥路径

–m # 模块名称

–M # 模块夹的路径

–a # 参数

–k # 登录密码

–K # sudo 密码

–t # 输出结果保存路径

–B # 后台运行超时时间

–P # 调查后台程序时间

–u # 执行用户

–U # sudo 用户

–l # 限制设备范围

–s # 此用户 sudo 无需输入密码

模块使用案例如表 4–3–3 所示。

表 4–3–3　Ansible 模块使用案例

模块使用案例	说明
ansible all –m ping	ping 操作
ansible webservers –a "date" (可省略 –m command)	执行 date 命令
ansible dbservers –m copy –a "src=/root/ansible.rpm dest=/tmp/"	复制文件
ansible all –m cron –a 'name="custom job" minute=*/3 day=* month=* weekday=* job="/usr/sbin/ntpdate 192.168.1.10"'	配置 crontab 任务
ansible all –m group –a "gid=306 system=yes name=mysql"	增加组和用户
ansible corosync –m yum –a "name=pacemaker state=present"	通过 yum 安装程序
ansible all –m service –a "state=started name=httpd enabled=yes"	配置服务开启启动
ansible–playbook test.yaml	利用 playbook 配置文件, test.yaml 批量执行任务

所谓 playbook（俗称"剧本"），就是将批量任务以 YAML 格式写入文件中，通过 ansible–playbook 命令一起执行。

【做一做】

　使用 file 模块，在测试机上创建 /tmp/a.txt 文件，并修改 a.txt 文件权限为 600。

Ansible 配置文件完整代码请扫二维码：

资源 4-3　Ansible 配置文件

4.3.4　任务回顾

　知识点总结

1. Ansible 部署和配置：通过 Ansible 实现对 Linux 主机的批量配置管理。
2. Ansible 组件：静态 Inventory 和动态 Inventory 的配置使用。

　学习足迹

任务三学习足迹如图 4-3-4 所示。

图 4-3-4　任务三学习足迹

思考与练习

请使用 Ansible 批量配置 Web 服务器上 Java 环境。

4.4 任务四：Zabbix 自动化监控实践

【任务描述】

监控是运维过程中不可或缺的一环，监控能使运维人员实时掌握服务器运行状况，第一时间发现并解决故障，为良性运维提供宝贵时间。本小节通过对 Zabbix 主流开源监控软件部署和管理的讲解，实现对 Linux 主机上所部署的应用进行监控预警。

4.4.1 Zabbix 简介

1. Zabbix 介绍

Zabbix 项目由 Alexei Vladishev 创建，当前处于活跃开发状态，由 Zabbix SIA 提供支持。它是一个企业级的、开源的、分布式的监控套件。

Zabbix 可以监控网络和服务状况。Zabbix 利用灵活的告警机制，允许用户对事件发送基于 Email 的告警。这样可以保证对问题作出快速响应。Zabbix 可以利用存储数据提供杰出的报告及图形化方式，这一特性将帮助用户完成容量规划。

Zabbix 支持 polling 和 trapping 两种方式。所有的 Zabbix 报告都可以通过配置参数在 Web 前端进行访问，因此，用户在任何区域都能够迅速获得网络及服务状况。无论是小型组织还是大规模的公司，Zabbix 都会通过尽可能地配置来扮演监控 IT 基础框架的角色。

Zabbix 是零成本的，因为 Zabbix 编写和发布基于 GPLV2 协议，其源代码是免费发布的。Zabbix 公司也提供商业化的技术支持。

Zabbix 是一个基于 Web 界面的提供分布式系统监视以及网络监视功能的企业级的开源解决方案。Zabbix 组件主要分为 Zabbix server 和 Zabbix agent。Zabbix server 可以通过 SNMP、Zabbix agent、ping、端口监视等方法提供对远程服务器和网络状态的监视，以及对数据的收集等。支持的监控协议有 ICMP、IPMI、SNMP、HTTP 以及 Zabbix 协议。Zabbix 具备出色的报告和数据可视化功能，所有的数据存储在数据库中，支持 MySQL、Oracle 数据库等。它可以运行在 Linux、Solaris、HP-UX、AIX、Free BSD、OpenBSD、OSX 等平台上。

2. Zabbix 的特性

在知道 Zabbix 是什么之后，我们最关心的是 Zabbix 有什么特性。了解特性之后，我们才能决定是否使用 Zabbix，以及 Zabbix 是否适合我们。Zabbix 是一个高度集成的网络监控套件，通过一个软件包即可提供如下特性。

（1）数据收集

- 可用性及性能检测；
- 支持 SNMP（trapping 及 polling）、IPMI、JMX 监控；
- 自定义检测；
- 自定义间隔收集收据；
- server/proxy/agents 性能。

（2）灵活的阀值定义

- 允许灵活地自定义问题阀值，Zabbix 中称之为触发器（trigger），存储在后端数据库中。

（3）高级告警配置
- 可以自定义告警升级（escalation）、接收者及告警方式；
- 告警信息可以配置并允许使用宏（macro）变量；
- 通过远程命令实行自动化动作（action）。

（4）实时绘图
- 通过内置的绘图方法实现监控数据实时绘图；
- 扩展的图形化显示；
- 允许自定义创建多监控项视图。

（5）网络拓扑（network maps）
- 自定义面板（screen）和放映（slide shows），并允许在 dashboard 页面显示报告；
- 高等级（商业）监控资源。

（6）历史数据存储
- 数据存储在数据库中；
- 历史数据可配置；
- 内置数据清理机制。

（7）配置简单
- 主机通过添加监控设备方式添加；
- 一次配置，终生监控（除非调整或删除）；
- 监控设备允许使用模板。

（8）模板使用
- 模板中可以添加组监控；
- 模板允许继承。

（9）网络自动发现
- 自动发现网络设备；
- agent 自动注册；
- 自动发现文件系统、网卡设备、SNMP OID 等。

（10）快速的 Web 接口
- Web 前端采用 PHP 编写；
- 访问无障碍；
- 审计日志。

（11）Zabbix API
Zabbix API 提供程序级别的访问接口，第三方程序可以很快接入。

（12）权限系统
- 安全的权限认证；
- 用户可以限制允许维护的列表。

（13）全特性、Agent 易扩展
- 在监控目标上部署，支持 Linux 及 Windows；
- C 开发、高性能、低内存消耗；
- 易移植。

（14）具备应对复杂环境情况

通过 Zabbix proxy 可以非常容易地创建远程监控。

3. Zabbix 架构及组件

Zabbix Web GUI、Zabbix databases 及 Zabbix server 不一定在同一主机上，可以分开部署，架构图如图 4-4-1 所示。

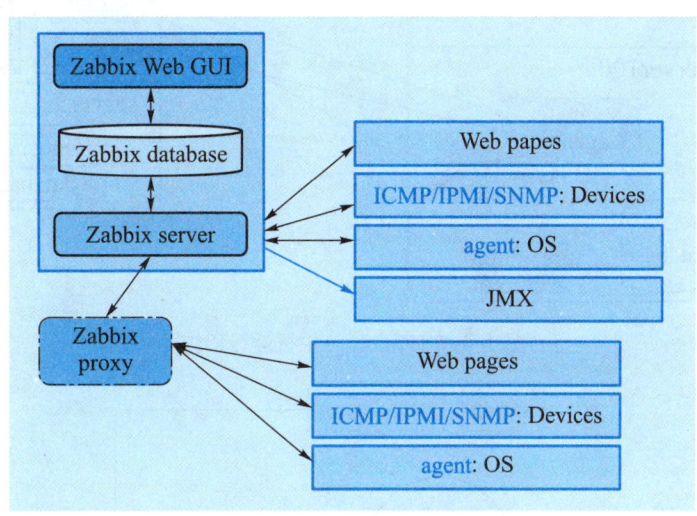

图 4-4-1　Zabbix 架构及组件

Zabbix 组件说明如下。

● Zabbix server：负责接收 Agent 发送的报告信息的核心组件，所有配置、统计数据及操作数据均由其组织进行，C 语言编写；

● database storage：专门用于存储所有配置信息，以及由 Zabbix 收集的数据；

● Web GUI：Zabbix 的 Web 接口，通常与 server 运行在同一台主机上，通常被称为前端，PHP 语言开发；

● proxy：可选组件，常用于分布监控环境中，代理 server 收集部分被监控端监控的数据并统一发往 Server 端；

● agent：部署在被监控主机上，负责收集本地数据并发往 server 端或 proxy 端，C 语言编写。

在了解了 Zabbix 组件后，下面对 Zabbix 分主机运行架构进行说明，如图 4-4-2 所示。

（1）Zabbix server 负责从 agent 或 proxy 上收集数据，并将其存储到 database 上。

（2）Zabbix agent 监控 database、device、application 等收集数据，通过 zabbix_sender 主动向 server 发送数据或者等待 server 收集数据。

（3）当数据收集完成时，在安装有 Apache PHP 的主机（或 LAMP 平台）上，使用浏览器通过 Zabbix Web GUI 即可展示数据。

4. zabbix 逻辑架构及相关术语

Zabbix poller 是基于"拉取"方式的 Zabbix server，它可以通过 SNMP 等方式收集数据，以 Zabbix agent 为例，主机（主机组）需要下线维修时，maintenance 可以避免主机（主机组）下线维修时不断产生警报的情况发生，Zabbix 逻辑架构图如图 4-4-3 所示。

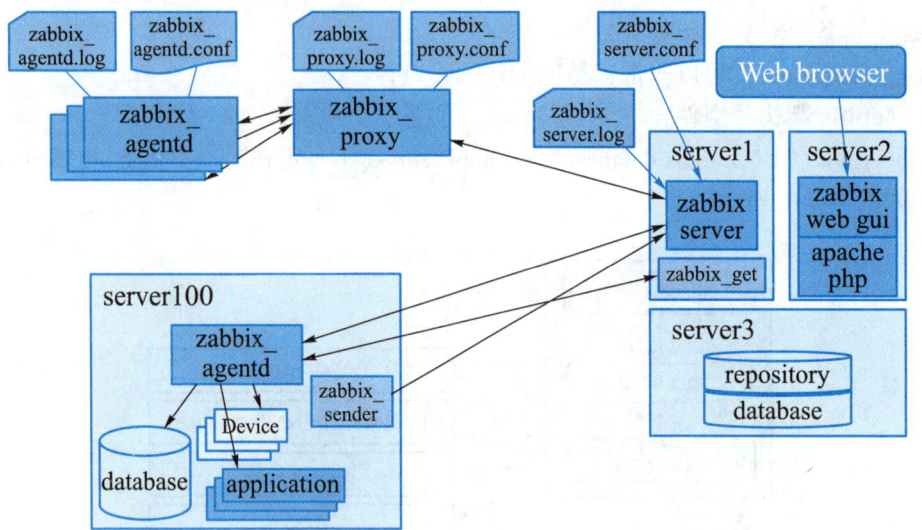

图 4-4-2　Zabbix 分主机运行架构

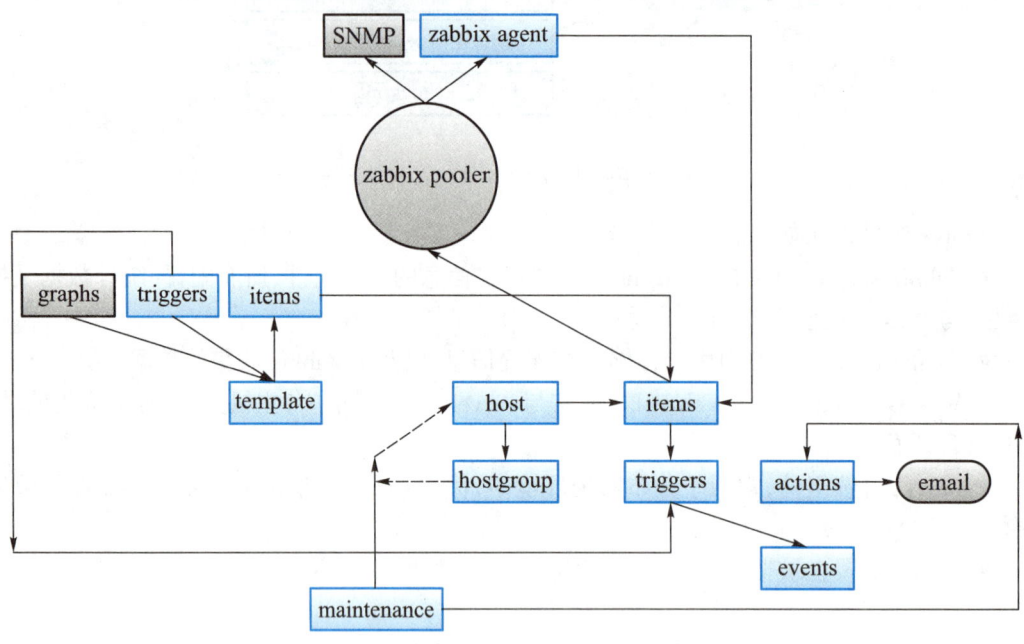

图 4-4-3　Zabbix 逻辑架构

Zabbix 术语说明如下:

host (主机): 要监控的网络设备, 可由 IP 或 DNS 名称指定。

host group (主机组): 主机的逻辑容器, 可以包含主机和模板, 但同一个组内的主机和模板不能互相链接; 主机组通常在给用户或用户组指派监控权限时使用。

item (监控项): 定义具体要监控的指标。

trigger (触发器): 超过了定义的合理范围, 就会触发报警。

event (事件): 由触发器产生。

action (动作): 对事件如何应对, 比如要执行哪些操作。

escalation（报警升级）：如果在定义的 5 分钟内没反应，则从 warning 级别升到 high 级别，提醒我们要尽快处理。

media（媒介）：发送报警的手段和通道，如 Email。

remote command（远程命令）：预定义的命令，可在被监控主机处于某个特定条件下时自动执行。

template（模板）：用于快速定义被监控主机的预设条目集合，通常包含了 item、trigger、graph、screen、application 以及 low-level discovery rule；模板可以直接链接至单个主机。

application（应用）：一组 item 的集合。

4.4.2　Zabbix 部署实验

1. 实验环境

实验环境如表 4-4-1 所示。

表 4-4-1　实验环境

主机类型	主机名	IP 地址	操作系统
server	zabbix_srv	192.168.1.18	CentOS release 6.5 (Final)
client	Nginx_srv	192.168.1.10	CentOS release 6.5 (Final)

- server 安装了 Zabbix 软件，对监控的数据做处理，并且提供 Web 界面查看和管理。当然也可以对本机自身的信息进行监控。
- client 安装了 agent 等客户端，根据监控机的请求执行监控，然后将结果回传给监控机。
- 防火墙已关闭（/iptables：Firewall is not running）。
- SELINUX=disabled

2. 实验目标

掌握使用 Zabbix 的部署，实现数据的自动化监控。

3. Zabbix 服务端安装

（1）创建、导入 Zabbix 数据库

【代码 4-4-1】　创建、导入 Zabbix 数据库

```
cd /usr/local/src # 进入软件包下载目录
tar zxvf zabbix-2.2.6.tar.gz # 解压
cd /usr/local/src/zabbix-2.2.6/database/mysql # 进入 mysql 数据库创建脚本目录
ls # 列出文件，可以看到有 schema.sql、images.sql、data.sql 这三个文件
mysql -uroot -p # 输入密码，进入 MySQL 控制台
create database zabbix character set utf8; # 创建数据库 zabbix，并且数据库编码使用 utf8
insert into mysql.user(Host,User,Password)
values('localhost','zabbix',password('123456')); # 新建账户 zabbix，密码 123456
flush privileges; # 刷新系统授权表
grant all on zabbix.* to 'zabbix'@'127.0.0.1' identified by '123456' with grant option; # 允许账户
Zabbix 能从本机连接到数据库 zabbix
```

```
flush privileges; # 再次刷新系统授权表
use zabbix # 进入数据库
source /usr/local/src/zabbix-2.2.6/database/mysql/schema.sql # 导入脚本文件到 Zabbix 数据库
source /usr/local/src/zabbix-2.2.6/database/mysql/images.sql # 导入脚本文件到 Zabbix 数据库
source /usr/local/src/zabbix-2.2.6/database/mysql/data.sql # 导入脚本文件到 Zabbix 数据库
注意：请按照以上顺序进行导入，否则会出错。
exit # 退出
或者这样导入
mysql -uzabbix -p123456 -hlocalhost zabbix < /usr/local/src/zabbix-2.2.6/database/mysql/schema.sql
mysql -uzabbix -p123456 -hlocalhost zabbix < /usr/local/src/zabbix-2.2.6/database/mysql/images.sql
mysql -uzabbix -p123456 -hlocalhost zabbix < /usr/local/src/zabbix-2.2.6/database/mysql/data.sql
cd /usr/lib64/mysql #32 位系统为 /usr/lib/mysql，注意系统版本不同，文件版本可能不一样，这里
是 16.0.0
ln -s libmysqlclient.so.16.0.0 libmysqlclient.so # 添加软连接
ln -s libmysqlclient_r.so.16.0.0 libmysqlclient_r.so # 添加软连接
```

（2）添加 Zabbix 用户

【代码 4-4-2】 创建用户，用户组

```
groupadd zabbix # 创建用户组 Zabbix
useradd zabbix -g zabbix -s /bin/false # 创建用户 Zabbix，并且把用户 Zabbix 加入到用户组 Zabbix
```

（3）安装依赖包

```
yum install net-snmp-devel curl curl-devel mysql-devel
```

（4）安装 Zabbix

【代码 4-4-3】 安装 Zabbix

```
ln -s /usr/local/lib/libiconv.so.2 /usr/lib/libiconv.so.2 # 添加软连接
/sbin/ldconfig # 使配置立即生效
cd /usr/local/src/zabbix-2.2.6 # 进入安装目录
./configure --prefix=/usr/local/zabbix --enable-server --enable-agent --with-net-snmp --with-
libcurl --enable-proxy --with-mysql=/usr/bin/mysql_config # 配置
make # 编译
make install # 安装
ln -s /usr/local/zabbix/sbin/* /usr/local/sbin/ # 添加系统软连接
ln -s /usr/local/zabbix/bin/* /usr/local/bin/ # 添加系统软连接
说明：find / -name mysql_config 查找位置，如果没有 mysql_config，需要安装 yum install mysql-
devel
```

（5）添加 Zabbix 服务对应的端口

【代码 4-4-4】 编辑 /etc/services, 添加对应端口

```
vi /etc/services # 编辑, 在最后添加以下代码
# Zabbix
zabbix-agent 10050/tcp # Zabbix Agent
zabbix-agent 10050/udp # Zabbix Agent
zabbix-trapper 10051/tcp # Zabbix Trapper
zabbix-trapper 10051/udp # Zabbix Trapper
```

（6）修改 Zabbix 配置文件

【代码 4-4-5】 修改 Zabbix 配置文件

```
cd /usr/local/zabbix/etc
vi /usr/local/zabbix/etc/zabbix_server.conf
DBName=zabbix # 数据库名称
DBUser=zabbix # 数据库用户名
DBPassword=123456 # 数据库密码
ListenIP=127.0.0.1 # 数据库 IP 地址
AlertScriptsPath=/usr/local/zabbix/share/zabbix/alertscripts #Zabbix 运行脚本存放目录
vi /usr/local/zabbix/etc/zabbix_agentd.conf
Include=/usr/local/zabbix/etc/zabbix_agentd.conf.d/
UnsafeUserParameters=1 # 启用自定义 key
```

（7）添加开机启动脚本

【代码 4-4-6】 添加开机启动脚本

```
cp /usr/local/src/zabbix-2.2.6/misc/init.d/fedora/core/zabbix_server
/etc/rc.d/init.d/zabbix_server # 服务端
cp /usr/local/src/zabbix-2.2.6/misc/init.d/fedora/core/zabbix_agentd
/etc/rc.d/init.d/zabbix_agentd # 客户端
chmod +x /etc/rc.d/init.d/zabbix_server # 添加脚本执行权限
chmod +x /etc/rc.d/init.d/zabbix_agentd # 添加脚本执行权限
chkconfig zabbix_server on # 添加开机启动
chkconfig zabbix_agentd on # 添加开机启动
```

（8）修改 Zabbix 开机启动脚本中的 Zabbix 安装目录

【代码 4-4-7】 修改 Zabbix 开机启动脚本中的 Zabbix 安装目录

```
vi /etc/rc.d/init.d/zabbix_server
BASEDIR=/usr/local/zabbix/ #zabbix 安装目录
```

```
vi /etc/rc.d/init.d/zabbix_agentd # 编辑客户端配置文件
BASEDIR=/usr/local/zabbix/ #zabbix 安装目录
```

（9）配置 Web 站点

【代码 4-4-8】 配置 Web 站点并启动 Zabbix 服务端和客户端

```
cd /usr/local/src/zabbix-2.2.6
cp-r /usr/local/src/zabbix-2.2.6/frontends/php /usr/local/nginx/html/zabbix
chown www.www -R /usr/local/nginx/html/zabbix
备注 : /usr/local/nginx/html 为 Nginx 默认站点目录 , www 为 Nginx 运行账户
service zabbix_server start # 启动 Zabbix 服务端
service zabbix_agentd start # 启动 Zabbix 客户端
```

（10）修改 PHP 配置文件参数

【代码 4-4-9】 修改 PHP 配置文件参数

```
vi /etc/php.ini
    post_max_size =16M
    max_execution_time =300
    max_input_time =300
vi /usr/local/php/etc/php-fpm.conf
    request_terminate_timeout = 300
    service php-fpm reload # 重启 php-fpm
```

4. 安装 Web

在本地浏览器上访问 Zabbix server 地址 , 开始 Web 前端配置。

安装界面如图 4-4-4 所示 , 按提示点击 Next。

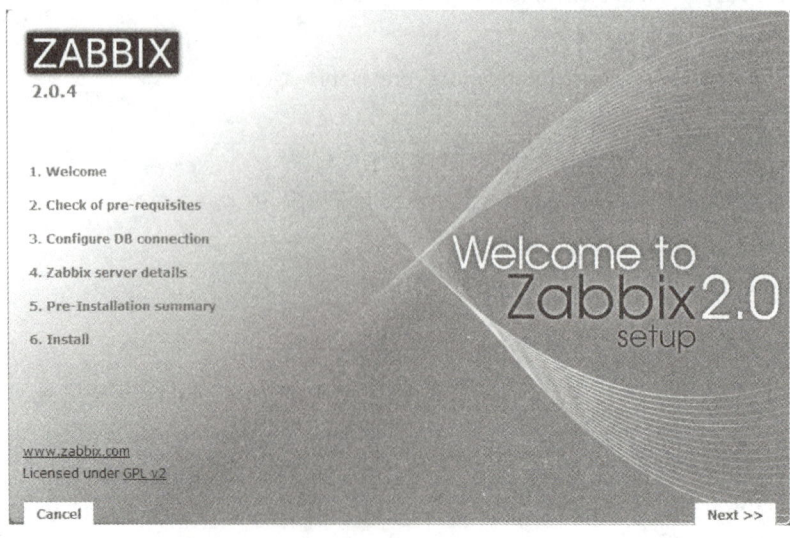

图 4-4-4 安装 Web

其中, Check of pre-requisites 项必须全部项目 OK 后才能继续配置, 如有提示 fail, 则需要去 Server 上检查是否安装这个包或配置是否更改。

然后, 测试连接是否能够通过, 如图 4-4-5 所示。

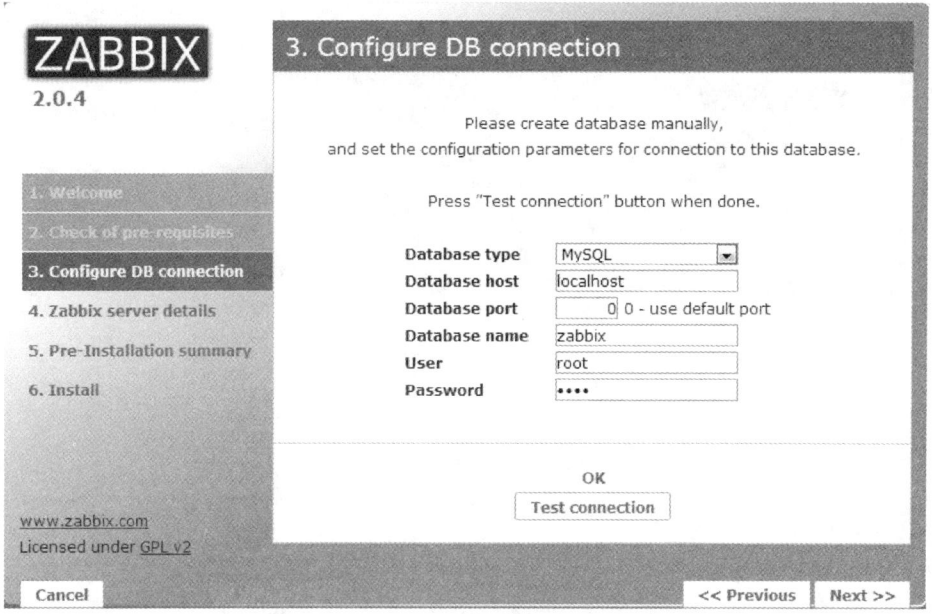

图 4-4-5　连接数据库

按照提示下载文件, 然后放到要求的目录下并改名, 完成后点击 Finish, 如图 4-4-6 所示。

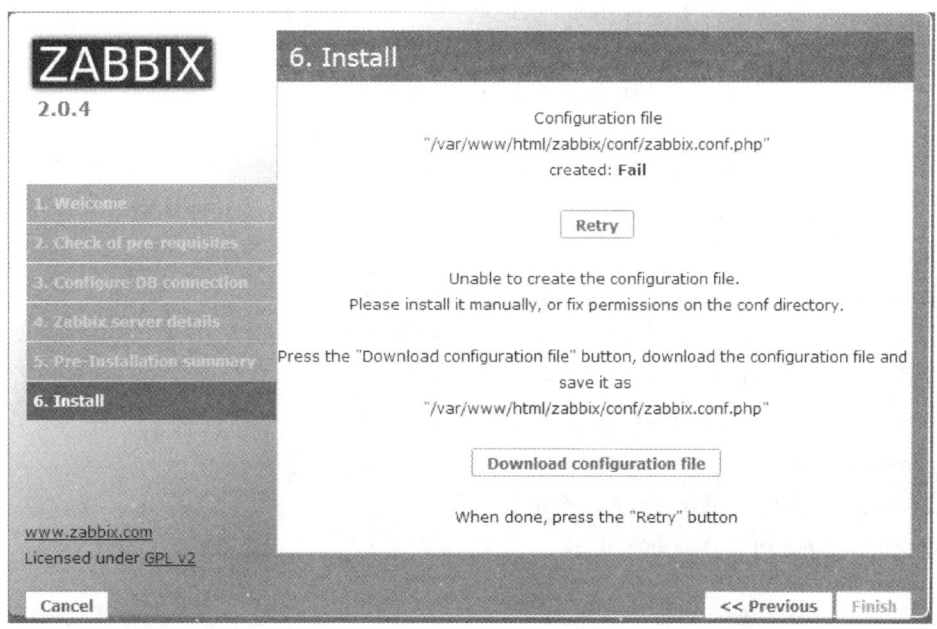

图 4-4-6　安装完成

配置完成后，出现登录界面，如图 4-4-7 所示。默认的用户为：admin，密码为：zabbix。

图 4-4-7 登录界面

（1）启动 server

【代码 4-4-10】 启动 server

```
    启动 agentd：
#/usr/local/zabbix/sbin/zabbix_agentd –c /usr/local/zabbix/conf/zabbix_agentd.conf
    检查启动是否正常，查看进程是否起来，分为 server 和 agentd：
#ps –eflgrep zabbix
    如果进程没起来，可以查看对应的日志错误，默认在 /tmp/zabbix-*.log 中。
```

（2）语言设置

更改 Zabbix 默认语言为简体中文，替换监控图像上系统默认的中文字体。修改系统配置文件，让 Web 页面支持简体中文显示。

【代码 4-4-11】 更改语言设置

```
vi /usr/local/nginx/html/zabbix/include/locales.inc.php # 编辑修改
'zh_CN' => array('name' => _('Chinese (zh_CN)'), 'display' => false),
修改为
'zh_CN' => array('name' => _('Chinese (zh_CN)'), 'display' => true),
替换监控图像上系统默认的字体 # 默认字体不支持中文，如果不替换，图像上会显示乱码
在 Windows 系统中的 C:\Windows\Fonts 目录中复制出一个中文字体文件，例如 msyh.ttf
把字体文件 msyh.ttf 上传到 zabbix 站点根目录下 fonts 文件夹中
例如：/usr/: DejaVusSa local/nginx/html/zabbix/fonts
备份默认的字体文件：DejaVusSans.ttf–bak
修改 msyh.ttf 名称为 DejaVusSans.ttf
```

（3）Zabbix 框架接受

打开在本地浏览器访问 Zabbix Serve 地址 http://ServerIP/zabbix，登录界面如图 4-4-8 所示。

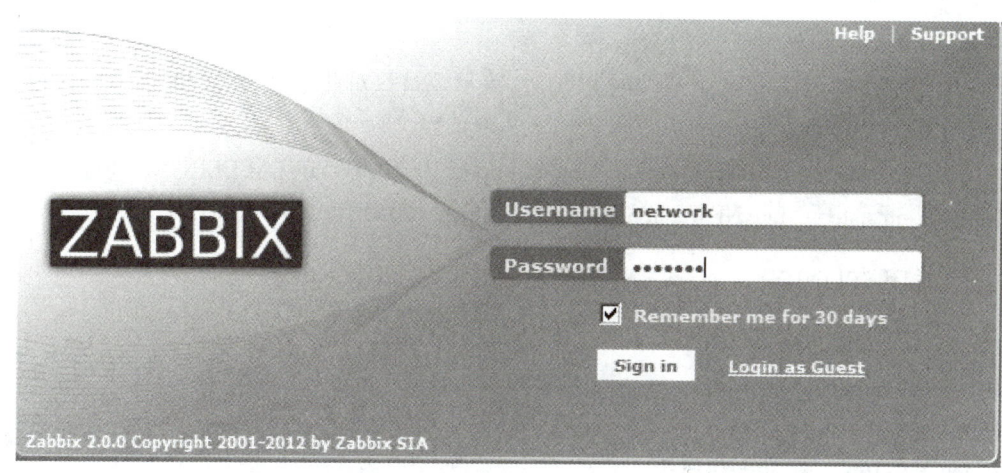

图 4-4-8　登录界面

Zabbix 登录后的首页界面如图 4-4-9 所示。

由图 4-4-9 可知,整个监控软件界面共分为六部分,分别是:地址、一级菜单、二级菜单、主机显示区域、时间条和图形显示。

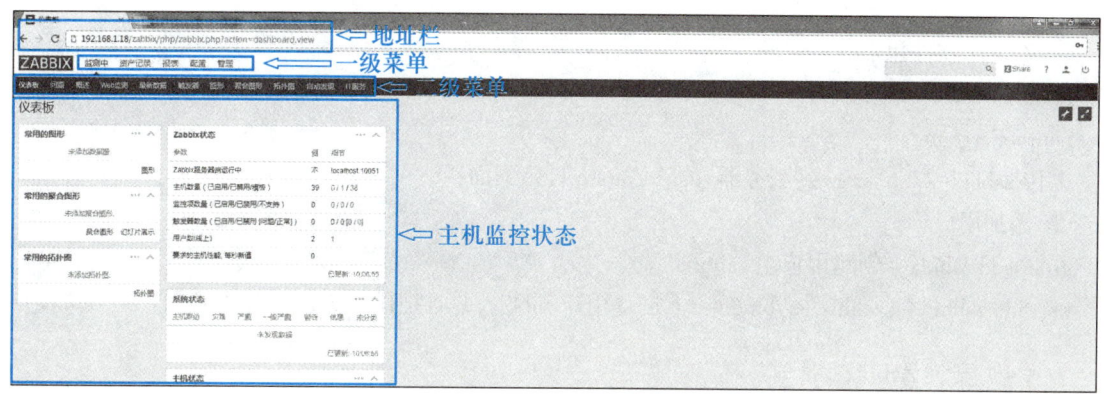

图 4-4-9　登录后的首页

4.4.3 Zabbix 自动化监控案例

1. Zabbix 监控 Linux 主机设置

Zabbix 监控服务端配置完成之后,我们要使用 Zabbix 对 Linux 主机进行监控。以下操作在被监控的 Linux 主机进行,这里以 CentOS 6.5 系统为例。

（1）配置防火墙,开启 10050、10051 的 TCP 和 UDP 端口

编辑防火墙配置文件:

【代码 4-4-12】　配置防火墙,开启 10050、10051 的 TCP 和 UDP 端口

```
# vi /etc/sysconfig/iptables
-A INPUT -s 192.168.1.18 -m state --state NEW -m tcp -p tcp --dport 10050:10051 -j ACCEPT
-A INPUT -s 192.168.1.18 -m state --state NEW -m udp -p udp --dport 10050:10051 -j ACCEPT
```

service iptables restart # 重启防火墙使配置生效

说明：192.168.1.18 是 Zabbix 服务端的 IP 地址，表示端口只对此 IP 开放，如果要对所有 IP 开放，规则如下：

–A INPUT –m state ––state NEW –m tcp –p tcp ––dport 10050:10051 –j ACCEPT

–A INPUT –m state ––state NEW –m udp –p udp ––dport 10050:10051 –j ACCEPT

（2）关闭 SELINUX

【代码 4-4-13】 关闭 SELINUX

```
vi /etc/selinux/config
#SELINUX=enforcing # 注释掉
#SELINUXTYPE=targeted # 注释掉
SELINUX=disabled # 增加
setenforce 0 # 使配置立即生效
```

（3）下载 Zabbix 客户端

【代码 4-4-14】 下载 Zabbix 客户端

① Zabbix 软件包下载

Zabbix wget 下载地址为：

SourceForge.net。

上传 zabbix–2.2.6.tar.gz 到服务器 /usr/local/src 目录下面。

② 添加用户

groupadd zabbix # 创建用户组 zabbix

useradd zabbix –g zabbix –s /bin/false # 创建用户 zabbix，并且把用户 zabbix 加入到用户组 zabbix

（4）安装 Zabbix

【代码 4-4-15】 安装 Zabbix

```
ln –s /usr/local/lib/libiconv.so.2  /usr/lib/libiconv.so.2 # 添加软连接
/sbin/ldconfig # 使配置立即生效
cd /usr/local/src
tar zxvf zabbix–2.2.6.tar.gz
cd zabbix–2.2.6
./configure ––prefix=/usr/local/zabbix ––enable-agent # 配置
make # 编译
make install # 安装
ln –s /usr/local/zabbix/sbin/* /usr/local/sbin/ # 添加系统软连接
ln –s /usr/local/zabbix/bin/* /usr/local/bin/ # 添加系统软连接
```

备注：编译安装软件需要先安装编译工具等系统软件包，CentOS 使用如下命令安装：

yum install apr* autoconf automake bison cloog–ppl compat* cpp curl curl–devel fontconfig fontconfig–devel freetype freetype* freetype–devel gcc gcc–c++ gtk+–devel gd gettext gettext–devel glibc kernel kernel–headers keyutils keyutils–libs–devel krb5–devel libcom_err–devel libpng* libjpeg* libsepol–devel libselinux–devel libstdc++–devel libtool* libgomp libxml2 libxml2–devel libXpm* libtiff libtiff* libX* make mpfr ncurses* ntp openssl openssl–devel patch pcre–devel perl php–common php–gd policycoreutils ppl telnet t1lib t1lib* nasm nasm* wget zlib–devel

（5）添加 Zabbix 服务对应的端口

【代码 4-4-16】 添加 Zabbix 服务对应的端口

```
echo 'zabbix–agent 10050/tcp #Zabbix Agent' >> /etc/services
echo 'zabbix–agent 10050/udp #Zabbix Agent' >> /etc/services
echo 'zabbix–trapper 10051/tcp #Zabbix trapper' >> /etc/services
echo 'zabbix–trapper 10051/udp #Zabbix trapper' >> /etc/services
```

（6）修改 Zabbix 配置文件

【代码 4-4-17】 修改 Zabbix 配置文件

```
vi /usr/local/zabbix/etc/zabbix_agentd.conf # 编辑
Server=192.168.1.18
Include=/usr/local/zabbix/etc/zabbix_agentd.conf.d/
UnsafeUserParameters=1 # 启用自定义 key
```

备注：192.168.1.18 是 Zabbix 服务端 IP 地址。

（7）添加开机启动脚本

【代码 4-4-18】 修改开机启动脚本

```
cp /usr/local/src/zabbix–2.2.6/misc/init.d/fedora/core/zabbix_agentd
/etc/rc.d/init.d/zabbix_agentd
vi /etc/rc.d/init.d/zabbix_agentd # 编辑
BASEDIR=/usr/local/zabbix/ #Zabbix 安装目录
chmod +x /etc/rc.d/init.d/zabbix_agentd # 添加脚本执行权限
chkconfig zabbix_agentd on # 添加开机启动
service zabbix_agentd start # 启动 Zabbix 客户端
ps ax|grep zabbix_agentd # 检查 Zabbix 客户端是否正常运行
netstat –utlnp | grep zabbix # 检查 Zabbix 客户端是否正常运行
```

（8）测试 Zabbix 客户端与 Zabbix 服务端通信是否正常

【代码 4-4-19】 修改开机启动脚本

```
以下代码在 Zabbix 服务端执行：
/usr/local/zabbix/bin/zabbix_get –s192.168.1.10 –p10050 –k"system.uptime"
```

5049866 # 有数据显示说明通信正常

备注: 192.168.1.10 是 Zabbix 客户端 IP 地址。

（9）添加对 Linux 主机的监控

在浏览器中打开:

http://192.168.1.18/zabbix/ #Zabbix 服务端访问地址

得到的监控界面如图 4-4-10 所示。

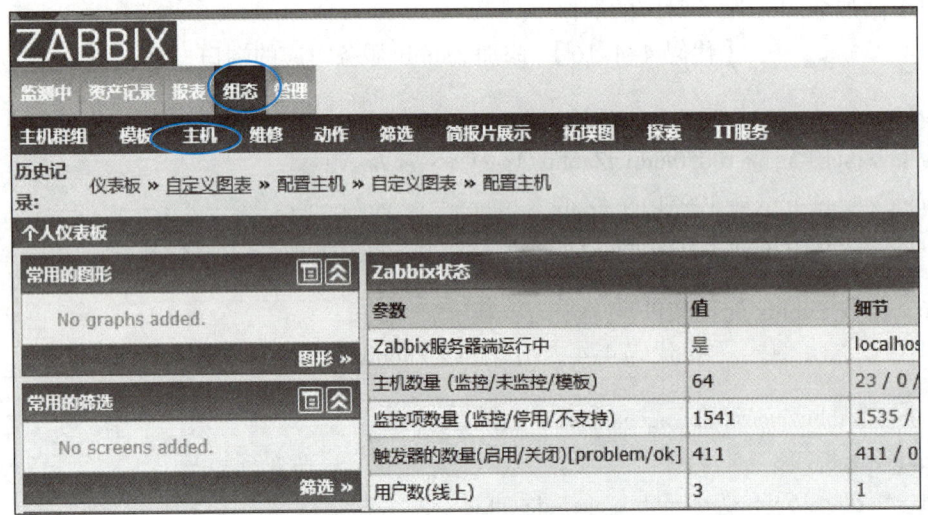

图 4-4-10　访问监控界面

2. Zabbix 邮件报警设置

Zabbix 监控服务端、客户端都已经部署完成,被监控主机已经添加,Zabbix 监控运行正常。

（1）实验目的

在 Zabbix 服务端设置邮件报警,当被监控主机宕机或者达到触发器预设值时,会自动发送报警邮件到指定邮箱。

（2）具体操作（以下操作在 Zabbix 监控服务端进行）

备注: Zabbix 监控服务端;

操作系统: CentOS 6.5;

主机名: 192.168.1.18;

（3）邮件报警的两种情况

● Zabbix 服务端只是单纯地发送报警邮件到指定邮箱,发送报警邮件的这个邮箱账号是 Zabbix 服务端的本地邮箱账号（例如: root@localhost.localdomain）,它只能发送,不能接收外部邮件。

● 使用一个可以在互联网上正常收发邮件的邮箱账号（例如: xxx@163.com）,在 Zabbix 服务端中进行设置,使其能够发送报警邮件到指定邮箱。

下面,我们详细介绍第一种情况:使用 Zabbix 服务端本地邮箱账号发送邮件。

① 安装 sendmail 或者 postfix

【代码 4-4-20】 安装 sendmail 或者 postfix

```
yum install sendmail # 安装
service sendmail start # 启动
chkconfig sendmail on # 设置开机启动
yum install postfix
service postfix start
chkconfig postfix on
```

一般而言，CentOS 5.x 默认已经安装好 sendmail，CentOS 6.x 默认已经安装好 postfix。sendmail 和 postfix 只需要安装一个并开启服务即可。

② 安装邮件发送工具 mailx

安装 mailx：

```
yum install mailx # 安装
```

CentOS 6.5 编译安装 mailx 时，yum 直接安装的 mailx 版本太旧，因此，使用外部邮件发送会有问题。

卸载 mailx：

```
yum remove mailx # 卸载系统自带的旧版 mailx
```

下载 mailx：

在 SourceForge.net 官网下载。

【代码 4-4-21】 安装 mailx

```
tar jxvf mailx-12.4.tar.bz2 # 解压
cd mailx-12.4 # 进入目录
make # 编译
make install UCBINSTALL=/usr/bin/install # 安装
ln -s /usr/local/bin/mailx /bin/mail # 创建 mailx 到 mail 的软连接
ln -s /etc/nail.rc /etc/mail.rc # 创建 mailx 配置文件软连接
whereis mailx # 查看安装路径
mailx -V # 查看版本信息
echo "zabbix test mail" |mail -s "zabbix" xxx@163.com
# 测试发送邮件，标题为：zabbix，邮件内容为：zabbix test mail，发送到的邮箱为：xxx@163.com
```

③ 配置 Zabbix 服务端邮件报警

a. 打开 Zabbix，进入 Zabbix 管理页面

点击管理 -> 报警媒介类型，然后点击最右边的创建媒体类型，如图 4-4-11 所示。

在图 4-4-12 所示的界面中，输入如下内容：

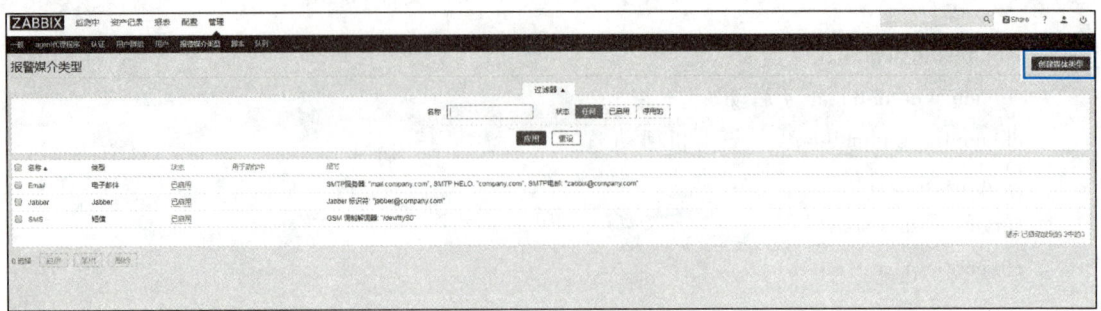

图 4-4-11　Zabbix 管理页面

图 4-4-12　创建报警媒介类型

名称: Sendmail;

类型: 脚本;

脚本名称: sendmail.sh;

脚本参数:

{ALERT.SENDTO}

{ALERT.SUBJECT}

{ALERT.MESSAGE}

以上 3 个参数分别对应 Sendmail.sh 脚本需要的 3 个参数: 收件人地址、主题、详细内容。

b. 点击管理→用户→ admin (自己创建一个用户也可以)

分配用户界面如图 4-4-13 所示。

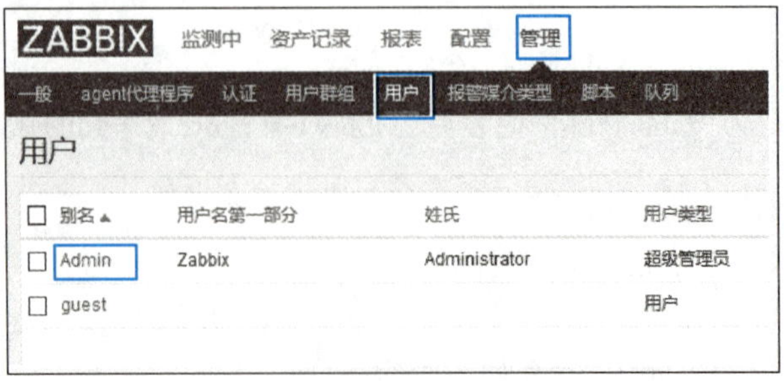

图 4-4-13　分配用户

c. 切换到报警媒介，点击添加

添加报警媒介界面如图 4-4-14 所示。

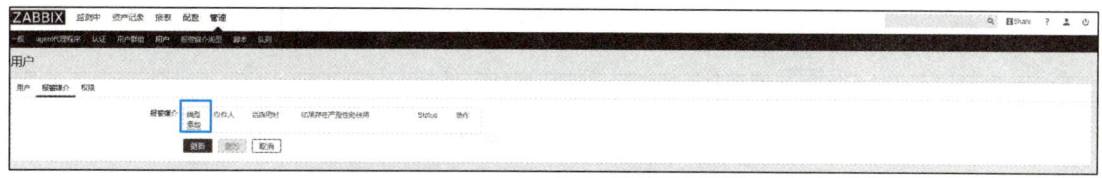

图 4-4-14　添加报警媒介

d. 选择 Sendmail 脚本，输入收件人的邮箱地址

界面如图 4-4-15 所示。

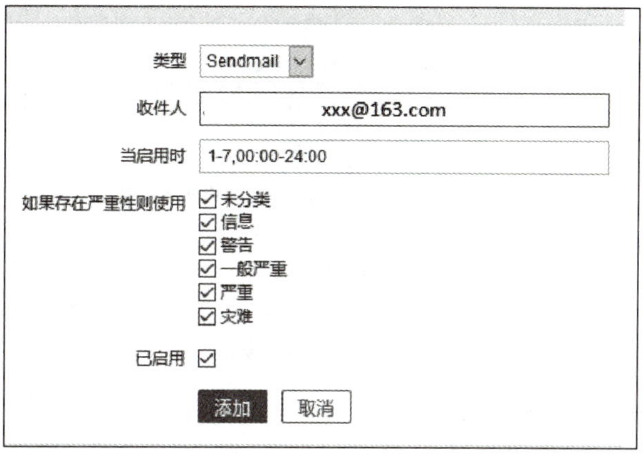

图 4-4-15　选择 Sendmail 脚本，输入收件人的邮箱地址

e. 点击配置 -> 动作，点击创建动作

创建动作界面如图 4-4-16 所示。

点击操作，修改参数如下：

持续时间为 60 秒；

操作类型：送出信息；

送到用户：添加；

默认信息：打钩；

选择用户：Admin；

仅送到：Sendmail；

默认的步骤是 1-1，也就是从 1 开始到 1 结束。一旦故障发生，就执行 sendmail.sh 脚本发出报警邮件给 Admin 用户和 zabbix administrator 组。哪怕故障持续了 1 个小时，它也只发送一次。如果将步骤改成 1-0，0 表示不限制，那么无限发送间隔默认持续时间为 60 秒，此时，1 个小时会发送 60 封邮件。

图4-4-16 创建动作

f. 添加 Zabbix 服务端邮件发送脚本

```
cd /usr/local/zabbix/share/zabbix/alertscripts  # 进入脚本存放目录
vi sendmail.sh # 编辑，添加以下代码
```

【代码4-4-22】 编辑邮件发送脚本 sendmail.sh

```
#!/bin/sh
#export.UTF-8
echo"$3" | sed s/'\r'//g | mail-s "$2" $1
:wq! # 保存退出
chown zabbix.zabbix /usr/local/zabbix/share/zabbix/alertscripts/sendmail.sh # 设置脚本所有者为
zabbix 用户
chmod +x /usr/local/zabbix/share/zabbix/alertscripts/sendmail.sh # 设置脚本执行权限
```

g. 测试 Zabbix 报警
关闭 Zabbix 客户端服务：

```
service zabbix_agentd stop
```

此时，查看 xxx@163.com 邮箱，会收到报警邮件；
再开启 Zabbix 客户端服务：

service zabbix_agentd start

此时，查看 xxx@163.com 邮箱，会收到恢复邮件。

至此，Zabbix 邮件报警设置完成。

Zabbix 配置文件完整代码请扫二维码：

资源 4-4　Zabbix 配置文件

4.4.4　任务回顾

🔅 **知识点总结**

1. Zabbix 特性及其架构。
2. Zabbix 部署和配置：通过 Zabbix 监控 Linux 主机。

📋 **学习足迹**

任务四学习足迹如图 4-4-17 所示。

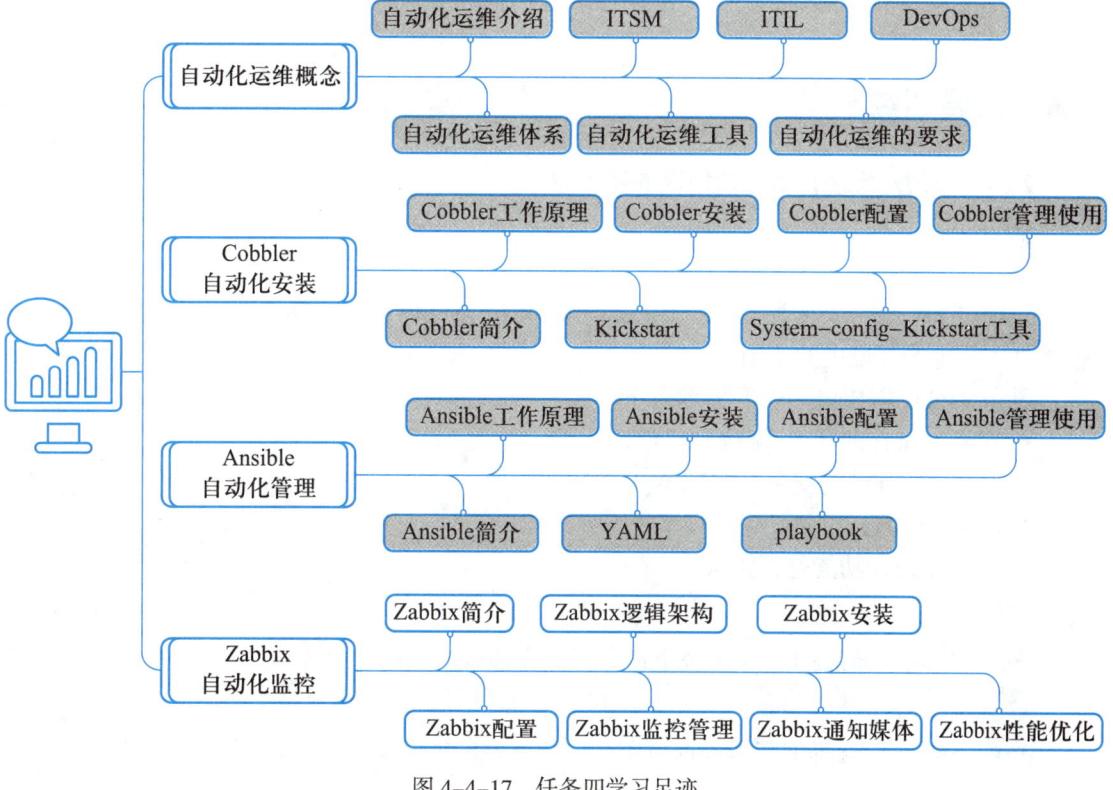

图 4-4-17　任务四学习足迹

 **思考与练习**

请使用 Zabbix 监控一台 Nginx 服务器主机。

4.5 项目总结

通过本项目学习,我们了解了自动化运维的相关概念基础,掌握了自动化部署工具 Cobbler、配置管理工具 Ansible、监控 Zabbix 的部署和配置管理。

项目 4 技能图谱如图 4-5-1 所示。

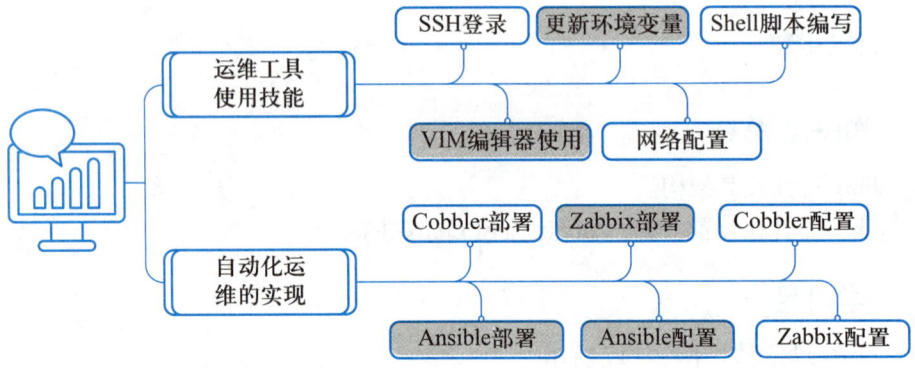

图 4-5-1　项目 4 技能图谱

4.6 拓展训练

Zabbix 部署: 实现自动化监控服务器状态

 方案要求:

选题: 部署 Zabbix,监控 Linux 服务器状态,模拟 Zabbix 在生产环境的应用,理解自动化监控在实际生产环境中的应用。

部署 Zabbix 需要包括以下关键操作:

- 理解 Zabbix 的功能,架构和组件;
- Zabbix 服务端的安装与实现 Web 访问;
- Zabbix 配置;
- 测试 Zabbix 功能是否正常。

 格式要求: 在 Linux 环境下命令行操作部署。

 考核方式: 采取部署界面截图和课内发言两种形式,时间要求 10~15 分钟。

评估标准：如表 4-6-1 所示。

表 4-6-1 拓展训练评估标准表

项目名称：Zabbix 自动化部署	项目承接人：姓名：	日期：
项目要求	**扣分标准**	**得分情况**
总体要求（10 分） 1. 描述 Zabbix 的功能，架构和组件 2. 安装 Zabbix 服务端 3. 配置 Zabbix 服务端，实现 Web 访问 4. 安装 Zabbix 客户端，服务端能正常监控到客户端 5. 测试 Zabbix 功能	基本要求以上 5 个内容（每缺少一个内容扣 1 分） 逻辑混乱，语言表达不清楚（扣 1 分） 安装不成功（扣 3 分） 无法获取客户端信息（扣 2 分） 配置错误（扣 1 分）	部署成功（加 3 分）
评价人	**评价说明**	**备注**
个人		
老师		

项目 5：移动电商安全运维

项目引入

经过几次"大事件"和"大调整"，整个移动电商系统已经逐渐走向稳定，特别是运维自动化之后，整个系统的稳定性都有了质的飞跃。就在我们稍加喘息的时候，市场部门接到了用户投诉，原因是用户的账户密码莫名其妙被修改了。得到这一信息，Philip 组织召开部门紧急会议，要求大家务必找出原因。经过仔细深入地排查，我们发现此次账户盗窃的原因是用户在其他网站的个人账户秘密泄露，被不法分子利用。虽然此次事件的首要责任不在我们公司，但同样给我们敲响了警钟。为防患于未然，Philip 决定安排部门对整个移动电商系统展开安全加固工作。

知识图谱

项目 5 知识图谱如图 5-0-1 所示。

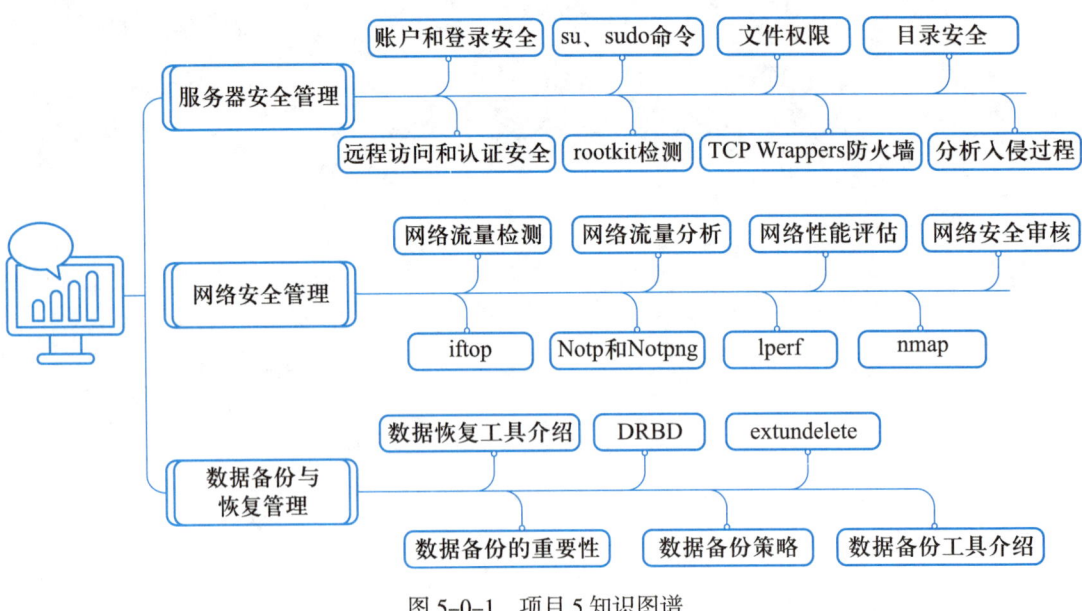

图 5-0-1 项目 5 知识图谱

5.1 任务一：服务器安全管理

【任务描述】

账户安全是系统安全的第一道屏障，也是系统安全的核心，它能够保障登录账户的安全,也可以在一定程度上提高服务器的安全级别。本节任务重点介绍 Linux 系统登录账户的安全设置方法、文件系统安全的设置、对入侵检测的分析以及在遭遇攻击过程中的处理办法。

5.1.1 账户登录、远程访问和认证安全

1. 账户和登录安全

下面,我们重点介绍 Linux 系统登录账户的安全设置方法。

（1）删除特殊的账户和账户组

Linux 提供了各种不同角色的系统账号,在系统安装完成后,会默认安装很多不必要的用户和用户组。如果不需要某些用户或者用户组,可将其删除,因为账户越多,系统就越不安全,很可能被黑客利用,进而威胁到服务器的安全。

Linux 系统中可以删除的默认用户和用户组大致如下：

可删除的用户,如 adm、lp、sync、shutdown、halt、news、uucp、operator、games、gopher 等；

可删除的用户组,如 adm、lp、news、uucp、games、dip、pppusers、popusers、slipusers 等。

TIPS：Linux 用户和用户组相关的文件

用户列表文件：/etc/shadow；

用户密码文件：/etc/passwd；

用户组列表文件：/etc/group；

可使用 useradd/userdel 添加 / 删除用户,如：useradd/userdel 用户名。

（2）关闭系统不需要的服务

Linux 在安装完成后,绑定了很多没用的服务,这些服务默认都是自动启动的。对于服务器来说,运行的服务越多,系统就越不安全。因此,关闭一些不需要的服务,对系统安全有很大的帮助。

至于具体哪些服务可以关闭,要根据服务器的用途而定。一般情况下,只要是系统本身用不到的服务,都可被认为是不必要的服务。

例如：某台 Linux 服务器用于 WWW 应用,那么除了 httpd 服务和系统运行是必需的服务外,其他服务都可以关闭。下面这些服务一般情况下是不需要的,可以选择关闭：anacron、auditd、autofs、avahi-daemon、avahi-dnsconfd、bluetooth、cpuspeed、firstboot、gpm、haldaemon、hidd、ip6tables、ipsec、isdn、lpd、mcstrans、messagebus、netfs、nfs、nfslock、nscd、pcscd portmap、readahead_early、restorecond、rpcgssd、rpcidmapd、rstatd、sendmail、setroubleshoot、yppasswdd ypserv。

TIPS：查看所有服务：service --status-all

查看所有开启的服务：service --status-all | grep running

开启 / 停止 / 重启服务：service 服务名 start|stop|restart

（3）密码安全策略

在 Linux 下，远程登录系统有两种认证方式：密码认证和密钥认证。

密码认证方式是传统的安全策略，对于密码的设置，普遍的要求是：至少 6 个字符，密码要包含数字、字母、下划线、特殊符号等。设置一个相对复杂的密码，对系统安全能起到一定的防护作用，但是也会面临一些其他问题，例如密码暴力破解、密码泄露、密码丢失等，并且过于复杂的密码对运维工作也会造成一定的负担。

密钥认证是一种新型的认证方式，公用密钥存储在远程服务器上，专用密钥保存在本地。当需要登录系统时，通过本地专用密钥和远程服务器的公用密钥进行配对认证。如果认证成功，就成功登录系统。这种认证方式避免了被暴力破解的危险，只要保存在本地的专用密钥不被黑客盗用，攻击者一般无法通过密钥认证的方式进入系统。因此，在 Linux 下推荐用密钥认证方式登录系统，这样就可以抛弃密码认证登录系统的弊端。

Linux 服务器一般通过 SecureCRT、PuTTY、Xshell 之类的工具进行远程维护和管理，密钥认证方式的实现就是借助于 SecureCRT 软件和 Linux 系统中的 SSH 服务实现的。

（4）合理使用 su、sudo 命令

su 命令是一个切换用户的工具，经常用于将普通用户切换到超级用户下，当然也可以从超级用户切换到普通用户。为了保证服务器的安全，几乎所有服务器都禁止超级用户直接登录系统，而是先令普通用户登录系统，然后再通过 su 命令切换到超级用户下，执行一些需要超级权限的工作。su 命令能够给系统管理带来一定的方便，但是也存在不安全的因素，例如：系统有 10 个普通用户，每个用户都需要执行一些有超级权限的操作，那么就必须把超级用户的密码交给这 10 个普通用户，而如果这 10 个用户都有超级权限，就可以通过超级权限做任何事，那么会在一定程度上对系统的安全造成威胁。

因此，su 命令在很多人都需要参与的系统管理中，并不是最好的选择，超级用户密码应该掌握在少数人手中，此时 sudo 命令就派上用场了。

sudo 命令允许系统管理员分配给普通用户一些合理的"权利"，并且不需要普通用户知道超级用户密码，就能让他们执行一些只有超级用户或其他特许用户才能完成的任务，比如：系统服务重启、编辑系统配置文件等，通过这种方式不但能减少超级用户登录次数和管理时间，而且提高了系统安全性。

因此，sudo 命令相对于权限无限制性的 su 命令来说，还是比较安全的，它也被称为受限制的 su 命令。另外，sudo 命令也是需要事先进行授权认证的，所以也被称为授权认证的 su 命令。

sudo 执行命令的流程是：首先，将当前用户切换到超级用户下，或切换到指定的用户下，然后以超级用户或其指定切换到的用户身份执行命令，执行完成后，直接退回到当前用户，而这一切的完成必须要超级用户使用 visudo 来修改配置文件 /etc/sudoers，从而进行授权。

sudo 设计的宗旨是：赋予用户尽可能少的权限，但仍允许它们完成自己的工作。这种设计兼顾了安全性和易用性，因此，强烈推荐通过 sudo 来管理系统账号的安全。如果普通用户需要特殊的权限，则需要超级用户使用 visudo 修改配置文件 /etc/sudoers 来完成，这也是多用户系统下账号安全管理的基本方式。

（5）删减系统登录欢迎信息

虽然系统的一些欢迎信息或版本信息能给系统管理者带来一定的方便，但是这些信息有时候会被黑客利用，成为攻击服务器的帮凶。为了保证系统的安全，可以修改或删除某些系统文件。需要修改或删除的文件有 4 个，分别是：/etc/issue、/etc/issue.net、/etc/redhat-release 和 /etc/motd。

/etc/issue 和 /etc/issue.net 文件都记录了操作系统的名称和版本号，当用户通过本地终端或本地虚拟控制台等登录系统时，/etc/issue 的文件内容就会显示，当用户通过 SSH 或 Telnet 等远程登录系统时，/etc/issue.net 文件内容就会在登录后显示。在默认情况下 /etc/issue.net 文件的内容是不会在 SSH 登录后显示的，要显示这个信息可以修改 /etc/ssh/sshd_config 文件，在此文件中添加如下内容即可：

Banner /etc/issue.net

其实这些登录提示很明显泄露了系统信息，为了安全起见，建议将此文件中的内容删除或修改。

/etc/redhat-release 文件也记录了操作系统的名称和版本号，为了安全起见，可以将此文件中的内容删除。

/etc/motd 文件是系统的公告信息。每次用户登录后，/etc/motd 文件的内容就会显示在用户的终端。通过这个文件系统，管理员可以发布一些软件或硬件的升级、系统维护等通告信息。但是此文件的最大作用是可以发布一些警告信息，当黑客登录系统后，会发现这些警告信息，进而对他们产生一些震慑作用。

2. 远程访问和认证安全

（1）远程登录取消 Telnet 而采用 SSH 方式

Telnet 是一种古老的远程登录认证服务，它在网络上用明文传送口令和数据，因此别有用心的人就能够非常容易地截获这些口令和数据。而且，Telnet 服务程序的安全验证方式也极其脆弱，攻击者可以轻松将虚假信息传送给服务器。现在远程登录基本抛弃了 Telnet 这种方式，取而代之的是 SSH 远程登录服务器。

（2）合理使用 Shell 历史命令记录功能

在 Linux 下可通过 history 命令查看用户所有的历史操作记录，同时 Shell 命令操作记录默认保存在用户目录下的 .bash_history 文件中，通过这个文件可以查询 Shell 命令的执行历史，有助于运维人员进行系统审计和问题排查，同时，在服务器遭受黑客攻击后，也可以通过这个命令或文件查询黑客登录服务器所执行的历史命令操作，但是有时候黑客在入侵服务器后为了毁灭痕迹，可能会删除 .bash_history 文件，这就需要合理的保护或备份 .bash_history 文件。

（3）启用 TCP Wrappers 防火墙

TCP Wrappers 是一个用来分析 TCP/IP 封包的软件，其工作原理如图 5-1-1 所示。Linux 默认都安装了 TCP Wrappers。作为一个安全的系统，Linux 本身就具有两层安全防火墙，通过 IP 过滤机制的 iptables 实现第一层防护。iptables 防火墙通过直观地监视系统的运行状况，阻挡网络中的一些恶意攻击，保护整个系统正常运行，使系统免遭攻击和破坏。如果通过了第一层防护，那么下一层防护就是 TCP Wrappers 了。通过 TCP Wrappers，可以实现对系统中提供的某些服务的开放与关闭、允许和禁止，从而更有效地保证系统安全运行。

TCP Wrappers 的使用很简单，仅仅只有两个配置文件：/etc/hosts.allow 和 /etc/hosts.deny。

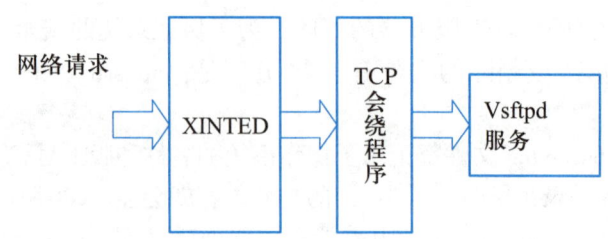

图 5-1-1　TCP Wrappers 工作原理

① 查看系统是否安装了 TCP Wrappers

[root@localhost ~]# rpm –qa | grep tcp

tcp_wrappers-libs–7.6–57.el6.x86_64

如果有类似上面的输出，则表示系统已经安装了 TCP Wrappers 模块。如果没有，可能是没有安装，可以从 Linux 系统安装盘找到对应 RPM 包进行安装。

② TCP Wrappers 防火墙的局限性

系统中的某个服务是否可以使用 TCP Wrappers 防火墙，取决于该服务是否应用了 libwrapped 库文件，如果应用了就可以使用 TCP Wrappers 防火墙。系统中默认的一些服务如：sshd、portmap、sendmail、xinetd、vsftpd、tcpd 等都可以使用 TCP Wrappers 防火墙。

③ TCP Wrappers 设定的规则

TCP Wrappers 防火墙的实现是通过 /etc/hosts.allow 和 /etc/hosts.deny 两个文件来完成的，设定格式为：service:host(s) [:action]

- service：服务名，例如 sshd、vsftpd、tcpd 等。
- host(s)：主机名或者 IP 地址，可以有多个。
- action：符合条件后所采取的动作。

配置文件中常用的关键字如下：

ALL：所有服务或者所有 IP；

ALL EXCEPT：所有的服务或者所有的 IP（不包括指定的服务或者 IP）。

例如：ALL:ALL EXCEPT 192.168.8.160 表示除了 192.168.8.160 这台机器，任何机器执行所有服务时或被允许或被拒绝。

了解了设定语法后，下面就可以对服务进行访问限定。

例如，一台 Linux 服务器，实现的目标是：仅仅允许 192.168.8.180、192.168.8.181 以及域名 www.mobileshop.com 通过 SSH 服务远程登录到系统。下面介绍具体的设置过程。

首先设定允许登录的计算机，即配置 /etc/hosts.allow 文件，设置很简单，只要修改 /etc/hosts.allow（如果没有此文件，请自行建立）这个文件，即只需将下面规则加入 /etc/hosts.allow 即可。

sshd: 192.168.8.180

sshd: 192.168.8.181

sshd: www.mobileshop.com（服务器必须可以解析域名，可以通过静态或者本地 DNS 解析）

接着设置不允许登录的机器，也就是配置 /etc/hosts.deny 文件。

一般情况下，Linux 会首先判断 /etc/hosts.allow 这个文件，如果远程登录的计算机满足文件 /etc/hosts.allow 设定，就不会去使用 /etc/hosts.deny 文件了；相反，如果不满足 hosts.allow 文件设定的规则,就会去使用 hosts.deny 文件,如果满足 hosts.deny 的规则,此主机就被限制为不可访问 Linux 服务器,如果也不满足 hosts.deny 的设定,那么此主机默认是可以访问 linux 服务器的。因此,当设定好 /etc/hosts.allow 文件访问规则之后,只需设置 /etc/hosts.deny 为"所有计算机都不能登录状态",即 sshd:ALL。

通过上面设置,一个简单的 TCP Wrappers 防火墙就设置完毕了。

5.1.2 文件系统安全

1. 锁定系统重要文件

系统运维人员有时候可能会遇到通过 root 用户都不能修改或者删除某个文件的情况,产生这种情况的大部分原因可能是这个文件被锁定了。在 Linux 下锁定文件的命令是 chattr,通过这个命令可以修改 ext2、ext3、ext4 文件系统下文件属性,但是这个命令必须由超级用户 root 来执行。和 Chattr 命令对应的命令是 lsattr,这个命令用来查询文件属性。

对重要的文件进行加锁虽然能够提高服务器的安全性,但是也会带来一些不便。

例如:在软件的安装、升级时可能需要去掉有关目录和文件的 immutable 属性和 append-only 属性,同时,对日志文件设置了 append-only 属性,可能会使日志轮换(logrotate)无法进行。因此,在使用 chattr 命令前,需要结合服务器的应用环境来权衡是否需要设置 immutable 属性和 append-only 属性。

另外,虽然通过 chattr 命令修改文件属性能够提高文件系统的安全性,但是它并不适合所有的目录。chattr 命令不能保护 /dev、/tmp、/var 等目录。

/dev 在启动时,syslog 需要删除并重新建立 /dev/log 套接字设备,如果设置了不可修改属性,那么可能出问题。

/tmp 目录会有很多应用程序和系统程序需要在这个目录下建立临时文件,也不能设置不可修改属性。

/var 是系统和程序的日志目录,如果设置为不可修改属性,那么系统写日志将无法进行,所以也不能通过 chattr 命令保护。

2. 文件权限检查和修改

不安全的权限设置直接威胁到系统的安全,因此运维人员应该能及时发现这些不安全的权限设置,并且修改,防患于未然。下面列举几种查找系统不安全权限的方法。

(1)查找系统中任何用户都有写权限的文件或目录

查找文件:find / -type f -perm -2 -o -perm -20 |xargs ls -al

查找目录:find / -type d -perm -2 -o -perm -20 |xargs ls -ld

(2)查找系统中所有含"s"位的程序

```
find / -type f -perm -4000 -o -perm -2000 -print | xargs ls -al
```

含有"s"位权限的程序对系统安全威胁很大,通过查找系统中所有具有"s"位权限的程序,可以把某些不必要的"s"位程序去掉,这样可以防止用户滥用权限或提升权限的可能性。

(3)检查系统中所有 suid 及 sgid 文件

```
find / -user root -perm -2000 -print -exec md5sum {} \;
find / -user root -perm -4000 -print -exec md5sum {} \;
```

将检查的结果保存到文件中，可在以后的系统检查中作为参考。

（4）检查系统中没有属主的文件

```
find / –nouser –o -nogroup
```

没有属主的文件比较危险，黑客往往利用这些文件，因此找到这些文件后，要么删除掉，要么修改文件的属主，使其处于安全状态。

3. /tmp、/var/tmp、/dev/shm 安全设定

在 Linux 系统中，主要有两个目录或分区用来存放临时文件，分别是 /tmp 和 /var/tmp。

存储临时文件的目录或分区有个共同点就是所有用户可读写、可执行，这就为系统留下了安全隐患。攻击者可以将病毒或者木马脚本放到临时文件的目录下进行信息收集或伪装，严重影响服务器的安全。此时，如果修改临时目录的读写执行权限，很可能影响系统上应用程序的正常运行。因此，需要对这两个目录或分区进行特殊的设置。

/dev/shm 是 Linux 下的一个共享内存设备，在 Linux 启动的时候系统默认会加载 /dev/shm，被加载的 /dev/shm 使用的是 tmpfs 文件系统，而 tmpfs 是一个内存文件系统，这样通过 /dev/shm 就可以直接操控系统内存，非常危险，所以保证 /dev/shm 安全也是非常重要的。

对于 /tmp 的安全设置，需要判断 /tmp 是一个独立磁盘分区，还是一个根分区下的文件夹。如果 /tmp 是一个独立的磁盘分区，那么设置非常简单，修改 /etc/fstab 文件中 /tmp 分区对应的挂载属性，加上 nosuid、noexec、nodev 三个选项即可，修改后的 /tmp 分区挂载属性类似如下：

```
LABEL=/tmp /tmp ext3 rw,nosuid,noexec,nodev 0 0
```

nosuid、noexec、nodev 选项，表示不允许任何 suid 程序，并且在这个分区不能执行任何脚本等程序，也不存在设备文件。

在挂载属性设置完成后，重新挂载 /tmp 分区，保证设置生效。

对于 /var/tmp，如果是独立分区，按照 /tmp 的设置方法修改 /etc/fstab 文件即可；如果是 /var 分区下的一个目录，那么可以将 /var/tmp 目录下所有数据移动到 /tmp 分区下，然后在 /var 下做一个指向 /tmp 的软连接即可。也就是执行如下操作：

```
[root@server ~]# mv /var/tmp/* /tmp
[root@server ~]# ln –s /tmp /var/tmp
```

如果 /tmp 是根目录下的一个目录，设置稍微复杂，可以通过创建一个 loopback 文件系统来利用 Linux 内核的 loopback 特性将文件系统挂载到 /tmp 下，然后在挂载时指定限制加载选项即可。一个简单的操作示例如下：

```
[root@server ~]# dd if=/dev/zero of=/dev/tmpfs bs=1M count=10000
[root@server ~]# mke2fs –j /dev/tmpfs
[root@server ~]# cp –av /tmp /tmp.old
[root@server ~]# mount –o loop,noexec,nosuid,rw /dev/tmpfs /tmp
[root@server ~]# chmod 1777 /tmp
[root@server ~]# mv –f /tmp.old/* /tmp/
[root@server ~]# rm –rf /tmp.old
```

最后，编辑 /etc/fstab，添加如下内容，以便系统在启动时自动加载 loopback 文件系统：

```
/dev/tmpfs /tmp ext3 loop,nosuid,noexec,rw 0 0
```

5.1.3　入侵检测与分析

rootkit 是一种木马后门工具，在 Linux 系统中最常见，它通过替换系统文件来达到入侵和隐蔽的目的，这种木马非常危险和隐蔽，普通的检测工具和检查手段很难发现。rootkit 攻击能力极强，对系统的危害很大，它通过一套工具来建立后门和隐藏行迹，从而让攻击者获得权限，在任何时候都可以使用 root 权限登录到系统。

rootkit 主要有两种类型：文件级别和内核级别，下面分别进行简单介绍。

文件级别的 rootkit 一般是通过程序漏洞或者系统漏洞进入系统后，通过修改系统的重要文件来达到隐藏自己的目的。在系统遭受 rootkit 攻击后，合法的文件被木马程序替代，变成了外壳程序，而其内部是隐藏的后门程序。

通常容易被 rootkit 替代的系统程序有 login、ls、ps、find、netstat 等，其中 login 程序是最常被代替的。当访问 Linux 时，无论是通过本地登录还是远程登录，/bin/login 程序都会运行，系统将通过 /bin/login 来收集并核对用户的账号和密码，而 rootkit 就是利用这个特点，使用一个带有"根"权限后门密码的 /bin/login 来替换系统的 /bin/login，这样攻击者通过输入设定好的密码就能轻松进入系统。此时，即使系统管理员修改 root 密码或者清除 root 密码，攻击者还是一样能通过 root 用户登录系统。攻击者通常在进入 Linux 系统后，会进行一系列的攻击动作，最常见的是安装嗅探器收集本机或者网络中其他服务器的重要数据。Linux 中也有一些系统文件会监控这些工具动作，例如 ifconfig 命令，所以，攻击者为了避免被发现，会想方设法替代其他系统文件，常见的就是 ls、ps、ifconfig、find、netstat 等。如果这些文件都被替代，那么在系统层面就很难发现 rootkit 已经在系统中运行了。

这就是文件级别的 rootkit，目前最有效的防御方法是定期对系统重要文件的完整性进行检查，如果发现文件被修改或者被替代，那么很可能系统已经遭受了 rootkit 入侵。检查文件完整性的工具很多，常见的有 Tripwire、aide 等，可以通过这些工具检测系统是否被 rootkit 入侵。

内核级 rootkit 是比文件级 rootkit 更高级的一种入侵方式，使攻击者获得对系统底层的完全控制权，此时攻击者可以修改系统内核，进而截获运行程序向内核提交的命令，并将其重新定向到入侵者所选择的程序并运行此程序，也就是说，当用户要运行程序 A 时，被入侵者修改过的内核会假装执行 A 程序，而实际上却执行了程序 B。

内核级 rootkit 主要依附在内核上，它并不对系统文件做任何修改，因此一般的检测工具很难检测到其存在，一旦系统内核被植入 rootkit，攻击者就可以对系统为所欲为而不被发现。目前对于内核级的 rootkit 还没有很好的防御工具，因此，做好系统安全防范就非常重要，将系统维持在最小权限内工作，只要攻击者不能获取 root 权限，就无法在内核中植入 rootkit。

下面，我们介绍几种 rootkit 后门检测工具。

1. rootkit 后门检测工具 chkrootkit

chkrootkit 是一个 Linux 系统下查找并检测 rootkit 后门的工具，它的官方地址为 http://www.chkrootkit.org/。

chkrootkit 没有包含在官方的 CentOS 源中，因此要采取手动编译的方法来安装，不过这种安装方法也更加安全。

chkrootkit 的使用比较简单,直接执行 chkrootkit 命令即可自动开始检测系统。下面是某个系统的检测结果:

【代码 5-1-1】 chkrootkit 检测结果

```
[root@server chkrootkit]# /usr/local/chkrootkit/chkrootkit
Checking 'ifconfig'... INFECTED
Checking 'ls'... INFECTED
Checking 'login'... INFECTED
Checking 'netstat'... INFECTED
Checking 'ps'... INFECTED
Checking 'top'... INFECTED
Checking 'sshd'... not infected
Checking 'syslogd'... not tested
```

从输出可以看出,此系统的 ifconfig、ls、login、netstat、ps 和 top 命令已经被感染。针对被感染 rootkit 的系统,最安全而有效的方法就是备份数据重新安装系统。

chkrootkit 在检查 rootkit 的过程中使用了部分系统命令,因此,如果服务器被黑客入侵,那么依赖的系统命令可能也已经被入侵者替换,此时 chkrootkit 的检测结果将变得完全不可信。为了避免 chkrootkit 的这个问题,可以在服务器对外开放前,事先将 chkrootkit 使用的系统命令进行备份,在需要的时候使用备份的原始系统命令让 chkrootkit 对 rootkit 进行检测。

2. rootkit 后门检测工具 RKHunter

RKHunter 是一款专业的检测系统是否感染 rootkit 的工具,它通过执行一系列的脚本来确认服务器是否已经感染 rootkit。在官方的资料中,RKHunter 可以进行的操作有:

● MD5 校验测试,检测文件是否有改动,比较系统命令的 MD5,从而判断系统命令是否被篡改:

```
md5sum /sbin/ifconfig
93f8c878ffb7107b343bcf08e978f6e3 /sbin/ifconfig
```

- 检测 rootkit 使用的系统工具文件;
- 检测特洛伊木马程序的特征码;
- 检测常用程序的文件属性是否异常;
- 检测系统相关的测试;
- 检测隐藏文件;
- 检测可疑的核心模块 LKM;
- 检测系统已启动的监听端口。

在 Linux 终端使用 rkhunter 来检测,最大的好处在于每项的检测结果都有不同的颜色显示,如果是绿色则表示没有问题,如果是红色的,那就要引起关注了。另外,在执行检测的过程中,在每个部分检测完成后,需要以 Enter 键来继续。如果要让程序自动运行,可以执行如下命令:

```
[root@server ~]# /usr/local/bin/rkhunter --check --skip-keypress
```

同时，如果想让检测程序每天定时运行，那么可以在 /etc/crontab 中加入如下内容：

```
30 09 * * * root /usr/local/bin/rkhunter --check --cronjob
```

这样，rkhunter 检测程序就会在每天的 9:30 运行一次。

5.1.4 处理和分析服务器遭受攻击入侵的过程

安全总是相对的，再安全的服务器也有可能遭受到攻击。作为一个系统运维人员，要把握的原则是：做好系统安全防护，修复所有已知的危险行为，同时，在系统遭受攻击后能够迅速有效地处理攻击行为，最大限度地降低攻击对系统产生的影响。

1. 处理服务器遭受攻击的一般思路

系统遭受攻击并不可怕，可怕的是面对攻击束手无策，下面就详细介绍在服务器遭受攻击后的一般处理思路。

（1）切断网络

所有的攻击都来自于网络，在得知系统正遭受黑客的攻击后，首先要做的就是断开服务器的网络连接，这样除了能切断攻击源之外，也能保护服务器所在网络的其他主机。

（2）查找攻击源

可以通过分析系统日志或登录日志文件，查看可疑信息，同时也要查看系统都打开了哪些端口，运行哪些进程，并通过这些进程分析哪些是可疑的程序。这个过程要根据经验和综合判断能力进行追查和分析，下面会详细介绍这个过程的处理思路。

（3）分析入侵原因和途径

系统遭到入侵，原因是多方面的，可能是系统漏洞，也可能是程序漏洞，一定要查清楚是哪个原因导致的，并且还要查清楚遭到攻击的途径，找到攻击源。只有知道了遭受攻击的原因和途径，才能删除攻击源并进行漏洞的修复。

（4）备份用户数据

在服务器遭受攻击后，需要立刻备份服务器上的用户数据，同时也要查看这些数据中是否隐藏着攻击源。如果攻击源在用户数据中，一定要彻底删除，然后将用户数据备份到一个安全的地方。

（5）重新安装系统

在服务器遭到攻击后，最安全也最简单的方法就是重新安装系统，因为大部分攻击程序都会依附在系统文件或者内核中，所以重新安装系统才能彻底清除攻击源。

（6）修复程序或系统漏洞

在发现系统漏洞或者应用程序漏洞后，首先要做的就是修复系统漏洞或者更改程序bug，因为只有将程序的漏洞修复完毕才能正式在服务器上运行。

（7）恢复数据和连接网络

将备份的数据重新复制到新安装的服务器上，然后开启服务，最后将服务器开启网络连接，对外提供服务。

2. 检查并锁定可疑用户

当发现服务器遭受攻击后，首先要切断网络连接，但是在有些情况下，比如无法马上切断网络连接时，就必须登录系统查看是否有可疑用户，如果有可疑用户登录了系统，那么需要马上将这个用户锁定，然后中断此用户的远程连接。

3. 查看系统日志

查看系统日志是查找攻击源最好的方法，可查的系统日志有 /var/log/messages、/var/log/secure 等，这两个日志文件可以记录软件的运行状态以及远程用户的登录状态，还可以查看每个用户目录下的 .bash_history 文件，特别是 /root 目录下的 .bash_history 文件，这个文件中记录着用户执行的所有历史命令。

4. 检查并关闭系统可疑进程

检查可疑进程的命令很多，例如 ps、top 等，但是有时候只知道进程的名称无法得知路径，此时，首先通过 pidof 命令可以查找正在运行的进程 PID，例如要查找 sshd 进程的 PID，执行如下命令：

```
[root@server ~]# pidof sshd
13276 12942 4284
```

然后进入内存目录，查看对应 PID 目录下 exe 文件的信息：

```
[root@server ~]# ls –al /proc/13276/exe
lrwxrwxrwx 1 root root 0 Oct 4 22:09 /proc/13276/exe -> /usr/sbin/sshd
```

这样就找到了进程对应的完整执行路径。如果还有查看文件的句柄，可以查看如下目录：

```
[root@server ~]# ls –al /proc/13276/fd
```

通过这种方式基本可以找到任何进程的完整执行信息。

5. 检查文件系统的完好性

检查文件属性是否发生变化是验证文件系统完好性最简单、最直接的方法，例如可以检查被入侵服务器上 /bin/ls 文件的大小是否与正常系统上此文件的大小相同，以验证文件是否被替换，但是这种方法比较低级。此时可以借助于 Linux 下 rpm 工具来完成验证，操作如下：

【代码 5-1-2】 rpm 检查文件系统的完好性

```
[root@server ~]# rpm –Va
....L... c /etc/pam.d/system-auth
S.5..... c /etc/security/limits.conf
S.5....T c /etc/sysctl.conf
S.5....T /etc/sgml/docbook-simple.cat
S.5....T c /etc/login.defs
S.5..... c /etc/openldap/ldap.conf
S.5....T c /etc/sudoers
```

6. 重新安装系统恢复数据

很多情况下，被攻击过的系统已经不再可信任。因此，最好的方法是将服务器上面的数据进行备份，然后重新安装系统，最后再恢复数据即可。

数据恢复完成后，马上对系统执行上面介绍的安全加固策略，保证系统安全。

5.1.5　任务回顾

 **知识点总结**

1. Linux 系统登录账户的安全设置方法、远程访问和认证安全设置。
2. 文件系统安全：对系统文件的锁定，对文件权限检查和修改。
3. 后门入侵检测与分析：rootkit 后门检测工具 chkrootkit、RKHunter 的使用。
4. 处理和分析服务器遭受的攻击和入侵。

 **学习足迹**

任务一学习足迹如图 5-1-2 所示。

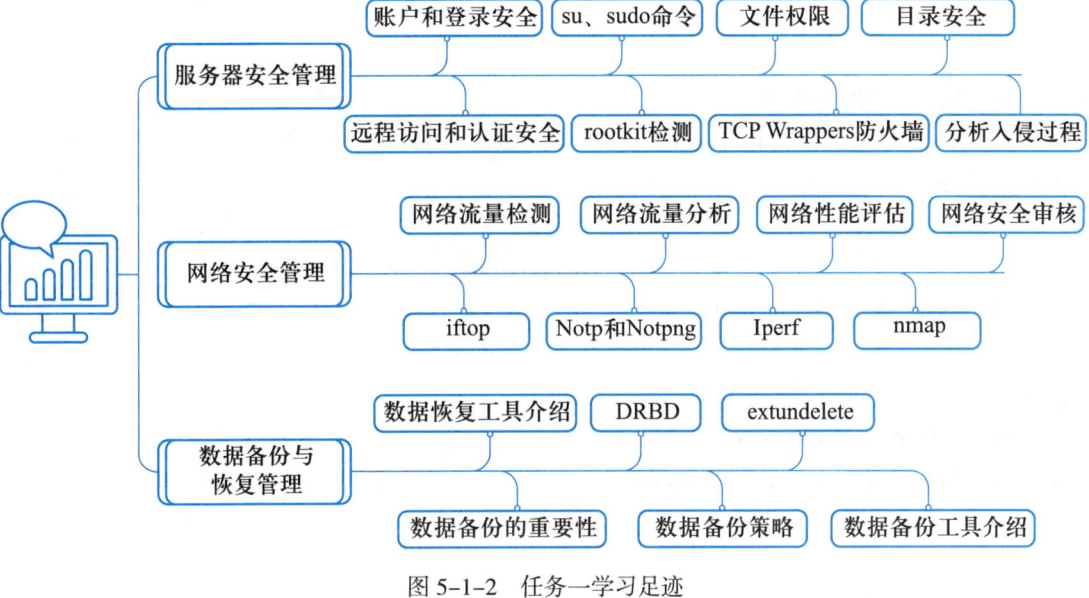

图 5-1-2　任务一学习足迹

 **思考与练习**

1. CentOS6.5 忘记密码如何恢复？
2. Centos6.5 如何查看内核版本和内核源码？

5.2　任务二：网络安全管理

【任务描述】

网络安全管理是运维中一项很重要的工作，在看似平静的网络运行中，其实暗流汹涌，要保证业务系统稳定的运行，网络运维人员必须要了解网络流量状态、带宽的利用率、网络瓶颈等。当网络发生故障时，需要借助一些网络工具，才能及时发现问题，并迅速定位问题源和解决问题。本节任务将介绍流量监测工具 iftop、网络流量分析工具 Notp 和 Notpng、网络性能评估工具 Iperf、网络探测和安全审核工具 nmap 的使用。

5.2.1　网络实时流量监测工具 iftop

1. iftop 能做什么

iftop 是一款免费的网卡实时流量监控工具，它可以监控指定网卡的实时流量、端口连接信息、反向解析 IP 等，还可以精确显示本机网络流量情况及网络内各主机与本机相互通信的流量集合，非常适合于监控代理服务器或路由器的网络流量。同时，iftop 对检测流量异常的主机非常有效，通过 iftop 的输出可以迅速定位主机流量异常的根源，这对于网络故障排查、网络安全检测是十分有用的。

2. iftop 的安装

iftop 的官方网站为：http://www.ex-parrot.com/pdw/iftop/，目前的最新稳定版本为 iftop-0.17。安装 iftop 非常简单，有源码编译安装和 yum 方式安装两种方式，这里以 Centos6.5 版本为例，简单介绍如下。

【代码 5-2-1】　源码编译安装 iftop

```
    安装 iftop 必需的软件库：
[root@localhost ~]# yum install libpcap libpcap-devel ncurses ncurses-devel
[root@localhost ~]# yum install flex byacc
    下载 iftop，编译安装：
[root@localhost ~]# wget http://www.ex-parrot.com/pdw/iftop/download/iftop-0.17.tar.gz
[root@localhost ~]# tar zxvf iftop-0.17.tar.gz
[root@localhost ~]# cd iftop-0.17
[root@localhost iftop-0.17]# ./configure
[root@localhost iftop-0.17]# make
[root@localhost iftop-0.17]# make install
```

【代码 5-2-2】　yum 安装 iftop

```
    安装 iftop 必需的软件库：
[root@localhost ~]# wget http://dl.fedoraproject.org/pub/epel/6/i386/epel-release-6-8.noarch.rpm
[root@localhost ~]# rpm -ivh epel-release-6-8.noarch.rpm
[root@localhost ~]# yum install iftop
```

这样，iftop 就安装完成了。

3. 使用 iftop 监控网卡实时流量

安装完 iftop 工具后，直接输入 iftop 命令即可显示网卡实时流量信息。在默认情况下，iftop 显示系统第一块网卡的流量信息，如果要显示指定网卡信息，可通过"-i"参数实现。

（1）iftop 输出界面说明

执行"iftop"命令，得到如图 5-2-1 所示的 iftop 的一个典型输出界面。

iftop 的输出从整体上可以分为以下三大部分。

第一部分是 iftop 输出中最上面的一行，此行信息是流量刻度，用于显示网卡带宽流量。

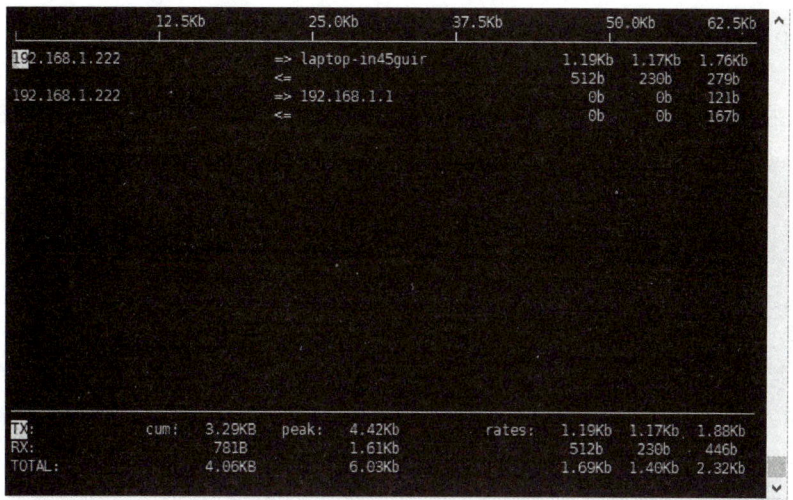

图 5-2-1 iftop 状态监控界面

第二部分是 iftop 输出中最大的一个部分，此部分又分为左、中、右三列，左列和中列记录了哪些 IP 或主机正在和本机的网络进行连接。其中，中列的"=>"代表发送数据，"<="代表接收数据，通过这个指示箭头可以很清晰地知道两个 IP 之间的通信情况。最右列又分为三小列，这些实时参数分别表示外部 IP 连接到本机 2 秒内、10 秒内和 40 秒内的平均流量值。另外，这个部分还有一个流量图形条，流量图形条是对流量大小的动态展示，以第一部分中的流量刻度为基准。通过这个流量图形条可以很方便地看出哪个 IP 的流量最大，进而迅速定位网络中可能出现的流量问题。

第三部分位于 iftop 输出的最下面，可以分为三行，其中，"TX"表示发送数据，"RX"表示接收数据，"TOTAL"表示发送和接收全部流量。与这三行对应的有三列，其中"cum"列表示从运行 iftop 到目前的发送、接收和总数据流量。"peak"列表示发送、接收以及总的流量峰值。"rates"列表示过去 2 s、10 s、40 s 的平均流量值。

（2）iftop 使用参数说明

iftop 还有很多附加参数和功能。执行"iftop-h"即可显示 iftop 可使用的所有参数信息。iftop 常用的参数以及含义如表 5-2-1 所示。

表 5-2-1 **iftop 常用参数说明**

参数	含义	示例
−i	指定需要监测的网卡	iftop −i em1
−n	将输出的主机信息都通过 IP 显示，不进行 DNS 反向解析	iftop −n
−B	将输出以 bytes 为单位的显示网卡流量，默认是 bits	iftop −B
−p	以混杂模式运行 iftop，此时 iftop 可以作为网络嗅探器使用	iftop −p
−N	只显示连接端口号，不显示端口对应的服务名称	iftop −N
−P	显示主机以及端口信息，这个参数非常有用	iftop −P
−F	显示特定网段的网卡进出流量	iftop −F 192.168.12.0/24
−m	设置 iftop 输出界面中最上面的流量刻度最大值，流量刻度分五个大段显示	iftop −m

（3）iftop 的交互操作

在 iftop 的实时监控界面中，还可以对输出结果进行交互式操作，用于对输出信息进行整理和过滤，在图 5-2-1 所示界面中，按键"h"即可进入交互选项界面，如图 5-2-2 所示。

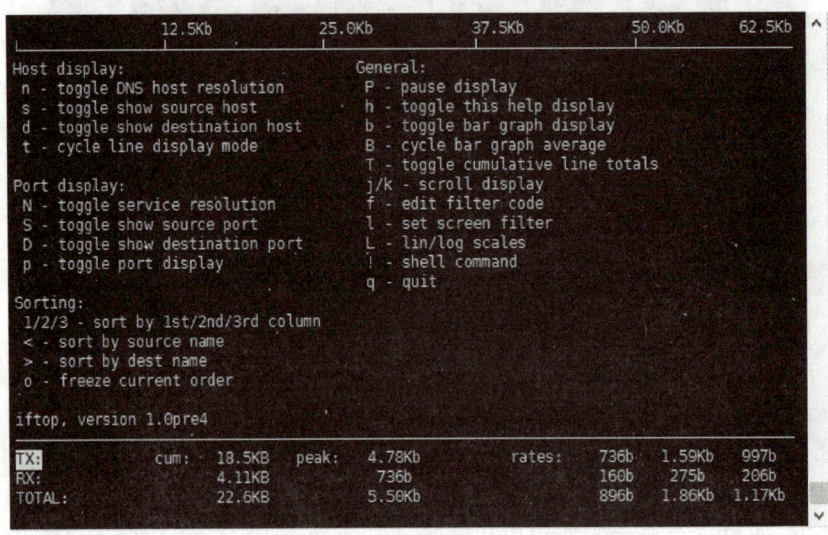

图 5-2-2　iftop 的交互操作选项

iftop 的交互功能和 Linux 下的 top 命令非常类似，交互参数主要分为 4 个部分，分别是一般参数、主机显示参数、端口显示参数和输出排序参数。相关参数的含义如表 5-2-2 所示。

表 5-2-2　iftop 交互参数说明

参数	含义
P	通过此键可切换暂停 / 继续显示
h	通过此键可在交互参数界面 / 状态输出界面之间来回切换
b	通过此键可切换是否显示平均流量图形条
B	通过此键可切换显示 2 秒、10 秒、40 秒内的平均流量
T	通过此键可切换是否显示每个连接的总流量
j/k	按 j 键或 k 键可以向上或向下滚动屏幕显示当前的连接信息
l	通过此键可打开 iftop 输出过滤功能，比如输入要显示的 IP，按回车后，屏幕就只显示与这个 IP 相关的流量信息
L	通过此键可切换显示流量刻度范围，刻度不同，流量图形条会跟着变化
q	通过此键可退出 iftop 流量监控界面
n	通过此键可使 iftop 输出结果以 IP 或主机名的方式显示
s	通过此键可切换是否显示源主机信息
d	通过此键可切换是否显示远端目标主机信息
t	通过此键可切换 iftop 显示格式，连续按此键可依次显示：以两行方式显示发送接收流量、以一行方式显示发送接收流量、只显示发送流量 / 只显示接收流量

续表

参数	含义
N	通过此键可切换显示端口号 / 端口号对应服务名称
S	通过此键可切换是否显示本地源主机的端口信息
D	通过此键可切换是否显示远端目标主机的端口信息
p	通过此键可切换是否显示端口信息
<	通过此键可根据左边的本地主机名或 IP 地址进行排序
>	通过此键可根据远端目标主机的主机名或 IP 地址进行排序
o	通过此键可切换是否固定显示当前的连接

iftop 的强大之处在于它能够实时显示网络的流量状态，监控网卡流量的来源 IP 和目标地址，这对于检测服务器网络故障、流量异常是非常有用的，只需通过一个命令就能把流量异常或网络故障的原因迅速定位，因此对于运维人员来说，iftop 命令是必不可少的一个网络故障排查工具。

5.2.2 网络流量监控与分析工具 Notp 和 Notpng

对于单个服务器网络故障的排查，iftop 工具可以轻松实现，但对于庞大的服务器网络，且要分析每个主机以及端口的网络状态时，iftop 就显得不足。Notp 就是一款功能强大的流量监控、端口监控、服务监控管理系统。MRTG 是一款监控网络链路流量的工具，通过 SNMP 协议得到设备的流量信息，并将信息通过图形展示给用户。MRTG 配置简单，容易使用，它的优点是耗用的系统资源小，可以非常直观地显示流量负载，但是它也有很多缺点，例如：只能用于 TCP/IP 网、数据不能重复使用、无法记录更详细的流量状态、没有管理功能等，而这些刚好是 Notp 最擅长的地方。Notp 是网络流量监控中的新贵，它是一种网络嗅探器，在监测网络数据传输、排除网络故障方面功能十分强大。它通过分析网络流量来判断网络上存在的各种问题，还可以监控是否有黑客正在攻击网络，如果网络突然变得缓慢，那么通过 Ntop 截获的数据包，我们可以确定是什么类型的数据包占据了大量带宽，以及数据包的发送时间、数据包传送的延时、数据包的来源地址等，通过这些信息，运维人员可以及时、迅速地做出响应，对网络进行调整，从而保证网络正常、稳定运行。

1. Notp 与 Notpng 的功能介绍

Notp 提供了命令行界面和 Web 界面两种工作方式，通过 Web 界面，可以清晰展示网络的整体使用情况、网络中各主机的流量状态与排名、各主机占用的带宽以及各时段的流量明细、局域网内各主机的路由、端口使用情况等。

根据官方的介绍，Notp 主要提供以下几个功能：

- 可以自动从网络中获取有用的信息；
- 可以将获取的数据包信息转换为可识别的格式；
- 可以记录网络的通信时间和过程；
- 可以对网络中失败的通信进行分析；
- 可以发现网络环境中通信的瓶颈；

- 可以自动识别客户端正在使用的操作系统。

通过对 Notp 功能的介绍，不难看出，它就是从分析网络流量的角度来确定网络上存在的各种问题。它就是一个抓包工具，通过归纳和绘图实现了更多的功能。在 Notp 版本更新到 Notp5.x 之后，官方宣布停止 Notp 版本的更新，继而推出替代版本 Notpng。Notpng 在 Notp 版本的基础上，去掉了一些拖沓冗长的功能，同时新增了网络流量实时监控功能，并将各个功能进行重新梳理和整合，使整个流量展示更加智能化和合理化。Notpng 使用 Redis 键值服务按时间序列存储统计信息，通过这种方式实现了流量状态实时展示。与 Notp 类似，Notpng 也内置 Web 服务功能，同时，也支持命令行界面和 Web 界面两种工作方式，但是 Notpng 降低了对 CPU 和内存的使用率，资源消耗更少。Notpng 除了可以实现 Notp 的所有功能外，新增的功能如下：

- 以图形的方式动态展示流量状态；
- 实时监控网络数据并实时汇总；
- 以矩阵图的方式显示 IP 流量；
- 可以生成基于 HTML5/AJAX 的网络流量统计；
- 支持历史流量数据分析；
- 基于 HTML 5 的动态图形用户界面。

下面分别介绍 Notp 和 Notpng 的安装及使用技巧。

2. 安装 Notp

Notp 可以支持 Win32、Linux、UNIX、BSD 等平台。可以在 Notp 官方站点 http://www.ntop.org 下载对应的版本。Notp 的安装可以通过 yum 方式和源码编译安装两种方式实现，为了能够使用最新的稳定版本，这里采用源码编译的方式来安装。

安装的操作系统环境为 Centos6.5 版本，Ntop4.1.0 安装前需要做如下准备：

① Linux 系统安装，选择 Basic services（基础服务设施）

② 配置 IP，并关掉 SELinux 与 iptables；

③ 安装基本常用工具及命令：

```
[root@localhost ~]# yum install yum-plugin* tenlnet nmap lrzdz
```

④ 安装 Ntop 所需要的开发库及软件：

【代码 5-2-3】 安装 Ntop 所需要的开发库及软件

```
[root@localhost ~]# yum install libtool -y
[root@localhost ~]# yum install libpcap-devel -y
[root@localhost ~]# yum install zlib-devel -y
[root@localhost ~]# yum install openssl-devel -y
[root@localhost ~]# yum install python-devel -y
[root@localhost ~]# yum install rrdtool*
```

不同的系统可能需要更多的软件包，在编译 Ntop 的时候会有提示，yum 安装缺少的软件即可。

3. 安装 GeopIP

【代码 5-2-4】 安装 GeopIP

```
[root@localhost ~]# wget http://geolite.maxmind.com/download/geoip/api/c/GeoIP.tar.gz
[root@localhost ~]# tar zxvf GeoIP.tar.gz
[root@localhost ~]# cd GeoIP-1.4.8
[root@localhost GeoIP-1.4.8]# ./configure
[root@localhost GeoIP-1.4.8]# make
[root@localhost GeoIP-1.4.8]# make install
```

4. 升级 Python

【代码 5-2-5】 升级 Python

```
[root@localhost ~]# wget http://www.python.org/ftp/python/2.7.3/Python-2.7.3.tgz
[root@localhost ~]# tar zxvf Python-2.7.3.tgz
[root@localhost ~]# cd Python-2.7.3
[root@localhost Python-2.7.3]# ./configure --prefix=/usr/local/python
[root@localhost Python-2.7.3]# make
[root@localhost Python-2.7.3]# make install
[root@localhost Python-2.7.3]# mv /usr/bin/python /usr/bin/python-old
[root@localhost Python-2.7.3]# ln -s /usr/local/python/bin/python /usr/bin
```

5. 安装配置 Ntop

【代码 5-2-6】 安装配置 Ntop

```
[root@localhost ~]# wget http://nchc.dl.sourceforge.net/project/ntop/ntop/Prior%20Stable/ntop-
4.1.0.tar.gz
[root@localhost ~]# tar zxvf ntop-4.1.0.tar.gz
[root@localhost ~]# cd ntop-4.1.0
[root@localhost ntop-4.1.0]# ./autogen.sh --prefix=/usr/local/ntop
[root@localhost ntop-4.1.0]# make
[root@localhost ntop-4.1.0]# make install
[root@localhost ntop-4.1.0]# mkdir /var/log/ntop
[root@localhost ntop-4.1.0]# useradd ntop
[root@localhost ntop-4.1.0]# chown ntop.ntop /usr/local/ntop/share/ntop/ -R
[root@localhost ntop-4.1.0]# chown ntop.ntop /var/log/ntop/
[root@localhost ntop-4.1.0]# cp /root/ntop-4.1.0/packages/Redhat/ntop.com.sample /etc/ntop.conf
[root@localhost ~]# cd /usr/local/ntop/bin
[root@localhost bin]# ./ntop -A
[root@localhost bin]# ./ntop -P /var/log/ntop -u ntop -d -w 3389
http://192.168.1.222:3389
```

默认用户密码：admin/admin

6. 安装 Notpng

Notpng 是目前官方的主推版本，可以从 http://www.ntop.org/ 下载目前最新的 ntopng-1.1 源码版本进行编译安装。不过为了安装方便，官方推出了 Notpng 的 yum 源仓库，通过 yum 源仓库可以轻松安装 Notpng，这里就采用 yum 源方式进行安装。

安装环境：Centos6.5（64bit）ntopng-1.1

（1）安装前准备下载底层包

【代码 5-2-7】 安装编译环境及依赖包

```
[root@localhost ~]# yum install gcc
[root@localhost ~]# yum install gcc-c++ -y
[root@localhost ~]# yum install libpcap-devel
[root@localhost ~]# yum install libxml2-devel
[root@localhost ~]# yum install glib2-devel
```

（2）安装 redis

【代码 5-2-8】 安装 redis 并运行

```
[root@localhost ~]# rpm -ivh epel-release-5-4.noarch.rpm
[root@localhost ~]# yum install redis
[root@localhost ~]# service redis start
[root@localhost ~]# ps aux | grep redis
```

（3）安装 Ntopng

【代码 5-2-9】 安装 Ntopng

```
    将从官网下载好的 ntopng-1.1_6932.tgz 解压、编译并安装
[root@localhost ~]# tar zxvf ntopng-1.1_6932.tgz
[root@localhost ~]# cd ntopng-1.1_6932
[root@ntopng-1.1_6932]# ./configure
[root@localhost ~]# make
[root@localhost ~]# make install
```

（4）配置 Notpng

在 /etc 下建立 ntopng 目录，并在目录内新建 ntopng.conf 并编辑以下内容：

【代码 5-2-10】 编辑 ntopng.conf

```
[root@localhost ~]# cat /etc/ntopng/ntopng.conf
-G=/var/tmp/ntopng.gid
--local-networks "192.168.1.0/24"
--interface eth1
--user nobody
--http-port 3000
```

参数含义如表 5-2-3 所示。

表 5-2-3 ntopng.conf 文件的参数含义

参数	含义
–G	指定存储 ntopng 进程号的文件路径
--local-network	指定要监控的本地子网段
--interface em2	指定监听 em2 网卡上的流量
--user	指定运行 ntopng 服务所使用的账户
--http-port	指定 ntopng 的 Web 服务端口号，如果不指定，默认端口为 3000

（5）启动 Notpng 服务

在启动 Notpng 服务之前，需要先启动 redis 服务，redis 的功能之前介绍过，主要是为 Notpng 提供键值存储。然后启动 Notpng 服务，执行操作如下：

```
[root@localhost ~]# /usr/local/bin/ntopng /etc/ntopng/ntopng.conf
```

最后，就可以通过 Web 方式（http://IP:3000）来访问 Notpng 提供的服务了，默认登录用户名和密码均为 admin，可在登录后进行修改。

7. Notp 和 Notpng 的使用技巧

在完成 Notp 安装后，执行如下命令即可启动 Notp 服务：

```
[root@networkserver ~]# ntop –i eth1 –L –d
```

这里通过 Notp 命令监控网卡 eth1 的流量状态，相关参数的含义将在后面章节详细介绍。在执行此命令后，Notp 服务的日志输出将重定向到系统的 /var/log/messages 文件中，同时将开启默认的 3000 端口作为 Web 界面服务端口，执行 http://IP:3000 即可访问 Notp 提供的 Web 监控界面。

（1）Web 界面下 Notp 的使用方法与技巧

Notp 的 Web 界面主要由 7 个主栏目组成，下面主要介绍每个栏目中需要重点关注的功能。"About"栏目是对 Notp 的简单介绍和一些在线手册等帮助信息。

"Summary"栏目是对目前网络流量的一个整体概况，其中子栏目"Traffic"可以显示全局流量统计，主要包含网络接口流量统计、协议流量分布、应用协议流量统计等，网络流量会以柱面图、曲线图和明细表格的形式展示出来。图 5-2-3 显示的是 Protocol（协议）对应的流量分布图。

"Summary"下的子栏目"Host"主要显示所有可监控主机的 IP 地址、地理位置、MAC 地址、数据发送接收量、目前活动连接数等各种信息，在主机流量监控方面，可通过 Bytes 方式统计，也可以用 packets 方式统计，要了解每个主机的详细流量信息，只需点击对应的 Host 便可查看，图 5-2-4 是某主机在某时刻的流量连接流视图。

通过图 5-2-4 可以非常清晰地了解 IP 为 192.168.1.222 的这台主机，与 192.168.1.1 这台主机之间的发送、接收数据流量，显示出这两台主机之间的发送、接收数据流量，连接的宽度表示发送或接收数据量的大小。

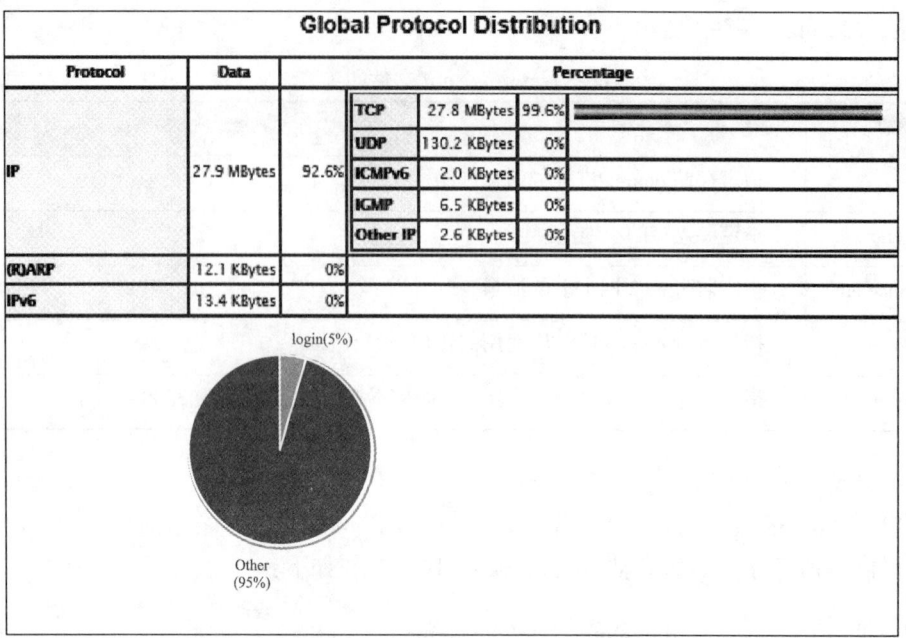

图 5-2-3　Notp 根据协议进行的流量分布统计

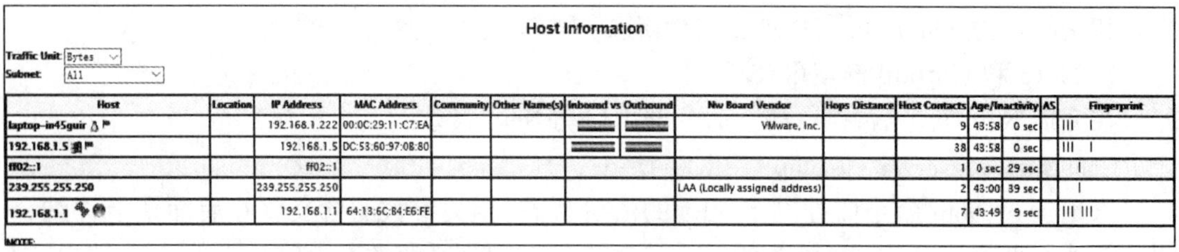

图 5-2-4　通过 Notp 展示某主机在某时刻的连接流视图

在"Summary"下的子栏目"Host"中,在查看每个主机的详细流量页面上有一个按时段的流量统计功能,这个功能非常有用,通过这个统计可以查看某主机在一天任意一个小时内发送、接收的数据流量,同时还通过饼状图进行集中汇总。

"Summary"下的子栏目"Network Load"用于网络负载统计,通过该项功能可以查看最近 10 分钟、一小时、一天、一个月的网络流量信息。图 5-2-5 展示的是一个小时内的网络负载统计。

"All Protocols"栏目主要用于查看各主机发送、接收的数据量,并将数据以 TCP、UDP、ICMP 的方式进行分类统计。其中,子栏目"Throughput"主要显示所有可见主机的吞吐量,子栏目"activity"主要显示当前网络可见主机在 24 小时中每小时的流量状态,并且每个时段根据流量的大小分别用不同的颜色进行标注。

"IP"栏目主要对各个主机中应用层协议产生的流量进行统计。例如,子栏目"Summary"主要对各主机中 HTTP、FTP、Mail、SSH、DNS 等服务产生的流量进行详细统计,同时还可以统计多播信息、流量分布等;子栏目"Traffic Directions"主要用于统计端到端的流量信息,可以统计本地到本地、本地到远端、远端到本地、远端到远端的流量状态;子栏目"Local"主要是统计局域网络内各主机使用状况,比如可以统计本地路由使用信息,本地端口使用信息、Active Sessions 连接信息等。

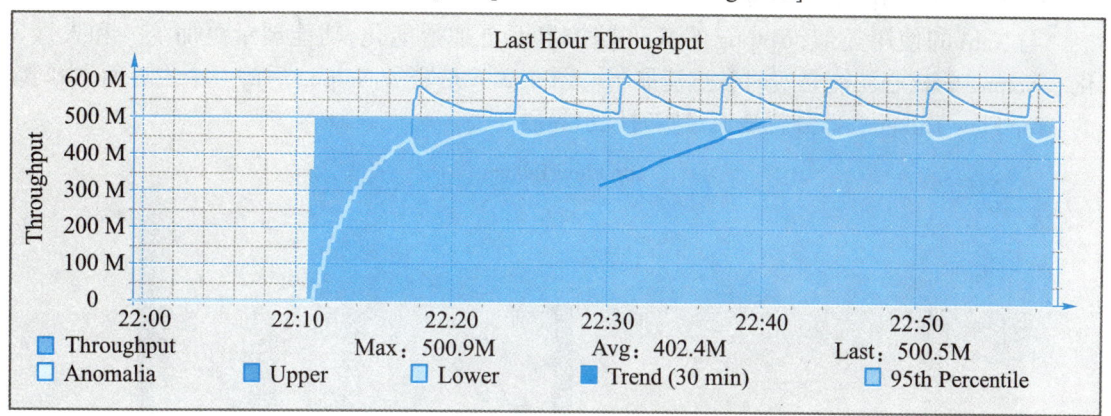

图 5-2-5　Notp 展示的一个小时内的网络负载

"Utils"栏目主要有 RRD 参数的配置、转存 Notp 的统计信息，以及查看 Notp 运行日志信息等功能。

"Plugins"栏目用于继承 Notp 插件工具，默认安装的插件有 NetFlow、rrdPlugin、sFlow 等，其中，NetFlow 插件可用于设置、激活、停用 NetFlow 支持，在启用 NetFlow 后，Notp 就可以统计 NetFlow 的详细信息，包括 NetFlow 的格式、数据量及端口流量。而 rrdPlugin 插件主要用于生成流量图，它比 MRTG 更灵活，非常适合用 Shell、Perl 等程序来调用，以生成所需的图片。sFlow 是一种新的网络监测技术，可适应超大网络流量下的流量数据分析，在 Notp 中启用 sFlow 支持后，不但可以降低实施成本，也可以解决网络管理中面临的很多问题。

最后一个栏目"admin"是一个管理选项，访问此栏目时需要提供管理员密码，有 Notp 的参数配置、登录 Notp 的密码设置、配置用户访问 Notp 的页面、Notp 的启动与关闭等几个功能选项。这些 Notp 的配置与管理功能非常简单，这里不过多讲述。

（2）命令行下 Notp 的常用参数

Notp 也可以在命令行下使用，虽然在命令行下没有那么直观，但是添加和修改配置非常迅速，并且还能实现很多 Web 界面下无法完成的功能。执行"ntop –h"命令即可显示 Notp 在命令行下可使用的所有参数信息。在命令行下 Notp 常用的参数及含义如表 5-2-4 所示。

表 5-2-4　命令行下 Notp 常用的参数及含义

参数	含义
–d	将 Notp 进程放到后台执行，默认 Notp 在前台运行，日志输出在屏幕
–u	指定启动 Notp 执行的用户，默认是 nobody 用户
–i	指定 Notp 监听的网卡设备，指定多块网卡时，用逗号隔开
–M	如果通过"–i"参数指定了多块网卡，那么输出的网卡流量信息默认是合并的，如果要将多块网卡信息分开统计，就需要添加此参数
–L	将 Notp 的输出信息写入到系统日志文件中，对于 centos，就是 /var/log/messages 文件
–w	设置 Notp 的 Web 界面使用的端口，默认是 3000 端口
–r	设定 Notp 的 Web 界面自动刷新的频率，默认是每三秒刷新一次

（3）Notpng 的使用方法与技巧

与 Notp 的使用类似，Notpng 的 Web 监控界面更加智能化，功能展示更加统一和人性化。Notpng 的核心功能是实时数据流展示。图 5-2-6 是登录 Notpng 后的一个主界面，中间的“Top Flow Talkers”部分就是流量实时展示界面。

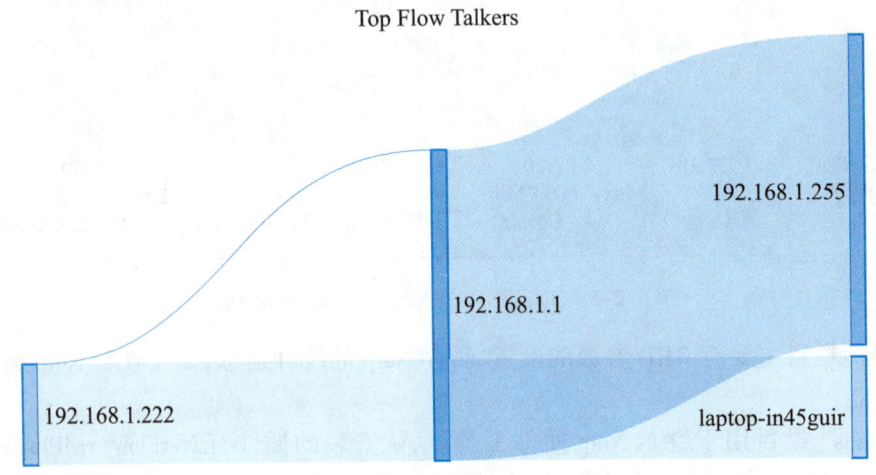

图 5-2-6　Notpng 流量实时监控主界面

Notpng 的 Web 界面主要分为 Home、Flows、Hosts 和 Interfaces 四个主栏目。其中“Home”栏目主要是从整体上展示并统计发送、接收的数据流；“Flows”栏目是基于 DPI 的自动程序或服务探测程序生成的实时数据报告，主要是统计活跃的数据流，并将数据流以协议类型、应用类型、数据量大小等方式进行详细统计，如图 5-2-7 所示。

通过图 5-2-7 可以很清晰地看出每条数据流的发送方和接收方，而“Breakdown”列展示了发送和接收数据量的大小，点击右上角的“Applications”按钮，还可以根据不同的应用类型例如 HTTP、ICMP、DNS 等有选择地查看活动的数据流状态。“Hosts”栏目显示了所有 Notpng 可见的主机信息，可分类显示本地的或远程的主机列表，还可以显示每个主机间的交互信息、本地主机矩阵图等信息，如图 5-2-8 所示。

Active Flows

10 ▾　Applications▾

Info	Application	L4 Proto	VLAN	Client	Server	Duration	Breakdown	Throughput	Total Bytes
Info	SSH	TCP		192.168.1.222:22	laptop-in45guir:52522	1 h, 57 sec	Client Ser	0 bps –	1.39 MB
Info	HTTP	TCP		laptop-in45guir:50154	192.168.1.222:8500	1 sec	Client Server		37.37 KB
Info	SSDP	UDP		192.168.1.1:52199	239.255.255.250:1900	1 h, 1 sec	Client	0 bps –	19.82 KB
Info	HTTP	TCP		laptop-in45guir:50134	192.168.1.222:8500	1 sec	Client Server	0 bps –	5.09 KB
Info	HTTP	TCP		laptop-in45guir:50148	192.168.1.222:8500	1 sec	Client Server	0 bps –	4.51 KB
Info	HTTP	TCP		laptop-in45guir:50140	192.168.1.222:8500	1 sec	Client Server	0 bps –	4.24 KB
Info	HTTP	TCP		laptop-in45guir:50127	192.168.1.222:8500	1 sec	Client Server	0 bps –	3.96 KB
Info	HTTP	TCP		laptop-in45guir:50152	192.168.1.222:8500	1 sec	Client Server		2.34 KB
Info	HTTP	TCP		laptop-in45guir:50155	192.168.1.222:8500	1 sec	Client Server		2.34 KB
Info	HTTP	TCP		laptop-in45guir:50146	192.168.1.222:8500	1 sec	Client Server	0 bps –	2.34 KB

Showing 1 to 10 of 48 rows

← First　Prev　1　2　3　4　5　Next　Last →

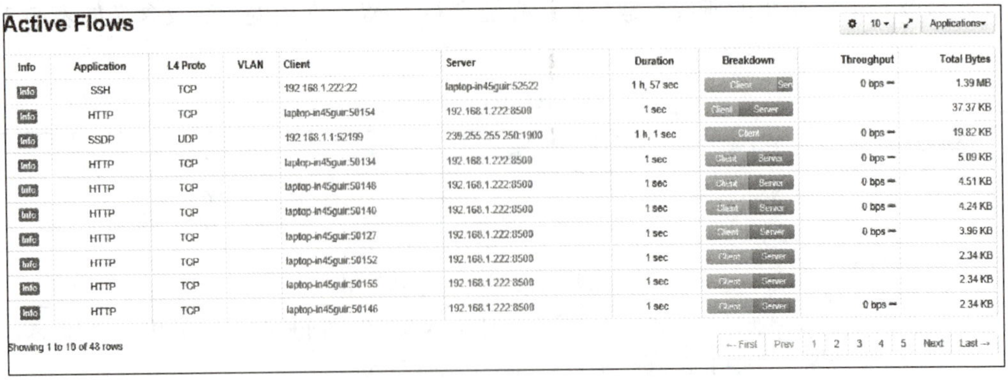

图 5-2-7　Notpng 对活跃数据流的统计

在图 5-2-8 中，Notpng 展示了每个主机的主机名、IP 地址、主机所处地域（本地或者远程）、数据收集持续时长、发送接收数据量、主机网络吞吐量、数据传输量等信息。如果想要

Hosts List

IP Address	VLAN	Location	Name	Seen Since	ASN	Breakdown	Throughput	Traffic
192.168.1.222		Local	192.168.1.222	1 h. 3 min, 38 sec		Sent　Rcvd	18.87 Kbit	36.26 MB
192.168.1.5		Local	192.168.1.5 ...	1 h. 3 min, 38 sec		Sent　Rcvd	18.87 Kbit	36.2 MB
192.168.1.1		Local	192.168.1.1	1 h. 3 min, 31 sec		Sent　Rcvd	0 bps	152.51 KB
239.255.255.250		Remote	239.255.255.250	1 h. 3 min, 21 sec		Rcvd	0 bps	29.9 KB
192.168.1.2		Local	iphone	1 min, 26 sec		Rcvd	0 bps	900 Bytes
00:0C:29:11:C7:EA		Local	00:0C:29:11:C7:EA ...	2 min, 42 sec		Sent　Rcvd	0 bps	612 Bytes
64:13:6C:B4:E6:FE		Local	64:13:6C:B4:E6:FE	2 min, 42 sec		Sent　Rcvd	0 bps	612 Bytes
224.0.0.252		Remote	224.0.0.252	2 min, 31 sec		Rcvd	0 bps	376 Bytes
224.0.0.251		Remote	224.0.0.251	2 min, 24 sec		Rcvd	0 bps	240 Bytes
224.0.0.1		Remote	224.0.0.1 ...	26 sec		Rcvd	0 bps	60 Bytes

Showing 1 to 10 of 12 rows　　　　← First　Prev　1　2　Next　Last →

图 5-2-8　Notpng 收集到的所有主机列表

了解每个主机更详细的统计信息，可以在图 5-2-8 中点击每个主机 IP 进入主机详细信息页，如图 5-2-9 所示。

Host: 192.168.1.222　Overview　Traffic　Packets　Protocols　Flows　Talkers　Contacts　Historical

(Router) MAC Address	00:0C:29:11:C7:EA
IP Address	192.168.1.222
Name	192.168.1.222 ☑ Local Private IP
First Seen	02/04/2017 10:06:53 [1 day, 4 hours, 40 min, 37 sec ago]
Last Seen	02/04/2017 11:12:33 [1 day, 3 hours, 34 min, 57 sec ago]
Sent vs Received Traffic Breakdown	Sent　　　　　　　　Rcvd
Traffic Sent	172,595 Pkts / 18.95 MB ↑
Traffic Received	190,118 Pkts / 17.96 MB ↑
JSON	⊕ Download
Activity Map	

图 5-2-9　Notpng 对每台主机的详细监控页面

从图 5-2-9 可以看出，每个主机的详细信息页中又分很多小栏目，默认打开的页面展示了此主机的 MAC 地址、IP 地址、操作系统类型、主机名、数据收集的开始和截止时间、数据发送和接收量等信息，点击图 5-2-9 中的"Traffic"栏目，可以根据协议类型查看数据的通信量，并且还通过饼状图进行了汇总，如图 5-2-10 所示。

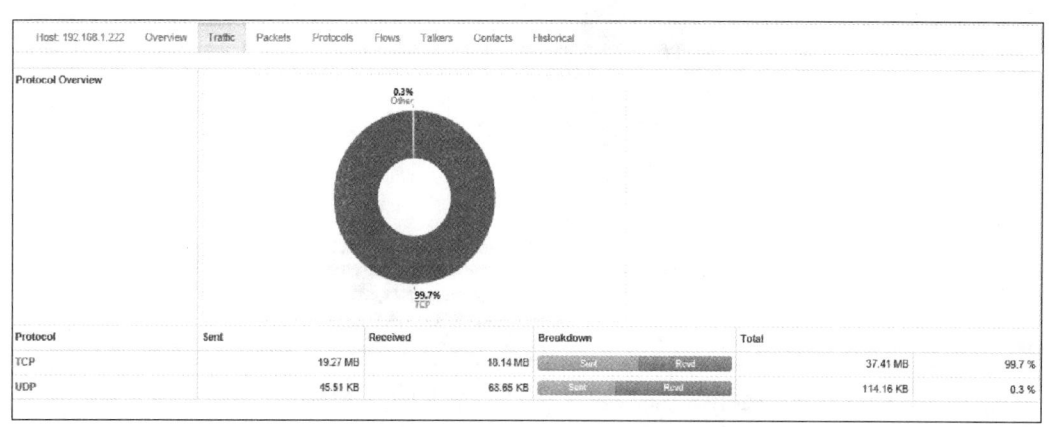

图 5-2-10　Notpng 根据协议类型进行数据流量统计

　　在图5-2-10中,Notpng将通信流量以TCP、UDP、ICMP三种协议类型进行分别统计,并且通过饼状图方式进行整体汇总,这对于了解网络中某个通信协议的流量是非常有用的。点击图5-2-9中的"Packets"栏目,可以根据发送、接收包的数量进行流量统计,如图5-2-11所示。

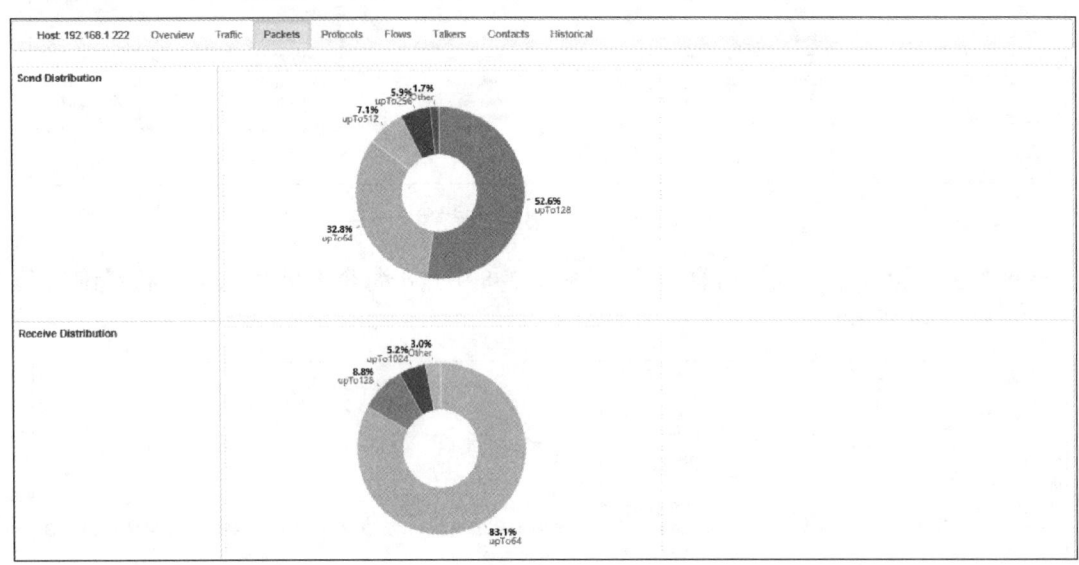

图5-2-11　Notpng绘制的数据包发送量、接收量分布图

　　"Packets"栏目展示的是数据包发送量、接收量的分布图。从图5-2-11中可以看到,在发送的数据包中,数据包量高达128的占总发送量的71.2%,在接收的数据包中,数据包量高达256的占总接收量的83.8%,这个功能可以帮助网络管理员判断网络中发送或接收数据包的数据及占据的比例,网络管理员可以以此为依据来判断网络是否存在异常,进而解决潜在的网络问题。点击图5-2-9中的"Protocols"栏目,可以根据应用程序的类型进行流量统计,如图5-2-12所示。

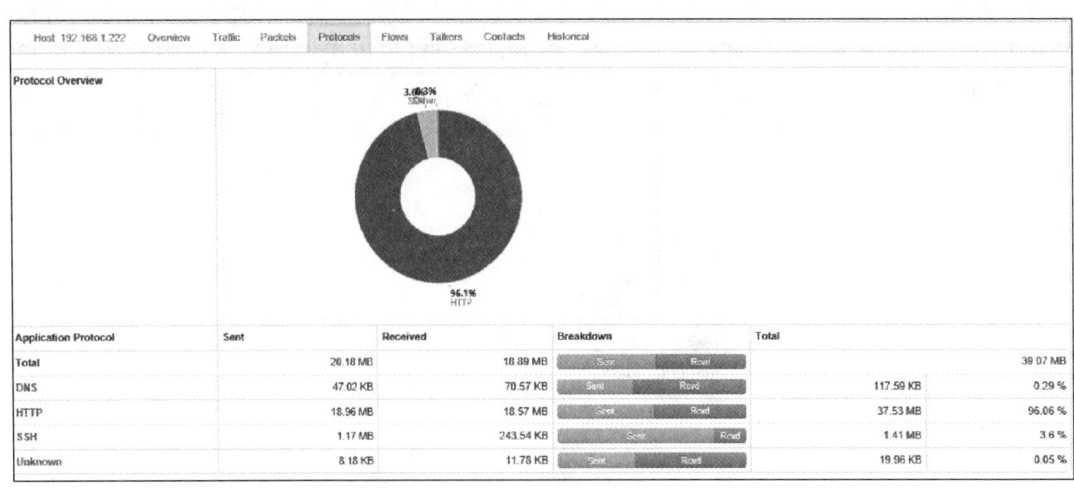

图5-2-12　Notpng根据应用程序的类型进行流量统计

　　图 5-2-12 显示了 DNS、HTTP、ICMP、MySQL、SSH 等应用协议在一段时间内的发送、接收数据量。通过此功能,可以迅速发现哪个应用程序存在问题,对于短时间内流量非常大的应用协议,管理员就需要重点关注了。

　　图 5-2-9 中的"Flows"栏目、"Talkers"栏目、"Current Contacts"栏目都比较浅显易懂,这里不再介绍。最后重点关注下"Historical"栏目,如图 5-2-13 所示,此栏目主要是将数据流量生成流量图,进而用于分析历史流量数据,可以根据不同传输协议、不同应用协议类型等方式选择不同时段来分析数据发送、接收的趋势,通过这些生成的历史流量图,可以分析网络一段时间内的运行状态,并为网络管理和网络故障排除提供依据。

图 5-2-13　Notpng 生成的历史数据流量图

　　Notpng 的最后一个主栏目是"Interfaces",主要用于对监控的网络接口的数据流量进行分析,可以查看监控接口传输数据量的总大小,接收数据包的总个数以及包大小分布状况、每个应用协议产生的流量大小、历史流量数据查询等,可以从整体上了解网络接口的通信状态。

　　Notpng 也提供了简单的 Web 管理功能,通过 Web 界面可以添加、修改、删除管理员用户,还可以将每个主机的数据以 JSON 的格式进行导出。

5.2.3　网络性能评估工具 Iperf

　　网络性能评估主要是监测网络带宽的使用率,将网络带宽利用最大化是保证网络性能的基础,但是网络设计不合理、网络存在安全漏洞等原因,都会导致网络带宽利用率不高。要找到网络带宽利用率不高的原因,就需要对网络传输进行监控,从而用到一些网络性能评估工具,而 Iperf 就是这样一款网络带宽测试工具。

1. Iperf 能做什么

　　Iperf 是一款的网络性能测试工具,它基于 TCP/IP 和 UDP/IP 协议。它可以用来测量网络带宽和网信息了解并判断网络性能问题,从而定位网络瓶颈,解决网络故障。

　　下面介绍 Iperf 的主要功能。

（1）TCP 方面

① 测试网络带宽；

② 支持多线程，在客户端与服务端支持多重连接；

③ 报告 MSS/MTU 值的大小；

④ 支持 TCP 窗口值自定义并可通过套接字缓冲。

（2）UDP 方面

① 可以设置指定带宽的 UDP 数据流；

② 可以测试网络抖动值、丢包数；

③ 支持多播测试；

④ 支持多线程，在客户端与服务端支持多重连接。

2. Iperf 的安装与使用

Iperf 可以运行在任何 IP 网络上，包括本地以太网、接入因特网、WiFi 网络等。在工作模式上，Iperf 运行于服务器、客户端模式下，其服务器端主要用于监听到达的测试请求，而客户端主要用于发起连接，因此使用 Iperf 需要两台服务器，一台运行在服务器模式下，另一台运行在客户端模式下。

Iperf 支持 Win32、Linux、FreeBSD、MacOS X、OpenBSD 和 Solaris 等多种操作系统平台。读者可以从 Iperf 官方主页 http://iperf.fr/ 下载各种版本，目前最新的版本是 iperf 3.0，这里下载的软件包为 iperf-3.0.1.tar.gz，安装过程如下：

【代码 5-2-11】 安装 Iperf

```
[root@ networkserver ~]# tar zxvf iperf-3.0.1.tar.gz
[root@ networkserver ~]# cd iperf-3.0.1
[root@ networkserver iperf]# ./configure
[root@ networkserver iperf]# make
[root@ networkserver iperf]# make install
```

这样，Iperf 就安装完成了。

3. Iperf 参数介绍

在完成 Iperf 安装后，执行"iperf3 -h"即可显示 Iperf 的详细用法。Iperf 的命令行选项共分为三类，分别是客户端与服务器端公用选项、服务器端专用选项和客户端专用选项，下面对常用的选项进行介绍。

服务器端专用选项的含义如表 5-2-5 所示。

表 5-2-5　服务器端专用选项的含义

命令行参数	含义
--s	将 Iperf 以 Server 模式启动，例如：iperf3 -s，iperf3 默认启动的监听端口为 5201，可以通过"-p"选项修改默认监听端口
-D	将 Iperf 作为后台守护进程运行，例如：iperf3 -s -D

客户端专用选项的含义如表 5-2-6 所示。

表 5-2-6　客户端专用选项的含义

命令行参数	含义描述
-c	将 Iperf 以 Client 模式启动。 例如：iperf3 -c 192.168.12.168，其中 192.168.12.168 是 Server 端的 IP 地址
-u	指定使用 UDP 协议
-b [K|M|G]	指定 UDP 模式使用的带宽，单位 bits/s。此选项与"-u"选项相关，默认值是 1 Mbits/s
-t	指定传输数据包的总时间。Iperf 将在指定的时间内，重复发送指定长度的数据包。默认是 10 秒
-n [K|M|G]	指定传输数据包的字节数，例如：iperf3 -c 192.168.12.168 -n 100M
-l	指定读写缓冲区的长度。TCP 方式默认大小为 8 KB，UDP 方式默认大小为 1 470 字节
-P	指定客户端与服务器端之间使用的线程数。默认是 1 个线程。需要客户端与服务器端同时使用此参数
-R	切换数据发送接收模式，例如默认客户端发送，服务器端接收，设置此参数后，数据流向变为客户端接收，服务器端发送
-w	指定套接字缓冲区大小，在 TCP 方式下，此设置为 TCP 窗口的大小。在 UDP 方式下，此设置为接受 UDP 数据包的缓冲区大小，用来限制可以接收数据包的最大值
-B	用来绑定一个主机地址或接口，这个参数仅用于具有多个网络接口的主机。在 UDP 模式下，此参数用于绑定和加入一个多播组
-M	设置 TCP 最大信息段的值
-N	设置 TCP 无延时

客户端与服务器端公用选项的含义如表 5-2-7 所示。

表 5-2-7　客户端与服务器端公用选项的含义

命令行参数	含义描述
-f [k|m|g|K|M|G]	指定带宽输出单位，"[k|m|g|K|M|G]"分别表示以 Kbits、Mbits、Gbits、KBytes、MBytes、GBytes 显示输出结果，默认以 Mbits 为单位，例如：iperf3 -c 192.168.12.168 -f M
-p	指定服务器端使用的端口或客户端所连接的端口，例如： iperf3 -s -p 9527； iperf3 -c 192.168.12.168 -p 9527
-i	指定每次报告之间的时间间隔，单位为秒。如果设置为非零值，就会按照此时间间隔输出测试报告。默认值为 1。 例如：iperf3 -c 192.168.12.168 -i 2
-F	指定文件作为数据流进行带宽测试。 例如：iperf3 -c 192.168.12.168 -F web-ixdba.tar.gz

4. Iperf 应用实例

使用 Iperf 时，首先要启用一个服务器端，这里假定服务器端的 IP 地址为 192.168.12.168，在此服务器上运行"iperf3 -s"即可开启 Iperf 的服务器模式。在默认情况下，iperf3 将在服务器端打开一个 5201 监听端口，此时就可以将另一台服务器作为客户端执行 Iperf 功能测试了。

(1) 测试TCP吞吐量

为了确定网卡的最大吞吐量,可以在任意客户端运行Iperf命令,Iperf将尝试从客户端尽可能快地向服务端发送数据请求,并且会输出发送的数据量和网卡平均带宽值。图5-2-14是一个最简单的带宽测试命令。

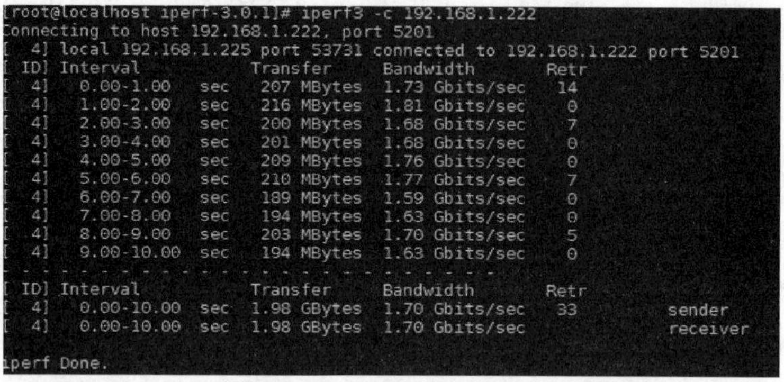

```
[root@localhost iperf-3.0.1]# iperf3 -c 192.168.1.222
Connecting to host 192.168.1.222, port 5201
[  4] local 192.168.1.225 port 53731 connected to 192.168.1.222 port 5201
[ ID] Interval           Transfer     Bandwidth       Retr
[  4]   0.00-1.00   sec   207 MBytes  1.73 Gbits/sec   14
[  4]   1.00-2.00   sec   216 MBytes  1.81 Gbits/sec    0
[  4]   2.00-3.00   sec   200 MBytes  1.68 Gbits/sec    7
[  4]   3.00-4.00   sec   201 MBytes  1.68 Gbits/sec    0
[  4]   4.00-5.00   sec   209 MBytes  1.76 Gbits/sec    0
[  4]   5.00-6.00   sec   210 MBytes  1.77 Gbits/sec    7
[  4]   6.00-7.00   sec   189 MBytes  1.59 Gbits/sec    0
[  4]   7.00-8.00   sec   194 MBytes  1.63 Gbits/sec    0
[  4]   8.00-9.00   sec   203 MBytes  1.70 Gbits/sec    5
[  4]   9.00-10.00  sec   194 MBytes  1.63 Gbits/sec    0
- - - - - - - - - - - - - - - - - - - - - - - - -
[ ID] Interval           Transfer     Bandwidth       Retr
[  4]   0.00-10.00  sec  1.98 GBytes  1.70 Gbits/sec   33             sender
[  4]   0.00-10.00  sec  1.98 GBytes  1.70 Gbits/sec                  receiver

iperf Done.
```

图5-2-14 通过Iperf测试网络带宽利用率

从图5-2-14可以看出,Iperf默认的运行时间是10秒,每秒输出一个值,同时还可以看到每秒传输的数据量在200 MB左右,刚好与"Bandwidth"列的值对应起来,网卡的带宽速率在1.63 Gbits/s左右。在输出最下方,Iperf显示出总的数据发送、接收量,带宽速率平均值,基本可以判断网络带宽是否正常,网络传输状态是否稳定。

Iperf提供很多参数,可以多角度、全方位地测试网络带宽利用率,例如,要改变Iperf运行的时间和输出频率,可以通过"-t"和"-i"参数来实现,如图5-2-15所示。

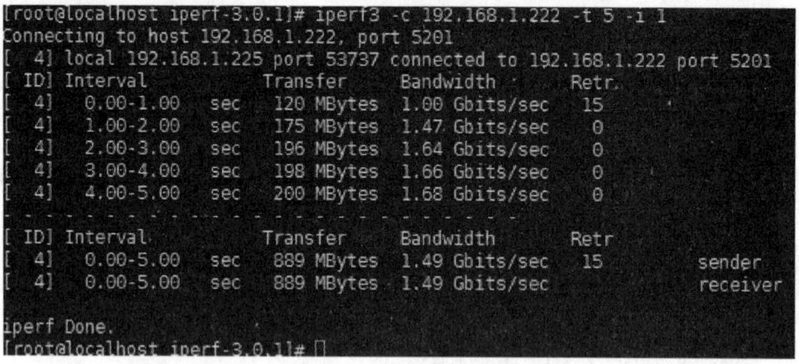

```
[root@localhost iperf-3.0.1]# iperf3 -c 192.168.1.222 -t 5 -i 1
Connecting to host 192.168.1.222, port 5201
[  4] local 192.168.1.225 port 53737 connected to 192.168.1.222 port 5201
[ ID] Interval           Transfer     Bandwidth       Retr
[  4]   0.00-1.00   sec   120 MBytes  1.00 Gbits/sec   15
[  4]   1.00-2.00   sec   175 MBytes  1.47 Gbits/sec    0
[  4]   2.00-3.00   sec   196 MBytes  1.64 Gbits/sec    0
[  4]   3.00-4.00   sec   198 MBytes  1.66 Gbits/sec    0
[  4]   4.00-5.00   sec   200 MBytes  1.68 Gbits/sec    0
- - - - - - - - - - - - - - - - - - - - - - - - -
[ ID] Interval           Transfer     Bandwidth       Retr
[  4]   0.00-5.00   sec   889 MBytes  1.49 Gbits/sec   15             sender
[  4]   0.00-5.00   sec   889 MBytes  1.49 Gbits/sec                  receiver

iperf Done.
[root@localhost iperf-3.0.1]#
```

图5-2-15 添加"-t"和"-i"参数后的Iperf输出

可以看出,每1秒一次,总5秒,测试的带宽速率仍然保持在1.5 Gbits/s左右,唯一变化的是失败重传次数增加了。为了模拟大量的数据传输,也可以指定要发送的数据量,这可以通过"-n"参数来实现。

在指定"-n"参数后,"-t"参数失效,Iperf在传输完毕指定大小的数据包后,自动结束,如图5-2-16所示。

图5-2-16的例子是指定发送一个10 GB左右的数据包,并且每隔10秒输出一次传输状态,从这个输出可以看出,当失败重传次数较多时,传输速率急速下降。有时候,为了模拟更真实的TCP应用,Iperf客户端允许从一个特定的文件发送数据,这可以通过"-F"参数实现,如图5-2-17所示。

```
[root@localhost iperf-3.0.1]# iperf3 -c 192.168.1.222  -i 10 -n 10G
Connecting to host 192.168.1.222, port 5201
[  4] local 192.168.1.225 port 53745 connected to 192.168.1.222 port 5201
[ ID] Interval           Transfer     Bandwidth       Retr
[  4]   0.00-10.00  sec  2.12 GBytes  1.82 Gbits/sec   27
[  4]  10.00-20.00  sec  1.92 GBytes  1.65 Gbits/sec    9
[  4]  20.00-30.00  sec  1.90 GBytes  1.63 Gbits/sec   15
[  4]  30.00-40.00  sec  1.86 GBytes  1.59 Gbits/sec    9
[  4]  40.00-50.00  sec  1.90 GBytes  1.63 Gbits/sec   28
[  4]  50.00-51.57  sec   319 MBytes  1.70 Gbits/sec    0
- - - - - - - - - - - - - - - - - - - - - - - - -
[ ID] Interval           Transfer     Bandwidth       Retr
[  4]   0.00-51.57  sec  10.0 GBytes  1.67 Gbits/sec   88             sender
[  4]   0.00-51.57  sec  10.0 GBytes  1.67 Gbits/sec                  receiver

iperf Done.
[root@localhost iperf-3.0.1]# 
```

图 5-2-16　Iperf 客户端通过“-n”参数指定要传输的数据量

```
[root@localhost tmp]# iperf3 -c 192.168.1.222 -F etc.tar.gz -i 2 -t 10
Connecting to host 192.168.1.222, port 5201
[  4] local 192.168.1.225 port 53758 connected to 192.168.1.222 port 5201
[ ID] Interval           Transfer     Bandwidth       Retr
[  4]   0.00-0.07   sec  8.12 MBytes   966 Mbits/sec    0
- - - - - - - - - - - - - - - - - - - - - - - - -
[ ID] Interval           Transfer     Bandwidth       Retr
[  4]   0.00-0.07   sec  8.12 MBytes   966 Mbits/sec    0             sender
        Sent 8.12 MByte / 8.09 MByte (100%) of etc.tar.gz
[  4]   0.00-0.07   sec  7.88 MBytes   936 Mbits/sec                  receiver

iperf Done.
[root@localhost tmp]# 
```

图 5-2-17　Iperf 客户端通过“-F”参数指定文件来发送数据

在图 5-2-17 的例子中，通过“-F”参数指定了一个 etc.tar.gz 文件作为 Iperf 要传输的数据，在使用此参数时，需要同时指定一个“-t”参数来设置要测试传输的时间，这个时间尽量设置长一些，因为在默认传输时间 10 秒内，这个文件可能还没有传完。在使用 Iperf 进行网络带宽测试时，如果没有指定发送方式，Iperf 客户端只会使用一个单一的线程，而 Iperf 是支持多线程的，可以使用 Iperf 提供的“-P”参数来设置多线程的数目，从而在一定程度上增加网络的吞吐量。

下面通过两个例子进行简单对比，图 5-2-18 是 Iperf 使用单线程传输 1.86 GBytes 数据所消耗的时间和带宽使用情况。为了速率单位统一，这里使用“-f”参数将输出结果都通过 MBytes 来显示。

从图 5-2-18 中可以看出，传输 2.0 GBytes 的数据消耗了 9.85 秒的时间，平均带宽速率为 208 MBytes/s（注意单位）。使用多线程后，Iperf 传输同样大小数据量所消耗的时间和平均带宽速率，如图 5-2-19 所示。

这里通过“-P”参数开启了 2 个多线程，从传输时间上看，传输 293 MBytes 的数据，消耗时间为 11.62 秒。

（2）测试 UDP 丢包和延迟

Iperf 也可以用于 UDP 数据包吞吐量、丢包率和延迟指标，但是由于 UDP 协议是一个非面向连接的轻量级传输协议，并且不提供可靠的数据传输服务，所以对 UDP 应用的关注点不是传输数据的速率，而是它的丢包率和延时指标。通过 Iperf 的“-u”参数即可测试 UDP 应用的传输性能，图 5-2-20 测试的是在 Iperf 客户端传输 100 MB 的 UDP 数据包的输出结果。

在图 5-2-20 中，重点关注虚线下的一段内容，在这段输出中，“Jitter”列表示抖动时间，或者称为传输延迟，“Lost/Total”列表示丢失的数据包和总的数据包数量，后面的 0.33% 是平均丢包的比率，“Datagrams”列显示的是总共传输数据包的数量。

```
[root@localhost tmp]# iperf3 -c 192.168.1.222 -n 2G -i 2 -f M
Connecting to host 192.168.1.222, port 5201
[  4] local 192.168.1.225 port 53762 connected to 192.168.1.222 port 5201
[ ID] Interval           Transfer     Bandwidth       Retr
[  4]   0.00-2.00   sec   419 MBytes   209 MBytes/sec   59
[  4]   2.00-4.00   sec   412 MBytes   206 MBytes/sec    7
[  4]   4.00-6.00   sec   414 MBytes   207 MBytes/sec    6
[  4]   6.00-8.00   sec   404 MBytes   202 MBytes/sec    0
[  4]   8.00-9.85   sec   400 MBytes   216 MBytes/sec    7
- - - - - - - - - - - - - - - - - - - - - - - - -
[ ID] Interval           Transfer     Bandwidth       Retr
[  4]   0.00-9.85   sec  2.00 GBytes   208 MBytes/sec   79             sender
[  4]   0.00-9.85   sec  2.00 GBytes   208 MBytes/sec                  receiver

iperf Done.
[root@localhost tmp]# 
```

图 5-2-18　Iperf 在单线程模式下的传输时间和传输速率

```
[root@localhost tmp]# iperf3 -c 192.168.1.222 -n 2G -i 2  -P 2 -f M
Connecting to host 192.168.1.222, port 5201
[  4] local 192.168.1.225 port 53764 connected to 192.168.1.222 port 5201
[  6] local 192.168.1.225 port 53765 connected to 192.168.1.222 port 5201
[ ID] Interval           Transfer     Bandwidth       Retr
[  4]   0.00-2.00   sec   180 MBytes  90.1 MBytes/sec   33
[  6]   0.00-2.00   sec   180 MBytes  90.1 MBytes/sec   11
[SUM]   0.00-2.00   sec   360 MBytes   180 MBytes/sec   44
- - - - - - - - - - - - - - - - - - - - - - - - -
[  4]   2.00-4.00   sec   178 MBytes  88.9 MBytes/sec    4
[  6]   2.00-4.00   sec   178 MBytes  88.9 MBytes/sec    8
[SUM]   2.00-4.00   sec   356 MBytes   178 MBytes/sec   12
- - - - - - - - - - - - - - - - - - - - - - - - -
[  4]   4.00-6.00   sec   170 MBytes  85.1 MBytes/sec    9
[  6]   4.00-6.00   sec   170 MBytes  85.1 MBytes/sec    4
[SUM]   4.00-6.00   sec   340 MBytes   170 MBytes/sec   13
- - - - - - - - - - - - - - - - - - - - - - - - -
[  4]   6.00-8.00   sec   175 MBytes  87.6 MBytes/sec    1
[  6]   6.00-8.00   sec   175 MBytes  87.6 MBytes/sec    8
[SUM]   6.00-8.00   sec   350 MBytes   175 MBytes/sec    9
- - - - - - - - - - - - - - - - - - - - - - - - -
[  4]   8.00-10.00  sec   174 MBytes  87.2 MBytes/sec    3
[  6]   8.00-10.00  sec   174 MBytes  87.2 MBytes/sec    6
[SUM]   8.00-10.00  sec   348 MBytes   174 MBytes/sec    9
- - - - - - - - - - - - - - - - - - - - - - - - -
[  4]  10.00-11.62  sec   146 MBytes  90.2 MBytes/sec    9
[  6]  10.00-11.62  sec   146 MBytes  90.2 MBytes/sec    0
[SUM]  10.00-11.62  sec   293 MBytes   180 MBytes/sec    9
- - - - - - - - - - - - - - - - - - - - - - - - -
```

图 5-2-19　Iperf 使用多线程后的数据传输状态

```
[root@localhost tmp]# iperf3 -c 192.168.1.222 -u -b 50M -f M -i 2
Connecting to host 192.168.1.222, port 5201
[  4] local 192.168.1.225 port 42859 connected to 192.168.1.222 port 5201
[ ID] Interval           Transfer     Bandwidth       Total Datagrams
[  4]   0.00-2.00   sec  12.0 MBytes  6.01 MBytes/sec  1539
[  4]   2.00-4.00   sec  12.5 MBytes  6.25 MBytes/sec  1599
[  4]   4.00-6.00   sec  12.5 MBytes  6.25 MBytes/sec  1601
[  4]   6.00-8.00   sec  12.4 MBytes  6.22 MBytes/sec  1593
[  4]   8.00-10.00  sec  12.5 MBytes  6.28 MBytes/sec  1605
- - - - - - - - - - - - - - - - - - - - - - - - -
[ ID] Interval           Transfer     Bandwidth       Jitter    Lost/Total Datagrams
[  4]   0.00-10.00  sec  62.0 MBytes  6.20 MBytes/sec  0.226 ms  581/7937 (7.3%)
[  4] Sent 7937 datagrams

iperf Done.
[root@localhost tmp]# 
```

图 5-2-20　Iperf 传输 100 MB 的 UDP 数据包的输出结果

这个输出结果过于简单，要了解更详细的 UDP 丢包和延时信息，可以在 Iperf 服务端查看，因为在客户端执行传输测试的同时，服务端也会同时显示传输状态，如图 5-2-21 所示。

```
Accepted connection from 192.168.1.225, port 53766
[  9] local 192.168.1.222 port 5201 connected to 192.168.1.225 port 42859
[ ID] Interval           Transfer     Bandwidth       Jitter    Lost/Total Datagrams
[  9]   0.00-1.00   sec  5.52 MBytes  46.2 Mbits/sec  0.275 ms  37/743 (5%)
[  9]   1.00-2.00   sec  5.72 MBytes  47.9 Mbits/sec  0.111 ms  64/796 (8%)
[  9]   2.00-3.00   sec  5.55 MBytes  46.6 Mbits/sec  0.241 ms  86/796 (11%)
[  9]   3.00-4.00   sec  5.99 MBytes  50.2 Mbits/sec  0.270 ms  36/803 (4.5%)
[  9]   4.00-5.00   sec  5.85 MBytes  49.1 Mbits/sec  0.236 ms  51/800 (6.4%)
[  9]   5.00-6.00   sec  5.76 MBytes  48.3 Mbits/sec  0.280 ms  64/801 (8%)
[  9]   6.00-7.00   sec  5.84 MBytes  49.0 Mbits/sec  0.230 ms  47/795 (5.9%)
[  9]   7.00-8.00   sec  5.73 MBytes  48.2 Mbits/sec  0.270 ms  65/798 (8.1%)
[  9]   8.00-9.00   sec  5.63 MBytes  47.2 Mbits/sec  0.233 ms  88/809 (11%)
[  9]   9.00-10.00  sec  5.88 MBytes  49.3 Mbits/sec  0.226 ms  43/796 (5.4%)
[  9]  10.00-10.06  sec  0.00 Bytes  0.00 bits/sec  0.226 ms  0/0 (-nan%)
- - - - - - - - - - - - - - - - - - - - - - - - -
[ ID] Interval           Transfer     Bandwidth       Jitter    Lost/Total Datagrams
[  9]   0.00-10.06  sec  62.0 MBytes  51.7 Mbits/sec  0.226 ms  581/7937 (7.3%)
-----------------------------------------------------------
Server listening on 5201
```

图 5-2-21　Iperf 服务端显示的 UDP 传输状态

在这个输出中，详细记录了在传输过程中，每个阶段的传输延时和丢包率，在 UDP 应用中随着传输数据的增大，丢包率和延时也随之增加。延时和丢包可以通过改变应用程序来缓解或修复，例如视频流应用，可以通过缓存数据的方式而可以容忍更大的延时。

5.2.4　网络探测和安全审核工具 nmap

nmap 是黑客和网络安人员经常用到的工具，相信很多安全运维人员并不陌生，下面重点介绍此工具的实现原理和使用技巧。

1. nmap 简介

nmap 是一款开源免费的网络发现工具，可以找到网络上在线的主机，并测试主机上哪些端口处于监听状态，接着通过端口确定主机上运行的应用程序类型与版本信息，从而确定操作系统的类型和版本，由此可见，nmap 是一个功能非常强大的网络探测工具，因为 nmap 所实现的这些功能是入侵网络的一个基本过程。站在安全运维的角度，只有了解 nmap 基本方式和过程，才能有目的、有针对性地进行安全防护，这也正是本节重点介绍 nmap 这个网络探测和安全审核工具的原因。

nmap 是 network mapper 的缩写，由 Fyodor 在 1997 年创建，现在已经成为网络安全必备的工具之一，目前最新的版本为 nmap 6.50，更多详细信息可以参考官方主页：www.nmap.org。

nmap 的主要特点如下。

（1）非常灵活，nmap 支持十几种扫描方式，并支持多种目标对象扫描。支持主流操作系统，nmap 支持 Windows、Linux、BSD、Solaris、AIX、Mac OS 等多种平台，可移植性强。

（2）使用简单，nmap 安装、使用都非常简单，基本用法就能满足一般使用需求。

（3）自由软件，nmap 是在 GPL 协议下发布的，在 GPL License 的范围内可自由使用。Zenmap 是 nmap 的 GUI 版本，由 nmap 官方提供，通常随着 nmap 安装包一起发布。Zenmap 用 Python 语言编写，能够在 Windows、Linux、Unix、Mac OS 等不同系统上运行。

2. nmap 基本功能与结构

nmap 功能非常强大，从它实现功能的方向性来划分，具有主机发现、端口扫描、应用程序及版本侦测、操作系统及版本侦测等主要功能。这些基本功能既相互独立，又依次依赖，因为一般的网络嗅探都是从主机发现开始的，在发现在线的主机后，就需要进行端口扫描，进而通过扫描到的端口确定运行的应用程序类型及版本信息，并最终确定操作系统的版本及漏洞信息。另外，nmap 还提供了防火墙与入侵检测系统的规避技巧，这个功能可以应用到基本功能的各个阶段中。最后，nmap 还提供了高级用法，即通过 NSE（nmap scripting language）脚本引擎功能对 nmap 基本功能进行补充和扩展。

3. nmap 的安装与验证

nmap 的安装非常简单，官方提供源码编译安装和 rpm 包两种方式，读者可根据自己的喜好选择安装。这里下载的版本为 nmap-6.40.tar.bz2，下面分别介绍两种安装。

（1）源码编译安装

从官方网站下载源码包，然后编译安装即可，编译安装过程无须额外参数，操作如下：

【代码 5-2-12】 源码编译安装 nmap

```
[root@localhost ~]# tar jxvf nmap-6.40.tar.bz2
[root@localhost ~]# cd nmap-6.40
[root@localhost nmap-6.40]# ./congfigure
[root@localhost nmap-6.40]# make
[root@localhost nmap-6.40]# make install
```

至此，源码方式安装 nmap 完成。

（2）rpm 包安装

nmap 官方也提供了 rpm 格式的安装包，直接从网站下载 rpm 格式的安装包，然后进行安装即可，操作过程如下：

```
[root@localhost ~]# wget http://nmap.org/dist/nmap-6.40-1.x86_64.rpm
[root@localhost ~]# rpm -Uvh nmap-6.40-1.x86_64.rpm
```

在完成安装后，执行"namp-h"，如果能输出帮助信息，表示安装成功，否则根据错误提示重新安装。

4. nmap 的典型用法

前面提到了 nmap 主要包含四个方面的扫描功能，在详细介绍每个功能点之前，首先介绍 nmap 的典型用法。最简单的 nmap 命令形式如下：

```
namp 目标主机
```

通过这个命令，可以确定目标主机的在线情况和端口的监听状态，如图 5-2-22 所示。

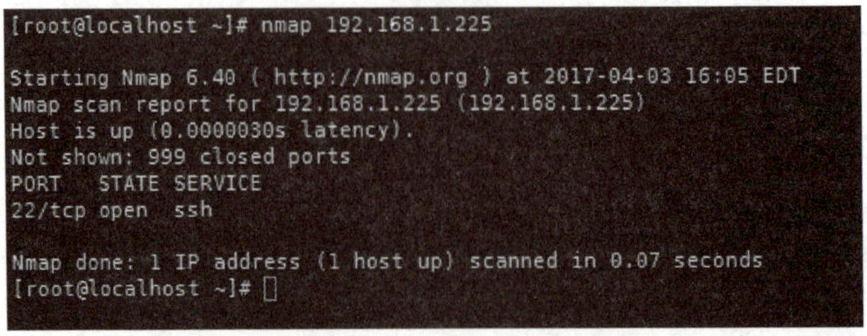

图 5-2-22　nmap 的典型用法

由输出可知,目标主机 192.168.1.225 处于 “up” 状态,并且此主机上开放了 22 端口,同时还侦测到了每个端口对应的服务,在最后还给出了目标主机网卡的 MAC 信息。如果希望了解目标主机更多的信息,可以通过完全扫描的方式实现,nmap 命令内置了 “-A” 选项,可以实现对目标主机进行主机发现、端口扫描、应用程序与版本侦测、操作系统识别等完整全面的扫描,命令形式如下:

```
nmap-T4-A-v 目标主机
```

其中, “-A” 选项用于开启全面扫描;“-T4” 指定扫描过程中使用的时序模板,总共有 6 个等级(0~5),等级越高,扫描速度越快,但也越容易被防火墙或者入侵检测设备发现并屏蔽,所以选择一个适当的扫描等级非常重要,这里推荐使用 “-T4” ;“-v” 参数可显示扫描细节。图 5-2-23 是 nmap 对某主机的全面扫描过程。

```
[root@localhost ~]# nmap -T4 -A -v 192.168.1.225

Starting Nmap 6.40 ( http://nmap.org ) at 2017-04-03 16:17 EDT
NSE: Loaded 110 scripts for scanning.
NSE: Script Pre-scanning.
Initiating Parallel DNS resolution of 1 host. at 16:17
Completed Parallel DNS resolution of 1 host. at 16:17, 0.85s elapsed
Initiating SYN Stealth Scan at 16:17
Scanning 192.168.1.225 (192.168.1.225) [1000 ports]
Discovered open port 22/tcp on 192.168.1.225
Completed SYN Stealth Scan at 16:17, 0.01s elapsed (1000 total ports)
Initiating Service scan at 16:17
Scanning 1 service on 192.168.1.225 (192.168.1.225)
Completed Service scan at 16:17, 0.01s elapsed (1 service on 1 host)
Initiating OS detection (try #1) against 192.168.1.225 (192.168.1.225)
NSE: Script scanning 192.168.1.225.
Initiating NSE at 16:17
Completed NSE at 16:17, 0.05s elapsed
Nmap scan report for 192.168.1.225 (192.168.1.225)
Host is up (0.000048s latency).
Not shown: 999 closed ports
PORT   STATE SERVICE VERSION
22/tcp open  ssh     OpenSSH 5.3 (protocol 2.0)
| ssh-hostkey: 1024 64:a8:9d:2d:fa:65:a2:a5:96:c1:10:71:a2:20:e6:ac (DSA)
|_2048 9b:9e:d5:c7:ee:83:10:10:9b:c5:c8:40:2f:12:9b:19 (RSA)
Device type: general purpose
Running: Linux 2.6.X|3.X
```

图 5-2-23 nmap 对主机 192.168.1.225 的全面扫描过程

从图 5-2-23 中可以看出,整个扫描过程非常详细:第一部分是对主机是否在线进行扫描;第二部分是对端口进行扫描,在默认情况下 nmap 会扫描 1 000 个最有可能开放的端口,由于只扫描到 22 三个端口处于打开状态,所以在输出中会有 “999 closed ports” 的描述;第三部分是对端口上运行的应用服务以及版本号进行统计,可以看到,扫描结果非常详细地记录了软件的版本信息;第四部分是对操作系统类型和版本进行探测,从扫描结果来看,还是非常准确的;最后一部分是对目标主机的路由跟踪信息。

5. nmap 主机发现扫描

主机发现主要用来判断目标主机是否在线,其扫描原理类似于 ping 命令,发送探测数据包到目标主机,如果能收到回复,那么就认为目标主机处于在线状态。nmap 支持多种不同的主机探测方法,例如发送 TCP SYN/ACK 包、发送 SCTP 包、发送 ICMP echo/timestamp/netmask 请求报文等,用户可在不同的环境下选择不同的方式来探测目标主机。

(1)主机发现的用法

nmap 提供了丰富的选项以供用户选择不同的主机发现探测方式,使用语法如下:

nmap［选项或参数］目标主机

nmap 常用的主机发现选项与含义如表 5–2–8 所示。

表 **5–2–8**　常用的主机发现选项及含义

选项	含义
–sn	只进行主机发现扫描，不进行端口扫描
–Pn	跳过主机发现扫描，将所有指定的主机都视为在线状态，进行端口扫描
–sL	仅仅将指定的目标主机 IP 列出来，不进行主机发现扫描
–PS/PA/PU/PY[portlist]	指定 nmap 使用 TCP SYN、TCP ACK、UDP、SCTP 方式进行主机发现，例如 nmap–PS80,21
–PE/PP/PM	指定 nmap 使用 ICMP echo、timestamp、netmask 请求报文方式发现主机
–PO	使用 IP 协议包探测目标主机是否在线
n/-R	指定是否使用 DNS 解析，其中，"–n" 表示不进行 DNS 解析；"–R" 表示总是进行 DNS 解析

在这些选项中，比较常用的是 "–sn" 和 "–Pn"，例如要查看某个网段有哪些主机在线，就需要使用 "–sn" 选项，而如果已经知道了目标主机在线，仅仅想扫描主机开放的端口时，就需要用 "–Pn" 选项。

（2）使用实例

下面以探测 www.linux.com 主机的信息为例，简单演示主机发现的用法。首先，在联网的服务器上执行如下命令：

nmap –sn –PE –PS22,80 –PU53 www.linux.com

执行结果如图 5–2–24 所示。

这个例子使用了 "–PE"、"–PS"、"–PU" 等参数，根据上面的介绍，"–PE" 是以发送 ICMP echo 报文的形式进行主机探测的，"–PS" 是以发送 TCP SYN/ACK 包的形式侦测主机信息的，而 "–PU" 则是以 UDP 的方式进行主机侦测的。

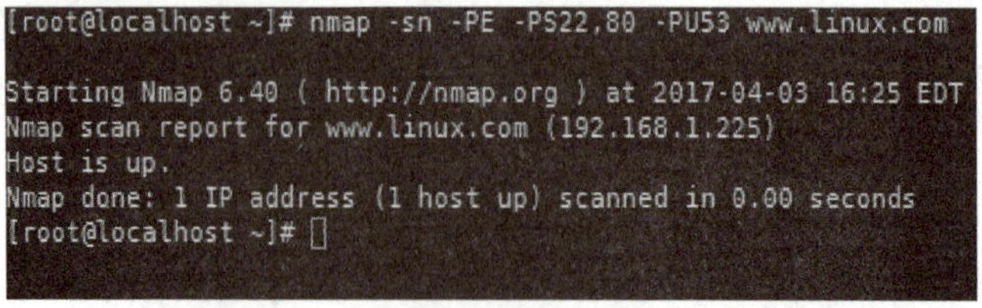

```
[root@localhost ~]# nmap -sn -PE -PS22,80 -PU53 www.linux.com

Starting Nmap 6.40 ( http://nmap.org ) at 2017-04-03 16:25 EDT
Nmap scan report for www.linux.com (192.168.1.225)
Host is up.
Nmap done: 1 IP address (1 host up) scanned in 0.00 seconds
[root@localhost ~]#
```

图 5–2–24　主机发现的典型用法

6. nmap 端口扫描

端口扫描是 nmap 最核心的功能，通过端口扫描可以发现目标主机上 TCP、UDP 端口的开放情况。nmap 在默认状态下会扫描 1 000 个最有可能开放的端口，并将侦测到的端口状

态分为 6 类,分别如下:

- open,表示端口是开放的;
- closed,表示端口是关闭的;
- filtered,表示端口被防火墙屏蔽,无法进一步确定状态;
- unfiltered,表示端口没有被屏蔽,但是否处于开放状态,还需要进一步确定;
- open|filtered,表示不确定状态,端口可能是开放的,也可能是被屏蔽的;
- closed|filtered,表示不确定状态,端口可能是关闭的,也可能是被屏蔽的;

在端口扫描方式上,nmap 支持十几种探测方法,最常用的有"TCP SYN scanning",它是默认的端口扫描方式。另外还有"TCP connect scanning""TCP ACK scanning""TCP FIN/Xmas scanning""UDP scanning"等探测方式。具体使用哪种探测方式,用户可自己指定。

(1)端口扫描的用法

nmap 提供了多个选项以供用户来指定扫描方式和扫描端口,使用语法如下:

nmap [选项或参数] 目标主机

nmap 端口扫描的常用选项与含义如表 5–2–9 所示。

表 5-2-9   nmap 端口扫描的常用选项及含义

选项	含义
–sS/sT/sA/sW/sM	指定使用 SYN/Connect ( ) /ACK/Window/Maimon scans 来对目标主机进行端口扫描
–sU	指定使用 UDP 扫描方式扫描目标主机的 UDP 端口状况
–sN/sF/sX	指定使用 TCP Null、FIN、Xmas scans 秘密扫描方式来协助侦测目标主机的 TCP 端口状态
–p<port ranges>	仅仅扫描指定的一个或一批端口。例如"–p80"、"–p1–100"、"–pT:80–88,8000,8080,U:53,111,S:9",其中 T 表示 TCP 协议,U 表示 UDP 协议,S 表示 SCTP 协议
--top–ports<number>	仅扫描开放率最高的 number 个端口
–F	快速扫描,仅描开放率最高的扫前 100 个端口

(2)使用实例

下面以探测 www.baidu.com 主机的信息为例,简单演示端口扫描的使用方法。首先,在联网的服务器上执行如下命令:

nmap –sU –sS –F www.baidu.com

执行结果如图 5–2–25 所示。

在图 5–2–25 中,参数"–sS"表示使用 TCP SYN 方式扫描 TCP 端口,"–sU"表示扫描 UDP 端口,"–F"表示使用快速扫描模式,扫描最可能开放的前 100 个端口(TCP 和 UDP 各 100 个端口),由输出可知,有 95 个端口处于开放或者屏蔽状态,其他 103 个端口处于关闭状态。

```
[root@localhost wireshark]# nmap -sU -sS -F www.baidu.com

Starting Nmap 6.40 ( http://nmap.org ) at 2017-04-03 17:15 EDT
Nmap scan report for www.baidu.com (61.135.169.125)
Host is up (0.0081s latency).
Other addresses for www.baidu.com (not scanned): 61.135.169.121
Not shown: 103 filtered ports, 95 open|filtered ports
PORT    STATE SERVICE
80/tcp  open  http
443/tcp open  https

Nmap done: 1 IP address (1 host up) scanned in 10.53 seconds
```

图 5-2-25　nmap 端口扫描应用实例

7. nmap 版本侦测

nmap 的版本侦测功能主要是用来确定目标主机开放的端口上运行的应用程序及版本信息，nmap 的版本侦测支持 TCP/UDP 协议，支持多种平台的服务侦测，支持 IPV6 功能，并能识别几千种服务签名。下面介绍 nmap 版本侦测的使用方法。

（1）版本侦测的用法

nmap 在版本侦测方面的命令选项非常简单，常用的语法如下：

```
nmap[选项或参数]目标主机
```

nmap 在版本侦测方面的常用选项及含义如表 5-2-10 所示。

表 5-2-10　nmap 版本侦测的常用选项及含义

选项	含义
-sV	设置 nmap 进行版本侦测
---version-intensity<level>	设置版本侦测的强度值，取值范围为 0~9，默认是 7。这个数值越高，探测出的服务版本就越精确，但扫描的过程也更长
--version-light	设置使用轻量级的侦测方式，相当于侦测强度值为 2
-version-al	尝试使用所有的 probes 进行侦测，相当于侦测强度为 9
--version-trace	显示版本侦测的详细过程

（2）使用实例

下面以探测 192.168.1.225 主机上运行的应用程序的版本信息为例，简单演示版本侦测的使用方法。首先，在联网的服务器上执行如下命令：

```
nmap-sV 192.168.1.225
```

执行结果如图 5-2-26 所示。

```
[root@localhost wireshark]# nmap -sV 192.168.1.225

Starting Nmap 6.40 ( http://nmap.org ) at 2017-04-03 17:20 EDT
Nmap scan report for www.linux.com (192.168.1.225)
Host is up (0.0000020s latency).
Not shown: 999 closed ports
PORT   STATE SERVICE VERSION
22/tcp open  ssh     OpenSSH 5.3 (protocol 2.0)

Service detection performed. Please report any incorrect results at http://nmap.org/submit/ .
Nmap done: 1 IP address (1 host up) scanned in 0.14 seconds
[root@localhost wireshark]# 
```

图 5-2-26　nmap 版本侦测实例

从图 5-2-26 中 nmap 的输出可以看到每个端口对应的服务名称以及详细的版本信息，通过对服务器上运行服务的了解，以及对服务版本的探测，基本能判断出来此服务器是否存在软件漏洞，进而提醒运维管理人员进行端口关闭或升级软件等操作，尽早应对可能出现的安全威胁。

8. nmap 操作系统侦测

操作系统侦测主要是对目标主机运行的操作系统类型及版本信息进行检测。nmap 拥有丰富的系统指纹库，目前可以识别近 3 000 种操作系统与设备类型。下面介绍 nmap 操作系统侦测的使用方法。

（1）操作系统侦测的用法

nmap 在操作系统侦测方面提供的命令选项比较少，常用的语法如下：

nmap［选项或参数］目标主机

nmap 在操作系统侦测方面的常用选项及含义如表 5-2-11 所示。

表 5-2-11   nmap 操作系统侦测的常用选项及含义

选项	含义
-O	设置 nmap 进行操作系统侦测
--osscan-guess	猜测目标主机的操作系统类型、nmap 会给出可能性的比率，用户可以根据提供的比率综合判断操作系统类型

（2）使用实例

下面以探测 192.168.1.222 和 192.168.1.225 主机的操作系统类型为例，简单演示操作系统侦测的使用方法。首先，在联网的服务器上执行如下命令：

nmap -O --osscan-guess 192.168.1.222-225

执行结果如图 5-2-27 所示。

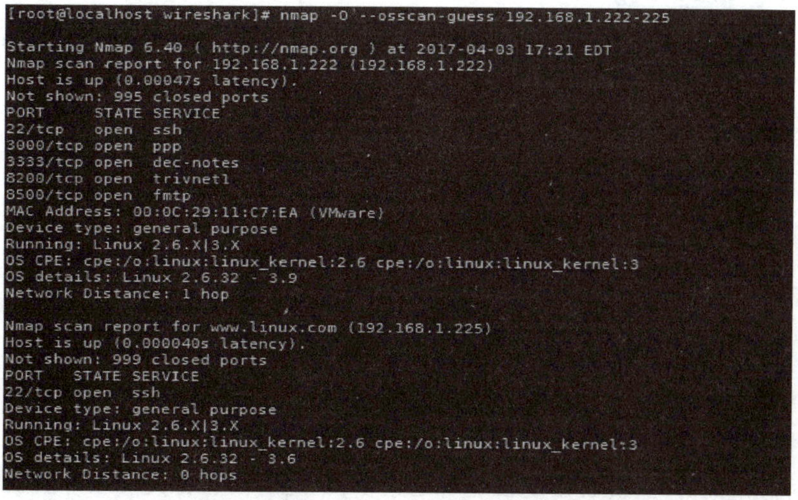

图 5-2-27   nmap 操作系统侦测实例

　　从图 5-2-27 中可以看出，在指定了"–O"选项后，nmap 命令首先执行了主机发现操作，接着执行了端口扫描操作，然后根据端口扫描的结果进行操作系统类型的侦探，获取到的信息有设备类型、操作系统版本、操作系统的 CPE 描述、操作系统的细节和网络距离。

5.2.5　任务回顾

知识点总结

　　1. 网络实时流量监测：量监测工具 iftop 的部署和使用。
　　2. 网络流量分析：网络流量分析工具 Notp 和 Notpng 的部署和使用。
　　3. 网络性能评估：网络性能评估工具 Iperf 的部署和使用。
　　4. 网络安全审核：安全审核工具 nmap 的部署和使用。

学习足迹

　　任务二学习足迹如图 5-2-28 所示。

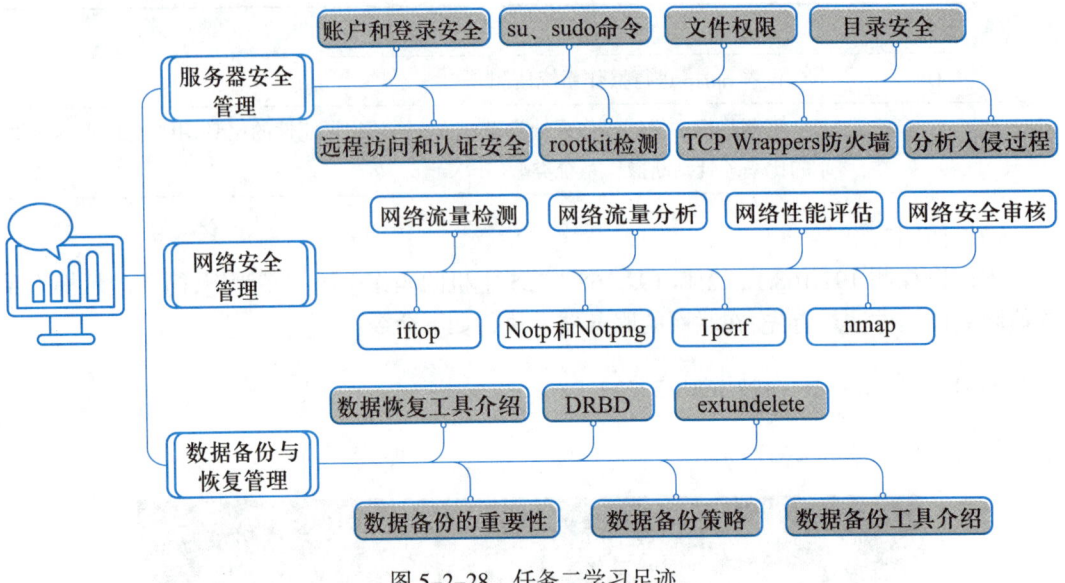

图 5-2-28　任务二学习足迹

思考与练习

　　1. 使用 Notp 和 Notpng 监控日志主机流量。
　　2. 简要说明 nmap 的基本功能和结构。

5.3　任务三：数据备份与恢复管理

【任务描述】

　　随着电商系统的运行，数据量在不断地增多，但造成数据丢失和毁坏的因素也随之增加。这包括数据处理和访问软件平台故障、系统的硬件故障、人为的操作失误、网络内非法访问者的恶意破坏、网络供电系统故障等。

为了保障移动电商系统正常运行，应当采取先进、有效的措施，对数据进行备份、防患于未然。本小节将从数据备份的重要性展开，从分析数据备份策略到数据备份和恢复工具的使用来进行讲解。

5.3.1 数据备份

1. 数据备份的重要性

备份是系统中需要考虑的最重要的事项，虽然这在系统的整个规划、开发和测试过程中所占的比例甚至不到1%，看似不太重要且默默无闻的工作只有到恢复的时候才能真正体现出其重要性，任何数据的丢失与长时间的数据宕机，都是不可以被接受的。如果备份不能提供恢复的必要信息，使得恢复过程不能进行或长时间进行（如一个没有经过严格测试的备份方案），这样的备份都不是一个好的备份。

如果出现系统崩溃的灾难，数据库就必须进行恢复，恢复是否成功取决于两个因素：精确性和及时性。能够进行什么样的恢复依赖于有什么样的备份。可以从以下三个方面考虑维护数据库的可恢复性：

（1）使数据库的失效次数减到最少，从而使数据库保持最大的可用性；

（2）当数据库失效后，使恢复时间减到最少，从而使恢复的效益达到最高；

（3）当数据库失效后，确保尽量少的数据丢失或根本不丢失，从而使数据具有最大的可恢复性。

网络环境下的数据安全应分为两个层面：数据的静态安全和数据的动态安全。静态安全是指防止存放在数据服务器存储设备内的数据被盗窃、修改、删除和破坏；而动态安全则指在数据传输交易的过程中，防止数据被截获或篡改。所以，保证数据安全至少要有两方面技术手段及工具。一是系统防护技术，指从桌面系统至网络环境到数据服务器的防病毒、防黑客入侵技术，重点在于"防"；二是系统保护技术，指数据备份、快速恢复、异地存放、远程控制、灾难恢复等技术，重点在于"保"。目前，系统防护技术是网络安全的课题，而系统保护技术主要是指数据备份及恢复技术。本节重点探讨数据备份和数据恢复技术。

2. 数据备份策略

为了加强数据的安全性，各种不同的备份软件也就应运而生了，如IBM的Tivoli存储管理器（TSM）、Veritas公司的NetBackup、Legato公司的NetWorker、CA的ARCserve等，软件不同，功能各异。从备份策略来讲，现在的备份可分为四种：完全备份、增量备份、差异备份、累加备份策略。下面来讨论以下这几种备份方式：

- 完全备份：拷贝给定计算机或文件系统上的所有文件，而不管它是否被改变。
- 增量备份：只备份在上一次备份后增加、改动的部分数据。增量备份可分为多级，每一次增量都源自上一次备份后的改动部分。
- 差异备份：只备份在上一次完全备份后有变化的部分数据。如果只存在两次备份，则增量备份和差异备份内容一样。
- 累加备份：采用数据库的管理方式，记录累积每个时间点的变化，并把变化后的值备份到相应的数组中，这种备份方式可恢复到指定的时间点。

一般在使用过程中，这四种策略常结合使用，常用的方法有：完全备份、完全备份加增量备份、完全备份加差异备份、完全备份加累加备份。

完全备份会产生大量数据移动,选择每天完全备份的客户经常直接把磁带介质连接到每台计算机上(避免通过网络传输数据)。这样,由于人的干预(放置磁带或填充自动装载设备),磁带驱动器很少成为自动系统的一部分。其结果是较差的经济效益和较高的人力花费。

完全备份加增量备份源自完全备份,不过减少了数据移动。比如说在周六晚上进行完全备份(此时对网络和系统的使用最小),在其他6天(周日到周五)则进行增量备份。增量备份会问这样的问题: 自昨天以来,哪些文件发生了变化? 这些发生变化的文件将存储在当天的增量备份磁带上。

使用周日到周五的增量备份能保证只移动那些在最近24小时内改变了的文件,而不是所有文件。由于只有较少的数据移动和存储,增量备份减少了对磁带介质的需求。对客户来讲则可以在一个自动系统中应用更加集中的磁带库,以便允许多个客户机共享昂贵的资源。然而,当恢复数据时,困难产生了。

在完全备份加增量备份方法下,完整的恢复过程首先需要恢复上周六晚的完全备份。然后再覆盖自完全备份以来每天的增量备份。该过程最坏的情况是要设置7个磁带集(每天一个)。如果文件每天都改的话,需要恢复7次才能得到最新状态。

在完全备份加差异备份的方法下,差异成为备份过程考虑的问题。增量备份考虑: 自昨天以来哪些文件改变了? 而差异方法考虑: 自完全备份以来哪些文件发生了变化? 对于完全备份后立即的备份过程(本例中周六),因为完全备份就在昨天,所以这两个问题的答案是相同的。但到了周一,答案不一样了。增量方法会问: 昨天以来哪些文件改变了? 并备份24小时内改变了的文件。差异方法问: 完全备份以来哪些文件改变了? 然后备份48小时内改变了的文件。到了周二,差异备份方法备份72小时内改变了的文件。

尽管差异备份比增量备份移动和存储更多的数据,但恢复操作简单多了。在完全备份加差异备份方法下,完整的恢复操作首先恢复上周六晚的完全备份。然后,差异方法不是覆盖每个增量备份磁带,而是直接跳向最近的磁带,覆盖积累的改变。

不同的软件有不同的备份特点,可根据自己的数据特点,选择适合自己的软件或备份策略。

3. 数据镜像软件DRBD介绍

分布式块设备复制(distributed replicated block device, DRBD),是一种基于软件的、基于网络的块复制存储解决方案。主要用于对服务器之间的磁盘、分区、逻辑卷等进行数据镜像。当用户将数据写入本地磁盘时,还会将数据发送到网络中另一台主机的磁盘上,这样本地主机(主节点)与远程主机(备节点)的数据就可以保证实时同步,当本地主机出现问题时,远程主机上还保留着一份相同的数据可以继续使用,从而保证了数据的安全。

(1)DRBD的基本功能

DRBD的核心功能就是数据的镜像,实现方式是通过网络来镜像整个磁盘设备或磁盘分区,将一个节点的数据通过网络实时地传送到另一个远程节点,保证两个节点间数据的一致性,这有点类似于一个网络RAID1的功能。对于DRDB数据镜像来说,它具有如下特点:

- 实时性,当应用对磁盘数据有修改操作时,数据复制立即发生;
- 透明性,应用程序的数据存储在镜像设备上是透明和独立的。数据可以存储在基于网络的不同服务器上;

- 同步镜像，当本地应用申请写操作时，同时也在远程主机上开始进行写操作；
- 异步镜像，当本地写操作已经完成时，才开始对远程主机进行写操作。

（2）DRBD 的构成

DRBD 是 Linux 内核存储层中的一个分布式存储系统，具体来说由两部分构成，一部分是内核模板，主要用于虚拟一个块设备；另一部分是用户空间管理程序，主要用于和 DRBD 内核模块通信，以管理 DRBD 资源。在 DRBD 中，资源主要包含 DRBD 设备、磁盘配置、网络配置等。

一个 DRBD 系统有两个以上节点构成，分为主用节点和备用节点两个角色，在主用节点上，可以对 DRBD 设备进行不受限制的读写操作，用来初始化、创建、挂载文件系统。在备用节点上，DRBD 设备无法挂载，只能用来接收主用节点发送过来的数据，也就是说备用节点不能用于读写访问，这样做的目的是保证数据缓冲区的一致性。

主用节点和备用节点不是固定不变的，可以通过手工方式改变节点的角色，备用节点可以升级为主用节点，同时主用节点也可以降级为备用节点。

DRBD 设备在整个 DRBD 系统中位于物理块设备之上，文件系统之下，在文件系统和物理磁盘之间形成了一个中间层，当用户在主用节点的文件系统中写入数据时，数据被正式写入磁盘前会被 DRBD 系统截获，同时，DRBD 在捕捉到有磁盘写入的操作时，就会通知用户空间管理程序把这些数据复制一份，写入远程主机的 DRBD 镜像，然后存入 DRBD 镜像所映射的远程主机磁盘。图 5-3-1 详细展示了 DRBD 系统的运行结构。

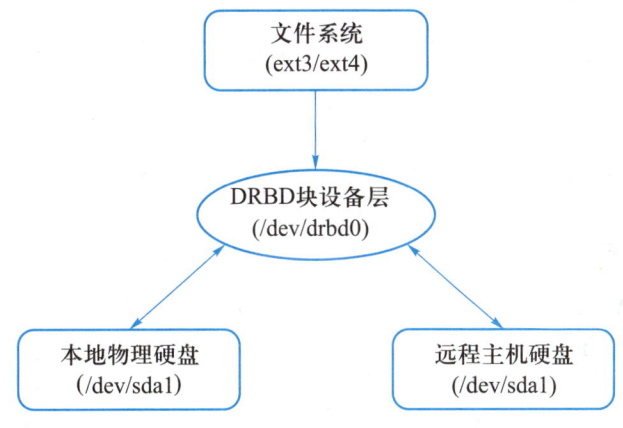

图 5-3-1　DRBD 系统的运行结构

DRBD 负责接收数据，把数据写到本地磁盘，然后发送给另一台主机。另一台主机再将数据存到自己的磁盘中。目前，DRBD 每次只允许对一个节点进行读写访问，这对于通常的故障切换高可用性集群来讲已经足够用了。以后的版本将支持两个节点进行读写存取。

（3）DRBD 与现在的集群的关系

DRBD 由两个或两个以上节点构成，与 HA 集群类似，也有主用节点和备用节点之分，因而经常在高可用集群和负载均衡集群系统中作为共享存储设备。由于 DRBD 系统是在 IP 网络中运行，所以，在集群中使用 DRBD 作为共享存储设备，不需要任何硬件投资，可以节约很多成本，因为在价格上 IP 网络要比专用的存储网络更经济。

另外，DRBD 也可以用于数据备份、数据容灾等方面。

（4）DRBD 的主要特性

DRBD 系统在实现数据镜像方面有很多有用的特性，我们可以根据自己的需要和应用环境，选择适合自己的功能特性。下面依次介绍 DRBD 的几个非常重要的应用特性。

① 单主模式

这是使用最频繁的一种模式，主要用在高可用集群的数据存储方面，解决集群中数据共享的问题，在这种模式下，集群中只有一个主用节点可以对数据进行读写操作，可以用在这种模式下的文件系统有 ext3、ext4、xfs 等。

② 双主模式

这种模式只能在 DRBD8.0 以后的版本中使用，主要用在负载均衡集群中，解决数据共享和一致性问题。在这种模式下，集群中存在两个主用节点，由于两个主用节点都有可能对数据进行并发的读写操作，因此单一的文件系统就无法满足需求了，此时就需要共享的集群文件系统来解决并发读写问题。常用在这个模式下的文件系统有 GFS、OCFS2 等，通过集群文件系统的分布式锁机制就可以解决集群中两个主用节点同时操作数据的问题。

③ 复制模式

DRBD 提供了三种不同的复制方式，分别如下。

协议 A：只要本地磁盘写入已经完成，数据包已经在发送队列中，则认为一个写操作过程已经完成。

这种方式在远程节点故障或者网络故障时，可能造成数据丢失，因为要写入到远程节点的数据可能还在发送队列中。

协议 B：只要本地磁盘写入已经完成，并且数据包已经到达远程节点，则认为一个写操作过程已经完成。

这种方式在远程节点发生故障时，可能造成数据丢失。

协议 C：只有本地和远程节点的磁盘已经都确认了写操作完成，才会认为一个写操作过程已经完成。

这种方式没有任何数据丢失，就目前而言应用最多、最广泛的就是协议 C，但在此方式下磁盘的 I/O 吞吐量依赖于网络带宽。建议在网络带宽较好的情况下使用这种方式。

④ 传输完整性校验

这个特性在 DRBD8.2.0 及以后版本中可以使用，DRBD 使用 MD5、SHA-1 或 CRC-32C 等加密算法对信息进行终端到终端的完整性验证。利用这个特性，DRBD 对每一个复制到远程节点的数据都生成信息摘要，同时，远端节点也采用同样的方式对复制的数据块进行完整性验证，如果验证信息不对，就请求主节点重新发送。通过这种方式保证镜像数据的完整性和一致性。

⑤ 脑裂通知和自动修复

由于集群节点间的网络连接临时故障、集群软件管理干预或者人为错误，导致 DRBD 两个节点都切换为主用节点而断开连接，这就是 DRBD 的脑裂问题。发生脑裂意味着数据不能从主用节点复制到备用节点，这样会导致 DRDB 两个节点的数据不一致，并且无法合并。

DRBD8.0 及更高版本实现了裂脑自动修复功能，在 DRBD8.2.1 之后，又实现了脑裂通知特性。在出现脑裂后，一般建议通过手工方式修复脑裂问题。在某些情况下脑裂自动修复也比较可取。DRBD 自动修复脑裂的策略如下。

a. 丢弃比较新的主用节点所做的修改。在这种模式下，当网络重新建立连接并且发现了脑裂后，DRBD 会丢弃自动切换到主用节点上的主机所修改的数据。

b. 丢弃老的主用节点所做的修改。在这种模式下，DRBD 会丢弃首先切换到主用节点上的主机所修改的数据。

c. 丢弃修改比较少的主用节点的修改。在这种模式下，DRBD 会首先检查两个节点的数据，然后丢弃修改比较少的主机上的数据。

d. 一个节点数据没有发生变化的情况下完美修复脑裂。在这种模式下，如果其中一台主机在发生脑裂时没有发生数据修改，那么就可以完美解决脑裂问题。

4. DRBD 的安装与配置

（1）安装环境

操作系统统一采用 CentOS6.X-x86-64，安装环境如表 5-3-1 所示。

表 5-3-1　DRBD 的安装环境

主机名	IP 地址	镜像磁盘分区
master-drbd（主用节点）	192.168.8.16	/dev/sdb1
slave-drbd（备用节点）	192.168.8.25	/dev/sdb1

其中，主用节点和备用节点两块磁盘 /dev/sdb1 是未经格式化的物理磁盘分区，大小均为 10 GB。为了不浪费磁盘空间，建议主用节点和备用节点的镜像磁盘大小保持一致。

DRBD 安装的基本拓扑信息如图 5-3-2 所示。

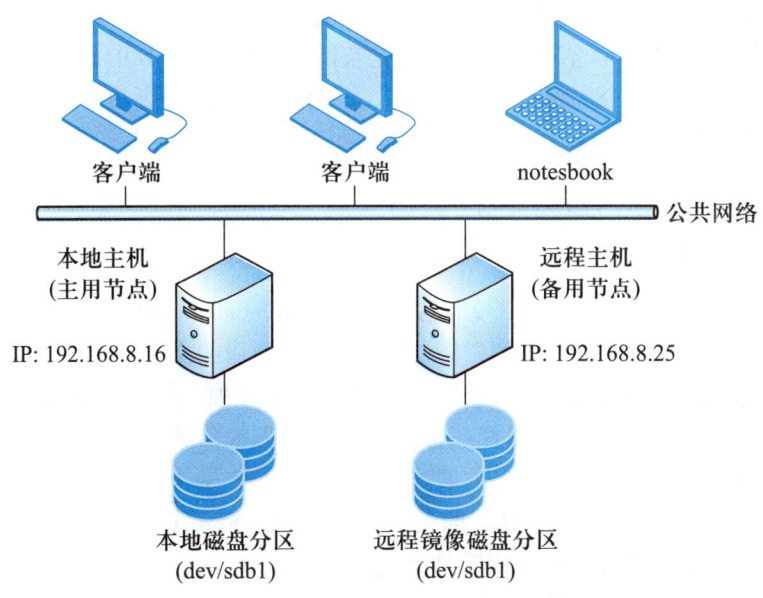

图 5-3-2　DRBD 安装拓扑图

（2）DRBD 的安装部署

DRBD 的安装非常简单，可以通过源码和 yum 源方式进行安装。我们在这里直接使用 yum 源方式来安装，其他系统基本类似。下面介绍具体的安装过程。

环境准备：① 静态解析两台服务器　② 主机名　③ SELinux 和 iptables 关闭

通过 yum 安装 DRBD 服务 , 执行如下命令 :

【代码 5-3-1】 yum 安装 DRBD 服务

```
[root@master-drbd ~]# yum -y update kernel
[root@master-drbd ~]# yum install kernel-devel
[root@master-drbd ~]#rpm -Uvh http://www.elrepo.org/elrepo-release-6-6.el6.elrepo.noarch.rpm
[root@master-drbd ~]# yum -y install kmod-drbd83 drbd83
加载 DRBD 模块到内核 :
[root@master-drbd ~]# modprobe  drbd
检查 DRBD 是否安装成功 :
[root@master-drbd ~]# lsmod | grep -i drbd
drbd                    300440   0
查看 drbd.ko 安装的路径 :
[root@master-drbd ~]# modprobe -l | grep -i drbd
weak-updates/drbd83/drbd.ko
```

安装成功之后 DRBD 相关工具 (drbdadm , drbdsetup) 被安装在 /sbin 目录下面 , 并且会建立 /etc/init.d/drbd 启动脚本。

（3）快速配置一个 DRBD 镜像系统

DRBD 的配置文件主要分三个部分 : global、common 和 resource。在运行时默认读取配置文件的路径是 /etc/drbd.conf, 这个文件描述了 DRBD 的一些配置参数以及 DRBD 设备与硬盘分区的映射关系 , 在默认情况下这个文件是空的 , 不过在 DRBD 的源代码包中包含了配置文件的样例。如果 DRBD 是通过 yum 源方式安装的 , 可以到对应的样例目录下去复制一份到 /etc 目录下。在本书的环境下 , 样例目录是 /etc/drbd.conf 的配置文件包含的内容如下 :

```
include"/etc/drbd.d/global_common.conf";
include"/etc/drbd.d/*.res";
```

一般情况下 , global_common.conf 文件仅包含 DRBD 的 global 和 common 配置部分 , 而在 /etc/drbd.d 目录下还可以创建 *.res 的资源文件 , 只要所创建的文件是以文件名 res 结尾的 , DRBD 在启动的时候就会自动读取。将配置文件每个部分独立出来 , 这样做的好处是便于管理和维护。其实将 DRBD 所有配置部分都整合到一个单独的 drbd.conf 文件中也是可以的 , 不过 , 对于需要配置的资源比较多的情况 , 这样做就会变得混乱 , 难于管理。

为了讲述方便 , 下面我们将 DRBD 的所有配置都集中到一个配置文件中。下面是两台 DRBD 主机节点配置文件 drbd.conf 的简单示例。

【代码 5-3-2】 配置 drbd.conf

```
[root@master-drbd ~]# vim  /etc/drbd.conf
# drbd.conf
global {
usage-count no; # 是否参加 DRBD 使用者统计 , 默认参加
```

```
}
common {
syncer { rate 200M; }  #设置主用节点和备用节点同步时的网络速率最大值，单位是字节
}
resource r0 {  #资源名字为 r0
protocol C; #使用 DRBD 的第三种同步协议，表示收到远程主机的写入确认后认为写入完成
handlers {
pri-on-incon-degr "echo o > /proc/sysrq-trigger ; halt -f";
pri-lost-after-sb "echo o > /proc/sysrq-trigger ; halt -f";
local-io-error "echo o > /proc/sysrq-trigger ; halt -f";
fence-peer "/usr/lib64/heartbeat/drbd-peer-outdater -t 5";
pri-lost "echo pri-lost. Have a look at the log files. | mail -s 'DRBD Alert' root";
split-brain "/usr/lib/drbd/notify-split-brain.sh root";
out-of-sync "/usr/lib/drbd/notify-out-of-sync.sh root";
}
net {
cram-hmac-alg "sha1";       #DRBD 同步时使用的验证方式和密码信息
shared-secret "MySQL-HA";
}
disk {     #使用 dpod 功能 (drbd outdate-peer daemon) 保证在数
       #据不同步时不进行切换
on-io-error detach;
fencing resource-only;
}
startup {
wfc-timeout 120;
degr-wfc-timeout 120;
}
device /dev/drbd0;
on master-drbd {          #每个主机的说明以 on 开头，后面是 hostname(uname -n),
       #再后面的 {} 中为这个主机的配置
disk /dev/sdb1;     #/dev/drbd0 使用的磁盘分区是 /dev/sdb1
address 192.168.8.16:7788;       #设置 DRBD 的监听端口，用于与另一台主机通信
meta-disk internal;
}
on slave-drbd {
disk /dev/sdb1;    #/dev/drbd0 使用的磁盘分区是 /dev/sdb1
address 192.168.8.25:7788;      #设置 DRBD 的监听端口，用于与另一台主机通信
```

```
meta-disk internal;          # DRBD 的元数据存放方式
}
    }
```

上面这个 drbd.conf 文件分别复制到两台主机的 /etc 目录下。drbd.conf 的配置参数很多，有兴趣的读者可以使用命令"man drbd.conf"来查看了解更多的参数说明。

5. DRBD 的管理与维护

（1）启动 DRBD

在启动 DRBD 之前，需要分别在两台主机的 hdb1 分区上创建供 DRBD 记录信息的数据块。具体是分别在两台主机上执行：

【代码 5-3-3】 创建供 DRBD 记录信息的数据块

```
[root@master-drbd ~]# drbdadm create-md r0 或者执行 drbdadm create-md all
[root@master-drbd ~]# drbdadm create-md r0
```

（2）在两个节点启动服务

接着在两个 DRBD 节点启动 DRBD 服务，操作如下：

【代码 5-3-4】 启动 DRBD 服务

```
[root@master-drbd ~]# /etc/init.d/drbd start
[root@slave-drbd  ~]# /etc/init.d/drbd start
```

此时，最好是在两个节点同时启动 DRBD 服务。

（3）在任意节点查看节点状态

登录任意 DRBD 节点，然后执行"cat/proc/drbd"命令，输出结果如下：

【代码 5-3-5】 查看节点状态

```
[root@master-drbd ~]# cat /proc/drbd
0: cs:Connected ro:Secondary/Secondary ds:Inconsistent/Inconsistent C r----
    ns:0 nr:0 dw:0 dr:0 al:0 bm:0 lo:0 pe:0 ua:0 ap:0 ep:1 wo:b oos:2007644
```

对输出的含义解释如表 5-3-2 所示。

表 5-3-2　DRBD 节点输出的含义

参数	含义
ro	表示角色信息，第一次启动 DRBD 时，两个 DRBD 节点默认都处于 Secondary 状态
ds	表示磁盘状态信息，"Inconsistent/Inconsistent"即"不一致 / 不一致"状态，表示两个节点的磁盘数据处于不一致状态
ns	表示网络发送的数据包信息
dw	表示磁盘写信息
dr	表示磁盘读信息

6. 设置主用节点

由于默认没有主用节点和备用节点之分，所以需要设置两个主机的主次节点。选择需要设置为主用节点的主机，然后执行如下命令：

```
[root@master-drbd ~]# drbdsetup /dev/drbd0 primary -o
```

执行完此命令后，使用如下命令设置哪个是主用节点：

```
[root@master-drbd ~]# /sbin/drbdadm primary r0 或者 /sbin/drbdadm primary all
```

执行此命令后，开始同步两台机器对应磁盘的数据：

【代码 5-3-6】 同步两台机器对应磁盘数据

```
[root@master-drbd ~]# cat /proc/drbd
version: 8.3.13 (api:88/proto:86-96)
0: cs:SyncSource ro:Primary/Secondary ds:UpToDate/Inconsistent C r-----
      ns:338640 nr:0 dw:0 dr:346752 al:0 bm:20 lo:1 pe:7 ua:64 ap:0 ep:1wo:b oos:10144232
      [>...................] sync'ed:  3.3% (9904/10236)M
      finish: 0:46:26 speed: 3,632 (3,184) K/sec
```

从输出可知，"ro" 状态现在变为 "Primary/Secondary"，"ds" 状态也变为 "UpToDate/Inconsistent"，也就是 "实时 / 不一致" 状态。现在数据正在主备两台主机的磁盘间进行同步，且同步进度为 3.3%，同步速度约为 3.1 Mbits/s。

等待片刻，再次查看同步状态，输出如下：

```
[root@master-drbd ~]# cat /proc/drbd
version:8.3.16 (api:88/proto:86-96)
0:cs:Connected ro:Primary/Secondary ds:UpToDate/UpToDate C r-----
ns:10482024 nr:0 dw:0 dr:10482024 al:0 bm:640 lo:0 pe:0 ua:0 ap:0 ep:1 wo:b oos:0
```

可以看到同步完成了，并且 "ds" 状态也变为 "UpToDate/UpToDate"，即 "实时 / 实时" 状态了。

如果第一次设置主用节点和备用节点时使用 "/sbin/drbdadm primary r0" 命令，那么会提示如下错误：

```
0:State change failed: (-2) Need access to UpToDate data
Command'/sbin/drbdsetup 0 primary'terminated with exit code 17
```

7. 挂载 DRBD 设备

由于 mount 操作只能在主用节点上进行，所以只有设置了主用节点后才能格式化磁盘分区，同时，在两个节点中，同一时刻只能有一台处于 Primary 状态，另一台处于 Secondary 状态，而处于 Secondary 状态的节点上不能挂载 DRBD 设备，要在备用节点上挂载 DRBD 设备就必须停止备用节点的 DRBD 服务或将备用节点角色升级为主用节点。

下面首先将 DRBD 设备格式化为 ext3 文件系统,然后在主用节点挂载,操作如下:

```
[root@master-drbd ~]# mkfs.ext4 /dev/drbd0
[root@master-drbd ~]# mount /dev/drbd0 /mnt
```

完成挂载后,就可以在 /mnt 目录下写数据了,此目录下的数据会自动同步到备用节点上。

8. 测试 DRBD 数据镜像

为了验证 DRBD 的数据镜像功能,我们做一个简单的测试,首先在 DRBD 主用节点上的 /mnt 目录下创建一个 200 MB 的文件,操作如下:

【代码 5-3-7】 测试 DRBD 数据镜像功能

```
[root@slave-drbd /]# /etc/init.d/drbd  stop
Stopping all DRBD resources: .
[root@slave-drbd /]# mount /dev/sdb1  /mnt
[root@slave-drbd /]# df
Filesystem                1K-blocks      Used Available Use% Mounted on
/dev/mapper/VolGroup00-LogVol00
                          75226176  15156412  56186756   22% /
/dev/sda1                   101086     19526     76341   21% /boot
tmpfs                      2025204         0   2025204    0% /dev/shm
/dev/sdb1                 10317472    359240   9434132    4% /mnt
[root@slave-drbd /]# cd /mnt
[root@slave-drbdmnt]# ll
total 205020
drwx------ 2 root root        16384 Mar 17 13:58 lost+found
    -rw-r--r-- 1 root root 209715200 Mar 17 14:03 testdrbd.tmp
```

可以看到,在主用节点 master-drbd 上产生的文件 testdrbd.tmp 也完整地保存到备用节点 slave-drbd 的镜像磁盘设备上。

测试完毕后,要重新启动备用节点的 DRBD 服务,此时必须先卸载 /dev/sdb1 设备,然后才能成功启动 DRBD 服务。

这里挂载的是 /dev/sdb1 设备,而不是 DRBD 设备,因为 DRBD 设备只有在 DRBD 服务启动的时候才加载到系统中。

9. DRBD 主备节点切换

在系统维护的时候,或者在高可用集群中当主用节点出现故障时,就需要将主备节点的角色互换。主备节点切换有两种方式,分别是停止 DRBD 服务切换和正常切换。

(1)停止 DRBD 服务切换

关闭主用节点服务,此时挂载的 DRBD 分区就自动在主用节点卸载了,操作如下:

```
[root@master-drbd /]# /etc/init.d/drbd  stop
Stopping all DRBD resources:
```

然后查看备用节点的 DRBD 状态：

```
[root@slave-drbd /]# cat /proc/drbd
version: 8.3.16 (api:88/proto:86-96)
0: cs:WFConnection ro:Secondary/Unknown ds:UpToDate/DUnknown C r-----
    ns:0 nr:16 dw:16 dr:0 al:0 bm:0 lo:0 pe:0 ua:0 ap:0 ep:1 wo:b oos:0
```

从输出可以看到，现在主用节点的状态变为"Unknown"，接着在备用节点执行切换命令：

```
[root@slave-drbd ~]# drbdadm primary all
```

此时会出现如下报错信息：

```
2: State change failed: (-7) Refusing to be Primary while peer is not outdated
Command 'drbdsetup 2 primary' terminated with exit code 11
```

因此，必须在备用节点执行如下命令：

```
[root@slave-drbd ~]# drbdsetup /dev/drbd0 primary -o
```

现在就可以正常切换了。接着查看此节点的状态，信息如下：

```
[root@slave-drbd /]# cat /proc/drbd
version: 8.3.16(api:88/proto:86-96)
0: cs:WFConnection ro:Primary/Unknown ds:UpToDate/Outdated C r-----
    ns:0 nr:16 dw:16 dr:0 al:0 bm:0 lo:0 pe:0 ua:0 ap:0 ep:1 wo:b oos:0
```

可以看出，原来的备用节点已经处于"Primary"状态了，而原来的主用节点由于 DRBD 服务未启动，还处于"Unknown"状态，原来的主用节点在服务启动后，会自动变为"Secondary"状态，无须在原来主用节点上再次执行切换到备用节点的命令。

最后，在新的主用节点上挂载 DRBD 设备即可完成主备节点的切换：

```
[root@slave-drbd /]# mount /dev/drbd0 /mnt
```

（2）正常切换

首先在主用节点卸载磁盘分区：

```
[root@ master-drbd /]# umount /mnt
```

然后执行：

```
[root@master-drbd ~]# drbdadm secondary all
```

如果不执行这个命令，直接在备用节点执行切换到主用节点的命令，会报如下错误：

```
2: State change failed: (-1) Multiple primaries not allowed by confi
Command 'drbdsetup 2 primary' terminated with exit code 11
```

此时查看 master-drbd 节点的 DRBD 状态，信息如下：

```
[root@master-drbd ~]# cat /proc/drbd
version: 8.3.16 (api:88/proto:86-96)
0: cs:Connected ro:Secondary/Secondary ds:UpToDate/UpToDate C r-----
ns:36 nr:16 dw:52 dr:97 al:2 bm:0 lo:0 pe:0 ua:0 ap:0 ep:1 wo:b oos:0
```

可以看到，两个节点都处于"Secondary"状态了，那么接下来就要指定一个主用节点，在备用节点执行如下命令：

```
[root@slave-drbd ~]# drbdadm primary all
[root@slave-drbd ~]# cat /proc/drbd
version: 8.3.16 (api:88/proto:86-96)
0: cs:Connected ro:Primary/Secondary ds:UpToDate/UpToDate C r-----
    ns:0 nr:36 dw:36 dr:0 al:0 bm:0 lo:0 pe:0 ua:0 ap:0 ep:1 wo:b oos:0
```

至此，主备节点成功切换角色。最后在新的主用节点挂载 DRBD 磁盘分区即可：

```
[root@slave-drbd ~]# mount /dev/drbd0 /mnt
```

DRBD 配置文件 DRBD 完整代码请扫二维码：

资源 5-1   DRBD 配置文件

5.3.2 数据恢复

extundelete 是基于 Linux 的一个数据恢复工具，它通过分析文件系统的日志，解析出所有文件的 inode 信息，从而可以恢复 Linux 的主流的 ext3、ext4 文件系统下被误删除的文件。

1. 使用 rm-rf 命令

在 Linux 系统下，通过命令"rm-rf"可以强制将任何数据直接从硬盘删除，并且没有任何提示，同时 Linux 下也没有与 Windows 下回收站类似的功能，这就意味着，数据在删除后通过常规的手段是无法恢复的，因此使用这个命令要非常慎重。在使用 rm 命令的时候，比较稳妥的方法是把命令参数放到后面，起到一个提醒的作用。还有一个方法，那就是将要删除的东西通过 mv 命令移动到系统下的 /tmp 目录下，然后写个脚本定期执行清除操作，这样做可以在一定程度上降低误删除数据的危险性。

其实保证数据安全最好的方法是做好备份，虽然备份不是万能的，但是没有备份是万万不行的。任何数据恢复工具都有一定局限性，都不能保证完整地恢复出所有数据，因此，把备份作为核心，把数据恢复工具作为辅助是运维人员必须坚持的一个准则。

2. extundelete 与 ext3grep 的异同

在 Linux 下，基于开源的数据恢复工具有很多，常见的有 debugfs、R-Linux、ext3grep、

extundelete 等，比较常用的有 ext3grep 和 extundelete，这两个工具的恢复原理基本一样，只是 extundelete 功能更加强大，本节重点介绍 extundelete 的使用方式。

extundelete 是基于 Linux 的一个数据恢复工具，它通过分析文件系统的日志，解析出所有文件的 inode 信息，从而可以恢复 Linux 下主流的 ext3、ext4 文件系统下被误删除的文件。而 ext3grep 仅支持 ext3 文件系统的恢复。在恢复速度上，extundelete 要快很多，因为 extundelete 的恢复机制是扫描 inode 和恢复数据同时进行，并且支持单个文件恢复、单个目录恢复、inode 恢复、block 恢复、完整磁盘恢复等，而 ext3grep 就略显笨拙了，它需要首先扫描完要恢复数据的所有 inode 信息，然后才能开始数据恢复，所以在恢复速度上相对较慢，并且在功能上也不支持目录恢复、时间段恢复等。

3. extundelete 的恢复原理

在介绍使用 extundelete 进行恢复数据之前，简单介绍下关于 inode 的知识。在 Linux 下可以通过 "ls –id" 命令来查看某个文件或者目录的 inode 值，例如查看根目录的 inode 值，可以输入：

```
[root@NFS ~]# ls –id /
```

由此可知，根目录的 inode 值为 2。

在利用 extundelete 恢复文件时并不依赖特定文件格式，首先 extundelete 会通过文件系统的 inode 信息（根目录的 inode 一般为 2）来获得当前文件系统下所有文件的信息，包括存在的和已经删除的文件，这些信息包括文件名和 inode。然后利用 inode 信息结合日志去查询该 inode 所在的 block 位置，包括直接块、间接块等信息。最后利用 dd 命令将这些信息备份出来，从而恢复数据文件。

4. 安装 extundelete

extundelete 的官方网站是 http://extundelete.sourceforge.net/，我们这里选定的版本是 extundelete–0.2.4。在安装 extundelete 之前需要安装 e2fsprogs 和 e2fsprogs–libs 两个依赖包。

e2fsprogs 和 e2fsprogs–libs 安装非常简单，可采用 yum 在线安装方式。下面详细介绍 extundelete 的编译安装过程：

【代码 5–3–8】　编译安装 exundelete

```
[root@NFS app]# yum install e2fsprogs–devel
[root@NFS app]# tar jxvf  extundelete–0.2.4.tar.bz2
[root@NFS app]# cd extundelete–0.2.4
[root@NFS extundelete–0.2.4]# ./configure
[root@NFS extundelete–0.2.4]# make
[root@NFS extundelete–0.2.4]# make install
```

成功安装 extundelete 后，会在系统中生成一个 extundelete 可执行文件。

5. extundelete 用法详解

extundelete 安装完成后，就可以执行数据恢复操作了，本节详细介绍 extundelete 每个参数的含义。

extundelete 的使用非常简单，可以通过命令输入 "extundelete --help" 获得此软件的使用方法。

命令格式：extundelete [options] [action] device-file

其中，选项（options）如表 5-3-3 所示。

表 5-3-3　extundelete 用法选项参数

选项	含义
--version, -[vV]	显示软件版本号
--help	显示软件帮助信息
--superblock	显示超级块信息
--journal	显示日志信息
--after dtime	时间参数，表示在某段时间之后被删的文件或目录
--before dtime	时间参数，表示在某段时间之前被删的文件或目录
--block blk	显示数据块 "blk" 的信息
--restore-inode ino[,ino,...]	恢复命令参数，表示恢复节点 "ino" 的文件，恢复的文件会自动放在当前目录 RESTORED_FILES 文件夹中，使用节点编号作为扩展名
--restore-file 'path'	恢复命令参数，表示将恢复指定路径的文件，把恢复文件放在当前目录下的 RECOVERED_FILES 目录中
--restore-all	恢复命令参数，表示将尝试恢复所有目录和文件
-B blocksize	通过指定数据块大小来打开文件系统，一般用于查看已经知道大小的文件

6. 实战：extundelete 恢复数据的过程

在数据被误删除后，第一时间要做的是卸载被删除数据所在的磁盘或磁盘分区，如果是系统根分区的数据遭到误删除，就需要令系统进入单用户，并且将根分区以只读模式挂载。这样做的原因很简单，因为将文件删除后，仅仅是将文件的 inode 结点中的扇区指针清零，实际文件还存储在磁盘上，如果磁盘以读写模式挂载，这些已删除的文件的数据块就可能被操作系统重新分配出去，在这些数据块被新的数据覆盖后，这些数据就真的丢失了，恢复工具也无力回天。所以，以只读模式挂载磁盘可以尽量降低数据块中数据被覆盖的风险，以提高恢复数据成功的比率。extundelete 恢复数据的方法如下。

（1）模拟数据误删除环境

【代码 5-3-9】 模拟数据误删除环境

```
root@NFS ~]# mkdir /data
[root@NFS ~]# mkfs.ext3 /dev/sdc1
[root@NFS mount /dev/sdc1  /data
[root@NFS ~]# cp /etc/passwd /data
[root@NFS ~]# cp -r /app/ganglia-3.4.0 /data
[root@NFS ~]# mkdir /data/test
[root@NFS ~]# echo "extundelete test" > /data/test/mytest.txt
[root@NFS ~]# cd /data
[root@NFS data]# md5sum  passwd
```

```
0715baf8f17a6c51be63b1c5c0fbe8c5  passwd
[root@NFS data]# md5sum  test/mytest.txt
eb42e4b3f953ce00e78e11bf50652a80  test/mytest.txt
[root@nfs data]# rm –rf /data/*
```

（2）卸载磁盘分区

在将数据误删除后，立刻需要做的就是卸载这块磁盘分区：

```
[root@nfs data]# cd /mnt
[root@nfs mnt]# umount /data
```

（3）查询可恢复的数据信息

通过 extundelete 命令可以查询 /dev/sdc1 分区可恢复的数据信息：

【代码 5-3-10】 查询可恢复的数据信息

```
[root@nfs /]# extundelete  /dev/sdc1  ––inode 2
......
File name                            | Inode number | Deleted status
.                                      2
..                                     2
lost+found                            11             Deleted
passwd                                49153          Deleted
test                                 425985          Deleted
  ganglia–3.4.0                              245761         Deleted
```

据上面的输出，标记为 Deleted 状态的是已经删除的文件或目录。同时还可以看到每个
已删除文件的 inode 值，接下来就可以恢复文件了。

（4）恢复单个文件

执行如下命令开始恢复文件：

【代码 5-3-11】 恢复单个文件

```
[root@NFS /]# extundelete  /dev/sdc1  ––restore–file passwd
Loading filesystem metadata ... 40 groups loaded.
Loading journal descriptors ... 54 descriptors loaded.
Successfully restored file passwd
[root@nfs /]# cd RECOVERED_FILES/
[root@nfs RECOVERED_FILES]# ls
passwd
[root@nfs RECOVERED_FILES]# md5sum  passwd
    0715baf8f17a6c51be63b1c5c0fbe8c5  passwd
```

　　extundelete 恢复单个文件的参数是"--restore-file"，这里需要注意的是，"--restore-file"后面指定的是恢复文件路径，这个路径是文件的相对路径。相对路径是相对于原来文件的存储路径而言的，比如，原来文件的存储路径是 /data/passwd，那么在参数后面直接指定 passwd 文件即可，如果原来文件的存储路径是 /data/test/mytest.txt，那么在参数后面通过"test/mytest.txt"指定即可。

　　在文件恢复成功后，extundelete 命令默认会在执行命令的当前目录下创建一个 RECOVERED_FILES 目录，此目录用于存放恢复的文件，所以执行 extundelete 命令的当前目录必须是可写的。

　　根据上面的输出，通过 md5sum 命令校验，校验码与之前的完全一致，表明文件恢复成功。

　　extundelete 除了支持恢复单个文件，也支持恢复单个目录，在需要恢复目录时，通过"--restore-directory"选项即可恢复指定目录的所有数据。

　　继续在上面模拟的误删除数据环境下操作，现在要恢复 /data 目录下的 ganglia-3.4.0 文件夹，操作如下：

【代码 5-3-12】 恢复 /data 目录下的 ganglia-3.4.0 文件夹

```
[root@nfs mnt]# extundelete  /dev/sdc1  --restore-directory /ganglia-3.4.0
Loading filesystem metadata ... 40 groups loaded.
Loading journal descriptors ... 247 descriptors loaded.
Searching for recoverable inodes in directory /ganglia-3.4.0 ...
781 recoverable inodes found.
Looking through the directory structure for deleted files ...
4 recoverable inodes still lost.
[root@nfs mnt]# ls
RECOVERED_FILES
[root@nfs mnt]# cd RECOVERED_FILES/
[root@nfs RECOVERED_FILES]# ls
ganglia-3.4.0
```

　　可以看到之前删除的目录 ganglia-3.4.0 已经成功恢复了，进入这个目录检查发现：所有文件内容和大小都正常。

　　（5）通过 extundelete 恢复所有误删除数据

　　当需要恢复的数据较多时，逐个指定文件或目录将是一项非常繁重和耗时的工作，不过，extundelete 考虑到了这点，此时可以通过"--restore-all"选项来恢复所有被删除的文件或文件夹。

　　仍然在上文中模拟的误删除数据环境下操作，现在要恢复 /data 目录下所有数据，操作过程如下：

【代码 5-3-13】 恢复 /data 目录下所有数据

```
root@nfs mnt]# extundelete  /dev/sdc1 --restore-all
Loading filesystem metadata ... 40 groups loaded.
Loading journal descriptors ... 247 descriptors loaded.
Searching for recoverable inodes in directory / ...
781 recoverable inodes found.
Looking through the directory structure for deleted files ...
0 recoverable inodes still lost.
[root@nfs mnt]# ls
RECOVERED_FILES
[root@nfs mnt]# cd RECOVERED_FILES/
[root@nfs RECOVERED_FILES]# ls
ganglia-3.4.0 passwd  test
[root@nfs RECOVERED_FILES]# du -sh  /mnt/RECOVERED_FILES/*
15M    /mnt/RECOVERED_FILES/ganglia-3.4.0
4.0K   /mnt/RECOVERED_FILES/passwd
8.0K   /mnt/RECOVERED_FILES/test
```

可以看到所有数据全部完整地恢复了。

（6）通过 extundelete 恢复某个时间段的数据

有时候删除了大量的数据，其中很多数据都是没用的，我们仅需要恢复其中的一部分数据，此时，如果采用恢复全部数据的办法，不但耗时，而且浪费资源，在这种情况下，就需要采用另一种恢复机制有选择地恢复，extundelete 提供了 "--after" 和 "--before" 参数，可以指定某个时间段，进而只恢复这个时间段内的数据。

下面通过一个简单示例描述如何恢复某个时间段内的数据。

首先假定在 /data 目录下有个刚刚创建的压缩文件 ganglia-3.4.0.tar.gz，然后删除此文件，接着卸载 /data 分区，开始恢复一小时内的文件，操作如下：

【代码 5-3-14】 恢复一小时前所有数据

```
[root@nfs ~]# cd /data/
[root@nfs data]# cp /app/ganglia-3.4.0.tar.gz /data
[root@nfs data]# date +%s
1379150309
[root@nfs data]# rm -rf ganglia-3.4.0.tar.gz
[root@nfs data]# cd /mnt
[root@nfs mnt]# umount /data
[root@nfs mnt]# date +%s
1379150340
[root@nfs mnt]# extundelete --after 1379146740 --restore-all /dev/sdc1
Only show and process deleted entries if they are deleted on or after 1379146740
```

```
and before 9223372036854775807.
Loading filesystem metadata ... 40 groups loaded.
Loading journal descriptors ... 247 descriptors loaded.
Searching for recoverable inodes in directory / ...
779 recoverable inodes found.
[root@nfs mnt]#  cd RECOVERED_FILES/
[root@nfs RECOVERED_FILES]# ls
ganglia-3.4.0.tar.gz
```

可以看到,刚才删除的文件已经成功恢复,而在 /data 目录下还有很多被删除的文件却没有恢复,这就是"--after"参数控制的结果,因为 /data 目录下其他文件都是在一天之前删除的,而我们恢复的是一个小时之内被删除的文件,这就是没有恢复其他被删除文件的原因。

在这个操作过程中,需要注意是"--after"参数后面的时间是总秒数。起算时间为"1970–01–01 00:00:00 UTC",通过"date +%s"命令即可将当前时间转换为总秒数,因为恢复的是一个小时之内的数据,所以"1379146740"这个值就是通过"1379150340"减去"60×60=3600"获得的。

5.3.3　任务回顾

 **知识点总结**

1. 数据备份的重要性以及数据备份策略。
2. 数据备份软件 DRBD 的安装配置及使用。
3. 数据恢复工具 extundelete 的安装配置及使用。

 **学习足迹**

任务三学习足迹如图 5–3–3 所示。

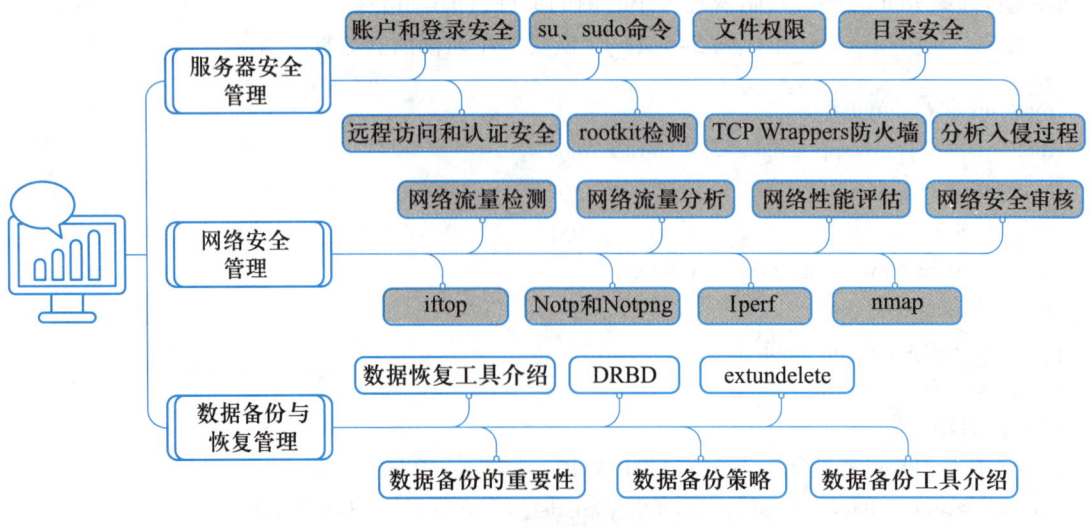

图 5–3–3　任务三学习足迹

 思考与练习

请通过 DRBD 备份 NFS 所在服务器的磁盘及文件。

5.4 项目总结

通过本项目学习,能对安全运维有一个全新的认识,并能够掌握服务器安全管理、网络安全管理及数据备份和恢复管理。项目 5 技能图谱如图 5-4-1 所示。

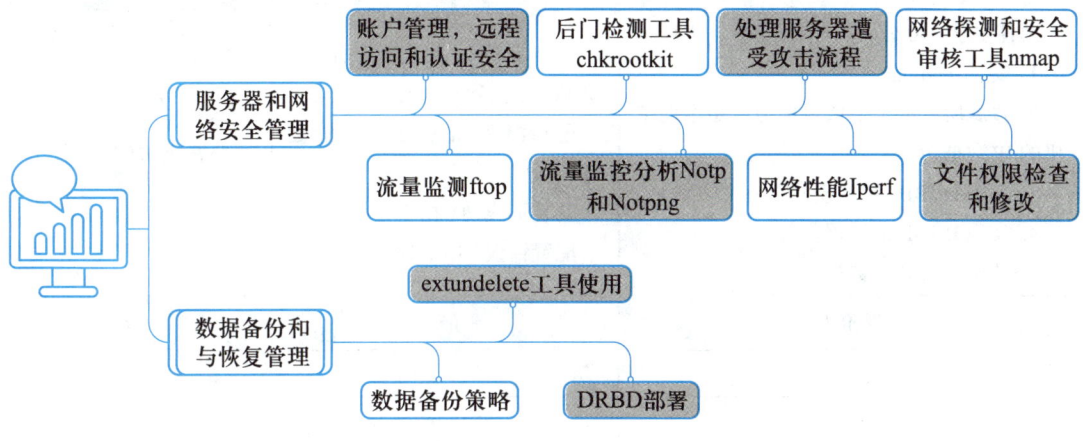

图 5-4-1 项目 5 技能图谱

5.5 拓展训练

1. 安装 tcpdump 抓取网络数据包分析。

2. 部署 DRBD,实现数据存储备份冗余。

 方案要求:

选题:安装 tcpdump,抓取网络数据包,分析数据包的详细信息。部署 DRBD,采用单主模式,实现数据存储备份。

安装 tcpdump,部署 DRBD 需要包括以下关键操作:

- 采用 yum 的方法安装 tcpdump。
- 了解 tcpdump 参数并抓包分析数据包。
- 理解 DRBD 实现数据镜像的几种方式。
- 安装 DRBD 并配置

 格式要求:在 Linux 环境下命令行操作部署。

考核方式：采取部署界面截图和课内发言两种形式，时间要求 10~15 分钟。

 评估标准：如表 5-5-1 所示。

表 5-5-1　拓展训练评估标准表

项目名称： 安装 tcpdump 部署 DRBD	项目承接人： 姓名：	日期：
项目要求	**扣分标准**	**得分情况**
总体要求（10 分） 　1. 安装 tcpdump 　2. 过滤所有源地址或目标地址是本地主机的 IP 数据包 　3. 部署 DRBD（单主模式） 　4. 实现 DRBD 的数据备份 　5. 测试 DRBD 的数据恢复	基本要求以上 5 个内容（每缺少一个内容扣 1 分） 　逻辑混乱，语言表达不清楚（扣 1 分） 　安装不成功（扣 3 分） 　配置错误（扣 1 分）	部署成功（加 3 分）
评价人	**评价说明**	**备　注**
个人		
老师		

项目6: 运维开发及运维自动化平台管理实践

 **项目引入**

移动电商系统具有改动小而又频繁的更新操作,怎样加快系统自动化部署、减少人为干预、降低重复工作是接下来考虑的重点。同时由于对移动电商系统的监控产生的日志量巨大,所以怎样将所有的日常归并处理并加以展示,从而为后期的系统优化提供数据依据,也是我们考虑的重要问题。

 **知识图谱**

项目6知识图谱如图6-0-1所示。

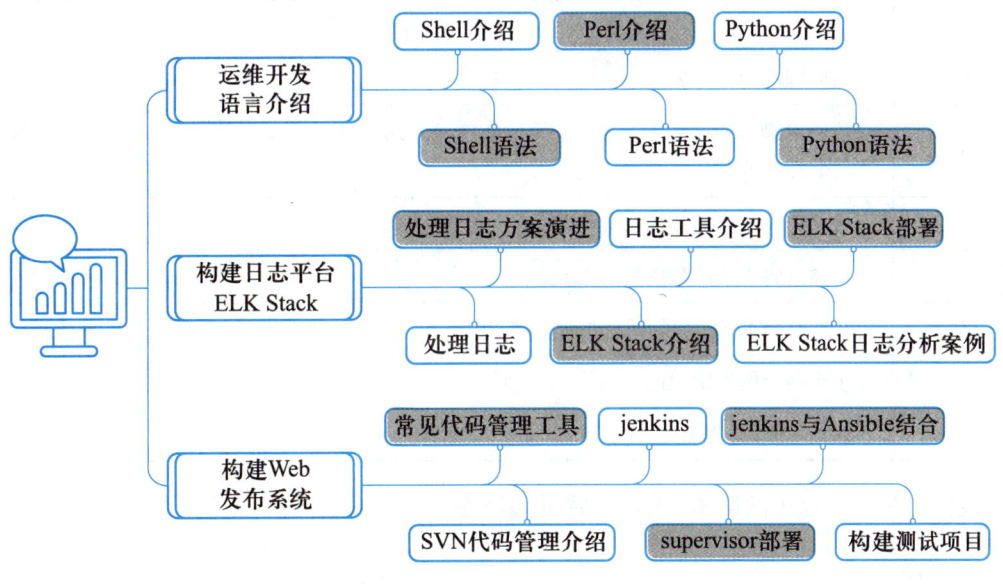

图 6-0-1 项目 6 知识图谱

6.1 任务一: 运维开发语言介绍

【任务描述】

自动化运维离不开运维开发语言的支撑,Shell 是运维的基础,Perl 和 Python 是自动化运维工具开发的必备选择,尤其是很多自动化运维工具都是 Python 编写,比如我们前面讲到的 Ansible。本小节主要讲解 Shell、Perl、Python 的基础语法。

6.1.1   Shell 介绍

Shell 其实是一个有特殊功能的程序，提供了用户与内核进行交互操作的一种接口，即使用者与系统的互动界面（interface）。它接收用户输入的命令并把它送入内核去执行，主要是让使用者通过命令行（command line）来使用系统以完成工作。因此，Shell 的最简单的定义就是命令解译器（command interpreter）：将使用者的命令翻译给核心处理，同时，将核心处理结果翻译给使用者。

Shell 既是一种命令语言，又是一种程序设计语言。作为命令语言，它交互式地解释和执行用户输入的命令；作为程序设计语言，它定义了各种变量和参数，并提供了许多在高级语言中才具有的控制结构，包括循环和分支。

UNIX/Linux 上常见的 Shell 脚本解释器有 bash、sh、csh、ksh 等，我们一般把它们称作一种 Shell。我们常说有多少种 Shell，其实说的是 Shell 脚本解释器。

bash 是 Linux 标准默认的 Shell，教程中我们基于 bash 讲解。

1. Sehll 基础语法

Shell 特定变量用法如表 6-1-1 所示。

表 6-1-1   Shell 特定变量

特殊变量	含义
0	当前脚本的文件名
$n	传递给脚本或函数的参数。n 是一个数字，表示第几个参数。例如，第一个参数是 $1，第二个参数是 $2
$#	传递给脚本或函数的参数个数
$*	传递给脚本或函数的所有参数
$@	传递给脚本或函数的所有参数。被双引号（""）包含时，与 $* 稍有不同，下面将会讲到
$?	上个命令的退出状态，或函数的返回值
$$	当前 Shell 进程 ID。对于 Shell 脚本，就是这些脚本所在的进程 ID

我们先写一个简单的脚本，执行以后再解释各个变量的意义：

```
# vi variable
```

脚本内容如下：

```
#!/bin/sh
echo "number:$#"
echo "scname:$0"
echo "first :$1"
echo "second:$2"
echo "argume:$@"
```

保存并退出。

然后赋予脚本执行权限：

```
# chmod +x variable
```

执行脚本：

```
# ./variable hello world
number:2
scname:./variable
first:
second:
argume:
```

通过显示结果可以看到：

\$# 是传给脚本的参数个数；

\$0 是脚本本身的名字；

\$1 是传递给该 Shell 脚本的第一个参数；

\$2 是传递给该 Shell 脚本的第二个参数；

\$@ 是传给脚本的所有参数的列表。

2. Shell 环境变量

（1）环境变量的概念

环境变量一般是指在操作系统中用来指定操作系统运行环境的一些参数，比如临时文件夹位置和系统文件夹位置等。这点有点类似于 DOS 时期的默认路径，在运行某些程序时，除了在当前文件夹中寻找外，还会到设置的默认路径中去查找。简单地说，这里的"Path"就是一个变量，里面存储了一些常用命令所存放的目录路径。

（2）常见的环境变量

常见环境变量如表 6–1–2 所示。

表 6–1–2　常见的环境变量

PATH	系统路径
HOME	当前用户家目录
HISTSIZE	保存历史命令记录的条数
LOGNAME	当前用户登录名
HOATNAME	主机名称，若应用程序要用到主机名，一般是从这个环境变量中的取得的
SHELL	当前用户用的 Shell 类型
LANG/LANGUAGE	和语言相关的环境变量，使用多种语言的用户可以修改此环境变量
MAIL	当前用户的邮件存放目录

（3）设置环境变量的方法

etho：显示指定环境变量；

export：设置新的环境变量；

env：显示所有环境变量；

set：显示所有本地定义的 Shell 变量；

unset：清除环境变量。

脚本举例如下。

① 显示环境变量 HOME

```
$ echo $HOME
/home/leon
```

② 设置一个新的环境变量 HELLO

```
$ export HELLO="Hello!"
$ echo $HELLO
Hello!
```

③ 使用 env 命令显示所有的环境变量

```
$ env
HOSTNAME=redbooks.safe.org
PVM_RSH=/usr/bin/rsh
SHELL=/bin/bash
TERM=xterm
HISTSIZE=1000
```

④ 使用 set 命令显示所有本地定义的 Shell 变量

```
$ set
BASH=/bin/bash
BASH_VERSINFO=([0]="2"[1]="05b"[2]="0"[3]="1"[4]="release"[5]="i386–redhat–linux–gnu")
BASH_VERSION='2.05b.0(1)–release'
COLORS=/etc/DIR_COLORS.xterm
COLUMNS=80
DIRSTACK= ( )
DISPLAY=:0.0
```

⑤ 使用 unset 命令来清除环境变量

清除环境变量的值用 unset 命令。如果未指定值，则该变量值将被设为 NULL。示例如下：

```
$ export TEST="Test..." # 增加一个环境变量 TEST
$ env|grep TEST # 此命令有输入,证明环境变量 TEST 已经存在了
```

```
TEST=Test...
$ unset $TEST # 删除环境变量 TEST
$ env|grep TEST # 此命令没有输出,证明环境变量 TEST 已经存在了
```

⑥ 使用 readonly 命令设置只读变量

如果使用了 readonly 命令的话,变量就不可以被修改或清除了。示例如下:

```
$ export TEST="Test..." # 增加一个环境变量 TEST
$ readonly TEST # 将环境变量 TEST 设为只读
$ unset TEST
−bash: unset: TEST: cannot unset: readonly variable # 此变量不能被删除
$ TEST="New"
−bash: TEST: readonly variable # 此变量不能被修改
```

环境变量的设置位于 /etc/profile 文件,如果需要增加新的环境变量可以添加下属行:

```
export path=$path:/path1:/path2:/pathN
```

3. Shell 标准输入、输出与错误

（1）标准输入、输出与错误如表 6-1-3 所示

表 6-1-3　标准输入、输出与错误

符号	含义
< 与 <<	标准输入
> 与 >>	标准输出,前者会先清空文件,再写入内容,而后者会将内容追加到现有文件的尾部
2>&1	将标准错误输出重定向到标准输出中

（2）文件描述符

在 Linux Shell 执行命令时,每个进程都和三个打开的文件相联系,并使用文件描述符来引用这些文件,如表 6-1-4 所示。由于文件描述符不容易记忆,Shell 同时也给出了相应的文件名。

表 6-1-4　文件描述符

文件	文件描述符
输入文件——标准输入	0（缺省是键盘,为 0 时是文件或者其他命令的输出）
输出文件——标准输出	1（缺省是屏幕,为 1 时是文件）
错误输出文件——标准错误	2（缺省是屏幕,为 2 时是文件）

系统中实际上有 12 个文件描述符，我们可以任意使用文件描述符 3 到 9。

（3）文件重定向

文件重定向即改变程序运行的输入来源和输出地点，主要有以下几种重定向用法。

① 输出重定向

```
Command > filename # 把标准输出重定向到一个新文件中
Command >> filename # 把标准输出重定向到一个文件中（追加）
Command > filename # 把标准输出重定向到一个文件中
Command > filename 2>&1 # 把标准输出和错误一起重定向到一个文件中
Command 2 > filename # 把标准错误重定向到一个文件中
Command 2 >> filename # 把标准输出重定向到一个文件中（追加）
Command >> filename2>&1 # 把标准输出和错误一起重定向到一个文件（追加）
```

② 输入重定向

```
Command < filename > filename2Command # 命令以 filename 文件作为标准输入，以 filename2 文件作为标准输出
Command < filenameCommand # 命令以 filename 文件作为标准输入
Command << delimiter # 从标准输入中读入，直到遇到 delimiter 分界符
```

③ 绑定重定向

```
Command >&m # 把标准输出重定向到文件描述符 m 中
Command < &- # 关闭标准输入
Command 0>&- # 同上
```

（4）Shell 重定向的一些高级用法

重定向标准错误举例如下。

例 1：command 2> /dev/null

如果 command 执行出错，将错误的信息重定向到空设备。

例 2：command > out.put 2>&1

将 command 执行的标准输出和标准错误重定向到 out.put（也就是说，不管 command 执行正确还是错误，输出都打印到 out.put）。

说明：

/dev/null 代表空设备文件，> 代表重定向到哪里，例如：echo"123">/home/123.txt。

1 表示 stdout 标准输出，系统默认值是 1，所以 ">/dev/null" 等同于 "1>/dev/null"，2 表示 stderr 标准错误，& 表示等同于，例如 2>&1，表示 2 的输出重定向等同于 1。

上述例子中的语句：

1>/dev/null，首先表示标准输出重定向到空设备文件，也就是不输出任何信息到终端，不显示任何信息。

2>&1，接着，标准错误输出重定向等同于标准输出，因为之前标准输出已经重定向到了空设备文件，所以标准错误输出也重定向到空设备文件。

exec 命令可以用来替代当前 Shell；换句话说，此时并没有启动子 Shell，任何现有环境变量都将会被清除，并重新启动一个 Shell（重新输入用户名和密码）。

例 3：

exec 3<&0 0<name.txt　# 首先，把标准输入重定向到文件描述符 3（0 表示标准输入），
然后把文件 name.txt 内容重定向到文件描述符 0，实际上就是把文件 name.txt 中的内容重
定向到文件描述符 3。然后通过 exec 打开文件描述符 3。

read line1
read line2 ── 通过 read 命令读取 name.txt 的第一行内容 line1，第二行内容 line2

exec 0<&3　# 关闭文件描述符 3

echo $line1
echo $line2 ── 用 echo 命令输出 line1 和 line2

例 4：

exec 3<>test.sh;　# 打开 test.sh 可读写操作，与文件描述符 3 绑定

while read line<&3
do
echo $line; ── 循环读取文件描述符 3（读取的是 test.sh 内容）
done

exec 3>&-
exec 3<&- ── 关闭文件，输入、输出绑定

4. Shell 符号

（1）Shell 通配符

通配符是由 Shell 处理的（不是由所涉及的命令语句处理的，其实我们在 Shell 各个命令中并没有发现这些通配符介绍），它只会出现在命令的"参数"里（它不用在命令名称里，也不用在操作符上）。当 Shell 在"参数"中遇到了通配符时，Shell 会将其当作路径或文件名，在磁盘上搜寻可能的匹配：若符合要求的匹配存在，则进行代换（路径扩展）；否则就将该通配符作为一个普通字符传递给"命令"，然后再由命令进行处理。总之，通配符实际上就是一种 Shell 实现的路径扩展功能。在通配符被处理后，Shell 会先完成该命令的重组，然后再继续处理重组后的命令，直至执行该命令。

Shell 常用通配符如表 6-1-5 所示。

表 6-1-5　Shell 常用通配符

字符	含义	实例
*	匹配 0 或多个字符	a*b，表示 a 与 b 之间可以有任意长度的任意字符，也可以一个都没有，如 aabcb、axyzb、a012b、ab

字符	含义	实例
？	匹配任意一个字符	a?b，表示 a 与 b 之间必须也只能有一个字符，可以是任意字符，如 aab、abb、acb、a0b
[list]	匹配 list 中的任意单一字符	a[xyz]b，表示 a 与 b 之间必须也只能有一个字符，但只能是 x 或 y 或 z，如：axb、ayb、azb
[!list]	匹配除 list 中的任意单一字符	a[!0-9]，表示 a 与 b 之间必须也只能有一个字符，但不能是阿拉伯数字，如 axb、aab、a-b
[c1-c2]	匹配 c1-c2 中的任意单一字符如：[0-9][a-z]	a[0-9]b，表示 0 与 9 之间必须也只能有一个字符如 a0b、a1b、…、a9b
{string1,string2,...}	匹配 sring1 或 string2（或更多）其一字符串	a{abc,xyz,123}b，表示 a 与 b 之间只能是 abc 或 xyz 或 123

（2）Shell 元字符

Shell 除了有通配符之外，还有一系列自己的其他特殊字符。这些字符就是我们下面要介绍的元字符。

Shell 元字符如表 6-1-6 所示。

表 6-1-6　Shell 基本元字符

字符	说明
^	只匹配行首
$	只匹配行尾
*	只一个单字符后紧跟 *，匹配 0 个或多个此单字符
[]	只匹配 [] 内字符。可以是一个单字符，也可以是字符序列。可以使用 - 表示 [] 内字符序列范围，如用 [1-5] 代替 [1 2 3 4 5]
[x-y]	匹配以字符范围组成的组中的一个字符
[^]	匹配一个不在范围内的字符
.	只匹配任意单字符
pattern\{n\}	只用来匹配前面 pattern 出现次数。n 为次数
pattern\{n, \}m	只含义同上，但次数最少为 n*
pattern\{n, m\}	只含义同上，但 pattern 出现次数在 n 与 m 之间 *
+	匹配一个或多个字符
?	匹配模式出现频率。例如使用 /XY?Z/ 匹配 X Y Z 或 Y Z

（3）Shell 转义字符

有时候，我们想让通配符或者元字符变成普通字符，那么我们就需要用到转义符了。Shell 提供的转义符有三种，如表 6-1-7 所示。

表 6-1-7　Shell 转义符

字符	说明
'　'（单引号）	又叫硬转义，其内部所有的 Shell 元字符、通配符都会被关掉。注意，硬转义中不允许出现 '（单引号）
"　"（双引号）	又叫软转义，其内部只允许出现特定的 Shell 元字符：$ 用于参数代换、用于命令代替
\（反斜杠）	又叫转义，去除其后紧跟的元字符或通配符的特殊意义。

（4）Shell 逻辑运算符及表达式

Shell 条件运算符如表 6-1-8 所示。

表 6-1-8　Shell 条件运算符

运算符号	代表意义	应用	说明
=	等于	整型或字符串比较：str1=str2	字符串 str1 和字符串 str2 相等时返回真，如果在 [] 中，只能是字符串
==	等于	整型或字符串比较：str1==str2	字符串 str1 和字符串 str2 相等时返回真，如果在 [] 中，只能是字符串
!=	不等于	整型或字符串比较：str1!=str2	字符串 str1 和字符串 str2 不相等时返回真，如果在 [] 中，只能是字符串
<	小于	整型或字符串比较：str1<str2	按字典顺序排序，字符串 str1 在字符串 str2 之前，在 [] 中，它表示字符串，如需使用请转义 \<
>	大于	整型和字符串比较	在 [] 中，它表示字符串，如需使用请转义 \>
-eq	等于	整型比较：int1-eq int2	如果 int1 等于 int2，则返回真
-ne	不等于	整型比较：int1-ne int2	如果 int1 不等于 int2，则返回真
-lt	小于	整型比较：int1-lt int2	如果 int1 小于 int2，则返回真
-gt	大于	整型比较：int1-gt int2	如果 int1 大于 int2，则返回真
-le	小于或等于	整型比较：int1-le int2	如果 int1 小于等于 int2，则返回真
-ge	大于或等于	整型比较：int1-ge int2	如果 int1 大于等于 int2，则返回真
-z	空字符串	字符串比较：-z string	字符串 string 为空串（长度为 0）时返回真
-n	非空字符串	字符串比较：-n string	字符串 string 为非空串时返回真

Shell 逻辑运算符如表 6-1-9 所示。

表 6-1-9　Shell 逻辑运算符

运算符号	代表意义	应用	说明
-a	双方都成立 (and)	逻辑表达式 -a 逻辑表达式	在 [] 表达式中使用
-o	单方成立 (or)	逻辑表达式 -o 逻辑表达式	在 [] 表达式中使用
!	逻辑否,条件为假,结果为真。		
&&	双方都成立 (and)	逻辑表达式 && 逻辑表达式	在 [[]] 表达式中使用
\	\		单方成立 (or)

文件和目录的判断符如表 6-1-10 所示。

表 6-1-10　文件和目录的判断符

逻辑符号	代表意义	应用	说明
-f	判断文件是否存在	-f filename	当 filename 存在并且是正规文件时返回真
-d	判断目录是否存在	-d pathname	当 pathname 存在并且是一个目录时返回真
-b	判断是否为一个块文件	-b filename	当 filename 存在并且是块文件时返回真 (返回 0)
-c	判断是否为一个字符文件	-c filename	当 filename 存在并且是字符文件时返回真
-S	判断是否为一个 socket	-S filename	当 filename 存在并且是 socket 时返回真
-L	判断是否为一个符号链接文件	-L filename	当 filename 存在并且是符号链接文件时返回真
-e	判断文件或目录是否存在	-e pathname	当由 pathname 指定的文件或目录存在时返回真

程序的逻辑卷标判断符如表 6-1-11 所示。

表 6-1-11　程序的逻辑卷标判断符

逻辑符号	代表意义	应用	说明
-G	判断是否由 GID 所执行的程序所拥有	-G pathname	当由 pathname 指定的文件或目录存在,并且属于当前进程有效用户 ID 的用户的用户组时返回真

续表

逻辑符号	代表意义	应用	说明
–O	判断是否由 UID 所执行的程序所拥有	–O pathname	当由 pathname 指定的文件或目录存在，并且被当前进程有效用户 ID 的用户拥有时返回真
–p	判断是否为程序间传送信息的命名管道或 FIFO	–p filename	当 filename 存在并且是命名管道时返回真

档案的属性判断符如表 6-1-12 所示。

表 6-1-12　档案的属性判断符

逻辑符号	代表意义	应用	说明
–r	判断是否为可读的属性	–r pathname	当由 pathname 指定的文件或目录存在并且可读时返回真
–w	判断是否为可以写入的属性	–w pathname	当由 pathname 指定的文件或目录存在并且可写时返回真
–x	判断是否为可执行的属性	–x pathname	当由 pathname 指定的文件或目录存在并且可执行时返回真
–s	判断是否为非空白档案	–s filename	当 filename 存在并且文件大小大于 0 时返回真
–u	判断是否具有 SUID 的属性	–u pathname	当由 pathname 指定的文件或目录存在并且设置了 SUID 位时返回真
–g	判断是否具有 SGID 的属性	–g pathname	当由 pathname 指定的文件或目录存在并且设置了 SGID 位时返回真
–k	判断是否具有粘滞的属性	–k pathname	当由 pathname 指定的文件或目录存在并且设置了"粘滞"位时返回真

两个档案之间的判断与比较符如表 6-1-13 所示。

表 6-1-13　两个档案之间的判断与比较符

逻辑符号	代表意义	应用	说明
–nt	第一个档案比第二个档案新	file1–nt file2	file1 比 file2 新时返回真
–ot	第一个档案比第二个档案旧	file1–ot file2	file1 比 file2 旧时返回真
–ef	第一个档案与第二个档案为同一个档案	f1–ef f2	f1 和 f2 是同一个档案时返回真

5. 控制结构

（1）if 语句

格式：

```
if condition
    then
      stat1
    else
      stat2
    fi
```

例子：

```
#!/bin/sh
      echo "Is it morning?Please answer yes or no"
        read timeofday
      if [ "$timeofday" = "yes" ];then
          echo "Good morning!"
      elif [ "$timeofday" = "no" ];then
          echo "Good afternoon!"
      else
          echo "Sorry,$timeofday not recognized.Enter yes or no"
      exit 1
      fi
      exit 0
```

（2）for 语句

格式：

```
for variables in values
    do
      stat1
    done
```

例子：

```
#!/bin/bash
    for variable in value1 value2 value3
      do
      echo "$variable"
    done
```

```
For file in "$(ls ./*.sh)";do
    echo $file
    done
    exit 0
```

（3）while 语句

格式：

```
while condition do
            stat1
    done
```

例子：

```
#!/bin/sh
    echo "Enter password"
    read trythis
    while [ "$trythis" != "mxh" ];do
        echo "sorry,try again!"
    read trythis
      done
    exit 0
```

（4）until 语句

格式：

```
until condition
    do
      statements
    done
```

例子：

```
#!/bin/sh
    until who | grep "$1" > /dev/null
    do
    sleep 60
      done
    #now ring the bell and announce the expected user.
    echo "****$1 has just logged in ****"
    exit 0
```

（5）case 语句

格式：

```
case variable in
    pattern [ | pattern] ...) statements;;
    pattern [ | pattern] ...) statements;;
    esac
```

例子：

```
#!/bin/bash
    echo "Is it morning?Please answer yes or no!"
    read timeofday
case "$timeofday" in
    yes) echo "Good morning";;
    no) echo "Good Afternoon";;
    y) echo "Goog morning";;
    n) echo "Goog Afternoon";;
    *) echo "Sorry,answer yes or no";
    esac
case "$timeofday" in
    yes | YES | Yes | Y | y ) echo "Good morning";;
    no | NO | n | N ) echo "Good Afternoon";;
    *) echo "Sorry,answer yes or no";;
    esac
    exit 0
```

（6）and 语句

格式：

```
sta1 && sta2 && sta3 && ...
```

按从左到右顺序执行每条命令，只有上一条命令返回的是 true 时，下一条命令才会被执行。符号 && 的作用是检查前一条命令的返回值。

例子：

```
#!/bin/sh
    touch file_one
    rm −f file_two
    if [ −f file_one ] && echo "hello"&&[ −f file_two ] && echo "there"
        then
            Echo "in if"
```

```
    else
        echo "in else"
    fi


    exit 0
```

（7）or 语句

格式：

```
stat1 || stat2 || stat3 || ...
```

执行这些列指令，直到有一条命令成功为止，之后的指令将不被执行。

6. grep 工作原理

grep（global search regular expression and print out the line，全面搜索正则表达式并把行打印出来）是一种强大的文本搜索工具，它能使用正则表达式搜索文本，并把匹配的行打印出来。

grep 命令在一个或多个文件中查找某个字符模式，如果这个模式中包含空格，就必须对它使用引号。grep 命令中，模式可以是一个被引号括起来的字符串，也可以是单个词。位于模式之后的所有单词都被视为文件名。grep 将输出发送到屏幕，它不会对输入文件进行任何修改或变化。grep 返回的退出状态为 0，则表示成功；退出状态为 1，则表示没有找到。如果找不到指定的文件，退出状态为 2。

grep 命令格式为：

```
grep [options] PATTERN [FILE...]
```

其中 PATTERN 是用正则表达式书写的模式。options 参数及其意义如表 6–1–14 所示。

表 6–1–14　grep 命令格式中 options 参数及其意义

参数	意义
–c	只输出匹配行的数量
–i	搜索时忽略大小写
–h	查询多文件时不显示文件名
–l	只列出符合匹配的文件名，而不列出具体的匹配行
–n	列出所有的匹配行，并显示行号
–s	不显示不存在或无匹配文本的错误信息
–v	显示不包含匹配文本的所有行
–w	匹配整词
–x	匹配整行

续表

参数	意义
–r	递归搜索,不仅搜索当前工作目录,而且搜索子目录
–q	禁止输出任何结果,以退出状态表示搜索是否成功
–b	打印匹配行距文件头部的偏移量,以字节为单位
–o	与 –b 选项结合使用,打印匹配的词距文件头部的偏移量,以字节为单位
–E	支持扩展的正则表达式
–F	不支持正则表达式,按照字符串的字面意思进行匹配 ––color=auto : 可以将找到的关键词部分加上颜色的显示。

grep 命令使用简单实例如下:

(1)$ grep 'test' d*,显示所有以 d 开头的文件中包含 test 的行。

(2)$ grep 'test' aa bb cc,显示在 aa、bb、cc 文件中匹配 test 的行。

(3)$ grep '[a-z]\{5\}' aa,显示所有的那些至少有 5 个连续小写字符的字符串的行。

(4)$ grep 'w\(es\)t.*\1' aa,如果 west 被匹配,则 es 就被存储到内存中,并标记为 1,然后搜索任意多个字符(.*),这些字符后面紧跟着另外一个 es(\1),找到就显示该行。

7. awk 概述

awk 是一个强大的文本分析工具,对于文本文件的处理以及报表的生成,awk 是无可替代的。awk 认为文本文件都是结构化的,它将每一个输入行定义为一个记录,行中的每个字符串定义为一个域(段),域和域之间使用分隔符分隔。

awk 具有流控制、数学运算、进程控制、内置的变量和函数、循环和判断的功能。

一个 awk 脚本通常由 BEGIN、通用语句块、END 语句块组成,三部分都是可选的。脚本通常被单引号或双引号包住。

```
awk 'BEGIN{ commands } pattern{ commands } END{ commands }' file
```

(1)执行 BEGIN{commands}pattern 语句块中的语句;

(2)从文件或标准输入中读取一行,然后执行 pattern{commands} 语句块。它逐行扫描文件,从第一行到最后一行重复这个过程,直到全部文件都被读取完毕;

(3)当读至输入流末尾时,执行 END{command} 语句块。

awk 调用方式如下。

① 命令行方式

```
awk [–F field–separator] 'commands' input–file(s)
```

其中,commands 是真正 awk 命令,[–F 域分隔符] 是可选的。input–file(s)是待处理的文件。

在 awk 中,文件的每一行中,由域分隔符分开的每一项称为一个域。通常,在不指名 –F 域分隔符的情况下,默认的域分隔符是空格。

② Shell 脚本方式

将所有的 awk 命令插入一个文件，并使 awk 程序可执行，然后 awk 命令解释器作为脚本的首行，以便通过键入脚本名称来调用。其中，相当于 Shell 脚本首行的 #!/bin/sh，可以换成：#!/bin/awk。

③ 将所有的 awk 命令插入一个单独文件，然后调用：

```
awk –f awk–script–file input–file(s)
```

其中，–f 选项加载 awk–script–file 中的 awk 脚本，input–file（s）同上。

8. awk 内置变量

awk 有许多内置变量用来设置环境信息，这些变量可以被改变，awk 常用变量如表 6–1–15 所示。

表 6–1–15　awk 常用变量

变量	含义
ARGC	命令行参数个数
ARGV	命令行参数排列
ENVIRON	支持队列中系统环境变量的使用
FILENAME	awk 浏览的文件名
FNR	浏览文件的记录数
FS	设置输入域分隔符，等价于命令行 –F 选项
NF	浏览记录的域的个数
NR	已读的记录数
OFS	输出域分隔符
ORS	输出记录分隔符
RS	控制记录分隔符

常用命令选项如下：
- –F fs fs，指定输入分隔符，fs 可以是字符串或正则表达式；
- –v var=value，赋值一个用户定义变量，将外部变量传递给 awk；
- –f scriptfile，从脚本文件中读取 awk 命令。

9. sed

sed 是一种在线编辑器，它一次处理一行内容。处理时，把当前处理的行存储在临时缓冲区中，称为"模式空间"（pattern space），然后用 sed 命令处理缓冲区中的内容，处理完成后，把缓冲区的内容送往屏幕。接着处理下一行，这样不断重复，直到文件末尾。该过程中，文件内容并没有改变，除非使用重定向存储输出。sed 主要用于自动编辑一个或多个文件、简化对文件的反复操作、编写转换程序等。

sed 工作原理如图 6-1-1 所示。

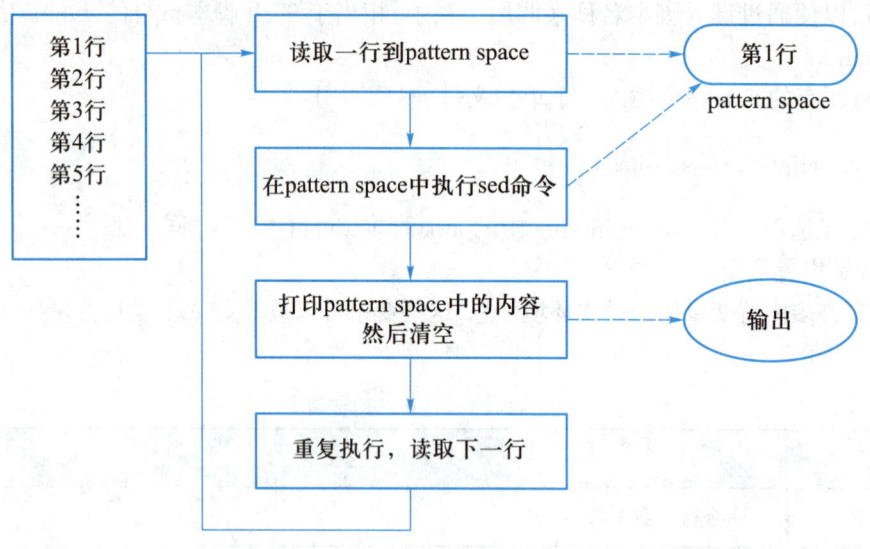

图 6-1-1　sed 工作原理

上文中说到，sed 不会修改文件，这是因为 sed 把每一行都存在临时缓冲区中，对副本进行编辑，所以不会修改原文件。

我们可以通过定址来定位想要编辑的行，该地址用数字构成，用逗号分隔的两个行数表示以这两行为起止的行的范围（包括行数表示的那两行）。如 1, 3 表示 1~3 行，美元符号（$）表示最后一行。范围可以通过数据、正则表达式或者二者结合的方式确定。

sed 命令的两种调用形式分别如下：

> sed [options] 'command' file(s)
>
> sed [options] –f scriptfile file(s)

sed 命令参数如表 6-1-16 所示。

表 6-1-16　sed 命令参数

选项	功能
–e	进行多项编辑，即对输入行应用多条 sed 命令时使用
–n	取消默认的输出，使用安静（silent）模式
–f	指定 sed 脚本的文件名，直接将 sed 的动作写在一个档案内
–i	直接修改读取的档案内容，而不是由屏幕输出
–r	sed 的动作支援的是延伸型正则表达式的语法（预设是基础正则表达式语法）

sed 命令如表 6–1–17 所示。

表 6-1-17 sed 命令

命令	功能
a\	在当前行后添加一行或多行。多行时除最后一行外，每行末尾需用 "\" 续行
c\	用此符号后的新文本替换当前行中的文本。多行时除最后一行外，每行末尾需用 "\" 续行
i\	在当前行之前插入文本。多行时除最后一行外，每行末尾需用 "\" 续行
d	删除行
h	把模式空间里的内容复制到暂存缓冲区
H	把模式空间里的内容追加到暂存缓冲区
g	把暂存缓冲区里的内容复制到模式空间，覆盖原有的内容
G	把暂存缓冲区的内容追加到模式空间里，追加在原有内容的后面
l	列出非打印字符
p	打印行

6.1.2　Perl 介绍

Perl 是一门开源的脚本语言，由 Larry Wall 所创造，该语言以实用、快速开发为主要目标，与当前流行的面向对象结构化编程有些格格不入，但这并不妨碍 Perl 被广泛流传和使用，在世界范围内，由用户建立起了非常活跃的 Perl 社区，很多人在其中不断帮助完善文档、创建示例代码、提供一些第三库，等等。具体可以浏览以下两个网页：www.cpan.org，www.perl.com。

Perl 借用了 C、sed、awk、Shell 脚本以及很多其他编程语言的特性。其中最重要的特性是，Perl 内部集成了正则表达式的功能，且具有巨大的第三方代码库 CPAN。

本文主要简单介绍 Perl 的基本语法及各种数据类型，使读者了解 Perl 基本的写法，能够顺利地读别人的代码。

1. 语句及注释

Perl 语句以分号（；）结尾，用 # 作为一行的注释，没有其他语言中那种跨行的注释。代码块用大括号围起来，这一点和 C 类似，但这个大括号在有些地方是强制要求，例如在 if、for、do、while 等语句中，因为它不像其他语言能用缩进来判断块。

2. 变量：标量（scalar）& 列表（list）

Perl 把简单的数据类型，如字符串数字等 "单数" 的东西统称为标量，与之相对的，就是 "复数" 的东西，如数组。标量的声明都是 $ 开始，如：$str="abc"。多个标量也可以一起声明：

```
($x, $y, $z) = (11, 22, "no", 4);
```

而数组的声明则是以 @ 开头，如：@arr=（"abc", "edf"）。变量的声明和很多其他脚本语言一样，不需要指明类型，直接声明赋值就可以使用。如果只声明但不赋值，Perl 会默认给它赋值为：undef。

为了检查一个变量是否已被赋值，Perl 提供了一个操作符：defined，用于判断一个变量是否已经被赋值：

```
if( !defined( $myvar ) )
    {
        print "uninitialized variable";
    }
```

3. 字符串

（1）基本语法

在 Perl 中，所有字符串都是双引号或单引号括起来的，如："string" 或 'string'。这两种方式在很多时候相同，不同的是当字符串出现其他变量或转义符号的时候，双引号会将变量的内容展开，而单引号的不会，例如：

```
$var = 234;
$str1 = "str1:$var";    # 打印出来得到 -> str1:234
$str2 = 'str2:$var';    # 打印出来得到 -> str2:$var
```

（2）字符串拼接

点号（.）用于把字符串进行拼接，这与其他一些语言直接把字符串连在一起的用法不一样，如：

```
$str = "abc"."efg"; # abcefg
```

（3）比较

需要强调的是，字符串的比较要用以下方式：

```
lt    小于
gt    大于
eq    等于
```

不要用 ==、>=、<=，因为这些符号是用来比较数值类型的。

4. 数组

（1）声明

如前面所说，数组是一个复数（plaural）形式的变量，它的声明是以 @ 开头的，后面跟的是小括号，小括号里放入初始值：

```
@arr = (12,34,56);
```

同一个数组里的元素类型不一定要一样，下面的写法也是合法的：

```
@arr = (12,"abc",'c');
```

当然，也可以声明空数组：

```
@arr = ( );
```

声明字符串数组时，可以用 q/qq/qw 系列操作符简化操作。这里 q 代表 quoted，qw 代表 quotedword.

```
@arr = qq(abc);      # 等价于 ("abc")
@arr = qw(abc ef gg);    # 等价于 ("abc","ef","gg")
@arr = q(abc);      # 等价于 ('abc')
```

由上可以看出，qq 与 qw 的区别就在于，qq 是将括号中的整个内容当成一个整体加上双引号，而 qw 是以空格为分隔，如上面的第二个例子中，abc、ef、gg 分别被加上了双引号。q 与 qq 相似。这几个操作符的好处是便于在字符串中加入转义符号、引号等符号。

```
qq(\abc)   eq   "\\abc"
qq("abc") eq "\"abc\""
```

（2）数组访问与插入

如果想访问数组里的元素，就用中括号加下标的方法。和很多其他语言一样，Perl 的数组元素从 0 开始算：

```
print $arr[2];
```

值得注意的是，引用数组里面元素的时候，用的是 $，而不是 @。这里其实有一个原则，用 @ 时，是表示整个数组，而引用其中的元素时，就用 $，后面将讲到 hash 类型数组，也是同样的原则。上面的例子是一次访问一个元素，如果需要取出 sub array（切片），则应写为如下形式：

```
@sub_arr = @arr[1,4];
```

Perl 中的数组是没有指定大小的，如果访问了没有定义的元素，就会返回 undef：

```
@arr = (1,2,3);
$ele = $arr[20]; # ele == undef
```

如果要往数组中加入新元素，也可以直接用中括号加下标的方法：

```
$arr[4] = 4; # 如果不存在第 4 个元素就插入，存在就覆盖。
```

（3）转换

下面，我们将提出一个很体现 Perl 的风格的问题。前面说到，用 @ 引用一个数组时，表示对整个数组的引用，但这种引用在不同场合下是表示不同含义的：

```
@arr = ("abc", "ed");
     print "arr: @arr" ;
```

上面的 print 会将 arr 中的元素逐个提取出来，并展开打印。但如果我们写成以下形式：

```
$sz = @arr;
```

此时，把数组赋值给一个标量，那么 Perl 会把数组的大小赋值给左边的变量，所以在上面的例子里，$sz 等于 2。如果 Perl 没法判断是标量还是数组，默认情况下，@arr 都会展开数组：

```
@arr2 = (1,2,@arr);  # arr2 == (1,2,"abc","ed").
```

但如果这时候，我们想让 @arr 当作标量来处理，那么上面的写法是不行的。Perl 规定，如果想要指明转换为标量类型，就需要加上关键字 scalar：

```
@arr2 = (1,2,scalar @arr);  # arr2 == (1,2,2)
```

（4）sort 排序功能

Perl 为数组提供了排序操作符：sort。默认情况下，sort 对数组里的元素按字母排序，然后返回一个新的数组，旧数组不变。

```
@arr = ("abc","rsz","ef");
@newarr = sort(@arr);
#    arr = abc rsz ef       newarr = abc ef rsz.
```

如果数组里存的不是字符，或者我们不想按字符序排序，那么可以指定按数字的方式排序：

```
sort ({$a <=> $b} @array)
```

其中，大括号表示一个比较函数，<=> 是指数值比较，$a 和 $b 表示比较的两个数，这两个变量是语言预定义的变量，不可以更改。如果把 a 和 b 的顺序调换一下，就表示反过来排序，如果用了数值排序，而数组中又有字符串元素，那么字符串都被当作 0，如果有多个字符串，那么字符串之间仍按字母顺序来排序。如：

```
@arr = (22,44,33,-12,gg ,hh)
sort({$a<=>$b @arr);  #  结果：-12 gg hh 22 33 44
```

（5）插入与删除

Perl 提供了 push、pop、shift、unshift 等函数对数组进行入栈出栈之类的操作。push 和 pop 作用在尾部，shift 与 unshift 作用在头部：

```
@arr = ("ab","bc","ee");
pop @arr;  #结果：("ab","bc")
push(@arr,"hh"); #结果：("ab","bc","hh")
shift @arr;  #结果：("bc","hh")
unshift(@arr, "vv"); #结果：("vv","bc","hh")
```

5. hash 数组

（1）声明与初化

Perl 里的 hash 数组类似于 Python 里的 dict，C++ 中的 map。数组中保存的是 <key, value> 一对值。hash 数组用 % 来声明：

```
%hash = ("key1","value1","key2","value2");
print "v1:$hash{key1}"; # 打印出 :value1.
```

上面的初始化语句在 key、value 很多时可读性很差，因此，Perl 又提供了另一种写法：

```
%hash = ("key1"=>"value1","key2"=>"value2");
```

其中符号 => 与逗号的效果完全一样，但这种写法看起来比较容易分辨哪个是 Key，哪个是 value。

（2）插入、删除与修改

hash 的插入与修改在语法上是完全一样的。如：

```
$hash{"key"} = "value";
```

如果 hash 数组中原来没有 "key"，就插入；如果有 "key" 及相应 "value"，就修改相应的 "value" 为新的 "value"。与此同时，Perl 提供了一个 delete 操作符来删除 hash 中的元素，如：delete $hash{"key"};

（3）获取 key 与 value

Perl 提供了 keys 和 values 这两个函数来获取 hash 中的全部 key 和 value。这两个操作符返回的是一个数组，如：

```
%hash = ("k1"=>"v1","k2"=>"v2");
@k = keys (%hash);   #k == ("k1","k2")
@v = values(%hash);  #v == ("v1","v2")
```

Perl 中的分支循环在语法上和 C 语言的语法很相似，关键字包括：If/else、for、while。前面已经讲过，Perl 中代码块用大括号 {} 包起来，表达式以分号结尾，这些都和 C 相似，但在 Perl 中，使用 if、for、while 时，大括号是强制要求的，这点与 C 不一样。细心的读者可能会发现，前一节讲数据类型的时候，并没有涉及整型、浮点型、布尔型等数据类型，只说到了一个标量，事实上在 Perl 里，这些基本数据类型并不严格区分，都可以归到 Scalar 里去，这大概也是脚本语言的一个通用做法，从而弱化了基本数据类型。

在很多语言里，分支循环有一个很关键的数据类型：bool（布尔型）。控制分支走向需要一个判断点，但在 Perl 里，没有具体的 true/false 类型，所以在做真假判断时，遵循以下原则：

- 如果是数据类型，0 则为假；
- 如果是字符串，空字符串为假；
- 如果是集合，空集合为假。

下面分别介绍 Perl 中的各种常用语法。

① if / else

Perl 中的 if/else 语法和 C 语言一致，但 Perl 要求一定要有大括号。

逻辑判断操作：与（&&）、或（||）、非（!），在语法上也与 C 一致。

```
$str = "abc";
    @arr = (2,3,4);
    if( $str && @arr == 3){
        }
    else{
        }
```

上面的例子是一种比较传统的写法，除此之外，Perl 还提供了一套与 C 不一样的写法，风格上更像是自然语言。

```
$var = 2;
    Print " hello world" if ($var > 0);  # 注意这行，等价于：   if ($var > 0) { print "hello world";}
```

这种写法就像是自然语言里的倒序，关键字 unless 也适用于这种写法。

```
Print " hello world" unless ($var > 0);
```

② 循环：for / while / foreach

```
for ($i=0; $i<100; $i++)
  {
        print "hello $i \n";
    }
        while( $i < 100 )
        {
            print "hello $i \n";
            $i++;
        }
```

上面的例子演示了 for/while 的写法，这种写法和 C 在语法上是一样的。除了 for/while，Perl 还提供了 foreach，专门用来处理数组。

```
@arr = (1,2,3,4,5);
        foreach $item (@arr)
        {
            print "item: $item\n";
        }
```

注意：foreach 这一行中的小括号是不能省的。

③ I/O

Perl 中进行 I/O 操作延用了 UNIX 中的概念，即一切都抽象成文件。所以，I/O 操作都是对一个文件句柄（file handle）进行操作，包括标准输入和标准输出。

a. 标准输入与标准输出

前面示例代码中多次用到了 print，在之前的写法中它是标准输出，但它的功能却不仅限于标准输出，事实上它的准确原型是：

```
print <file handle> "hello world\n";
```

如果省略了 file handle，默认情况下就是标准输出，标准输出的句柄 <STDOUT>，所以前面的 print 语句，事实上等价于：

```
print STDOUT "hello world\n";
```

标准输出对应的标准输入是 STDIN，这两个变量是 Perl 预定义的，可以看成是一个关键字，也不需要在这些变量前面加 $ 或 @ 这类符号。前面只示例了标准输出，没有提过标准输入。标准输入语法也很简洁：

```
$line = <STDIN>; #read
```

用尖括号把文件句柄括起来，就相当于从里面读数据。

b. 文件 I/O

获取及关闭文件要用 Open ( )/Close ( ) 函数。

```
$succ= open(fh, "~/myfile.log");
        if($succ)
            {
                $line = <fh>;#read one line.
                @all = <fh>;  #read the whole file.
                print "@line \n";
                close(fh);
            }
```

值得注意的是，文件句柄的声明可以不用加 $ 这种符号，直接写一个名字就够了，当然，加上 $ 也是没问题的。

前面的示例演示了读入时的最基本的做法，Perl 还提供了和 C 语言类似的文件操作函数：seek、tell，用来定位到文件的相应位置进行读写。它们的用法和 C 语言很相似。前面的 open ( ) 函数示例了文件打开的最基本形式，事实上，这个函数还支持设置访问模式。

文件访问模式如表 6-1-18 所示。

表 6–1–18　文件访问模式

访问模式	例子	说明
读（read）	open(FH , "<FileName");	从文件中读取
写（write）	open(FH, ">FileName");	向文件中写入，覆盖旧文件中的内容
追加（append）	open(FH, ">>FileName");	向现有文件的尾部追加数据
读写（read and write）	open(FH, "+<FileName");	读取和写入现有文件
写入程序	open(PIPEOUT, "| pipeout");	打开程序管道
读取程序	open(PIPEIN, "pipein |");	从程序或命令的输出中取得数据

如果打开的文件支持写操作，我们就可以用 print 函数往文件里写入内容：

```
if(open(fh,">~/file.log"))
        {
                print fh "hello file\n";
                close(fh);
        }
```

6.1.3　Python 介绍

Python 是一种面向对象、解释型的计算机程序语言，由荷兰人贵铎·范·罗萨姆（Guido van Rossum）于 1989 年底始创。Python 是一个易于学习的、功能强大的编程语言，它的语法非常简捷和清晰，经过近二十年的发展，成熟且稳定。Python 在设计上坚持了清晰划一的风格，这使得 Python 成为一门易读、易维护，并且被大量用户所欢迎的、用途广泛的语言。

Python 具有强大和丰富的标准库。Python 可以应用于众多领域，包括：数据分析、组件集成、网络服务、图像处理、数值计算和科学计算等。目前业内几乎所有大中型互联网企业都在使用 Python，如：Youtube、Dropbox、Google、Facebook 等。Python 被广泛用于诸如自动化运维、自动化测试、大数据分析、爬虫、Web 等。另外由于它的开源本质，Python 可被移植到众多平台上面运行。

Linux 系统默认会安装 Python 程序包，在 Windows 系统下需要手动安装 Python 程序，对于初学者，建议在 Windows 系统上安装一个 Python 集成开发环境，例如 Pycharm 等。教程中我们将在不同系统下进行。

Python 有如下几种类型。

● Cpython

它是 Python 的官方版本，使用 C 语言实现，使用最为广泛，CPython 会将源文件（py 文件）转换成字节码文件（pyc 文件），然后运行在 Python 虚拟机上。

● Jyhton

它是 Python 的 Java 实现，Jython 会将 Python 代码动态编译成 Java 字节码，然后在 JVM

上运行。

- IronPython

它是 Python 的 C# 实现,IronPython 将 Python 代码编译成 C# 字节码,然后在 CLR 上运行。(与 Jython 类似)

- PyPy

它是 Python 实现的 Python,能够将 Python 的字节码再编译成机器码。

- RubyPython、Brython 等其他类型。

1. Python 环境

(1)Windows 系统

① 下载安装包,https://www.python.org/downloads/

② 安装,默认安装路径: C:\python27

③ 配置环境变量

右键计算机→属性→高级系统设置→高级→环境变量→在第二个内容框中找到变量名为 Path 的一行,双击→Python 安装目录追加到变量值中,变量之间用分号分割。

(2)Linux 系统

① 无须安装,原装 Python 环境

② 如果自带 2.6 版本,更新至最新版

2. Python 基础

(1)第一句 Python 代码

在 /home/dev/ 目录下创建 hello.py 文件,内容如下:

```
print "hello,world"
```
执行 hello.py 文件,即: python /home/dev/hello.py

python 内部执行过程如图 6-1-2 所示。

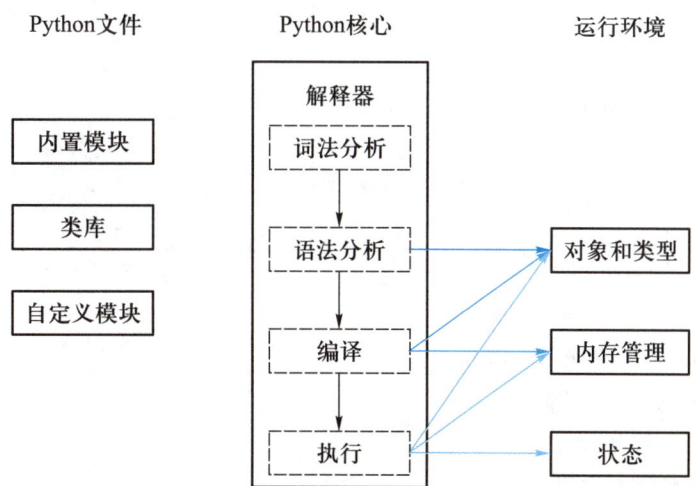

图 6-1-2　Python 内部执行过程

① 解释器

上一步中执行 python/home/dev/hello.py 时，已明确指出 hello.py 脚本由 Python 解释器来执行。

如果想要像执行 Shell 脚本一样执行 Python 脚本，例如：./hello.py，那么就需要在 hello.py 文件的头部指定解释器，如下：

```
#!/usr/bin/env pythonprint "hello,world"
    chmod 755 hello.py                 #给予 hello.py 执行权限
    然后执行：./hello.py
```

② 内容编码

Python 解释器在加载 .py 文件中的代码时，会对内容进行编码（默认 ASCII）。

ASCII（American standard code for information interchange，美国标准信息交换代码）是基于拉丁字母的一套电脑编码系统，主要用于显示现代英语和其他西欧语言，其最多只能用 8 位来表示（一个字节），即：2^8=256，所以，ASCII 码最多只能表示 256 个符号。

显然 ASCII 码无法将世界上的各种文字和符号全部表示出来，所以，就需要新出一种可以代表所有字符和符号的编码，即：Unicode。

Unicode（统一码、万国码、单一码）是一种在计算机上使用的字符编码。Unicode 是为了解决传统的字符编码方案的局限性而产生的，它为每种语言中的每个字符设定了统一且唯一的二进制编码，规定所有的字符和符号最少由 16 位来表示（即至少 2 个字节），即：2^{16}=65 536。

UTF-8，是对 Unicode 编码的压缩和优化，它不再是最少使用 2 个字节，而是将所有的字符和符号进行分类：ASCII 码中的内容用 1 个字节保存、欧洲的字符用 2 个字节保存、东亚的字符用 3 个字节保存……

所以，Python 解释器在加载 .py 文件中的代码时，如果是如下代码，那么会报错，因为 ASCII 码无法表示中文。

```
#!/usr/bin/env python
    print " 你好,世界 "
```

此时，应该告诉 Python 解释器，用什么编码来执行源代码，即：

```
#!/usr/bin/env python
# -*- coding: utf-8 -*-
    print " 你好,世界 "
```

（2）注释

注释分单行和多行注释，格式如下：

当行注释：# 被注释内容

多行注释："""" 被注释内容 """"

（3）执行脚本传入参数

Python 有大量的模块，从而使得开发 Python 程序非常简洁。模块分为以下三种：

- Python 内部提供的模块；
- 业内开源的模块；
- 程序员自己开发的模块。

Python 内部提供一个 sys 的模块，其中的 sys.argv 用来捕获执行 Python 脚本时传入的参数：

```
#!/usr/bin/env python
# –*– coding: utf–8 –*–
import sys

    print sys.argv
```

（4）pyc 文件

执行 Python 代码时，如果导入了其他的 .py 文件，那么执行过程中会自动生成一个与其同名的 .pyc 文件，该文件就是 Python 解释器编译之后产生的字节码。

（5）变量

① 声明变量

```
#!/usr/bin/env python
# –*– coding: utf–8 –*–
    name = " 小明 "
```

上述代码声明了一个变量，变量名为：name，变量的值为：" 小明 "。

变量的作用是代指内存里某个地址中保存的内容，如图 6-1-3 所示。

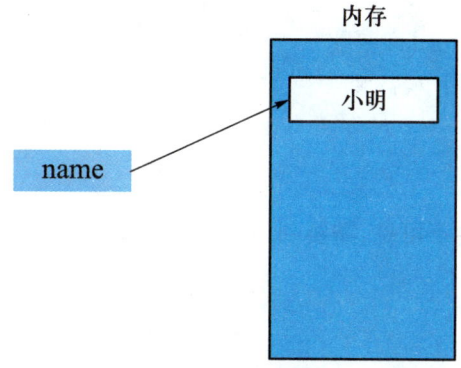

图 6-1-3　变量名对应内存地址

变量定义的规则如下：

- 变量名只能是字母、数字或下划线的任意组合；
- 变量名的第一个字符不能是数字；
- 以下关键字不能声明为变量名：

and，as，assert，break，class，continue，def，del，elif，else，except，exec，finally，for，from，global，if，import，in，is，lambda，not，or，pass，print，raise，return，try，while，with，yield。

② 变量的赋值

```
#!/usr/bin/env python
# –*– coding: utf–8 –*–
name1 = " 小明 "
    name2 = name1
```

上述代码首先声明变量 name1 的值为：" 小明 "，然后将变量 name1 赋值给 name2，得到 name2 的值为：" 小明 "，如图 6-1-4 所示。

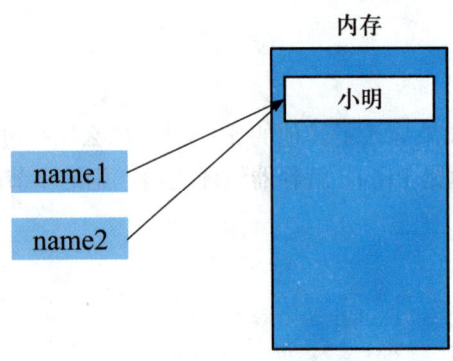

图 6-1-4　不同变量对应相同的内存地址

（6）输入

```
#!/usr/bin/env python
# –*– coding: utf–8 –*–
# 将用户输入的内容赋值给 name 变量
name = raw_input(" 请输入用户名：")
# 打印输入的内容
    print name
```

输入密码时，如果想要不可见，需要利用 getpass 模块中的 getpass 方法，即：

```
#!/usr/bin/env python
# –*– coding: utf–8 –*–
import getpass
# 将用户输入的内容赋值给 name 变量
pwd = getpass.getpass(" 请输入密码：")
# 打印输入的内容
print pwd
```

（7）流程控制和缩进

需求一：用户登录验证

① 提示输入用户名和密码

② 验证用户名和密码

③ 如果错误，则输出用户名或密码错误

④ 如果成功，则输出　欢迎，XXX!

```python
#!/usr/bin/python
# -*- coding:utf-8 -*-
while True:
input = raw_input(" 请输入您的用户名和密码 : ")
if input == " 小明 ":
    password = raw_input(" 请输入您的密码 ")
p = "123"
if password == p:
    print " 恭喜您登录成功 "
break;
else:
    print " 密码错误，请重新输入 !"
```

需求二：根据用户输入内容输出其权限

① 根据用户输入内容打印其权限；

② 小明——超级管理员；

③ 小华——业务主管；

④ 其他——普通用户。

```python
#!/usr/bin/env python
# -*- coding: utf-8 -*-
import getpass
name = raw_input(' 请输入用户名 : ')
if name == " 小明 ":
print " 超级管理员 "
elif name == " 小华 ":
print " 业务主管 "
else:
print " 普通用户 "
```

（8）初识基本数据类型

① 数字

2 是一个整数的例子。（长整数不过是大一些的整数。）

3.23 和 52.3E-4 是浮点数的例子。E 标记表示 10 的幂。在这里，52.3E-4 表示 52.3×10^{-4}。

（-5+4j）和（2.3-4.6j）是复数的例子。

- int（整型）

在 32 位机器上，整数的位数为 32 位，取值范围为 $-2^{31} \sim 2^{31}-1$，即 $-2147483648 \sim 2147483647$。在 64 位系统上，整数的位数为 64 位，取值范围为 $-2^{63} \sim 2^{63}-1$，即 $-9223372036854775808 \sim 9223372036854775807$。

- long（长整型）

跟 C 语言不同，Python 的长整数没有指定位宽，即：Python 没有限制长整数的数值大小，但实际上由于机器内存有限，我们使用的长整数数值不可能无限大。

注意，自从 Python 2.2 起，如果整数发生溢出，Python 会自动将整数数据转换为长整数，所以如今在长整数数据后面不加字母 L 也不会导致严重后果了。

- float（浮点型）

浮点数用来处理实数，即带有小数的数字，类似于 C 语言中的 double 类型，占 8 个字节（64 位），其中 52 位表示底，11 位表示指数，剩下的一位表示符号。

- complex（复数）

复数由实数部分和虚数部分组成，一般形式为 x + yj，其中的 x 是复数的实数部分，y 是复数的虚数部分，这里的 x 和 y 都是实数。

② 布尔值

布尔值即真或假，也就是 1 或 0。

③ 字符串

Python 中的字符串在 C 语言中体现为一个字符数组，每次创建字符串时需要在内存中开辟一块连续的空间，并且一旦需要修改字符串，就需要再次开辟空间，+ 号每出现一次就会在内存中重新开辟一块空间。

```
#!/usr/bin/env python
# -*- coding: utf-8 -*-
name = " 小明 "
    print "i am %s " % name
```

其中，字符串是 %s、整数是 %d、浮点数是 %f。

字符串常用功能有：移除空白、分割、长度、索引、切片。

④ 列表

创建列表：

```
name_list = [' 小明 ', ' 小华 ']
```

或

```
name_list = list([' 小明 ', ' 小华 '])
```

基本操作包括：索引、切片、追加、删除、长度、切片、循环、包含。

⑤ 元组

创建元组：

ages = (11, 22, 33, 44, 55) 或
ages = tuple((11, 22, 33, 44, 55))

基本操作包括：索引、切片、循环、长度、包含。

⑥ 字典（无序）

创建字典：

person = {"name": "mr.wu", 'age': 18} 或
person = dict({"name": "mr.wu", 'age': 18})

常用操作包括：索引、新增、删除、键、值、键值对、循环、长度。

（9）运算

算数运算符如图6-1-5所示。

运算符	描述	实例
+	加——两个对象相加	a+b输出结果30
-	减——得到负数或是一个数减去另一个数	a-b输出结果-10
*	乘——两个数相乘或是返回一个被重复若干次的字符串	a*b输出结果200
/	除——x除以y	b/a输出结果2
%	取模——返回除法的余数	b%a输出结果0
**	幂——返回x的y次幂	a**b为10的20次方，输出结果100000000000000000000
//	取整除——返回商的整数部分	9//2输出结果4，9.0//2.0输出结果4.0

图6-1-5 Python算数运算符

比较运算符如图6-1-6所示。

运算符	描述	实例
==	等于——比较对象是否相等	(a==b)返回False
!=	不等于——比较两个对象是否不相等	(a!=b)返回true
<>	不等于——比较两个对象是否不相等	(a<>b)返回true。这个运算符类似!=
>	大于——返回x是否大于y	(a>b)返回False
<	小于——返回x是否小于y。所有比较运算符返回1表示真，返回0表示假。这分别与特殊的变量True和False等价。注意，这些变量名的大写。	(a<b)返回true
>=	大于等于——返回x是否大于等于y	(a>=b)返回False
<=	小于等于——返回x是否小于等于y	(a<=b)返回true

图6-1-6 Python 比较运算符

赋值运算符如图6-1-7所示。

运算符	描述	实例
=	简单的赋值运算符	c=a+b将a+b的运算结果赋值为c
+=	加法赋值运算符	c+=a等效于c=c+a
−=	减法赋值运算符	c−=a等效于c=c−a
*=	乘法赋值运算符	c*=a等效于c=c*a
/=	除法赋值运算符	c/=a等效于c=c/a
%=	取模赋值运算符	c%=a等效于c=c%a
**=	幂赋值运算符	c**=a等效于c=c**a
//=	取整除赋值运算符	c//=a等效于c=c//a

图 6-1-7　Python 赋值运算符

逻辑运算符如图 6-1-8 所示。

运算符	描述	实例
and	布尔"与"——如果x为False，x and y返回False，否则它返回y的计算值	(a and b)返回True
or	布尔"或"——如果x是True，它返回True，否则它返回y的计算值	(a or b)返回True
not	布尔"非"——如果x为True，返回False，如果x为False，它返回True	not(a and b)返回False

图 6-1-8　Python 逻辑运算符

成员运算符如图 6-1-9 所示。

运算符	描述	实例
in	如果在指定的序列中找到值返回Ture，否则返回False	x在y序列中，如果x在y序列中返回True
not in	如果在指定的序列中没有找到值返回True，否则返回False	x不在y序列中，如果x不在y序列中返回True

图 6-1-9　Python 成员运算符

身份运算符如图 6-1-10 所示。

运算符	描述	实例
is	is是判断两个标识符是不是引用自一个对象	x is y，如果id(x)等于id(y)，is返回结果1
is not	is not是判断两个标识符是不是引用自不同对象	x is not y，如果id(x)不等于id(y)，is not返回结果1

图 6-1-10　Python 身份运算符

位运算符如图 6-1-11 所示。

运算符	描述	实例
&	按位与运算符	(a & b)输出结果12，二进制解释：**0000 1100**
|	按位或运算符	(a | b)输出结果61，二进制解释：**0011 1101**
^	按位异或运算符	(a ^ b)输出结果49，二进制解释：**0011 0001**
~	按位取反运算符	(~a)输出结果-61，二进制解释：**1100 0011**，在一个有符号二进制数的补码形式
<<	左移动运算符	a<<2输出结果240，二进制解释：**1111 0000**
>>	右移动运算符	a>>2输出结果15，二进制解释：**0000 1111**

图 6-1-11　Python 位运算符

运算符优先级如图 6-1-12 所示。

运算符	描述
**	指数(最高优先级)
~ + -	按位翻转，一元加号和减号(最后两个的方法名为 +@ 和 –@)
*/ % //	乘，除，取模和取整除
+ -	加法减法
>> <<	右移，左移运算符
&	位 "AND"
^ |	位运算符
<= < > >=	比较运算符
< > == !=	等于运算符
= %= / = //= -= += *= **=	赋值运算符
is is not	身份运算符
in not in	成员运算符
not or and	逻辑运算符

图 6-1-12　Python 运算符优先级

6.1.4　任务回顾

 **知识点总结**

1. Shell 语法基础。
2. Perl 语法基础。
3. Python 语法基础。

 **学习足迹**

任务一学习足迹如图 6-1-13 所示。

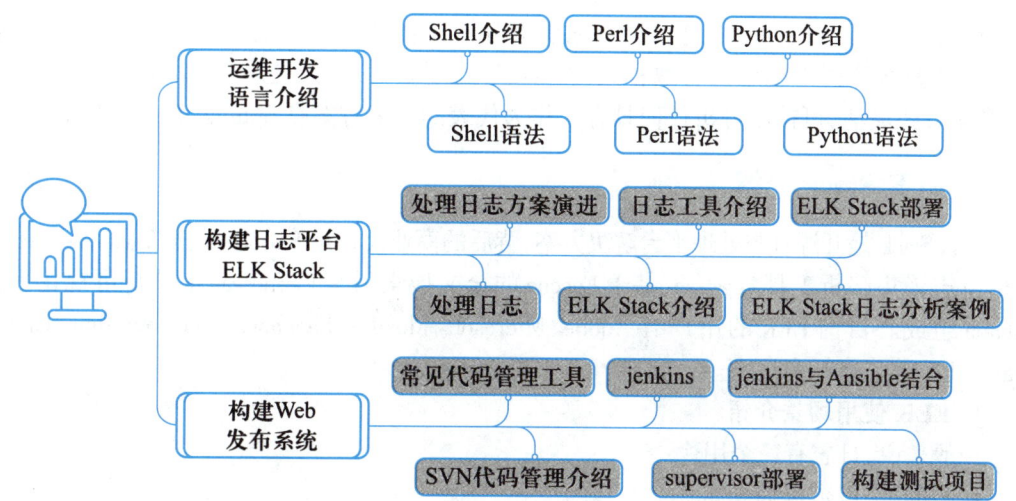

图 6-1-13　任务一学习足迹

 **思考与练习**

1. 分别用 Shell、Perl、Python 把日期复制给一个变量，并引用它。
2. 分别用 Shell、Perl、Python 写一个添加 Linux 用户的脚本。

6.2 任务二：构建日志平台 ELK Stack

【任务描述】

处理日志是运维工作必不可少的一环。但是在规模化场景下，grep、awk 无法快速发挥作用，我们需要一种高效、灵活的日志分析方式，可以给故障处理、根源定位提供秒级的响应。基于全文搜索引擎 Lucene 构建的 ELK Stack 平台，是目前开源界最接近该目标的实现。

1. 什么是日志

日志是带时间戳的基于时间序列的机器数据，包括 IT 系统信息（服务器、网络设备、操作系统、应用软件）、物联网各种传感器信息。日志可以反映用户实际行为，是真实的数据。

2. 日志处理方案演进

日志的演进如图 6-2-1 所示。

图 6-2-1　日志的演进

● 日志处理 v1.0：日志没有集中式处理；只做事后追查，黑客入侵后删除日志无法察觉；使用数据库存储日志，无法胜任复杂事务处理。

● 日志处理 v2.0：使用 Hadoop 平台实现日志离线批处理，缺点是实时性差；使用 Storm 流处理框架、Spark 内存计算框架处理日志，但 Hadoop/Storm/Spark 都是编程框架，并不是拿来即用的平台。

● 日志处理 v3.0：使用日志实时搜索引擎分析日志，特点有三方面：第一，速度快，日志从产生到搜索分析出结果只有数秒延时；第二，处理量大，每天处理 TB 数据量的日志；第三，搜索方式灵活，可搜索分析任何日志。作为代表的解决方案有 Splunk、ELK、SILK。

6.2.1 ELK Stack 介绍

ELK Stack 是开源日志处理平台解决方案，背后的商业公司是 Elastic（https://www.elastic.co/）。它由日志采集解析工具 Logstash、基于 Lucene 的全文搜索引擎 Elasticsearch、分析可视化平台 Kibana 组成。目前 ELK 的用户有 Adobe、Microsoft、Mozilla、Facebook、Stackoverflow、Cisco、ebay、Uber 等诸多知名厂商。

1. ELK 使用场景介绍

一般来说，日志有三个用途：

● 找问题，以数据为导向；

- 做监控;
- 安全审计。

2. ELK Stack 的优点

- 处理方式灵活,Elasticsearch 是实时全文索引,不需要像 storm 那样预先编程才能使用;
- 配置简单易上手,Elasticsearch 全部采用 JSON 接口,Logstash 是 Ruby DSL 设计,是目前最通用的配置语法设计;
- 检索性能高效,虽然每次查询都是实时计算,但是优秀的设计和实现基本可以达到百亿级数据查询的秒级响应;
- 集群线性扩展,不管是 Elasticsearch 集群还是 Logstash 集群都是可以线性扩展的;
- 前端操作炫丽,Kibana 界面上,只需要点击鼠标,就可以完成搜索、聚合功能,生成炫丽的仪表板。

6.2.2 ELK Stack 部署实验

1. 实验环境

ELK Stack 的实验环境如表 6-2-1 所示。

表 6-2-1 ELK Stack 实验环境

主机类型	主机名	IP 地址	操作系统	安装软件
ELK Stack 服务端	elk	192.168.1.225	CentOS release 6.5	Logstash 1.5.4, Elasticsearch 1.7.1, Kibana 4.1.1
ELK Stack 客户端	elk-client	192.168.1.222	CentOS release 6.5	Logstash-Forwarder-0.4.0

- 服务端分别安装 Logstash,负责日志的收集、处理和储存;安装 Elasticsearch,负责日志检索和分析;安装 Kibana,负责日志的可视化。
- 客户端安装 Logstash-Forwarder,负责日志文件收集。
- ELK Stack 依赖 Java,所以我们需要先安装 1.7 以上版本的 jre。

2. 实验目标

将客户端 Web 访问日志在 ELK Stack 中展示。

3. ELK Stack 服务端安装

(1)设置 FQDN(完全合格域名),创建 SSL 证书的时候需要配置 FQDN:

【代码 6-2-1】 设置 FQDN

```
root@elk ~]# hostname
elk
[root@elk ~]# cat /etc/hosts
127.0.0.1   localhost localhost.localdomain localhost4
192.168.1.225 elk.test.com
```

（2）安装 Java1.8

【代码 6-2-2】 配置 Java 环境

```
[root@elk]# cat /etc/redhat-release
CentOS release 6.6 (Final)
[root@elk elk]# yum install java-1.8.0-openjdk.x86_64
[root@elk elk]# java -version
openjdk version "1.8.0_121"
OpenJDK Runtime Environment (build 1.8.0_121-b13)
OpenJDK 64-Bit Server VM (build 25.121-b13, mixed mode)
```

（3）安装 Elasticsearch 1.7.1

① 下载安装

【代码 6-2-3】 下载 Elasticsearch

```
[root@elk elk]# wget
https://download.elastic.co/elasticsearch/elasticsearch/elasticsearch-1.7.1.noarch.rpm
[root@elk elk]#rpm -ivh elasticsearch-1.7.1.noarch.rpm
```

② 启动相关服务

【代码 6-2-4】 启动 Elasticsearch

```
[root@elk elk]# /etc/init.d/elasticsearch start
[root@elk elk]# /etc/init.d/elasticsearch status
```

③ 查看 Elasticsearch 配置文件

【代码 6-2-5】 查看 Elasticsearch 配置文件

```
[root@elk elk]# rpm -qc elasticsearch
/etc/elasticsearch/elasticsearch.yml
/etc/elasticsearch/logging.yml
/etc/init.d/elasticsearch
/etc/sysconfig/elasticsearch
/usr/lib/sysctl.d/elasticsearch.conf
/usr/lib/systemd/system/elasticsearch.service
/usr/lib/tmpfiles.d/elasticsearch.conf
```

④ 查看端口使用情况

【代码 6-2-6】 查看系统开放的端口

```
[root@elk elk]# netstat -tunlp
Active Internet connections (only servers)
```

Proto Recv-Q Send-Q Local Address	Foreign Address	State
PID/Program name		
tcp 0 0 :::9300	:::*	LISTEN
14585/java		
tcp 0 0 :::9200	:::*	LISTEN
14585/java		

（4）安装 Kibana 4.1.1

① 下载 tar 包

【代码 6-2-7】 下载 Kibana

```
[root@elk elk]# wget
https://download.elastic.co/kibana/kibana/kibana-4.1.1-linux-x64.tar.gz
```

② 解压

【代码 6-2-8】 解压 Kibana

```
[root@elk elk]# pwd
/data1/elk
[root@elk elk]# tar xf kibana-4.1.1-linux-x64.tar.gz
[root@elk elk]# ln -s /data1/elk/kibana-4.1.1-linux-x64 kibana
```

③ 创建 Kibana 服务

【代码 6-2-9】 创建 Kibana 服务

```
[root@elk elk]# vim /etc/init.d/kibana
#!/bin/bash
### BEGIN INIT INFO
# Provides:          kibana
# Default-Start:     2 3 4 5
# Default-Stop:      0 1 6
# Short-Description: Runs kibana daemon
# Description: Runs the kibana daemon as a non-root user
### END INIT INFO
# Process name
NAME=kibana
DESC="Kibana4"
PROG="/etc/init.d/kibana"
# Configure location of Kibana bin
```

```
KIBANA_BIN=/root/kibana/bin                    # 注意路径
# PID Info
PID_FOLDER=/var/run/kibana/
PID_FILE=/var/run/kibana/$NAME.pid
LOCK_FILE=/var/lock/subsys/$NAME
PATH=/bin:/usr/bin:/sbin:/usr/sbin:$KIBANA_BIN
DAEMON=$KIBANA_BIN/$NAME
# Configure User to run daemon process
DAEMON_USER=root
# Configure logging location
KIBANA_LOG=/var/log/kibana.log
# Begin Script
RETVAL=0
if [ '`id -u`' -ne 0 ]; then
        echo "You need root privileges to run this script"
        exit 1
fi
# Function library
. /etc/init.d/functions
start() {
        echo -n "Starting $DESC : "
pid='pidofproc -p $PID_FILE kibana'
        if [ -n "$pid" ] ; then
                echo "Already running."
                exit 0
        else
        # Start Daemon
if [ ! -d "$PID_FOLDER" ] ; then
                        mkdir $PID_FOLDER
                fi
daemon --user=$DAEMON_USER --pidfile=$PID_FILE $DAEMON 1>"$KIBANA_LOG" 2>&1 &
        sleep 2
        pidofproc node > $PID_FILE
        RETVAL=$?
        [[ $? -eq 0 ]] && success || failure
```

```
echo
            [ $RETVAL = 0 ] && touch $LOCK_FILE
            return $RETVAL
        fi
}
reload ( )
{
    echo "Reload command is not implemented for this service."
    return $RETVAL
}
stop() {
        echo −n "Stopping $DESC : "
        killproc −p $PID_FILE $DAEMON
        RETVAL=$?
echo
        [ $RETVAL = 0 ] && rm −f $PID_FILE $LOCK_FILE
}
case "$1" in
  start)
        start
;;
  stop)
        stop
        ;;
  status)
        status −p $PID_FILE $DAEMON
        RETVAL=$?
        ;;
  restart)
        stop
        start
        ;;
  reload)
reload
;;
```

```
    *)
# Invalid Arguments, print the following message.
        echo "Usage: $0 {start|stop|status|restart}" >&2
exit 2
        ;;
esac
```

④ 修改启动权限

【代码 6-2-10】 修改启动权限

```
[root@elk elk]# chmod +x /etc/init.d/kibana
```

⑤ 启动 Kibana 服务

【代码 6-2-11】 启动 Kibana 服务

```
[root@elk elk]# /etc/init.d/kibana start
[root@elk elk]# /etc/init.d/kibana status
```

⑥ 查看端口

【代码 6-2-12】 查看系统端口

```
[root@elk elk]# netstat –tunlp
Active Internet connections (only servers)
Proto Recv–Q Send–Q Local Address        Foreign Address        State
PID/Program name
    tcp        0        0 0.0.0.0:5601        0.0.0.0:*                LISTEN
15128/node
```

（5）安装 Logstash 1.5.4
① 下载安装

【代码 6-2-13】 下载安装 Logstash

```
[root@elk elk]# wget
https://download.elastic.co/logstash/logstash/packages/centos/logstash–1.5.4–1.noarch.rpm
[root@elk elk]# yum localinstall logstash–1.5.4–1.noarch.rpm
```

② 设置 SSL，之前设置的 FQDN 是 elk.test.com

【代码 6-2-14】 设置 SSL

```
[root@elk tls]# pwd
/etc/pki/tls
```

```
    [root@elk tls]# openssl req –subj '/CN=elk.test.com/' –x509 –days 3650 –batch –nodes –newkey
rsa:2048 –keyout private/logstash–forwarder.key –out
certs/logstash–forwarder.crt
    [root@elk certs]# pwd
    /etc/pki/tls/certs
    [root@elk certs]# ls –l logstash–forwarder.crt
    –rw–r––r–– 1 root root 1103 Nov 23 22:46 logstash–forwarder.crt
```

③ 创建一个 01–logstash–initial.conf 文件

【代码 6-2-15】 创建 01–logstash–initial.conf 文件

```
[root@elk conf.d]# vim 01–logstash–initial.conf
input {
  lumberjack {
    port => 5000
    type => "logs"
    ssl_certificate => "/etc/pki/tls/certs/logstash–forwarder.crt"
    ssl_key => "/etc/pki/tls/private/logstash–forwarder.key"
  }
}
filter {
  if [type] == "syslog" {
    grok {
      match => { "message" =>
"%{SYSLOGTIMESTAMP:syslog_timestamp} %{SYSLOGHOST:syslog_hostname} %{D
ATA:syslog_program}(?:\[%{POSINT:syslog_pid}\])?: %{GREEDYDATA:syslog_message}" }
    add_field => [ "received_at", "%{@timestamp}" ]
    add_field => [ "received_from", "%{host}" ]
  }
  syslog_pri { }
  date {
    match => [ "syslog_timestamp", "MMM  d HH:mm:ss", "MMM dd HH:mm:ss" ]
  }
}
if [type] == "nginx" {
  grok {
    match => { "message" => "%{NGINXACCESS}" }
  }
```

```
}
}
output {
  elasticsearch {
      index => "zabbix-access-%{+YYYY.MM.dd}"
      host => localhost
      }
  stdout { codec => rubydebug }
}
```

④ 启动 Logstash 服务

【代码 6-2-16】 启动 Logstash 服务

```
[root@elk conf.d]# /etc/init.d/logstash start
[root@elk conf.d]# /etc/init.d/logstash status
```

⑤ 查看端口

【代码 6-2-17】 查看系统开放端口

```
[root@elk conf.d]# netstat –tunlp
    Active Internet connections (only servers)
    Proto Recv–Q Send–Q Local Address          Foreign Address          State
PID/Program name
    tcp      0       0 :::9301              :::*                    LISTEN
4381/java
    tcp      0       0 :::5000              :::*                    LISTEN
4381/java
```

⑥ 启动客户端 Logstash（后面会讲解客户端）

【代码 6-2-18】 启动客户端 Logstash

```
[root@elk ~]# /etc/init.d/logstash–forwarder start
[root@elk ~]# /etc/init.d/logstash–forwarder status
```

访问 kibana：

http://192.168.1.222:5601/

⑦ 增加节点和客户端配置一样,注意同步证书

【代码 6-2-19】 同步证书

```
/etc/pki/tls/certs/logstash–forwarder.crt
```

4. 客户端安装 Logstash–Forwarder

（1）安装客户端

【代码 6-2-20】　安装 Logstash–Forwarder

```
[root@elk–client ~]# wget
https://download.elastic.co/logstash–forwarder/binaries/logstash–forwarder–0.4.0–1.x86_64.rpm
[root@elk–client ~]# yum localinstall logstash–forwarder–0.4.0–1.x86_64.rpm
```

（2）查看配置文件

【代码 6-2-21】　查看配置文件

```
[root@elk–client ~]# rpm –qc logstash–forwarder
/etc/logstash–forwarder.conf
```

（3）备份配置文件

【代码 6-2-22】　备份配置文件

```
[root@elk–client ~]# cp /etc/logstash–forwarder.conf /etc/logstash–forwarder.conf.save
```

（4）编辑配置文件

【代码 6-2-23】　编辑配置文件

```
[root@elk–client ~]# vim /etc/logstash–forwarder.conf
{
  "network": {
    "servers": [ "192.168.1.225:5000" ],
    "ssl ca": "/etc/pki/tls/certs/logstash–forwarder.crt",
    "timeout": 15
  },
  "files": [
    {
      "paths": [
        "/var/log/messages",
        "/var/log/secure"
      ],
      "fields": { "type": "syslog" }
    }, {
      "paths": [
        "/var/log/nginx/log/zabbix.access.log"
      ],
      "fields": { "type": "nginx" }
    }
  ]
}
```

5. 访问 Kibana

浏览器输入 http://192.168.1.225: 5601 即可访问，如图 6-2-2 所示。

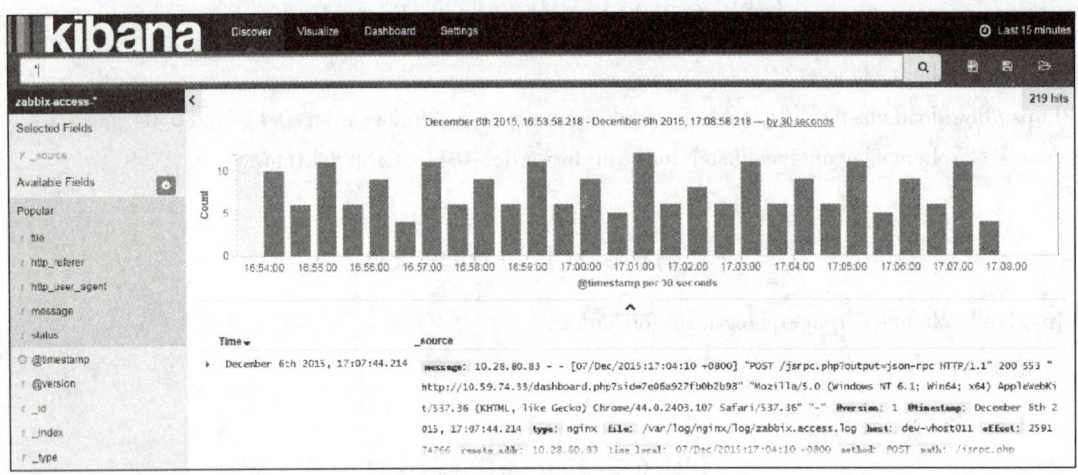

图 6-2-2　Kibana 首页

6.2.3　ELK Stack 日志分析实例

通过 Logstash grok 正则将 Web 日志过滤出来，输出到 Elasticsearch 搜索引擎里，通过 Kibana 前端展示，如图 6-2-3 所示。

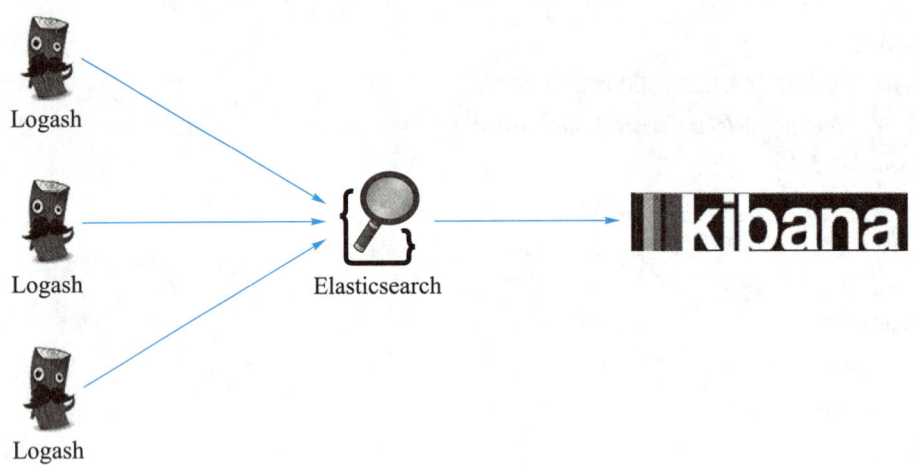

图 6-2-3　ELK-Web 日志分析

（1）创建 Logstash grok 过滤规则

【代码 6-2-24】 创建 Logstash grok 过滤规则

```
[root@elk ]# cat  /opt/logstahs/patterns/nginx
NGUSERNAME [a–zA–Z\.\@\–\+_%]+
NGUSER %{NGUSERNAME}
```

NGINXACCESS %{IPORHOST:remote_addr} - - \[%{HTTPDATE:time_local}\]
"%{WORD:method} %{URIPATH:path}(?:%{URIPARAM:param})?
HTTP/%{NUMBER:httpversion}" %{INT:status} %{INT:body_bytes_sent} %{QS:http_referer}
%{QS:http_user_agent}

（2）创建 Logstash Web 日志配置文件

【代码 6-2-25】 创建 Logstash Web 日志配置文件

```
[root@elk ]# cat ./logstash/conf/ngx_log.conf
input {
  lumberjack {
    port => 5000
    type => "logs"
    ssl_certificate => "/etc/pki/tls/certs/logstash-forwarder.crt"
    ssl_key => "/etc/pki/tls/private/logstash-forwarder.key"
  }
}
filter {
    if [type] == "syslog" {
        grok {
          match => { "message" =>
"%{SYSLOGTIMESTAMP:syslog_timestamp} %{SYSLOGHOST:syslog_hostname} %{DATA:syslog_
program}(?:\[%{POSINT:syslog_pid}\])?: %{GREEDYDATA:syslog_message}" }
        add_field => [ "received_at", "%{@timestamp}" ]
        add_field => [ "received_from","%{host}" ]
    }
    syslog_pri { }
    date {
      match => [ "syslog_timestamp", "MMM  d HH:mm:ss", "MMM dd HH:mm:ss" ]
    }
  }
  if [type] == "nginx" {
    grok {
      match => { "message" => "%{NGINXACCESS}" }
    }
  }
}
output {
```

```
elasticsearch {
    index => "zabbix-access-%{+YYYY.MM.dd}"
    host => localhost
    }
stdout { codec => rubydebug }
    }
```

（3）创建 Kibana 图形

① 统计 httpcode 状态码

选择【Visualize】菜单，选择【Pie chart】选项。字段选择 status.raw，如图 6-2-4 所示。

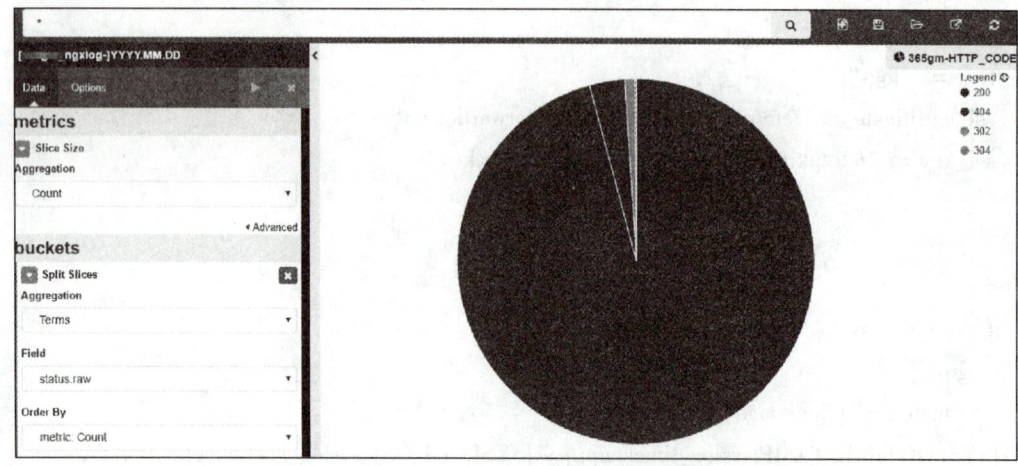

图 6-2-4　Kibana 图形——httpcode 状态码

② 统计访问前 50 的 IP

选择【Visualize】菜单，选择【Vertical bar chart】选项。字段选择 remote_addr.raw，如图 6-2-5 所示。

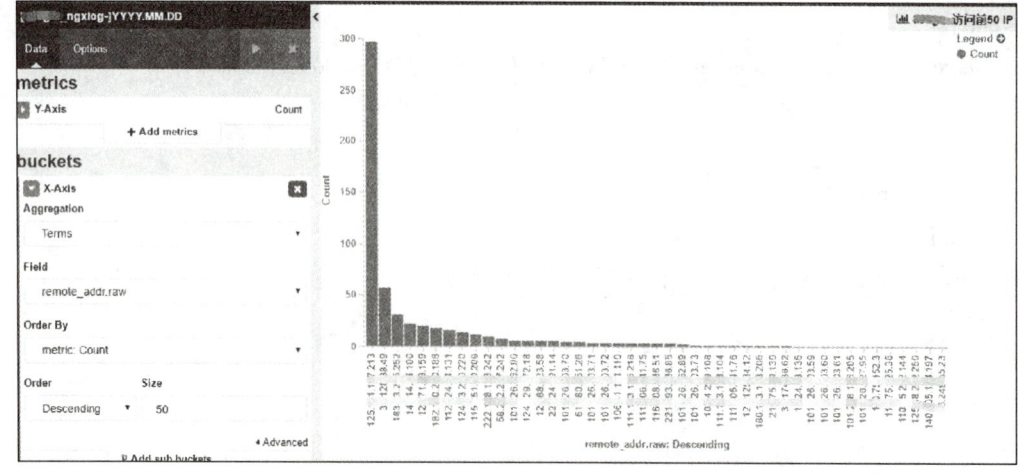

图 6-2-5　Kibana 图形——访问前 50 的 IP

③ 统计 403—405 状态码

选择【Visualize】菜单，选择【Line chart】选项。字段选择 status.raw，如图 6-2-6 所示。

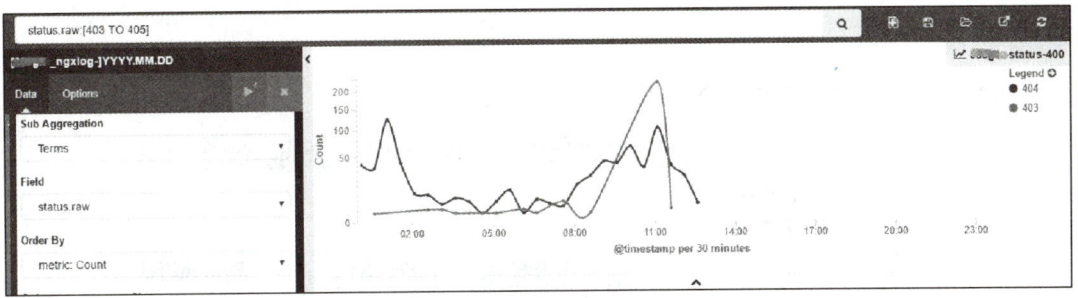

图 6-2-6   Kibana 图形——403—405 状态码

其他图形统计，这里不一一列举。详细图形展示如图 6-2-7 所示。

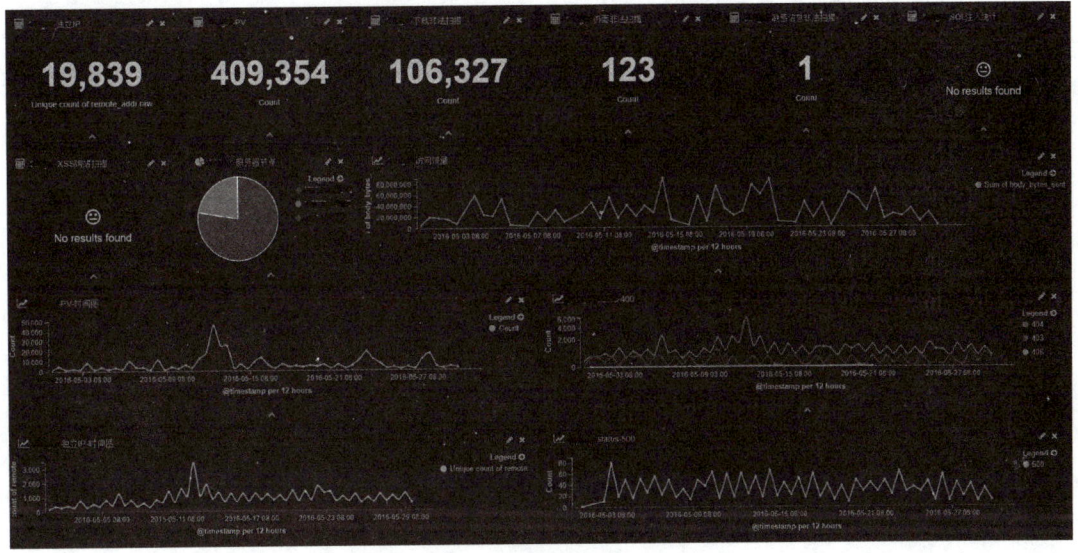

图 6-2-7   Kibana 图形

Kibana 启动脚本文件完整代码请扫二维码：

资源 6-1   Kibana.sh

6.2.4   任务回顾

 知识点总结

1. ELK Stack 安装部署：通过 ELK Stack 日志平台收集 Web 访问日志。

2. ELK Stack 日志分析过程：通过 Logstash grok 正则将 Web 日志过滤出来，输出到 Elasticsearch 搜索引擎里，通过 Kibana 前端展示。

 **学习足迹**

任务二学习足迹如图 6-2-8 所示。

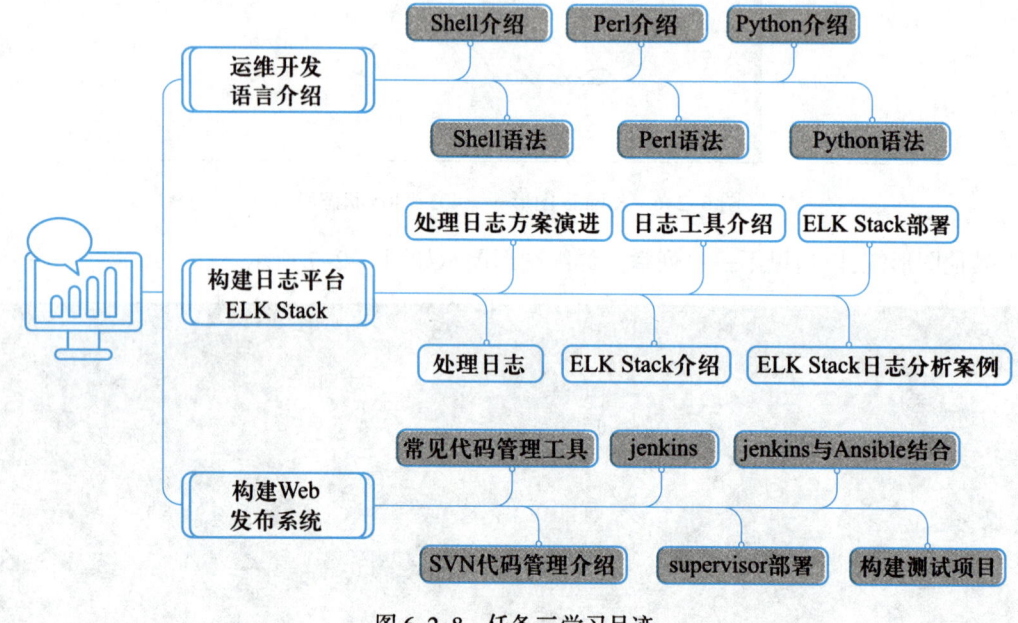

图 6-2-8 任务二学习足迹

 **思考与练习**

1. 部署 ELK Stack，并能成功访问。
2. 统计出访问前 100 的 IP。

6.3 任务三：构建 Web 发布系统

【任务描述】

由于移动电商系统具有改动小而又频繁的更新操作，所以实现变更自动化发布是最好的选择。本小节通过 Subversion 代码管理工具，实现 Web 目录同步更新。

6.3.1 常见代码管理工具比较

代码管理工具有很多，比较常用的有 Visual Source Safe、Subversion 和 ClearCase，它们各自的优势及特点如下。

1. VSS（Visual Source Safe）

VSS 是美国微软公司出品的版本控制系统，VSS 的配置管理的功能比较基本，提供文件的版本跟踪功能。对于 build 和基线的管理，VSS 的打标签的功能可以提供支持。VSS 提供 share（共享）、branch（分支）和 merge（合并）的功能，对于团队的开发进行支持。VSS 不提供对流程的管理功能，比如对变更的流程进行控制。VSS 不能提供对异地团队开发的支持。此外，VSS 只能在 Windows 平台上运行，不能运行在其他操作系统上。

2. SVN（Subversion）

SVN 是 Subversion 的简称，是一个开放源代码的版本控制系统，相较于 RCS、CVS，它采用了分支管理系统，它的设计目标就是取代 CVS。互联网上很多版本控制服务已从 CVS 迁移到 Subversion。简而言之，SVN 就是用于多个人共同开发同一个项目的情况，从而达到共用资源的目的。

3. ClearCase

ClearCase 只是 SCM 管理工具其中的一种。是 RATIONAL 公司开发的配置管理工具，非开源软件，类似于 VSS、CVS 的作用，但是功能比 VSS、CVS 强大得多，它可以与 Windows 资源管理器集成使用，并且还可以与很多开发工具集成在一起使用。但是对配置管理员的要求比较高，其功能划分为四个范畴：版本控制、工作空间管理（workspace management）、构造管理（build management）、过程控制（process control）。ClearCase 通过 TCP/IP 来连接客户端和服务器端。另外，ClearCase 拥有的浮动 License 可以跨越 UNIX 和 Windows NT 平台被共享。

6.3.2 SVN 代码管理系统部署

1. SVN 安装

【代码 6-3-1】 安装 SVN

```
$ sudo apt-get install subversion
```

（1）创建项目目录

【代码 6-3-2】 创建项目目录

```
$ sudo mkdir -p /home/svn/mypro
```

（2）创建 SVN 文件仓库

【代码 6-3-3】 创建 SVN 文件仓库

```
$ sudo svnadmin create /home/svn/myproject
```

（3）导入项目到 SVN 文件仓库

【代码 6-3-4】 导入项目到 SVN 文件仓库

```
$ sudo svn import -m "" 你的文件夹路径 file:///home/svn/myproject
```

（4）访问权限设置

【代码 6-3-5】 访问权限的设置

```
修改 /home/svn/myproject/conf 目录下：
svnserve.conf 、passwd 个文件，行最前端不允许有空格
```

编辑 svnserve.conf 文件,把下面这些行的取消注释,并顶格:

anon-access = read

auth-access = write

password-db = passwd

编辑 passwd 如下:

[users]

svnadmin= svnadmin

（5）以 SVN 根目录启动 svnserve

【代码 6-3-6】 以 SVN 根目录启动 svnserve

```
$ svnserve -d -r /home/svn
```

（6）检查是否正常启动

【代码 6-3-7】 检查是否启动正常

```
$ netstat -ntlp
```
如果看到有一个端口为 3690 的地址,则表示启动成功。

如果使用 Apache 连接,则跳过下一步。

（7）局域网访问,checkout 出来 SVN 库的文件

【代码 6-3-8】 测试 SVN 是否正常

```
svn checkout svn://Ip 地址 /myproject
```
或者简写为:
```
svn co svn://Ip 地址 /mypro
```

2. 在 Ubuntu 下使用 Apache 配置 Subversion

（1）安装必要软件

【代码 6-3-9】 Ubuntu 安装 SVN

```
$ sudo apt-get install subversion libapache2-svn apache2
```

（2）修改 Apache 配置文件

【代码 6-3-10】 修改 Apache 配置文件

```
vi /etc/apache2/mods-available/dav_svn.conf
<Location /svn/myproject>
    DAV svn
    SVNPath /home/svn/myproject
    AuthType Basic
    AuthName "myproject subversion repository"
    AuthUserFile /etc/subversion/passwd
```

```
#<LimitExcept GET PROPFIND OPTIONS REPORT>
Require valid-user
#</LimitExcept>
</Location>
```

注：如果需要用户每次登录时都进行用户密码验证，请将 <LimitExcept GET PROPFIND OPTIONS REPORT> 与 </LimitExcept> 两行注释掉。

添加了上面的内容之后，必须重新启动 Apache 2 Web 服务器，输入下面的命令：

【代码 6-3-11】 重启 Apache

```
$ sudo /etc/init.d/apache2 restart
```

（3）创建 /etc/subversion/passwd 文件，该文件包含了用户授权的详细信息

【代码 6-3-12】 创建 etc/subversion/passwd 文件

```
$ sudo htpasswd -c /etc/subversion/passwd user_name
```
它会提示用户输入密码，输入了密码，该用户就建立了。"-c" 选项表示创建新的 /etc/subversion/passwd 文件，所以 user_name 所指的用户将是文件中唯一的用户。如果要添加其他用户，则去掉 "-c" 选项即可：
```
$ sudo htpasswd /etc/subversion/passwd other_user_name
```

（4）通过下面的命令来访问文件仓库

【代码 6-3-13】 访问文件仓库

```
$ svn co http://hostname/svn/myproject myproject --username user_name
```
或者通过浏览器：http://hostname/svn/myproject

3. Ubuntu SVN 命令大全

（1）将文件 checkout 到本地目录 svn checkout path（path 是服务器上的目录）

【代码 6-3-14】 将文件 checkout 到本地目录

```
$ svn chenkout svn://server ip/pro
```

（2）往版本库中添加新的文件

【代码 6-3-15】 往版本库中添加新的文件

```
$ svnadd file
$ svn add test.php( 添加 test.php)
$ svn add *.php( 添加当前目录下所有的 PHP 文件 )
```

（3）将改动的文件提交到版本库

【代码 6-3-16】 将改动的文件提交到版本库

```
$ svn commit -m "LogMessage" [-N] [--no-unlock] PATH( 如果选择了保持锁，就使用 --no-unlock 开关 )
```

例如：$ svn commit -m 'add test file for my test' test.php

简写：$ svn ci

（4）更新到某个版本

【代码 6-3-17】 更新到某个版本

$ svn update -rm path

例如：$ svn update 后面如果没有目录，默认将当前目录以及子目录下的所有文件都更新到最新版本。

$ svn update -r 200 test.php(将版本库中的文件 test.php 还原到版本 200)

$ svn update test.php(更新，与版本库同步。如果在提交的时候提示过期的话，是因为冲突，需要先 update，修改文件，然后清除 $ svn resolved，最后再提交 commit)

简写：svn up

（5）删除文件

【代码 6-3-18】 删除文件

$ svn delete path -m 'delete test fle'

例如：$ svn delete test.php 然后再 $ svn ci -m 'delete test file'

简写：svn (del, remove, rm)

（6）比较差异

【代码 6-3-19】 比较差异

$ svn diff path(比较修改的文件与基础版本)

例如：$ svn diff test.php

$ svn diff -r m:n path(比较版本 m 和版本 n 的差异)

例如：svn diff -r 200:201 test.php

简写：svn di

（7）查看文件或者目录状态

【代码 6-3-20】 查看文件或者目录状态

① svn status path(目录下的文件和子目录的状态，正常状态不显示)

(?：不在 svn 的控制中；M：内容被修改；C：发生冲突；A：预定加入到版本库；K：被锁定)

② svn status -v path(显示文件和子目录状态)

第一列保持相同，第二列显示工作版本号，第三和第四列显示最后一次修改的版本号和修改人。

注：svn status、svn diff 和 svn revert 这三条命令在没有网络的情况下也可以执行的，原因是 svn 在本地的 .svn 中保留了本地版本的原始拷贝。

简写：svn st

（8）解决冲突

【代码 6-3-21】 解决冲突

$ svn resolved: 移除工作副本的目录或文件的"冲突"状态。

用法 : $ resolved PATH…

注意 : 本子命令不会依语法来解决冲突或是移除冲突标记；它只是移除冲突的相关文件，然后让 PATH 可以再次提交。

6.3.3　Web 目录同步更新

同步程序思路：用户提交程序到 SVN，SVN 触发 hooks，按不同的 hooks 进行处理，这里用到的是 post-commit，利用 post-commit 到代码检出到 SVN 服务器的本地硬盘目录，再通过 rsync 同步到远程的 Web 服务器上。

1. SVN 的 hooks

start-commit 提交前触发事务

pre-commit 提交完成前触发事务

post-commit 提交完成时触发事务

pre-revprop-change 版本属性修改前触发事务

post-revprop-change 版本属性修改后触发事务

通过上面这些名称编写的脚本就可以实现多种功能了。

2. 同步命令 rsync 的具体参数使用

3. 可以实现 post-commit 脚本

编辑 post-commit 文件：

【代码 6-3-22】 post-commit 脚本内容

```
sudo vim /home/svn/myproject/hooks/post-commit
```
　　同步更新脚步内容如下：
```
#!/bin/sh
export LANG=zh_CN.UTF-8
sudo /usr/bin/svn update /var/www/ --username svnadmin --password svnadmin
```
或更加复杂的同步更新 :
```
#Set variable
SVN=/usr/bin/svn
WEB=/home/test_nokia/
RSYNC=/usr/bin/rsync
LOG=/tmp/rsync_test.log
WEBIP="192.168.1.225"
export LANG=en_US.UTF-8
#update the code from the SVN
```

```
$SVN update $WEB --username user --password password
#If the previous command completed successfully, to continue the following
if [ $? == 0 ]
then
echo ""    >> $LOG
echo ` date ` >> $LOG
echo "###########################" >> $LOG
chown -R nobody:nobody /home/test/
#Synchronization code from the SVN server to the WEB server, notes:by the key
$RSYNC -vaztpH  --timeout=90   --exclude-from=/home/svn/exclude.list $WEB root@$WEBIP:/
www/ >> $LOG
```

6.3.4　任务回顾

知识点总结

1. 常见代码管理工具。
2. SVN 代码管理系统部署。
3. 同步命令 rsync 的使用。

学习足迹

任务三学习足迹如图 6-3-1 所示。

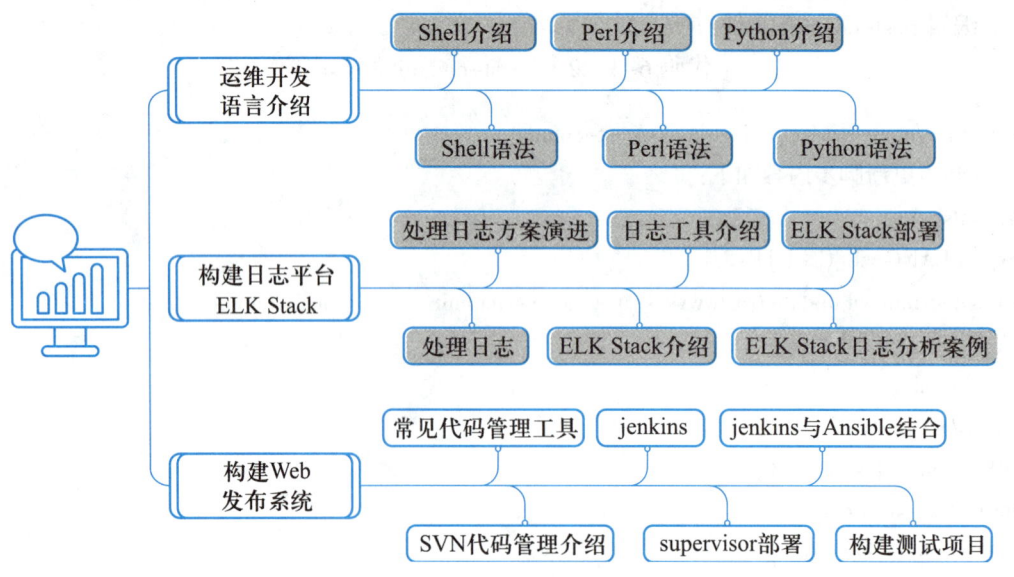

图 6-3-1　任务三学习足迹

 **思考与练习**

请部署 SVN 代码管理服务器并把 mobileshop 源代码导入。

6.4　项目总结

通过本项目学习,掌握 Shell、Perl、Python 基础语法,特别是能熟练编写 Shell 脚本;了解日志处理方案演进过程,并能够部署构建 ELK Stack 日志平台;掌握 Subversion 代码管理工具的部署,并能实现 Web 目录同步更新。

本项目的技能图谱如图 6-4-1 所示。

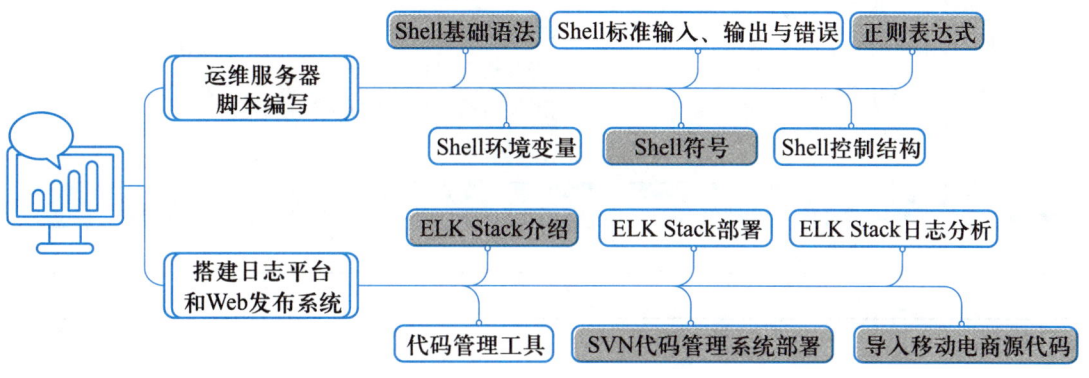

图 6-4-1　项目 6 技能图谱

6.5　拓展训练

请编写 Shell 脚本分割 Nginx 访问日志。

 方案要求:

选题:编写 Shell 脚本,分割每天的 Nginx 的访问日志,要求在每天凌晨 3 点自动运行。

编写 Shell 脚本需要包括以下关键操作:

- 做好代码注释;
- 日期变量的赋值;
- 判断目录是否存在;
- 设置 crontab 任务,实现定时任务。

 格式要求:在 Linux 环境下命令行操作部署。

考核方式：采取部署界面截图和课内发言两种形式，时间要求10~15分钟。

评估标准：如表6-5-1所示。

表6-5-1　拓展训练评估标准表

项目名称： 编写 Shell 脚本，实现分割 Nginx 日志	项目承接人： 姓名：	日期：
项目要求	**扣分标准**	**得分情况**
总体要求（10分） 1. 代码注释清晰 2. 代码逻辑清晰无错误 3. Nginx 日志切割脚本正常运行 4. 定时任务设置正确	基本要求以上5个内容（每缺少一个内容扣1分） 代码没有注释（扣2分） 代码逻辑错误（扣2分） 代码编写错误（扣1分） 定时任务设置错误（扣2分）	部署成功（加3分）
评价人	**评价说明**	**备注**
个人		
老师		

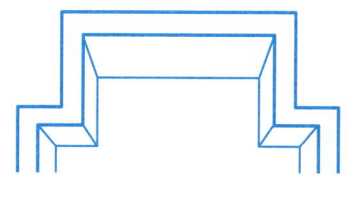

拓 / 展 / 篇

云计算与大数据运维实战

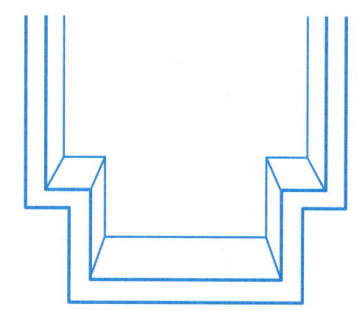

师傅领进门

修行在自身

Philip 项目经理

严谨稳重，逻辑清晰，全局把控

项目 7: 云计算平台部署与应用实践

项目引入

随着公司业务的稳步发展,移动电商系统用户规模相对过去增加了一倍,每个月用户数量不断增加,原有的硬件资源已满负荷运行,必须采购大量的硬件设备加以补充。从购买设备到安装部署,时间周期长,无法适应快速增长的用户需求。另外,从人力成本的角度考虑,公司配备的运维人员有限,在不增加运维人员的情况下扩展系统的性能成为我们整个运维部门不得不面对的挑战。

为此,Philip 专门组织了一次移动电商系统升级的技术研讨。

> **Philip**:目前的移动电商系统后台扩展越来越不方便,大家有什么解决建议?
>
> **George**:目前云计算已经非常成熟,可以考虑采用云计算平台,方便后期的系统扩展。
>
> **Philip**:是的,云计算的主要特征是弹性,下一步工作的重点就是构建云计算平台,并将移动电商系统部署上去。请 Amanda 在实验室环境中搭建一套云计算平台的测试环境。

听到云计算这么新的技术,我一阵激动,脑海里立即浮现出 OpenStack 这个著名的开源云计算平台,据说很多厂家都基于 OpenStack 平台提供云计算服务,包括很多国际 IT 巨头。那我们就从 OpenStack 入手,开始一段云计算技术的探索吧。

知识图谱

项目 7 知识图谱如图 7-0-1 所示。

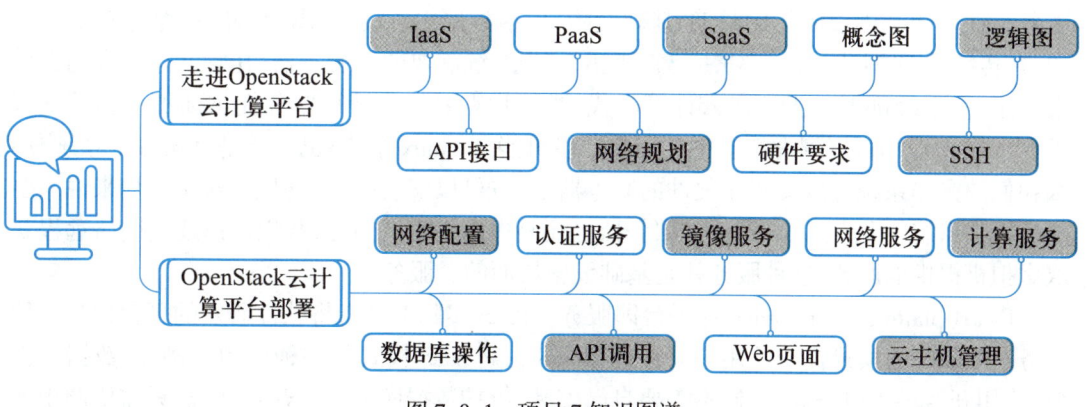

图 7-0-1 项目 7 知识图谱

7.1　任务一: 走进 OpenStack 云计算平台

【任务描述】

　　OpenStack 是一个开源的云计算平台, 吸引了全球众多的组织、企业和开发者参与项目开发中。OpenStack 支持几乎所有类型的云环境, 目标是提供实施简单、可大规模扩展、丰富、标准统一的云计算管理平台。OpenStack 通过各种互补的服务提供了基础设施即服务 (IaaS) 的解决方案, 每个服务提供 API 以进行集成。在走进 OpenStack 云计算平台的任务里, 我们将会接触到大量云计算的知识, 感受到 OpenStack 这种复杂系统的设计之美, 并能够进行系统部署设计。为了顺利地部署 OpenStack, 我们要提前掌握很多必备知识; 在这个项目里, 希望能够充分利用系统运维的知识和技术。

7.1.1　初探 OpenStack 云计算平台

　　OpenStack 是什么?　OpenStack 和云计算是什么关系呢?

　　我们从云计算的三个服务层次说起, 云计算的三个服务层次包括基础设施即服务 (IaaS)、平台即服务 (PaaS) 和软件即服务 (SaaS), 如图 7-1-1 所示。

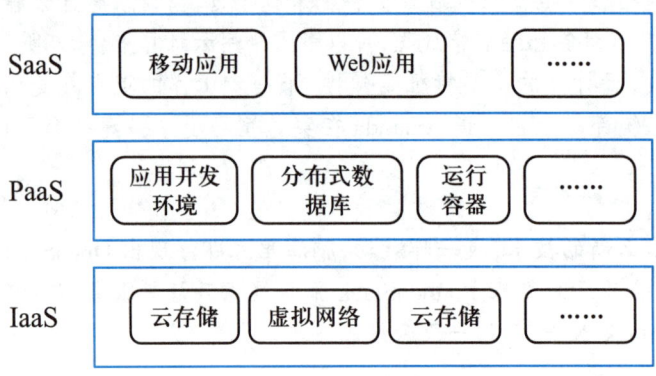

图 7-1-1　云计算三种服务模式

　　IaaS (infrastructure as a service): 基础设施即服务。用户可以通过互联网获得基础设施服务。这里的基础设施指的是 IT 基础设施, 包括数据中心、服务器、存储、网络等资源。例如, 在传统的 IT 时代, 我们部署一套互联网应用系统需要购买服务器, 托管在运营商的数据中心里, 把系统部署上去。在云计算时代, 我们只需要从云计算服务提供商那里租用虚拟机 (VM), 把应用部署到虚拟机中。安装环境可能是 Linux 系统, 也可能是 Windows 系统, 那么我们的操作系统可以安装在硬件的服务器上, 也可以安装在虚拟机上, 对于用户来说需要的是操作系统, 而不会关心安装在服务器上还是虚拟机上。因此, 我们可以通过网络远程获取虚拟机提供的服务, 这种服务就是基础设施层面的云服务。

　　PaaS (platform as a service): 平台即服务。PaaS 实际上是指将软件研发的平台作为一种服务, 以 SaaS 的模式提交给用户。因此, PaaS 也是 SaaS 模式的一种应用。例如, 数据库服务、应用开发环境服务等, 我们不需要自己安装、维护数据库和应用开发环境, 只需要调用远端的服务即可。

SaaS（software as a service）：软件即服务。它是一种通过 Internet 提供软件的模式，用户无须购买软件，而是向提供商租用基于 Web 的软件，来管理企业经营活动。例如一些 CRM（客户关系管理系统）的云服务系统。

通过对 IaaS、PaaS、SaaS 的了解，我们可以看出 OpenStack 是提供 IaaS 服务的云计算平台，为用户提供计算服务、存储服务、网络服务以及云计算相关的其他服务。官方的定义如下：

"What is OpenStack? OpenStack is a cloud operating system that controls large pools of compute，storage，and networking resources throughout a datacenter，all managed through a dashboard that gives administrators control while empowering their users to provision resources through a web interface."

上述定义对应的中文翻译为：OpenStack 是什么？ OpenStack 是一个云操作系统，控制了数据中心里大量的计算、存储和网络资源，所有的管理通过一个仪表板，让管理员控制并赋予他们的用户通过 Web 界面获取资源。

在下一小节，我们可以看到 OpenStack 的计算组件 Nova 提供计算服务，存储组件 Swift 提供对象存储服务，网络组件 Neutron 提供网络服务等，为了方便管理，OpenStack 提供了 Web 管理组件 Dashboard。可以看到 OpenStack 就是一个云的操作系统，管理着各种各样的云计算服务资源。

用户可以通过 OpenStack 管理界面进行各种操作，查看各种云计算资源，包括云主机、VCPU（虚拟 CPU）、网络以及存储资源等，如图 7-1-2 所示。

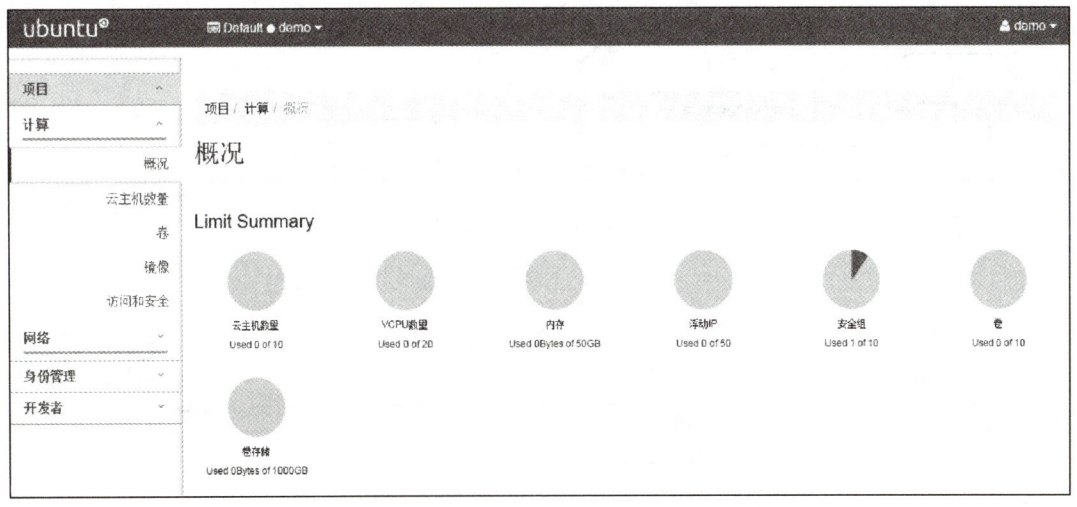

图 7-1-2　OpenStack 管理界面

 信息扩展

OpenStack 官方网站：http://www.openstack.org/

OpenStack 官方网站上有大量的文档资源，包括安装部署文档、管理文档、API 接口文档等，这些英文文档是第一手资料，不仅能学到技术，还能提升英文能力。

7.1.2 认识 OpenStack 系统设计之美

OpenStack 系统在不断完善,增加的服务组件也越来越多。这么庞大的系统和数量众多的组件如何集成在一起的呢? 软件设计就像一门艺术,优秀的软件架构设计能够让不同模块、组件之间协调一致。我们从 OpenStack 的两张图(概念图、逻辑架构图)来认识 OpenStack 的系统设计之美。

系统概念图如图 7-1-3 所示。

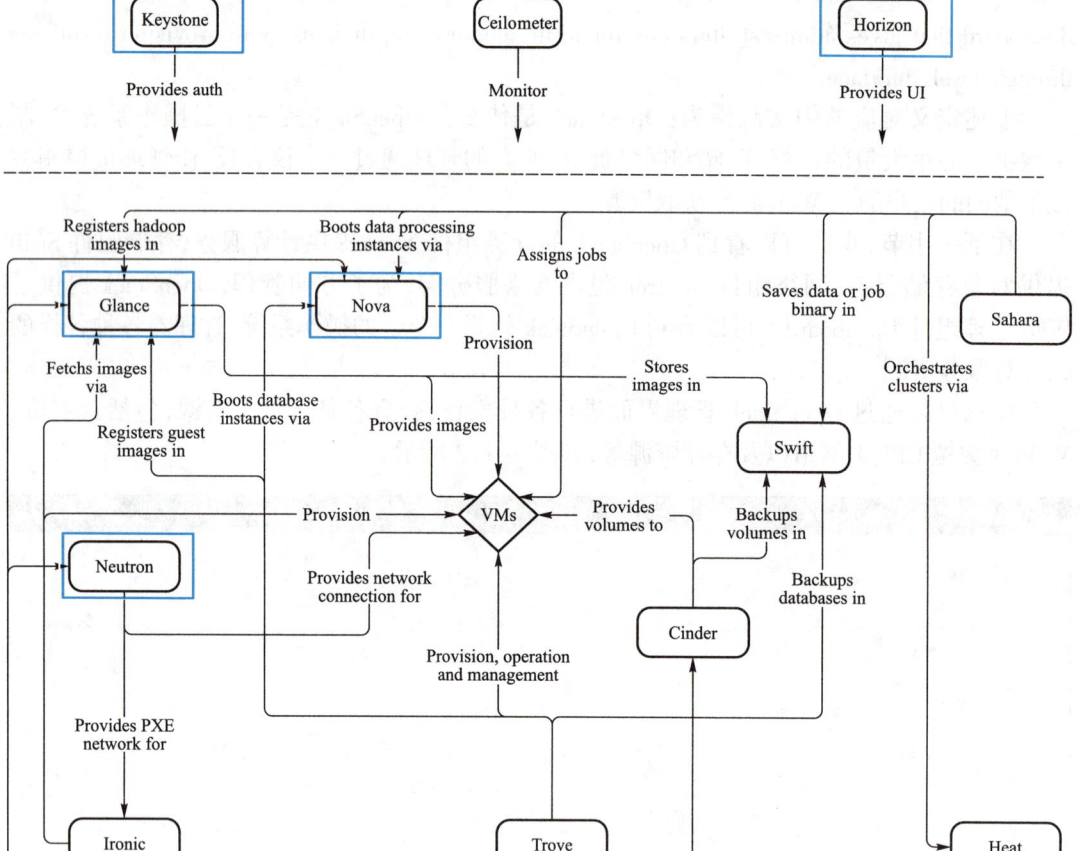

图 7-1-3　OpenStack 系统概念图

OpenStack 的系统概念图有助于我们理解 OpenStack 的系统组成、各个组件之间的交互关系和提供的功能。概念图里各种图形的含义如下。

(1)矩形表示的是 OpenStack 的服务组件,例如 Nova 组件、Glance 组件、Horizon 组件等;

(2)菱形的 VMs 表示的是交付的虚拟机服务;

(3)箭头表达的方式及含义示例如下:

● Keystone ----(Provides auth)----> OpenStack,Keystone 组件为 OpenStack 提供用

户认证服务；

● Horizon ----（Provides UI）----> OpenStack，Horizon 组件为 OpenStack 提供 UI 用户界面服务；

● Glance ----（Provides images）----> VMs，Glance 组件为 VMs 虚拟机提供用户镜像服务；

● Nova----（Provision）---->VMs，Nova 计算组件主要交付虚拟机服务；

● Neutron ----（Provides network connection for）----> VMs，Neutron 组件为 VMs 虚拟机提供网络连接服务。

OpenStack 服务组件分为核心组件和可选组件，把核心组件部署和配置完成后，OpenStack 就是一个最小完整的云计算系统了。核心组件包括认证服务 Keystone、镜像服务 Glance、计算服务 Nova、网络服务 Neutron 和仪表盘 Dashboard，其他组件均为可选模块。在本项目中主要安装部署核心组件，指导完成 OpenStack 完整系统的安装。

OpenStack 是很多服务组件的组合，这么多服务组件集成在一起、各自分工合作又能协调一致，为众多的用户提供服务而不至于出错，它有哪些技术上的先进之处呢？让我们继续看一下 OpenStack 的逻辑架构图，如图 7-1-4 所示。

OpenStack 已经发布到 Newton 版，从下页的逻辑架构图可以看出，这样的一个软件项目只能用"复杂""极其复杂"来形容了。如果没有采用优秀的软件工程方法和思想去规范和设计，这么庞大的软件项目很可能陷入软件开发的"焦油坑"，让再强大的软件工程师都会深陷其中不能自拔。OpenStack 的开发者都是来自于全球顶尖的软件工程师，其软件设计代表了全球最先进的水准，从架构图中我们能够深刻感受到软件架构的美，这种美随处可见，下面，我们将从组件内部欣赏这张 OpenStack 的藏宝图。

OpenStack 整体架构借鉴了 SOA 面向服务的架构思想。SOA 的核心思想是软件系统或者模块是一种服务资源，系统、模块之间采用标准的 API 接口或者消息机制进行数据交互，让软件系统或者模块之间松耦合，系统之间尽量不要互相影响。我们把计算组件 Nova 截取出来进行解释，如图 7-1-5 所示。

我们可以看到，Nova 组件与其他服务组件都是采用 nova-api 进行数据交互，如果我们只看认证、镜像、计算、网络、仪表盘几大核心模块，Nova 与外接的连接都是通过 nova-api 模块进行的。

Nova 内部模块包括任务调度（nova-schedule）、数据库连接器（nova-conductor）、命令行控制台（nova-console）、计算模块（nova-compute）等，它们均是通过 queue 消息机制进行沟通。

因此，我们可以将 Nova 总结为：对外采用标准的 API 接口，对内采用标准的消息机制进行通信。

OpenStack 的每个服务组件都是以标准的 API 接口提供服务，API 是一个 HTTP Web 服务，负责处理认证、授权、基本命令和控制功能。API 接口提供了一个撬动 OpenStack 的窗口，可以基于 API 接口开发自己的定制应用，为了更加直观地理解 API 接口调用，我们直接采用 HTTP 接口调用工具来操作 OpenStack，下面的示例在后面的任务中可以参考使用。

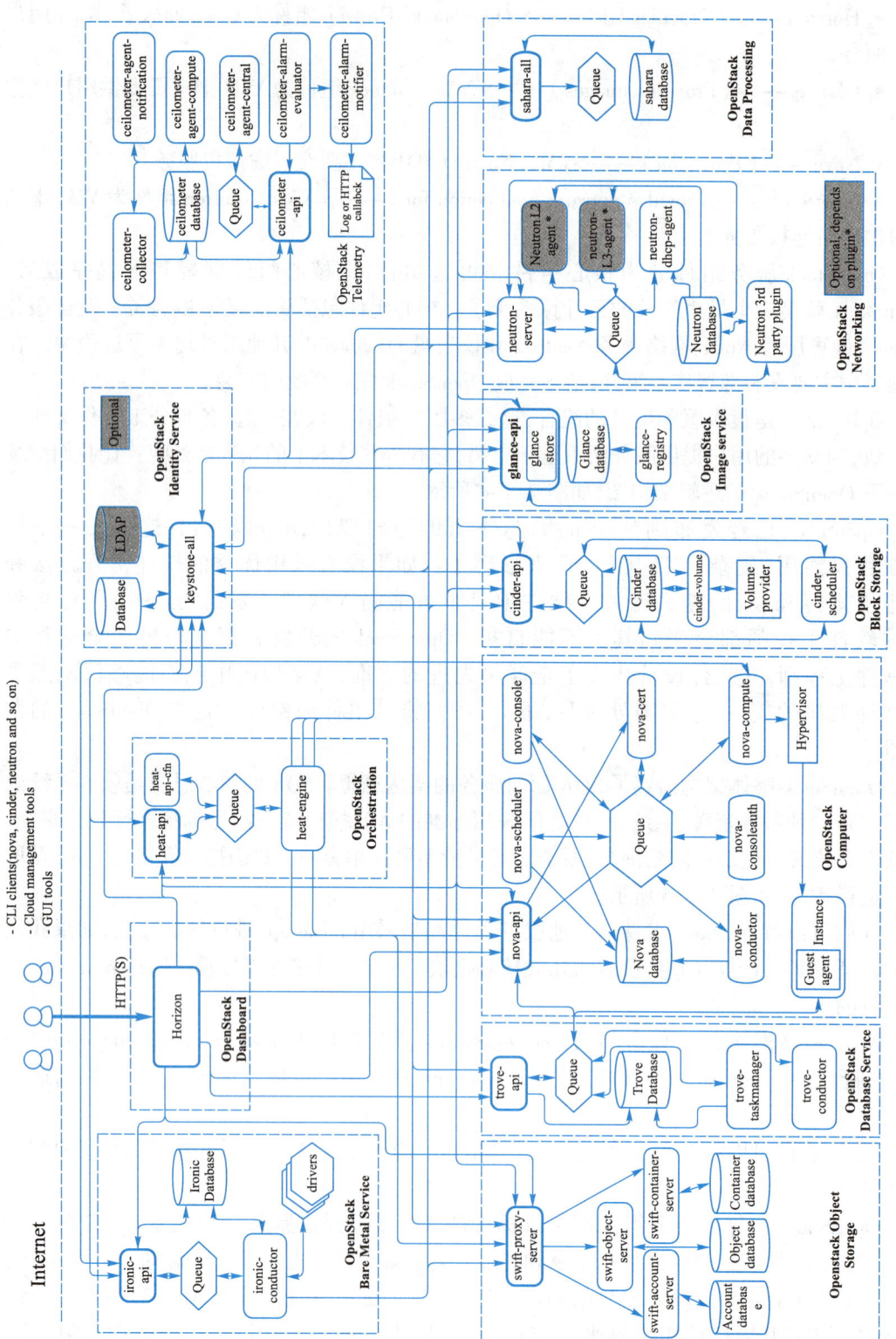

图 7-1-4　OpenStack 系统逻辑架构图

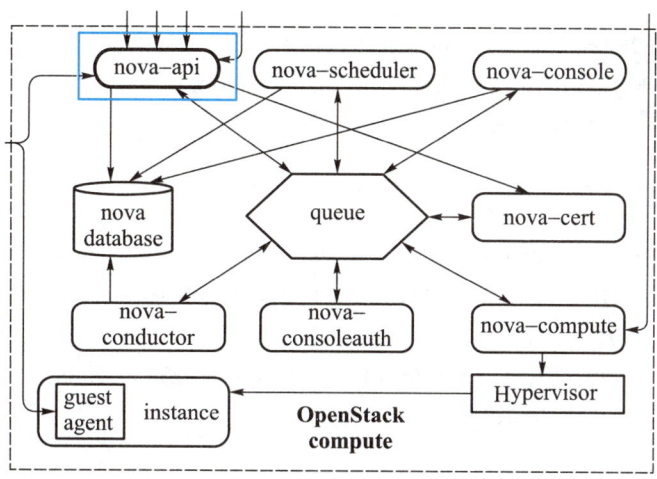

图 7-1-5   Nova 计算服务组件逻辑架构图

1. 采用 admin 用户请求认证 token

在控制节点上操作：

root@controller:~#openstack ——os—auth—url http://controller:35357/v3

——os—project—domain—name default ——os—user—domain—name default

——os—project—name admin ——os—username admin token issue

返回如图 7-1-6 所示。

```
+-----------+----------------------------------------------------+
| Field     | value                                              |
+-----------+----------------------------------------------------+
| expires   | 2016-11-09 03:28:04+00:00                          |
| id        | gAAAAABYIom0FrXTIug61gzcPZjC9PtAkgsPlEpijhiUoDzFVTWE|
|           | 0HrB1shPRCw2VYljAGIAgwkVfVCXv-                      |
|           | 0RhNUcBKSqa9FAvcgfCn7Gu-FhKp45fsZXuT-YM4D-         |
|           | 4vKC09u8KMiJ-                                      |
|           | kJqxHjK45GuP9QZP9RCxo1knFxDScFYqBYa2lhDI_nlQMY     |
| project_id| 2940fd987b294c468fbe9c3a71df88bc                  |
| user_id   | a16612d3160a43c8b12559f08599066d                  |
+-----------+----------------------------------------------------+
```

图 7-1-6   admin 用户请求认证 token

用户 admin 的 token id 为：

gAAAAABYIom0FrXTIug61gzcPZjC9PtAkgsPlEpijhiUoDzFVTWE

0HrB1shPRCw2VYljAGIAgwkVfVCXv—

0RhNUcBKSqa9FAvcgfCn7Gu—FhKp45fsZXuT—YM4D— 4vKC09u8KMiJ—

kJqxHjK45GuP9QZP9RCxo1knFxDScFYqBYa2lhDI_nlQMY

2. 采用 curl 调用 nova 的 API 接口

请求已经生成的虚拟机 http://controller:8774/v2.1/servers：

root@controller:~# curl –H

"X–Auth–Token:gAAAAABYIom0FrXTIug61gzcPZjC9PtPlEpijhiUoDzFVTWE

0HrB1shPRCw2VYljAGIAgwkVfVCXv–

0RhNUcBKSqa9FAvcgfCn7Gu–FhKp45fsZXuT–YM4D– 4vKC09u8KMiJ–kJqxHjK45GuP9QZP9RCxo1knFxDScFYqBYa2lhDI_nlQMY"
http://controller:8774/v2.1/servers

响应生成了一台名称为 linux01 的虚拟机：

{"servers" : [{"id": "dd439556–8bff–42b2–87da–23d5497d8811", "links": [{"href":
"http://controller:8774/v2.1/servers/dd439556–8bff–42b2–87da–23d5497d8811" ,
"rel": "self"}, {"href":
"http://controller:8774/servers/dd439556–8bff–42b2–87da–23d5497d8811", "rel":
"bookmark"}], "name": "linux01"}]}

OpenStack 的官方网站上提供了详细的 API 接口文档，开发者拿到文档可以根据自己的需求进行云计算平台的应用开发。这里我们已经通过接口调用的方式与云计算平台进行了交互，通过开放的 API 接口，我们可以很容易撬动云计算平台。

OpenStack 平台除了自己的组件和模块，还集成了大量的第三方系统和模块。例如消息系统采用的是 Rabbitmq，Hypervisor 支持 KVM、xen、qemu 等虚拟化组件，所以在具体的安装部署过程中会有大量的配置文件与配置选项。

7.1.3　OpenStack 系统部署架构规划与设计

OpenStack 平台部署架构可以根据规划进行设计，每个服务组件都可以采用单独服务部署，在实验环境中，我们主要学习安装部署的过程，可以在单台服务器上把所有组件部署上去。在我们这个项目里，我们采用 2 台服务器进行部署实验，考虑到实验环境的资源限制，这两台服务器也是采用虚拟机。图 7–1–7 是官方文档的硬件要求，我们虚拟了两台虚拟机，一台作为控制节点（controller node），一台作为计算节点（compute node）。

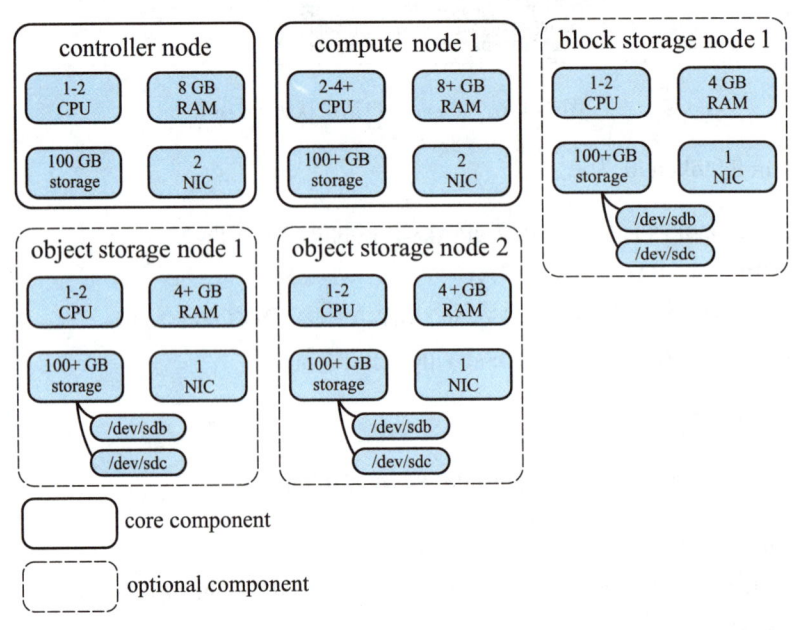

图 7–1–7　OpenStack 硬件要求

图中虚线内的是可选安装组件，在这个项目中不进行部署。

OpenStack 的网络架构可以采用 Provider 和 Self-service 两种方式，Provider 网络模式提供简单的二层交换和 VLAN 网络，虚拟机实例采用 DHCP 方式获取 IP 地址。Self-service 网络模式可以提供虚拟的 VLAN，提供三层路由功能。在本实验中，我们采用 Self-service 网络模式进行部署，如图 7-1-8 所示。

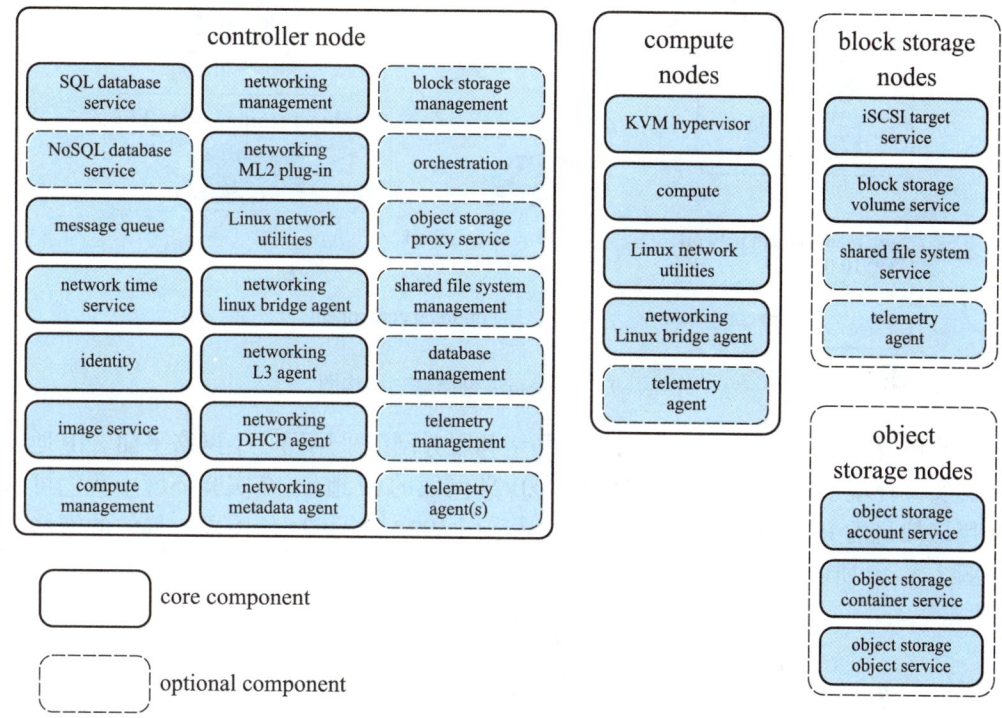

图 7-1-8　OpenStack 服务组件布局

从上图中，我们可以看到实线框内是我们需要部署的组件，虚线框内是可选组件。在控制节点上安装部署 SQL 数据库、消息队列、时钟同步、身份认证服务、镜像服务、计算服务管理和虚拟网络管理；在计算节点上虚拟化 hypervisor、计算服务组件和虚拟网络代理。OpenStack 系统部署的步骤如下：

（1）OpenStack 部署环境搭建；

（2）认证服务（identity service）安装与配置；

（3）镜像服务（image service）安装与配置；

（4）计算服务（compute service）安装与配置；

（5）网络服务（networking service）安装与配置；

（6）仪表盘（dashboard）安装与配置。

在具体的安装部署之前，需要对 OpenStack 的网络进行规划，包括组网、IP 地址规划等。OpenStack 使用的网络可以根据实验环境进行规划和设计，对于生产环境的云计算系统，一般采用双平面网络：一个网络平面作为管理网络，一个网络平面作为服务网络，两个网络平面属于不同的网段，可以避免二层网络内部的广播风暴。OpenStack 官方网站建议的网络规划图如图 7-1-9 所示。

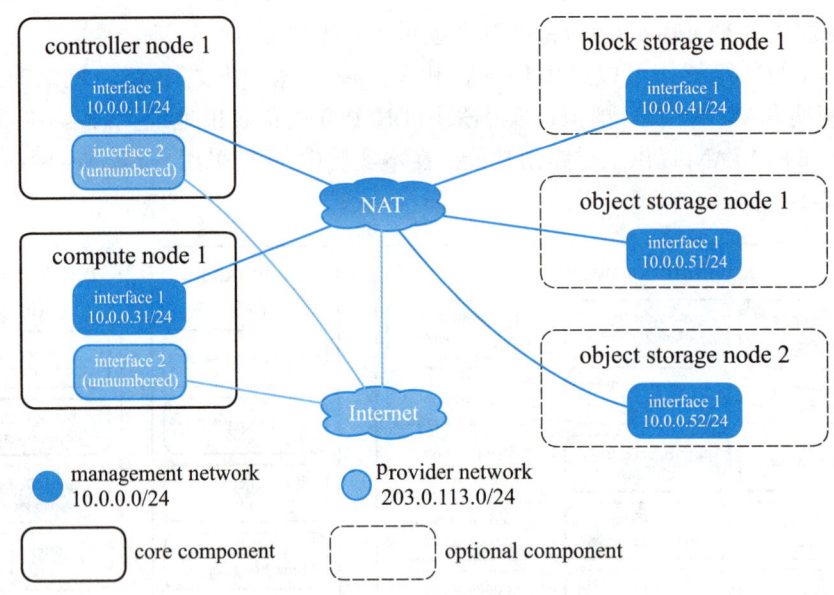

图 7-1-9　OpenStack 网络规划结构图

　　实验环境主要用于测试和学习,管理网络和服务网络采用同一个网络平面。IP 地址也是根据实验环境规划,上图采用的是 10.0.0.0/24 网段的 IP 地址,在实验环境中我们可以直接采用虚拟机的 IP 地址网段,本项目中就是采用 192.168.8.0/24 的网段。具体的网络结构图如图 7-1-10 所示。

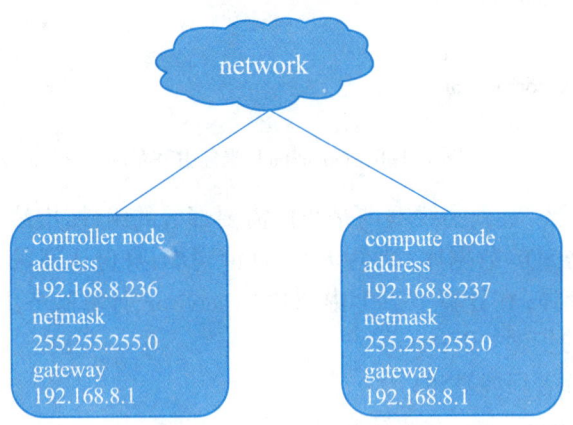

图 7-1-10　OpenStack 网络部署结构图

【想一想】

　　　　在个人电脑上,如何做 OpenStack 安装部署实验呢?

7.1.4　OpenStack 云计算平台部署必备知识

　　1. OpenStack 云计算平台全部采用 Linux 操作系统,Linux 系统的操作和使用是必备前提之一。OpenStack 支持各种 Linux 发行版本，各个发行版本的安装有细微差异。本项目中采用 Ubuntu service 16.04 LTS 版本；

2. 在部署过程中采用远程操作的方式，需要掌握远程连接工具 SSH 的使用；

3. 安装和配置均在服务器命令行模式下操作，需要掌握 Linux 环境下 vim 编辑器的使用；

4. 在安装和配置过程中会遇到很多故障，掌握在 Linux 环境下查看日志的技巧和技术；

5. MySQL 数据库的基本操作和使用；

6. 消息队列及消息机制相关的知识和原理；

7. memcached 缓存技术相关知识和原理。

 你知道吗？

OpenStack 可以采用 devstack 工具进行自动部署，devstack 是 Linux 下的 Shell 脚本，可以快速、自动化安装 OpenStack。对于初学者来说，最好按照原始的安装步骤去操作，这样才能更深地体会到 OpenStack 的相关的知识和技术。

7.1.5 任务回顾

 知识点总结

1. 云计算的三个服务模式：基础设施即服务（IaaS）、平台即服务（PaaS）和软件即服务（SaaS）。OpenStack 提供基础设施即服务（IaaS）。

2. OpenStack 系统架构：OpenStack 服务组件之间采用 API 接口交互，系统内部采用消息机制进行数据交互，让软件系统或者模块之间松耦合，系统之间尽量不要互相影响。

3. OpenStack 服务组件：包括核心组件和可选组件。核心组件包括认证服务 Keystone、镜像服务 Glance、计算服务 Nova、网络服务 Neutron 和仪表盘 Dashboard。

4. OpenStack 部署规划：OpenStack 硬件环境要求、网络设计及 IP 地址规划。

5. OpenStack 部署必备知识：Linux 使用与操作、数据库应用、消息队列、缓存技术等。

 **学习足迹**

任务二学习足迹如图 7-1-11 所示。

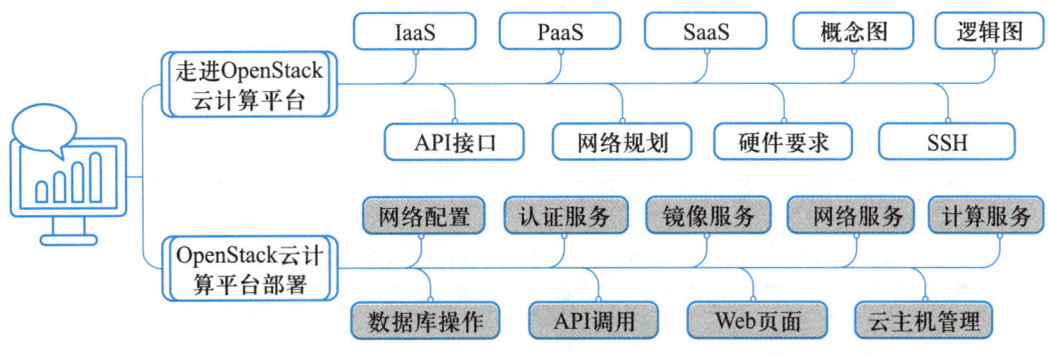

图 7-1-11 任务二学习足迹

思考与练习

1. OpenStack 计算虚拟化组件是_____,网络虚拟化组件是_____,存储虚拟化组件是_____。

2. OpenStack 组件之间采用_____API 接口协议。

7.2　任务二：OpenStack 云计算平台系统部署

【任务描述】

在任务一中我们已经对 OpenStack 有了初步的认识,任务二就是我们动手的环节了。在每个安装环节我们都可能会遇到问题,对于运维工程师来说,系统调试和排障才是最核心的技能,我们会把这些知识和技能融入任务中。

7.2.1　OpenStack 部署环境搭建

OpenStack 部署环境搭建包括用户和密码规划、网络配置、网络时钟环境搭建、OpenStack 安装源设置、数据库环境搭建、消息队列安装与配置和缓存服务的安装与配置。

1. 用户名和密码规划

OpenStack 每个组件都有自己的用户名和密码,为了便于统一管理,各个组件的用户名和密码规划如表 7-2-1 所示。

表 7-2-1　各个组件的用户名和密码规划

密码	用户名说明
ADMIN_PASS	admin 用户密码
CINDER_DBPASS	Cinder 块存储服务的数据库用户 cinder 的密码
CINDER_PASS	Cinder 块存储服务的用户 cinder 的密码
DASH_DBPASS	Dashboard 仪表盘的数据库用户密码
DEMO_PASS	demo 用户密码
GLANCE_DBPASS	Glance 镜像服务的数据库用户 glance 的密码
GLANCE_PASS	Glance 镜像服务的用户 glance 的密码
KEYSTONE_DBPASS	Keystone 认证服务的数据库用户 keystone 的密码
NEUTRON_DBPASS	Neutron 网络服务的数据库用户 neutron 的密码
NEUTRON_PASS	Neutron 网络服务的用户 neutron 的密码
NOVA_DBPASS	Nova 计算服务的数据库用户 nova 的密码
NOVA_PASS	Nova 计算服务的用户 nova 的密码
RABBIT_PASS	RabbitMQ guest 用户密码

2. 网络配置

在实验环境中,我们在两台主机上进行 OpenStack 安装部署,一台控制节点主机,一台计算节点主机,两台主机需要与外网连接,两台主机之间能够互通。两台主机需要根据 IP 地址规划进行固定 IP 设置、域名解析设置。

(1) 控制节点网络配置

● 控制节点 controller 网络接口配置:

【代码 7-2-1】　controller 网络配置

```
ictuniv@openstack-controler:/etc/network$ vim interfaces
# The loopback network interface
auto lo
iface lo inet loopback
# The primary network interface
#auto ens32
#iface ens32 inet dhcp
auto ens32
iface ens32 inet static
address 192.168.8.236
netmask 255.255.255.0
gateway 192.168.8.1
```

● 控制节点 controller DNS 设置:

在 resolv.conf 文件中增加域名服务器地址,填写网关服务器 IP:

```
ictuniv@openstack-controler:/etc$ vim resolv.conf
    nameserver 192.168.8.1
```

● 主机域名解析地址配置:

控制节点的主机名称为 controller,计算节点的主机名称为 compute1,编辑 hosts 文件,增加:

```
192.168.8.236 controller
192.168.8.237 compute1
```

root@openstack-controler:/etc$ vim hosts

【代码 7-2-2】　配置 controller hosts 文件

```
127.0.0.1          localhost
127.0.0.1          openstack-constroler
#The following lines are desirable for IPV6 capable hosts
::1   localhost ip6-localhost ip6-lookback
```

```
ff02::1  ip6-allnodes
ff02::2  ip6-allrouters
192.168.8.236 controller
192.168.8.237 computel
```

（2）计算节点网络配置
- 计算节点 compute1 网络接口配置：

【代码 7-2-3】 compute1 网络配置

```
ictuniv@openstack-compute1:/etc/network$ vim interfaces
# The loopback network interface
auto lo
iface lo inet loopback
# The primary network interface
#auto ens32
#iface ens32 inet dhcp
auto ens32
iface ens32 inet static
address 192.168.8.237
netmask 255.255.255.0
gateway 192.168.8.1
```

- 计算节点 compute1 DNS 设置：
在 resolv.conf 文件中增加域名服务器地址，填写网关服务器 IP：

```
ictuniv@openstack-compute1:/etc$ vim resolv.conf
nameserver 192.168.8.1
```

- 主机域名解析地址配置：
控制节点的主机名称为 controller，计算节点的主机名称为 compute1，编辑 hosts 文件，增加：

```
192.168.8.236 controller
192.168.8.237 compute1
root@openstack-compute1:/etc$ vim hosts
```

【代码 7-2-4】 配置 compute1 hosts 文件

```
root@computer1:~#vim/etc/hosts
127.0.0.1       localhost
127.0.0.1       computel
192.168.8.236 controller
192.168.8.237 computel
```

```
#The following lines are desirable for IPV6 capable hosts
::1   localhost ip6-localhost ip6-lookback
ff02::1 ip6-allnodes
ff02::2 ip6-allrouters
```

（3）验证网络

● 控制节点能否访问外网：

【代码 7-2-5】 controller ping 外网

```
root@controller:~# ping -c 4 www.openstack.org
PING www.openstack.org.cdn.cloudflare.net（104.20.65.68) 56（84) bytes of data.
64 bytes from 104.20.65.68: icmp_seq=1 ttl=54 time=14.6 ms
64 bytes from 104.20.65.68: icmp_seq=2 ttl=54 time=19.0 ms
64 bytes from 104.20.65.68: icmp_seq=3 ttl=54 time=20.0 ms
64 bytes from 104.20.65.68: icmp_seq=4 ttl=54 time=16.9 ms
```

【代码 7-2-6】 查看 ping 结果

```
--- www.openstack.org.cdn.cloudflare.net ping statistics ---
4 packets transmitted, 4 received, 0% packet loss, time 8458ms
rtt min/avg/max/mdev = 14.648/17.687/20.087/2.081 ms
```

访问成功。

● 控制节点访问计算节点：

【代码 7-2-7】 controller ping compute1

```
root@controller:~# ping -c 4 compute1
PING compute1（192.168.8.237) 56（84) bytes of data.
64 bytes from compute1（192.168.8.237): icmp_seq=1 ttl=64 time=0.097 ms
64 bytes from compute1（192.168.8.237): icmp_seq=2 ttl=64 time=0.084 ms
64 bytes from compute1（192.168.8.237): icmp_seq=3 ttl=64 time=0.104 ms
64 bytes from compute1（192.168.8.237): icmp_seq=4 ttl=64 time=0.090 ms
```

【代码 7-2-8】 查看 ping 结果

```
--- compute1 ping statistics ---
4 packets transmitted, 4 received, 0% packet loss, time 3001ms
rtt min/avg/max/mdev = 0.084/0.093/0.104/0.014 ms
```

访问成功。

● 计算节点访问外网：

【代码 7-2-9】 compute1 ping 外网

```
root@compute1:~# ping –c 4 www.openstack.org
PING www.openstack.org.cdn.cloudflare.net（104.20.64.68) 56（84) bytes of data.
64 bytes from 104.20.64.68: icmp_seq=1 ttl=54 time=19.0 ms
64 bytes from 104.20.64.68: icmp_seq=2 ttl=54 time=19.2 ms
64 bytes from 104.20.64.68: icmp_seq=3 ttl=54 time=17.7 ms
64 bytes from 104.20.64.68: icmp_seq=4 ttl=54 time=15.4 ms
```

【代码 7-2-10】 查看 ping 结果

```
––– www.openstack.org.cdn.cloudflare.net ping statistics –––
4 packets transmitted, 4 received, 0% packet loss, time 5053ms
rtt min/avg/max/mdev = 15.421/17.865/19.240/1.519 ms
```

访问成功。
- 计算节点访问控制节点：

【代码 7-2-11】 compute1 ping controller

```
root@compute1:~# ping –c 4 controller
PING controller（192.168.8.236) 56（84) bytes of data.
64 bytes from controller（192.168.8.236): icmp_seq=1 ttl=64 time=0.097 ms
64 bytes from controller（192.168.8.236): icmp_seq=2 ttl=64 time=0.087 ms
64 bytes from controller（192.168.8.236): icmp_seq=3 ttl=64 time=0.097 ms
64 bytes from controller（192.168.8.236): icmp_seq=4 ttl=64 time=0.101 ms
```

【代码 7-2-12】 查看 ping 结果

```
––– controller ping statistics –––
4 packets transmitted, 4 received, 0% packet loss, time 2999ms
rtt min/avg/max/mdev = 0.087/0.095/0.101/0.011 ms
```

访问成功。
至此，网络已经配置完成。在网络配置过程中需要重启网络使配置生效，网络重启命令如下：

```
root@compute1:~# service networking restart
```

或者是：

```
root@compute1:~# /etc/init.d/networking restart
```

网络状态查看命令：

```
root@compute1:~# service networking status
```

Ubuntu 操作系统下查看网络接口配置命令：

```
root@compute1:~# ifconfig
```

以上操作均有可能在网络配置中使用到。

3. 网络时钟环境搭建

NTP 是用来使计算机时间同步化的一种协议，它可以使计算机对其服务器或时钟源做同步化。它在 OpenStack 系统内部各个服务器之间同步时间。主控机跟网络时间服务器同步，其他机器跟主控机同步。

OpenStack 采用 chrony 提供时钟服务，chrony 是一个开源的自由软件，它能保持系统时钟与时钟服务器（NTP）同步，让时间保持精确。它由两个程序组成：chronyd 和 chronyc。chronyd 是一个后台运行的守护进程，用于调整内核中运行的系统时钟和时钟服务器同步。它确定计算机增减时间的比率，并对此进行补偿。chronyc 提供了一个用户界面，用于监控性能并进行多样化的配置。它可以在 chronyd 实例控制的计算机上工作，也可以在一台不同的远程计算机上工作。

（1）在控制节点上安装 chrony

```
root@controller:~# apt-get install chrony
```

配置 /etc/chrony/chrony.conf。
配置时钟源，控制节点可以采用系统默认网络时钟源。
配置其他节点的访问权限：

```
allow 192.168.8.0/24
```

重启 chrony：

```
root@controller:~# service chrony restart
```

（2）在计算节点上安装 chrony

```
apt-get install chrony
```

安装完成后配置 /etc/chrony/chrony.conf，主要配置网络时钟源为控制主机：

```
server controller iburst
```

重启 chrony。
查看 chrony 运行状态：

【代码 7-2-13】 查看 chrony 运行状态

```
root@compute1:~# service chrony status
● chrony.service – LSB: Controls chronyd NTP time daemon
   Loaded: loaded (/etc/init.d/chrony; bad; vendor preset: enabled)
   Active: active (running) since Mon 2016–11–07 12:53:45 HKT; 2 days ago
```

```
    Docs: man:systemd-sysv-generator(8)
 Process: 1062 ExecStart=/etc/init.d/chrony start (code=exited, status=0/SU
   Tasks: 1
  Memory: 3.1M
     CPU: 43ms
  CGroup: /system.slice/chrony.service
          └─ 1115 /usr/sbin/chronyd


Nov 07 12:53:39 compute1 systemd[1]: Starting LSB: Controls chronyd NTP time
Nov 07 12:53:39 compute1 chronyd[1115]: chronyd version 2.1.1 starting (+CMD
Nov 07 12:53:39 compute1 chronyd[1115]: Frequency 7.817 +/- 40.918 ppm read
Nov 07 12:53:45 compute1 chrony[1062]: chronyd is running and online.
Nov 07 12:53:45 compute1 systemd[1]: Started LSB: Controls chronyd NTP time
Nov 08 08:31:10 compute1 chronyd[1115]: Forward time jump detected!
```

（3）验证 chrony 正确性

在控制节点运行:

【代码 7-2-14】 controller 查看时间同步源

```
root@controller:~# chronyc sources
210 Number of sources = 4
MS Name/IP address       Stratum Poll Reach LastRx Last sample
===============================================================
^? 202.118.1.130          0  6   0  10y   +0ns[ +0ns] +/-  0ns
^? 2001:da8:9000::81       0  6   0  10y   +0ns[ +0ns] +/-  0ns
^? 2001:da8:202:10::61     0  6   0  10y   +0ns[ +0ns] +/-  0ns
^? 2001:da8:9000::130      0  6   0  10y   +0ns[ +0ns] +/-  0ns
```

在计算节点上运行:

【代码 7-2-15】 compute1 查看时间同步源

```
root@compute1:~# chronyc sources
210 Number of sources = 1
MS Name/IP address       Stratum Poll Reach LastRx Last sample
===============================================================
^? controller             0  10  0  10y   +0ns[ +0ns] +/-  0ns
```

计算节点的时钟源为 controller 控制节点。

4. OpenStack 安装源设置

为了保证 OpenStack 在各个节点上版本保持一致，统一进行安装源设置：

```
# apt install software-properties-common
# add-apt-repository cloud-archive:newton
# apt update && apt dist-upgrade
```

在控制节点上安装 OpenStack 客户端服务：

```
# apt install python-openstackclient
```

5. 数据库环境搭建

OpenStack 很多服务组件采用 SQL 数据库存储信息，数据库安装在控制节点上。OpenStack 支持很多关系型数据库，如 MySQL、PostgreSQL。本项目采用 MariaDB，MariaDB 是 MySQL 的分支版本，两者使用起来大同小异。

安装数据库：

```
root@controller:~# apt-get install mariadb-server python-pymysql
```

创建配置文件 99-openstack.cnf，创建与 OpenStack 控制节点的 IP 地址绑定以及语言环境设置：

【代码 7-2-16】 创建配置文件 99-openstack.cnf

```
root@controller:~# vim /etc/mysql/mariadb.conf.d/99-openstack.cnf

[mysqld]
bind-address = 192.168.8.236

default-storage-engine = innodb
innodb_file_per_table
max_connections = 4096
collation-server = utf8_general_ci
character-set-server = utf8
```

bind-address 设置 MySQL 具有远程访问权限，默认值是 127.0.0.1，它是本机地址，也是回送地址（loopback address），一般用于测试。从其他主机远程访问数据库需要对 bind-address 进行设置，一种办法是注释掉 bind-address = 127.0.0.1，另一种办法是指定具体的 IP 地址，如上所示 bind-address = 192.168.8.236。在开发环境中，为了方便使用，直接注释掉 bind-address。此处设置不当，可能会让 OpenStack 的服务组件无法与数据库连接。

重启数据库：

```
root@controller:~# service mysql restart
```

创建 root 用户数据库登录密码：

```
mysql_secure_installation
```

登录数据库，验证数据库安装是否正确：

【代码 7-2-17】 登录数据库并验证数据库安装是否正确

```
root@controller:~# mysql −u root −p
Enter password:
Welcome to the MariaDB monitor.  Commands end with ; or \g.
Your MariaDB connection id is 66
Server version: 10.0.27−MariaDB−0ubuntu0.16.04.1 Ubuntu 16.04
Copyright (c) 2000, 2016, Oracle, MariaDB Corporation Ab and others.
Type 'help;' or '\h' for help. Type '\c' to clear the current input statement.
MariaDB [(none)]>
```

至此，数据库安装完毕。

6. 消息队列安装与配置

从 OpenStack 逻辑架构图中我们了解到 OpenStack 的大部分服务组件内部都有 queue 消息队列，OpenStack 采用 RabbitMQ 作为消息队列服务，OpenStack 服务组件的各个模块通过 RabbitMQ 服务器以 RPC（远程过程调用）的方式实现通信。

RabbitMQ 采用典型的发布（publish）/ 订阅（subcribe）模式。Openstack 的架构决定了需要使用消息队列机制来实现不同模块间的通信，分别通过消息验证、消息转换、消息路由架构模式。带来的好处就是可以使模块之间最大程度解耦，客户端不需要关注服务端的位置和是否存在，只需通过消息队列进行信息的发送。

RabbitMQ 适合部署在一个拓扑灵活易扩展的规模化系统环境中，有效保证不同模块、不同节点、不同进程之间消息通信的时效性，可有效支持 OpenStack 云平台系统的规模化部署、弹性扩展、灵活架构以及信息安全的需求。

远程调用协议（remote procedure call protocol, RPC）是一种通过网络从远程计算机程序上请求服务协议。RPC 使得开发包括网络分布式多程序在内的应用程序更加容易。

安装消息服务器：

```
root@openstack−controler:~# apt−get install rabbitmq−server
```

创建 OpenStack 用户，用户名为 openstack，密码为 RABBIT_PASS：

```
root@controller:~# rabbitmqctl add_user openstack RABBIT_PASS
Creating user "openstack" ...
```

配置 OpenStack 用户的访问权限：

```
root@controller:~# rabbitmqctl set_permissions openstack ".*" ".*" ".*"
Setting permissions for user "openstack" in vhost "/" ...
```

可以采用 service rabbitmq-server start | stop | restart | status 来启动、停止、重启、查看 rabbitmq。

7. 缓存服务的安装与配置

OpenStack 认证服务（identity service）的认证机制采用 memcached 缓存令牌环 token 值，memcached 缓存一般安装在控制节点上。

安装缓存服务器：

```
root@openstack-controler:~# apt-get install memcached python-memcache
```

配置缓存服务的 IP 地址，编辑 /etc/memcached.conf：

```
-l 192.168.8.236
```

重启缓存服务：

```
root@openstack-controler:~# service memcached restart
```

7.2.2　认证服务（identity service）安装与配置

OpenStack 的认证服务（identity service）主要为 OpenStack 组件提供认证管理、授权管理和服务目录管理。当安装 OpenStack 其他服务时，必须把认证服务注册到每个服务中，认证服务才可以追踪哪些 OpenStack 服务已经安装，并在网络中定位它们。

本节描述如何在控制节点上安装和配置 OpenStack 身份认证服务，部署步骤如下：

① 安装和配置；

② 创建服务实体和 API 端点；

③ 创建域、项目、用户和角色；

④ 验证操作；

⑤ 创建 OpenStack 客户端环境脚本包括创建数据库。

● 创建数据库：

在配置 OpenStack 身份认证服务前必须创建一个数据库和管理员令牌。

用数据库连接客户端，以 root 用户连接到数据库服务器：

```
root@openstack-controler:~# mysql -u root -p
```

创建 keystone 数据库：

```
CREATE DATABASE keystone;
```

对 keystone 数据库授予恰当的权限：

```
GRANT ALL PRIVILEGES ON keystone.* TO 'keystone'@'localhost' IDENTIFIED BY
'KEYSTONE_DBPASS';
```

> GRANT ALL PRIVILEGES ON keystone.* TO 'keystone'@'%' IDENTIFIED BY 'KEYSTONE_DBPASS';

退出数据库客户端。
● keystone 服务安装与配置：
安装 keystone 软件包：

> root@openstack−controler:~# apt install keystone

配置 /etc/keystone/keystone.conf：
配置数据库连接：

> [database]
> connection =
> mysql+pymysql：//keystone:KEYSTONE_DBPASS@controller/keystone

连接参数如图 7−2−1 所示。

图 7−2−1   配置数据库连接参数说明

在 [token] 部分，配置 fernet 令牌：

> [token]
> provider = fernet

fernet 使用 AES−CBC 来对称加密并使用 SHA256 来签名 token，token 只能通过对称密钥读取和更改，不需要持久化 token，对于多个 keystone 节点的 region 之间的部署，只需要将相同的 key 发布到所有节点上，那么无论是通过哪个节点生成的 token，都可以被其他的 keystone 节点所验证。
初始化身份认证服务的数据库：

> root@openstack−controler:~# su −s /bin/sh −c "keystone−manage db_sync" keystone

认证服务数据库初始化后就会在数据库 keystone 中生产数据库表，我们可以登录 MySQL 中查看：
登录数据库：root@controller:~# mysql −u root −p
查看数据库，如图 7−2−2 所示：

> MariaDB [(none)]> show databases;

```
MariaDB [(none)]> show databases;
+--------------------+
| Database           |
+--------------------+
| cinder             |
| glance             |
| information_schema |
| keystone           |
| mysql              |
| neutron            |
| nova               |
| nova_api           |
| performance_schema |
+--------------------+
9 rows in set (0.06 sec)
```

图 7-2-2　查看数据库

选择 keystone 数据库：

MariaDB [(none)]> use keystone;

查看 keystone 数据库表，如图 7-2-3 所示：

MariaDB [keystone]> show tables;

```
MariaDB [keystone]> show tables;
+------------------------+
| Tables_in_keystone     |
+------------------------+
| access_token           |
| assignment             |
| config_register        |
| consumer               |
| credential             |
| endpoint               |
| endpoint_group         |
| federated_user         |
| federation_protocol    |
| group                  |
| id_mapping             |
| identity_provider      |
| idp_remote_ids         |
| implied_role           |
| local_user             |
| mapping                |
| migrate_version        |
| nonlocal_user          |
| password               |
| policy                 |
| policy_association     |
| project                |
| project_endpoint       |
| project_endpoint_group |
| region                 |
| request_token          |
| revocation_event       |
| role                   |
| sensitive_config       |
| service                |
| service_provider       |
| token                  |
| trust                  |
| trust_role             |
| user                   |
| user_group_membership  |
| whitelisted_config     |
+------------------------+
37 rows in set (0.00 sec)
```

图 7-2-3　查看 keystone 数据库表

初始化 fernet 密钥库：

```
root@controller:~# keystone-manage fernet_setup --keystone-user keystone
--keystone-group keystone
root@controller:~# keystone-manage credential_setup --keystone-user keystone --keystone-
group keystone
```

初始化 fernet 密钥库将会在 /etc/keystone 目录下生成 credential-keys 和 fernet-keys 两个文件夹，相关的密钥文件生成在这两个文件夹下。

【代码 7-2-18】 查看初始化 Fernet 生成的密钥文件

```
root@controller:/etc/keystone# ll
total 172
drwx------   4 keystone keystone   4096 Nov  7 12:35 ./
drwxr-xr-x 111 root     root       4096 Nov 10 10:54 ../
drwx------   2 keystone keystone   4096 Nov  4 16:12 credential-keys/
-rw-r--r--   1 root     root       2303 Oct  6 21:13 default_catalog.templates
drwx------   2 keystone keystone   4096 Nov  4 16:12 fernet-keys/
-rw-r--r--   1 root     root     113688 Nov  7 11:33 keystone.conf
-rw-r--r--   1 root     root      16384 Nov  7 12:35 .keystone.conf.swp
-rw-r--r--   1 root     root       2588 Nov  4 16:17 keystone-paste.ini
-rw-r--r--   1 root     root        776 Oct  9 03:46 logging.conf
-rw-r--r--   1 root     root       9743 Oct  6 21:13 policy.json
-rw-r--r--   1 root     root        665 Oct  6 21:13 sso_callback_template.html
```

启动 keystone 服务：

【代码 7-2-19】 启动 keystone 服务

```
root@controller:~# keystone-manage bootstrap --bootstrap-password
ADMIN_PASS \
    --bootstrap-admin-url http://controller:35357/v3/ \
    --bootstrap-internal-url http://controller:35357/v3/ \
    --bootstrap-public-url http://controller:5000/v3/ \
    --bootstrap-region-id RegionOne
```

配置 Apache HTTP 服务器：
编辑 /etc/apache2/apache2.conf 文件，增加：

```
ServerName controller
```

重启 Apache HTTP 服务器：

```
service apache2 restart
```

删除 keystone 默认使用的 SQLite 数据库文件：

root@openstack-controler:~# rm -f /var/lib/keystone/keystone.db

在安装和配置过程中难免出现错误，我们要学会查看日志和分析日志：
查找所有 keystone 相关的文件：

root@controller:/var/lib/keystone# find / -name keystone

找到日志文件位置 /var/log/keystone，查看里面的日志文件：

【代码 7-2-20】　查看 var/log/keystone 日志文件

```
root@controller:/var/log/keystone# ll
total 252
drwx------  2 keystone keystone  4096 Nov 10 06:25 ./
drwxrwxr-x 17 root     syslog    4096 Nov 10 06:25 ../
-rw-rw-r--  1 keystone keystone     0 Nov  9 06:25 keystone-manage.log
-rw-rw-r--  1 keystone keystone  3448 Nov  9 06:25 keystone-manage.log.1
-rw-rw-r--  1 keystone keystone  1891 Nov  6 06:25 keystone-manage.log.2.gz
-rw-r--r--  1 keystone keystone 18950 Nov 10 11:59 keystone-wsgi-admin.log
-rw-r--r--  1 keystone keystone 139817 Nov 10 06:25 keystone-wsgi-admin.log.1
-rw-r--r--  1 keystone keystone 28341 Nov  9 06:25
keystone-wsgi-admin.log.2.gz
-rw-r--r--  1 keystone keystone  9101 Nov  6 06:25
keystone-wsgi-admin.log.3.gz
-rw-r--r--  1 keystone keystone     0 Nov 10 06:25 keystone-wsgi-public.log
-rw-r--r--  1 keystone keystone  4304 Nov 10 06:25 keystone-wsgi-public.log.1
-rw-r--r--  1 keystone keystone 19835 Nov  9 06:25
keystone-wsgi-public.log.2.gz
-rw-r--r--  1 keystone keystone   381 Nov  6 06:25 keystone-wsgi-public.log.3.gz
```

采用 tail 命令查看日志：

root@controller:/var/log/keystone# tail -n 100 keystone-wsgi-admin.log

配置 admin 用户的环境变量：

【代码 7-2-21】　配置 admin 用户的环境变量

```
export OS_USERNAME=admin
export OS_PASSWORD=ADMIN_PASS
export OS_PROJECT_NAME=admin
```

```
export OS_USER_DOMAIN_NAME=Default
export OS_PROJECT_DOMAIN_NAME=Default
export OS_AUTH_URL=http://controller:35357/v3
export OS_IDENTITY_API_VERSION=3
在命令行下运行：
root@controller:~# export OS_USERNAME=admin
root@controller:~# export OS_PASSWORD=ADMIN_PASS
root@controller:~# export OS_PROJECT_NAME=admin
root@controller:~# export OS_USER_DOMAIN_NAME=Default
root@controller:~# export OS_PROJECT_DOMAIN_NAME=Default
root@controller:~# export OS_AUTH_URL=http://controller:35357/v3
root@controller:~# export OS_IDENTITY_API_VERSION=3
```

至此，keystone 认证服务已经成功安装，可以通过 API 接口访问 keystone 资源。例如，采用 curl 命令访问 http://controller:35357/v3，结果如下：

```
root@controller:~# curl http://controller:35357/v3
{"version": {"status": "stable", "updated": "2016-10-06T00:00:00Z",
"media-types": [{"base": "application/json", "type":
"application/vnd.openstack.identity-v3+json"}], "id": "v3.7", "links": [{"href":
"http://controller:35357/v3/", "rel": "self"}]}}
```

返回结果可以看出 keystone 版本信息、id 号、链接等信息。
- 创建域、项目、用户和角色

身份认证服务为每个 OpenStack 服务提供认证服务。认证服务使用域、项目、用户和角色的组合。

创建域 service 项目如图 7-2-4 所示：

```
root@openstack-controller:/etc# openstack project create --domain default \
>   --description "Service Project" service
```

```
+-------------+----------------------------------+
| Field       | Value                            |
+-------------+----------------------------------+
| description | Service Project                  |
| domain_id   | default                          |
| enabled     | True                             |
| id          | 652282b3bbcf4355b6bc22cf9c2e84bd |
| is_domain   | False                            |
| name        | service                          |
| parent_id   | default                          |
+-------------+----------------------------------+
```

图 7-2-4　创建域 service 项目

创建一个 demo 项目如图 7-2-5 所示：

```
root@openstack-controller:/etc# openstack project create ——domain default \
>  ——description "Demo Project" demo
```

```
+-------------+----------------------------------+
| Field       | Value                            |
+-------------+----------------------------------+
| description | Demo Project                     |
| domain_id   | default                          |
| enabled     | True                             |
| id          | 88bd7165310b4d44ae397b8825dacf40 |
| is_domain   | False                            |
| name        | demo                             |
| parent_id   | default                          |
+-------------+----------------------------------+
```

图 7-2-5   创建一个 demo 项目

创建 demo 用户，如图 7-2-6 所示。代码如下：

```
root@openstack-controller:/etc# openstack user create ——domain default \
>  ——password-prompt demo
```

密码：DEMO_PASS

```
+---------------------+----------------------------------+
| Field               | Value                            |
+---------------------+----------------------------------+
| domain_id           | default                          |
| enabled             | True                             |
| id                  | 1379868bc95f4defa21a08341a6dc37b |
| name                | demo                             |
| password_expires_at | None                             |
+---------------------+----------------------------------+
```

图 7-2-6   创建 demo 用户

创建 user 角色，如图 7-2-7 所示。代码如下：

```
root@openstack-controller:/etc# openstack role create user
```

```
+-----------+----------------------------------+
| Field     | Value                            |
+-----------+----------------------------------+
| domain_id | None                             |
| id        | 7cbe5ca0aa6c4740932773ff1cb00cf0 |
| name      | user                             |
+-----------+----------------------------------+
```

图 7-2-7   创建 user 角色

用户角色配置：

```
root@OpenStack-Controller/etc# openstack role add ——project demo ——user demo user
```

验证 keystone 运行情况的方法如下。

因为安全性的原因，关闭临时认证令牌机制：编辑 /etc/keystone/keystone-paste.ini 文件，从 [pipeline：public_api]、[pipeline：admin_api] 和 [pipeline：api_v3] 部分删除 admin_token_auth 。

取消 _AUTH_URL OS_PASSWORD 环境变量：

```
root@controller：~# unset OS_AUTH_URL OS_PASSWORD
```

采用 admin 用户请求 token 值：

root@controller:~# openstack --os-auth-url http://controller：35357/v3 --os-project-domain-name default --os-user-domain-name default --os-project-name admin --os-username admin token issue

需要输入 admin 的密码 ADMIN_PASS。
返回如图 7-2-8 所示。

```
+------------+----------------------------------------------------------+
| Field      | value                                                    |
+------------+----------------------------------------------------------+
| expires    | 2016-11-10 10:15:54+00:00                                |
| id         | gAAAAABYJDrK16cwgRidlwPq4Ktk6qP1elcKBN5OJtv65ic-qZz4ieFdDbhzJx1f_S-_P |
|            | 5wydpmriBrCbUAaaCWhFKbl8Miysn29EzcBuvayZLeIhUesfLessV0iBQdt6oX9GRllfF |
|            | Y_5-UOI47G1-biAO5v7ZHcIvx4LMYPL8jnUvSpH8lJeF0           |
| project_id | 2940fd987b294c468fbe9c3a71df88bc                         |
| user_id    | a16612d3160a43c8b12559f08599066d                         |
+------------+----------------------------------------------------------+
```

图 7-2-8　采用 admin 用户请求 token 值

可以看到 token 的失效期限（expires），token 值，关联的项目 id 和用户 id。如果用户需要请求项目资源，就需要使用这个令牌环。大家还记得第一个任务有个 API 调用的案例，我们就可以在请求的 header 部分增加 token 令牌，格式如下：

"X-Auth-Token:gAAAAABYJDrK16cwgRidlwPq4Ktk6qP1elcKBN5OJtv65ic-qZz4ieFdDbhzJx1f_S-_P5wydpmriBrCbUAaacWhFKbl8Miysn29EzcBuvayZLeIhUesfLessV0iBQdt6oX9GRllfFY_5-UOI47G1-biAO5v7ZHcIvx4LMYPL8jnUvSpH8lJeF0"

我们采用 curl 访问刚才创建的项目，api 为：/v3/auth/projects

root@controller:~#curl -H
"X-Auth-Token:gAAAAABYJDrK16cwgRidlwPq4Ktk6qP1elcKBN5OJtv65ic-qZz4ieFd
DbhzJx1f_S-_P5wydpmriBrCbUAaacWhFKbl8Miysn29EzcBuvayZLeIhUesfLessV0iB
Qdt6oX9GRllfFY_5-UOI47G1-biAO5v7ZHcIvx4LMYPL8jnUvSpH8lJeF0"
http://controller：35357/v3/auth/projects
{"links": {"self": "http：//controller:35357/v3/auth/projects", "previous": null,
"next": null}, "projects": [{"is_domain": false, "description": "Bootstrap project for
initializing the cloud.", "links": {"self":
"http://controller:35357/v3/projects/2940fd987b294c468fbe9c3a71df88bc"},
"enabled": true, "id": "2940fd987b294c468fbe9c3a71df88bc", "parent_id": "default", "domain_id":
"default", "namev: "admin"}]}

可以看到返回的 JSON 格式的数据。
作为 demo 用户，请求认证令牌：

root@controller:~# openstack --os-auth-url http：//controller:5000/v3 \
> --os-project-domain-name default --os-user-domain-name default \

```
>   --os-project-name demo --os-username demo token issue
Password：
```

输入密码：DEMO_PASS，结果如图 7-2-9 所示。

```
+------------+-------------------------------------------------------------+
| Field      | Value                                                       |
+------------+-------------------------------------------------------------+
| expires    | 2016-11-10 09:54:55+00:00                                   |
| id         | gAAAAABYJDXft9TN3JO4oLr_OL_6SLJHnw4YfjIkg74P9X4pr-          |
|            | p2Hh5dbn2O5bfKDB87EJoJ-IKIP1KaiBEVhaIL9g_rz-               |
|            | Vh7rS6D4sme8n7DhhhRt_7aOI6J7z6Y-                            |
|            | 7IAJ35Tcd4vcofURnLPsrMt_nQWHL9OOqxvaTNwrZuuszmxPdwaoCVcPA  |
| project_id | 29253dd3edcb443981cb2ccbf0108a0a                            |
| user_id    | 290a81f8d417487684c17c8ed827a288                            |
+------------+-------------------------------------------------------------+
```

图 7-2-9　demo 用户，请求认证令牌

这个命令使用 demo 用户的密码和 API 端口 5000，这样只会允许对身份认证服务 API 的常规（非管理）访问。

配置 admin 用户运行环境变量：

【代码 7-2-22】　配置 admin 用户运行环境变量

```
export OS_PROJECT_DOMAIN_NAME=default

export OS_USER_DOMAIN_NAME=default

export OS_PROJECT_NAME=admin

export OS_USERNAME=admin

export OS_PASSWORD=ADMIN_PASS

export OS_AUTH_URL=http://controller:35357/v3

export OS_IDENTITY_API_VERSION=3

export OS_IMAGE_API_VERSION=2
```

使环境变量生效：

```
root@controller:~# . admin-openrc
```

请求一个认证 token：

```
root@controller:~# openstack token issue
```

结果如图 7-2-10 所示。

```
+------------+-------------------------------------------------------------+
| Field      | Value                                                       |
+------------+-------------------------------------------------------------+
| expires    | 2016-11-10 10:00:17+00:00                                   |
| id         | gAAAAABYJDchoqdywlx1DrdCOBd2w4T-                            |
|            | z48Yc2RanKaopuIRtrTXf3owXrTOHJoY8SdSG4mFl8X8C419Yhm4CW-3HO_25wwa7CfqU |
|            | qBEeme7uxAp4CJGJQV_b6AEACr5y_MunHbCwoBcpuVYzL3jt30GbMWpz0eHNYPAlCTb9K |
|            | EMRVwOFAOCZnM                                               |
| project_id | 2940fd987b294c468fbe9c3a71df88bc                            |
| user_id    | a16612d3160a43c8b12559f08599066d                            |
+------------+-------------------------------------------------------------+
```

图 7-2-10　请求一个认证 token

配置 demo 用户运行环境变量：

【代码 7-2-23】 配置 demo 用户运行环境变量

```
root@controller:~# vim demo-openrc
export OS_PROJECT_DOMAIN_NAME=default
export OS_USER_DOMAIN_NAME=default
export OS_PROJECT_NAME=demo
export OS_USERNAME=demo
export OS_PASSWORD=DEMO_PASS
export OS_AUTH_URL=http://controller:5000/v3
export OS_IDENTITY_API_VERSION=3
export OS_IMAGE_API_VERSION=2
```

7.2.3 镜像服务（image service）安装与配置

OpenStack 镜像服务是 IaaS 的核心服务，它接受磁盘镜像或服务器镜像 API 请求，和来自终端用户或 OpenStack 计算组件的元数据定义。它也支持包括 OpenStack 对象存储在内的多种类型仓库上的磁盘镜像或服务器镜像存储。

OpenStack 镜像服务包括如图 7-2-11 所示的几种组件。

glance-api：接收镜像 API 的调用，诸如镜像发现、恢复、存储。

glance-registry：存储、处理和恢复镜像的元数据，元数据包括大小和类型。

数据库：存放镜像元数据，用户可以依据个人喜好选择数据库，多数的部署使用 MySQL 或 SQLite。

镜像文件的存储仓库：支持多种类型的仓库，它们有普通文件系统、对象存储、RADOS 块设备、HTTP 和 VMware 存储。但是，其中一些仓库仅支持只读方式使用。

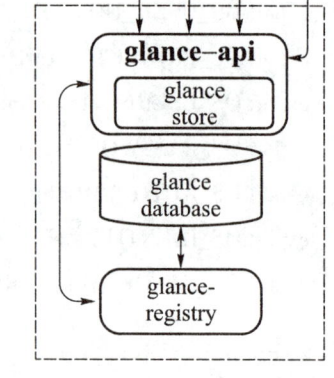

图 7-2-11 OpenStack 镜像服务

元数据定义服务：通用的 API，用于为厂商、管理员、服务和用户自定义元数据。这种元数据可用于不同的资源，例如镜像、卷、配额和集合。一个定义包括了新属性的键、描述、约束和可以与之关联的资源的类型。

镜像服务的安装和部署过程与认证服务类似，包括数据库创建、软件安装、系统配置和验证安装的正确性。

1. 镜像服务的安装与配置

用数据库连接客户端以 root 用户连接到数据库服务器：

```
root@openstack-controler:~# mysql -u root -p
```

创建 glance 数据库：

```
CREATE DATABASE glance;
```

对 glance 数据库授予恰当的权限：

```
mysql> GRANT ALL PRIVILEGES ON glance.* TO 'glance'@'localhost' \
IDENTIFIED BY 'GLANCE_DBPASS';
mysql> GRANT ALL PRIVILEGES ON glance.* TO 'glance'@'%' \
IDENTIFIED BY 'GLANCE_DBPASS';
```

退出数据库客户端。

- 获得 admin 凭证来获取只有管理员能执行的命令的访问权限：

```
root@controller:~# . admin-openrc
```

- 要创建服务证书，完成以下步骤。

创建 glance 用户：

```
root@openstack-controler:~#openstack user create --domain default
--password-prompt glance
```

结果如图 7-2-12 所示。

添加 admin 角色到 glance 用户和 service 项目上：

```
root@openstack-controler:~#openstack role add --project service --user glance admin
```

```
User Password:
Repeat User Password:
The passwords entered were not the same
User Password:
Repeat User Password:
+--------------------+----------------------------------+
| Field              | Value                            |
+--------------------+----------------------------------+
| domain_id          | default                          |
| enabled            | True                             |
| id                 | 8174a02cc07a43d99b3bc32f2b56f7b3 |
| name               | glance                           |
| password_expires_at | None                            |
+--------------------+----------------------------------+
```

图 7-2-12　创建 glance 用户

创建 glance 服务实体：

```
root@openstack-controler:~#openstack service create --name glance --description "OpenStack Image" image
```

结果如图 7-2-13 所示。

```
+-------------+----------------------------------+
| Field       | Value                            |
+-------------+----------------------------------+
| description | OpenStack Image                  |
| enabled     | True                             |
| id          | a1548803e8614c2fb443fd227c4e27df |
| name        | glance                           |
| type        | image                            |
+-------------+----------------------------------+
```

图 7-2-13　创建 glance 服务实体

创建镜像服务的 API 端点，分别如图 7-2-14 ~ 图 7-2-16 所示。代码如下：

```
root@openstack-controler:~#openstack endpoint create --region RegionOne image public http://
controller:9292
```

```
+--------------+------------------------------------------+
| Field        | Value                                    |
+--------------+------------------------------------------+
| enabled      | True                                     |
| id           | ca27d166736a47cc9037626e898a7f2f         |
| interface    | public                                   |
| region       | RegionOne                                |
| region_id    | RegionOne                                |
| service_id   | a1548803e8614c2fb443fd227c4e27df         |
| service_name | glance                                   |
| service_type | image                                    |
| url          | http://controller:9292                   |
+--------------+------------------------------------------+
```

图 7-2-14   创建镜像服务（public）的 API 端点

代码如下：

```
root@openstack-controler:~#openstack endpoint create --region RegionOne image internal
http://controller:9292
```

```
+--------------+------------------------------------------+
| Field        | Value                                    |
+--------------+------------------------------------------+
| enabled      | True                                     |
| id           | 134844fed2f148bdabee6014d437d242         |
| interface    | internal                                 |
| region       | RegionOne                                |
| region_id    | RegionOne                                |
| service_id   | a1548803e8614c2fb443fd227c4e27df         |
| service_name | glance                                   |
| service_type | image                                    |
| url          | http://controller:9292                   |
+--------------+------------------------------------------+
```

图 7-2-15   创建镜像服务（internal）的 API 端点

代码如下：

```
root@openstack-controler:~#openstack endpoint create --region RegionOne image admin http://
controller:9292
```

```
+--------------+------------------------------------------+
| Field        | Value                                    |
+--------------+------------------------------------------+
| enabled      | True                                     |
| id           | ebf4715dcb3945a99fc97aa57fcc03e4         |
| interface    | admin                                    |
| region       | RegionOne                                |
| region_id    | RegionOne                                |
| service_id   | a1548803e8614c2fb443fd227c4e27df         |
| service_name | glance                                   |
| service_type | image                                    |
| url          | http://controller:9292                   |
+--------------+------------------------------------------+
```

图 7-2-16   创建镜像服务（admin）的 API 端点

● 安装 glance 软件包：

```
root@controller:~# apt install glance
```

● 对 glance-api 组件进行配置：

编辑 /etc/glance/glance-api.conf 文件，完成数据库连接、认证和存储位置进行配置。

数据库配置：

```
[database]
connection = mysql+pymysql://glance:GLANCE_DBPASS@controller/glance
```

身份认证配置：

【代码 7-2-24】 glance-api.conf 身份认证配置

```
[keystone_authtoken]
auth_uri = http://controller:5000
auth_url = http://controller:35357
memcached_servers = controller:11211
auth_type = password
project_domain_name = default
user_domain_name = default
project_name = service
username = glance
password = GLANCE_PASS（数据库密码）
[paste_deploy]
flavor = keystone
```

镜像存储位置配置：

```
[glance_store]
stores = file,http
default_store = file
filesystem_store_datadir = /var/lib/glance/images/
```

● 对 glance-registry 组件进行配置：

编辑 /etc/glance/glance-registry.conf，完成数据库及身份认证配置。

数据库配置：

```
[database]
 connection = mysql+pymysql://glance:GLANCE_DBPASS@controller/glance
```

身份认证配置：

【代码 7-2-25】 glance-registry.conf 身份认证配置

```
[keystone_authtoken]
auth_uri = http://controller:5000
auth_url = http://controller:35357
memcached_servers = controller:11211
auth_type = password
project_domain_name = default
user_domain_name = default
project_name = service
username = glance
password = GLANCE_PASS(数据库密码)
[paste_deploy]
flavor = keystone
```

- 初始化数据库：

```
root@controller:~# su –s /bin/sh –c "glance-manage db_sync" glance
```

- 重启服务：

```
root@controller:~# service glance-registry restart
root@controller:~# service glance-api restart
```

2. 验证安装，并创建镜像文件
- 获得 admin 凭证来获取只有管理员能执行的命令的访问权限：

```
root@controller:~# . admin-openrc
```

下载一个最新的 Linux 系统镜像文件：

```
root@controller: ~#wget

http://download.cirros-cloud.net/0.3.4/cirros-0.3.4-x86_64-disk.img
```

- 使用 QCOW2 磁盘格式、bare 容器格式，上传镜像到镜像服务并设置公共可见，这样所有的项目都可以访问它：

```
root@controller:~# openstack image create "cirros" \
  --file cirros-0.3.4-x86_64-disk.img \
  --disk-format qcow2 --container-format bare \
  --public
```

结果如图 7-2-17 所示。
- 查看上传的镜像文件：

```
root@controller: ~# openstack image list
```

```
+------------------+------------------------------------------------------+
| Field            | Value                                                |
+------------------+------------------------------------------------------+
| checksum         | ee1eca47dc88f4879d8a229cc70a07c6                     |
| container_format | bare                                                 |
| created_at       | 2016-10-26T17:52:22Z                                 |
| disk_format      | qcow2                                                |
| file             | /v2/images/cece64cb-2395-42ac-bdd3-4b2d8fffe23f/file |
| id               | cece64cb-2395-42ac-bdd3-4b2d8fffe23f                 |
| min_disk         | 0                                                    |
| min_ram          | 0                                                    |
| name             | cirros                                               |
| owner            | 75ade47396c8427682719ebac450203e                     |
| protected        | False                                                |
| schema           | /v2/schemas/image                                    |
| size             | 13287936                                             |
| status           | active                                               |
| tags             |                                                      |
| updated_at       | 2016-10-26T17:52:22Z                                 |
| virtual_size     | None                                                 |
| visibility       | public                                               |
+------------------+------------------------------------------------------+
```

图 7-2-17　上传镜像到镜像服务

查看结果如图 7-2-18 所示。至此已经安装配置完成。进入数据库,查看 glance 的数据库表格,如图 7-2-19 所示。

```
+--------------------------------------+--------+--------+
| ID                                   | Name   | Status |
+--------------------------------------+--------+--------+
| 10db9a86-a2b9-4142-8b2b-478e384ad41e | ubuntu | active |
| a96da8fd-dfd7-4ad0-891e-e9857640cfd1 | cirros | active |
+--------------------------------------+--------+--------+
```

图 7-2-18　查看上传的镜像文件

```
MariaDB [(none)]> use glance;
Reading table information for completion of table and column names
You can turn off this feature to get a quicker startup with -A

Database changed
MariaDB [glance]> show tables;
+----------------------------------+
| Tables_in_glance                 |
+----------------------------------+
| artifact_blob_locations          |
| artifact_blobs                   |
| artifact_dependencies            |
| artifact_properties              |
| artifact_tags                    |
| artifacts                        |
| image_locations                  |
| image_members                    |
| image_properties                 |
| image_tags                       |
| images                           |
| metadef_namespace_resource_types |
| metadef_namespaces               |
| metadef_objects                  |
| metadef_properties               |
| metadef_resource_types           |
| metadef_tags                     |
| migrate_version                  |
| task_info                        |
| tasks                            |
+----------------------------------+
20 rows in set (0.00 sec)
```

图 7-2-19　查看 glance 数据库表

在安装和使用过程中如果出现错误,我们可以去查看日志,日志文件在 root@controller: ~# cd /var/log/glance/ 目录下:

【代码 7-2-26】 查看 /var/log/glance 目录下日志文件

```
root@controller:~# cd /var/log/glance/
root@controller:/var/log/glance# ll
total 116
drwxr-x--- 2 glance adm    4096 Nov  9 06:25 ./
drwxrwxr-x 17 root   syslog 4096 Nov 11 06:25 ../
-rw-r--r-- 1 glance glance     0 Nov  9 06:25 glance-api.log
-rw-r--r-- 1 glance glance 88598 Nov  9 06:25 glance-api.log.1
-rw-r--r-- 1 glance glance   737 Nov  6 06:25 glance-api.log.2.gz
-rw-r--r-- 1 glance glance     0 Nov  9 06:25 glance-registry.log
-rw-r--r-- 1 glance glance 12050 Nov  9 06:25 glance-registry.log.1
-rw-r--r-- 1 glance glance   357 Nov  6 06:25 glance-registry.log.2.gz
```

查看最新的日志记录可用如下命令：

```
root@controller:/var/log/glance# tail -n 100 glance-api.log.1
```

回顾一下在认证服务中我们调用 API 的情况,我们在这里再来体验一次镜像服务 API 的调用:

首先,我们找到需要调用的 API 接口,例如: http://controller: 9292/v2/images:

其次,使用 admin 用户请求,生产认证令牌 token:

```
root@controller:~# openstack --os-auth-url http://controller:35357/v3
--os-project-domain-name default --os-user-domain-name default
--os-project-name admin --os-username admin token issue
```

结果如图 7-2-20 所示。

```
+------------+----------------------------------------------------------------------------------+
| Field      | Value                                                                            |
+------------+----------------------------------------------------------------------------------+
| expires    | 2016-11-11 08:23:03+00:00                                                        |
| id         | gAAAAABYJXHXJOggPgFAGk35FJhPdXVaAS549PpRnX1oILDkcHPNCGS5hwQpj4dYwLLQzatB_EJnNnIMLVPoD-LyiP-ta- |
|            | RHrCup27OBa9lE0b_pS6eo0ejiNCqsxAIh_uYqUzAGAqzKpZCr3mfqdGuELH_Vu-or7ODpMSo-aUXwePhOH6VkG4c |
| project_id | 2940fd987b294c468fbe9c3a71df88bc                                                 |
| user_id    | a16612d3160a43c8b12559f08599066d                                                 |
+------------+----------------------------------------------------------------------------------+
```

图 7-2-20 使用 admin 用户请求,生产认证令牌 token

最后,采用 curl 请求:

```
root@controller:~# curl -H
"X-Auth-Token:gAAAAABYJXHXJOggPgFAGk35FJhPdXVaAS549PpRnX1oILDkcHPNCGS
5hwQpj4dYwLLQzatB_EJnNnIMLVPoD-LyiP-ta-RHrCup27OBa9lE0b_pS6eo0ejiNCqsxAIh_
uYqUzAGAqzKpZCr3mfqdGuELH_Vu-or7ODpMSo-aUXwePhOH6VkG4c"
http://controller:9292/v2/images
```

返回 JSON 数据代码如下：

【代码 7-2-27】 查看返回 JSON 数据

{"images": [{"status": "active", "virtual_size": null, "description": "ubuntu", "tags": [], "container_format": "bare", "created_at": "2016–11–07T07:32:28Z", "size": 601882624, "disk_format": "iso", "updated_at": "2016–11–07T07:32:50Z", "visibility": "public", "self": "/v2/images/10db9a86–a2b9–4142–8b2b–478e384ad41e", "min_disk": 0, "protected": false, "id": "10db9a86–a2b9–4142–8b2b–478e384ad41e", "file": "/v2/images/10db9a86–a2b9–4142–8b2b–478e384ad41e/file", "checksum": "9e5fecc94b3925bededed0fdca1bd417", "owner": "2940fd987b294c468fbe9c3a71df88bc", "schema": "/v2/schemas/image", "min_ram": 0, "name": "ubuntu"}, {"status": "active", "name": "cirros", "tags": [ ], "container_format": "bare", "created_at": "2016–11–04T08:31:13Z", "size": 13287936, "disk_format": "qcow2", "updated_at": "2016–11–04T08:31:14Z", "visibility": "public", "self": "/v2/images/a96da8fd–dfd7–4ad0–891e–e9857640cfd1", "min_disk": 0, "protected": false, "id": "a96da8fd–dfd7–4ad0–891e–e9857640cfd1", "file": "/v2/images/a96da8fd–dfd7–4ad0–891e–e9857640cfd1/file", "checksum": "ee1eca47dc88f4879d8a229cc70a07c6", "owner": "2940fd987b294c468fbe9c3a71df88bc", "virtual_size": null, "min_ram": 0, "schema": "/v2/schemas/image"}], "schema": "/v2/schemas/images", "first": "/v2/images"}

7.2.4 计算服务 (compute service) 安装与配置

我们使用 OpenStack 计算服务来托管和管理云计算系统。OpenStack 计算服务是基础设施即服务（IaaS）系统的主要部分，模块主要由 Python 实现。

OpenStack 计算组件请求 OpenStack Identity 服务进行认证，请求 OpenStack Image 服务提供磁盘镜像，为 OpenStack Dashboard 提供用户与管理员接口。磁盘镜像访问限制在项目与用户上，配额以每个项目进行设定（例如，每个项目下可以创建多少实例）。OpenStack 组件可以在标准硬件水平上大规模扩展，并且下载磁盘镜像启动虚拟机实例。

OpenStack 计算组件 Nova 逻辑图如图 7-2-21 所示。

从逻辑架构图中可以看到 OpenStack 的各个组件及其之间的关系，具体介绍如下。

nova-api 服务：接收和响应来自最终用户的计算 API 请求。此服务支持 OpenStack 计算服务 API、Amazon EC2 API，以及特殊的 API 赋予用户做一些管理的操作。它会强制实施一些规则，发起多数的编排活动，例如运行一个实例。

nova-api-metadata 服务：接受来自虚拟机发送的元数据请求。nova-api-metadata 服务一般在安装 nova-network 服务的多主机模式下使用。

nova-compute 服务：一个持续工作的守护进程，通过 hypervior 的 API 来创建和销毁虚拟机实例。例如：

XenServer/XCP 的 XenAPI；

KVM 或 QEMU 的 libvirt；

VMware 的 VMwareAPI。

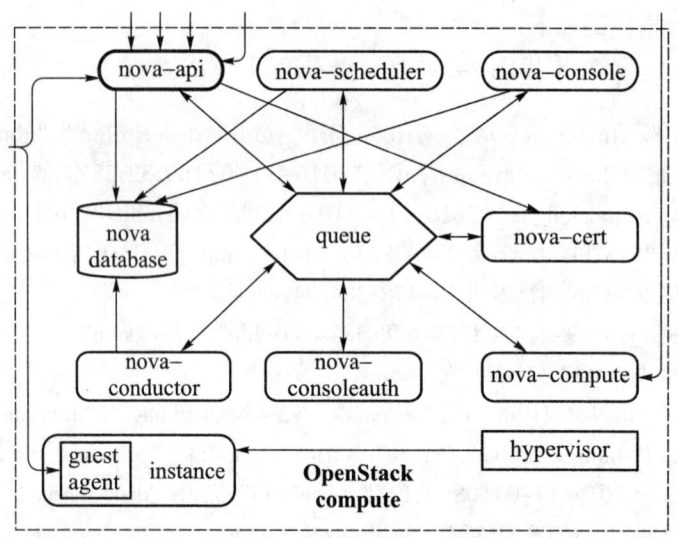

图 7-2-21　OpenStack 计算组件 Nova 逻辑图

过程较为复杂。最为基本的过程是,守护进程同意了来自队列的动作请求,转换为一系列的系统命令如启动一个 KVM 实例,然后,到数据库中更新它的状态。

nova-scheduler 服务:拿到一个来自队列请求虚拟机实例,然后决定哪台计算服务器主机来运行它。

nova-conductor 模块:媒介作用于 nova-compute 服务与数据库之间。它排除了由 nova-compute 服务对云数据库的直接访问。

nova-cert 模块:服务器守护进程向 Nova Cert 服务提供 X509 证书,用来为 euca-bundle-image 生成证书,仅仅是在 EC2 API 的请求中使用。

nova-network worker 守护进程:与 nova-compute 服务类似,从队列中接受网络任务,并且操作网络。执行任务例如创建桥接的接口或者改变 IPtables 的规则。

nova-consoleauth 守护进程:授权控制代理所提供的用户令牌。

nova-novncproxy 守护进程:提供一个代理,用于访问正在运行的实例,通过 VNC 协议,支持基于浏览器的 novnc 客户端。

nova-spicehtml5proxy 守护进程:提供一个代理,用于访问正在运行的实例,通过 SPICE 协议,支持基于浏览器的 HTML5 客户端。

nova-xvpvncproxy 守护进程:提供一个代理,用于访问正在运行的实例,通过 VNC 协议,支持 OpenStack 特定的 Java 客户端。

nova-cert 守护进程:支持 X509 证书服务。

nova 客户端:用户作为租户管理员或最终用户来提交命令。

队列:一个在守护进程间传递消息的中央集线器。常见实现有 RabbitMQ,以及如 ZeroMQ 等 AMQP 消息队列。

SQL 数据库:存储构建时和运行时的状态,为云基础设施,包括可用实例类型、使用中的实例、可用网络、项目。理论上,OpenStack 计算可以支持任何 SQL-Alchemy 所支持的后端数据库,通常使用 SQLite3 来做测试可开发工作,MySQL 和 PostgreSQL 作为生产环境。

Nova 计算组件的安装与其他组件安装过程类似,包括创建数据库、创建用户及服务、系统配置等步骤。

1. 在控制节点上安装 Nova 组件

- 数据库创建

用数据库连接客户端以 root 用户连接到数据库服务器：

```
root@openstack-controller:~# mysql –u root –p
```

创建 nova 数据库：

```
mysql> CREATE DATABASE nova_api;
mysql> CREATE DATABASE nova;
```

对 nova 数据库授予恰当的权限：

```
mysql> GRANT ALL PRIVILEGES ON nova_api.* TO 'nova'@'localhost' \
  IDENTIFIED BY 'NOVA_DBPASS';
mysql> GRANT ALL PRIVILEGES ON nova_api.* TO 'nova'@'%' \
  IDENTIFIED BY 'NOVA_DBPASS';
mysql> GRANT ALL PRIVILEGES ON nova.* TO 'nova'@'localhost' \
  IDENTIFIED BY 'NOVA_DBPASS';
mysql> GRANT ALL PRIVILEGES ON nova.* TO 'nova'@'%' \
  IDENTIFIED BY 'NOVA_DBPASS';
```

退出数据库客户端。

- 获得 admin 凭证来获取只有管理员能执行的命令的访问权限：

```
root@controller:~# . admin–openrc
```

- 要创建服务证书，应完成如下步骤。

创建 nova 用户，如图 7-2-22 所示。

```
root@openstack-controler:~# openstack user create ––domain default ––password–prompt nova
```

```
User Password:
Repeat User Password:
+---------------------+----------------------------------+
| Field               | Value                            |
+---------------------+----------------------------------+
| domain_id           | default                          |
| enabled             | True                             |
| id                  | 9e5357459f244bee959cedf62674960e |
| name                | nova                             |
| password_expires_at | None                             |
+---------------------+----------------------------------+
```

图 7-2-22　创建 nova 用户

添加 admin 角色到 nova 用户和 service 项目上：

```
root@openstack-controler:~# openstack role add ––project service ––user nova admin
```

创建 nova 服务实体，如图 7-2-23 所示。

root@openstack–controler:~# openstack service create --name nova --description "OpenStack Compute" compute

```
+-------------+----------------------------------+
| Field       | Value                            |
+-------------+----------------------------------+
| description | OpenStack Compute                |
| enabled     | True                             |
| id          | 87c409f2d96a4ef59d955d8e827b2c62 |
| name        | nova                             |
| type        | compute                          |
+-------------+----------------------------------+
```

图 7-2-23　创建 nova 服务实体

创建 nova 服务的 API 端点，如图 7-2-24~ 图 7-2-26 所示。

root@openstack–controler:~# openstack endpoint create --region RegionOne compute public http://controller:8774/v2.1/%\(tenant_id\)s

```
+--------------+------------------------------------------+
| Field        | Value                                    |
+--------------+------------------------------------------+
| enabled      | True                                     |
| id           | 60e3bc5deec54e758b8b15e41cba23b7         |
| interface    | public                                   |
| region       | RegionOne                                |
| region_id    | RegionOne                                |
| service_id   | 87c409f2d96a4ef59d955d8e827b2c62         |
| service_name | nova                                     |
| service_type | compute                                  |
| url          | http://controller:8774/v2.1/%(tenant_id)s |
+--------------+------------------------------------------+
```

图 7-2-24　创建 nova 服务（public）的 API 端点

root@openstack–controler:~# openstack endpoint create --region RegionOne compute internal http://controller:8774/v2.1/%\(tenant_id\)s

```
+--------------+------------------------------------------+
| Field        | Value                                    |
+--------------+------------------------------------------+
| enabled      | True                                     |
| id           | e49aad6746c1417ba5bb7806d1a904c8         |
| interface    | internal                                 |
| region       | RegionOne                                |
| region_id    | RegionOne                                |
| service_id   | 87c409f2d96a4ef59d955d8e827b2c62         |
| service_name | nova                                     |
| service_type | compute                                  |
| url          | http://controller:8774/v2.1/%(tenant_id)s |
+--------------+------------------------------------------+
```

图 7-2-25　创建 nova 服务（internal）的 API 端点

root@openstack–controler:~# openstack endpoint create --region RegionOne compute admin http://controller:8774/v2.1/%\(tenant_id\)s

```
+--------------+------------------------------------------+
| Field        | Value                                    |
+--------------+------------------------------------------+
| enabled      | True                                     |
| id           | 44d0c92356844f8796c1a77b0488a88d         |
| interface    | admin                                    |
| region       | RegionOne                                |
| region_id    | RegionOne                                |
| service_id   | 87c409f2d96a4ef59d955d8e827b2c62         |
| service_name | nova                                     |
| service_type | compute                                  |
| url          | http://controller:8774/v2.1/%(tenant_id)s |
+--------------+------------------------------------------+
```

图 7-2-26　创建 nova 服务（adminl）的 API 端点

- 安装 nova 软件包：

```
root@controller:~# apt install nova-api nova-conductor nova-consoleauth nova-novncproxy
nova-scheduler
```

- 对 nova 组件进行配置：

编辑 /etc/nova/nova.conf 文件，完成数据库连接、认证、管理 IP、镜像服务地址、消息服务等进行配置。

数据库配置：

```
[api_database]
connection = mysql+pymysql://nova:NOVA_DBPASS@controller/nova_api
[database]
connection = mysql+pymysql://nova:NOVA_DBPASS@controller/nova
```

消息服务配置，在 [DEFAULT] 部分进行配置：

```
[DEFAULT]
transport_url = rabbit://openstack:RABBIT_PASS@controller
```

身份认证配置：

【代码 7-2-28】 消息服务配置的身份认证配置

```
[DEFAULT]
auth_strategy = keystone
[keystone_authtoken]
auth_uri = http://controller:5000
auth_url = http://controller:35357
memcached_servers = controller:11211
auth_type = password
project_domain_name = default
user_domain_name = default
project_name = service
username = nova
password = NOVA_PASS
```

管理 IP 配置，IP 地址为控制节点的管理 IP：

```
[DEFAULT]
my_ip = 192.168.8.236
```

网络配置：

```
[DEFAULT]
use_neutron = True
firewall_driver = nova.virt.firewall.NoopFirewallDriver
```

vnc 配置:

```
[vnc]
vncserver_listen = $my_ip
vncserver_proxyclient_address = $my_ip
```

镜像服务 API 地址配置:

```
[glance]
api_servers = http://controller:9292
```

锁路径配置:

```
[oslo_concurrency]
lock_path = /var/lib/nova/tmp
```

- 初始化数据库:

```
root@controller:~#su –s /bin/sh –c "nova–manage api_db sync" nova
root@controller:~#su –s /bin/sh –c "nova–manage db sync" nova
```

初始化数据库完成后,可以在 MySQL 数据库中查看 nova 相关的数据库及数据库表,前面两节有介绍查看的方法,此处省略。

- 重启服务:

```
root@controller:~# service nova–api restart
root@controller:~# service nova–consoleauth restart
root@controller:~# service nova–scheduler restart
root@controller:~# service nova–conductor restart
root@controller:~# service nova–novncproxy restart
```

2. 在计算节点上安装 nova 组件

计算节点上安装 nova 计算服务相对简单,只需要安装 nova–compute 组件并进行配置即可。

- 安装软件包:

```
root@controller:~# apt install nova–compute
```

- 对 nova 组件进行配置:

编辑 /etc/nova/nova.conf 文件,完成对认证、管理 IP、镜像服务地址、消息服务等进行配置,前面讲到计算节点与数据库是通过 nova–conductor 模块进行交互,因此不需要配置数据库选项。

消息服务配置,在 [DEFAULT] 部分进行配置:

```
[DEFAULT]
transport_url = rabbit://openstack:RABBIT_PASS@controller
```

身份认证配置：

【代码 7-2-29】 /etc/nova/nova.conf 身份认证配置

```
[DEFAULT]
auth_strategy = keystone
[keystone_authtoken]
auth_uri = http://controller:5000
auth_url = http://controller:35357
memcached_servers = controller:11211
auth_type = password
project_domain_name = default
user_domain_name = default
project_name = service
username = nova
password = NOVA_PASS
```

管理 IP 配置，IP 地址为该计算节点的管理 IP：

```
[DEFAULT]
my_ip = 192.168.8.237
```

网络配置：

```
[DEFAULT]
use_neutron = True
firewall_driver = nova.virt.firewall.NoopFirewallDriver
```

vnc 配置：

```
[vnc]
enabled = True
vncserver_listen = 0.0.0.0
vncserver_proxyclient_address = $my_ip
novncproxy_base_url = http://controller:6080/vnc_auto.html
```

此处 novncproxy_base_url 的选项是控制节点的主机，如果客户端需要能够解析到
controller 主机，也可以直接改为控制节点的 IP 地址。

镜像服务 API 地址配置：

```
[glance]
api_servers = http://controller:9292
```

锁路径配置：

```
[oslo_concurrency]
lock_path = /var/lib/nova/tmp
```

- 虚拟化类型支持：

默认虚拟化类型配置是 kvm，kvm 虚拟化需要 CPU 能够支持虚拟化，由于虚拟 CPU 不支持 kvm 虚拟化类型，所以需要采用 qemu 虚拟化，在 /etc/nova/nova-compute.conf 文件中配置 [libvirt] 选项：

```
[libvirt]
virt_type = qemu
```

注：如果计算服务部署在物理主机上，则虚拟化可以支持 kvm、xen 等虚拟化技术。
- 重启服务：

```
root@controller:~# service nova-compute restart t
```

3. 验证安装，在控制节点上查看计算服务
- 获得 admin 凭证，获取只有管理员能执行的命令的访问权限：

```
root@controller:~# . admin-openrc
```

在控制节点上查看计算服务列表：

```
root@controller:~# openstack compute service list
```

返回，如图 7-2-27 所示。

```
+----+------------------+------------+----------+---------+-------+----------------------------+
| ID | Binary           | Host       | Zone     | Status  | State | Updated At                 |
+----+------------------+------------+----------+---------+-------+----------------------------+
|  3 | nova-consoleauth | controller | internal | enabled | up    | 2016-11-11T09:00:47.000000 |
|  4 | nova-scheduler   | controller | internal | enabled | up    | 2016-11-11T09:00:50.000000 |
|  5 | nova-conductor   | controller | internal | enabled | up    | 2016-11-11T09:00:45.000000 |
|  7 | nova-compute     | compute1   | nova     | enabled | up    | 2016-11-11T09:00:50.000000 |
+----+------------------+------------+----------+---------+-------+----------------------------+
```

图 7-2-27　查看计算服务列表

可以看出，在控制节点（controller）上有三个 nova 服务组件已经正常运行，在计算节点（compute1）上 nova-compute 组件服务已经正常运行。

同样，安装过程中我们需要查看日志并分析日志文件，从而解决安装故障，日志文件位置在 root@controller:~# cd /var/log/nova/ 目录下：

【代码 7-2-30】 查看日志文件

```
root@controller:~# cd /var/log/nova/
root@controller:/var/log/nova# ll
total 416
drwxr-x--- 2 nova adm       4096 Nov 11 06:25 ./
drwxrwxr-x 17 root syslog   4096 Nov 11 06:25 ../
-rw-r--r-- 1 nova nova       310 Nov 11 17:00 nova-api.log
-rw-r--r-- 1 nova nova         0 Nov 11 06:25 nova-api.log.1
-rw-r--r-- 1 nova nova      1722 Nov 10 06:25 nova-api.log.2.gz
```

```
-rw-r--r-- 1 nova nova     31514 Nov  9 06:25 nova-api.log.3.gz
-rw-r--r-- 1 nova nova        20 Nov  7 06:25 nova-api.log.4.gz
-rw-r--r-- 1 nova nova         0 Nov 11 06:25 nova-conductor.log
-rw-r--r-- 1 nova nova         0 Nov 11 06:25 nova-conductor.log.1
-rw-r--r-- 1 nova nova      7217 Nov 10 06:25 nova-conductor.log.2.gz
-rw-r--r-- 1 nova nova     40652 Nov  9 06:25 nova-conductor.log.3.gz
-rw-r--r-- 1 nova nova        20 Nov  7 06:25 nova-conductor.log.4.gz
-rw-r--r-- 1 nova nova         0 Nov 11 06:25 nova-consoleauth.log
-rw-r--r-- 1 nova nova         0 Nov 11 06:25 nova-consoleauth.log.1
-rw-r--r-- 1 nova nova      4175 Nov 10 06:25 nova-consoleauth.log.2.gz
-rw-r--r-- 1 nova nova     13668 Nov  9 06:25 nova-consoleauth.log.3.gz
-rw-r--r-- 1 nova nova        20 Nov  7 06:25 nova-consoleauth.log.4.gz
-rw-r--r-- 1 nova nova         0 Nov 11 06:25 nova-novncproxy.log
-rw-r--r-- 1 nova nova         0 Nov 11 06:25 nova-novncproxy.log.1
-rw-r--r-- 1 nova nova        20 Nov 10 06:25 nova-novncproxy.log.2.gz
-rw-r--r-- 1 nova nova      3366 Nov  9 06:25 nova-novncproxy.log.3.gz
-rw-r--r-- 1 nova nova        20 Nov  7 06:25 nova-novncproxy.log.4.gz
-rw-r--r-- 1 nova nova     52271 Nov 11 17:03 nova-scheduler.log
-rw-r--r-- 1 nova nova    117735 Nov 11 06:25 nova-scheduler.log.1
-rw-r--r-- 1 nova nova     27533 Nov 10 06:25 nova-scheduler.log.2.gz
-rw-r--r-- 1 nova nova     45408 Nov  9 06:25 nova-scheduler.log.3.gz
-rw-r--r-- 1 nova nova     22088 Nov  7 06:25 nova-scheduler.log.4.gz
```

具体查看与前面组件的类似,此处省略。

7.2.5 网络服务 (networking service) 安装与配置

OpenStack 网络服务提供网络、子网以及路由等网络功能,这些网络功能是由 OpenStack 虚拟网络提供的,用于模拟物理设备的功能实现。例如对于物理机上的网卡,虚拟机上可以模拟出一个虚拟网卡;对于物理交换机上的 VLAN,可以在虚拟机之间模拟出虚拟的 VLAN。

OpenStack 的一个给定的虚拟网络包括了外部网络和内部网络。外部网络为虚拟机提供外网连接,内部网络为虚拟机之间提供互联。

OpenStack 提供两种网络配置选项,一种是提供者网络,另一种是自服务网络。提供者网络采用尽可能简单的架构进行部署,只支持实例连接到公有网络(外部网络),没有私有网络、路由器以及浮动 IP 地址,只有 admin 或者其他特权用户才可以管理公有网络。

自服务网络提供三层交换服务,支持实例连接到私有网络。demo 或者其他没有特权的用户可以管理自己的私有网络,包含连接公网和私网的路由器。另外,浮动 IP 地址可以让实例使用私有网络连接到外部网络。在该部署任务中采用自服务网络选项进行部署。

OpenStack 网络服务的安装包括创建数据库、创建用户及服务、系统配置等步骤。

1. 在控制节点上安装 Neutron 组件

- 数据库创建：

用数据库连接客户端，以 root 用户连接到数据库服务器：

```
root@openstack-controller:~# mysql -u root -p
```

创建 neutron 数据库：

```
mysql> CREATE DATABASE neutron;
```

对 neutron 数据库授予恰当的权限：

```
mysql> GRANT ALL PRIVILEGES ON neutron.* TO 'neutron'@'localhost' \
    IDENTIFIED BY 'NEUTRON_DBPASS';
mysql> GRANT ALL PRIVILEGES ON neutron.* TO 'neutron'@'%' \
    IDENTIFIED BY 'NEUTRON_DBPASS';
```

退出数据库客户端。

- 获得 admin 凭证来获取只有管理员能执行的命令的访问权限：

```
root@controller:~# . admin-openrc
```

- 创建服务证书的步骤如下：

创建 neutron 用户：

```
root@openstack-controler:~# openstack user create --domain default --password-prompt
neutron
```

输入密码 NEUTRON_PASS，结果如图 7-2-28 所示。

```
+---------------------+----------------------------------+
| Field               | Value                            |
+---------------------+----------------------------------+
| domain_id           | default                          |
| enabled             | True                             |
| id                  | 0d64d879cbd04c7393d7173447b8f9e1 |
| name                | neutron                          |
| password_expires_at | None                             |
+---------------------+----------------------------------+
```

图 7-2-28　创建 neutron 用户

添加 admin 用户角色：

```
root@openstack-controler:~#openstack role add --project service --user neutron admin
```

创建 neutron 服务：

```
root@openstack-controller:~# openstack service create --name neutron --description
"OpenStack Networking" network
```

结果如图 7-2-29 所示。

```
+-------------+------------------------------------+
| Field       | Value                              |
+-------------+------------------------------------+
| description | OpenStack Networking               |
| enabled     | True                               |
| id          | 0a2848325ba344acaf9558ae592b5ad5   |
| name        | neutron                            |
| type        | network                            |
+-------------+------------------------------------+
```

图 7-2-29　添加 admin 用户角色

创建网络服务 API 端点，结果如图 7-2-30~ 图 7-2-32 所示。

root@openstack-controller:~# openstack endpoint create --region RegionOne   network public http://c ontroller:9696

```
+-------------+------------------------------------+
| Field       | Value                              |
+-------------+------------------------------------+
| enabled     | True                               |
| id          | 11818626164a44399c80ba295c32f29f   |
| interface   | public                             |
| region      | RegionOne                          |
| region_id   | RegionOne                          |
| service_id  | 0a2848325ba344acaf9558ae592b5ad5   |
| service_name| neutron                            |
| service_type| network                            |
| url         | http://controller:9696             |
+-------------+------------------------------------+
```

图 7-2-30　创建网络服务（public）API 端点

root@openstack-controller:~# openstack endpoint create --region RegionOne   network internal http://controller:9696

```
+-------------+------------------------------------+
| Field       | Value                              |
+-------------+------------------------------------+
| enabled     | True                               |
| id          | 1c6ff0b01cf64753a95b0dee0d1f486a   |
| interface   | internal                           |
| region      | RegionOne                          |
| region_id   | RegionOne                          |
| service_id  | 0a2848325ba344acaf9558ae592b5ad5   |
| service_name| neutron                            |
| service_type| network                            |
| url         | http://controller:9696             |
+-------------+------------------------------------+
```

图 7-2-31　创建网络服务（internal）API 端点

root@openstack-controller:~# openstack endpoint create --region RegionOne \
> network admin http://controller:9696

```
+-------------+------------------------------------+
| Field       | Value                              |
+-------------+------------------------------------+
| enabled     | True                               |
| id          | 92eed90f214b4795bde1231cfe1cc852   |
| interface   | admin                              |
| region      | RegionOne                          |
| region_id   | RegionOne                          |
| service_id  | 0a2848325ba344acaf9558ae592b5ad5   |
| service_name| neutron                            |
| service_type| network                            |
| url         | http://controller:9696             |
+-------------+------------------------------------+
```

图 7-2-32　创建网络服务（admin）API 端点

● 自服务网络安装与配置：
安装网络服务组件：

```
root@openstack-controller:~# apt install neutron-server neutron-plugin-ml2 \
neutron-linuxbridge-agent neutron-l3-agent neutron-dhcp-agent \
neutron-metadata-agent
```

网络服务组件配置：
编辑 /etc/neutron/neutron.conf，对数据库连接、网络、消息服务等进行配置。
数据库连接配置：

```
[database]
connection = mysql+pymysql://neutron:NEUTRON_DBPASS@controller/neutron
```

二层交换、路由、IP 配置：

```
[DEFAULT]
core_plugin = ml2
service_plugins = router
allow_overlapping_ips = True
```

消息服务配置：

```
[DEFAULT]
transport_url = rabbit://openstack:RABBIT_PASS@controller
```

身份认证服务配置：

【代码 7-2-31】 编辑 /etc/neutron/neutron.conf 身份认证服务

```
[DEFAULT]
auth_strategy = keystone
[keystone_authtoken]
auth_uri = http://controller:5000
auth_url = http://controller:35357
memcached_servers = controller:11211
auth_type = password
project_domain_name = default
user_domain_name = default
project_name = service
username = neutron
password = NEUTRON_PASS
```

计算服务选项配置，网络变更后通知计算节点网络变化：

【代码 7-2-32】 编辑 */etc/neutron/neutron.conf* 计算服务选项配置

```
[DEFAULT]
notify_nova_on_port_status_changes = True
notify_nova_on_port_data_changes = True
[nova]
auth_url = http://controller:35357
auth_type = password
project_domain_name = default
user_domain_name = default
region_name = RegionOne
project_name = service
username = nova
password = NOVA_PASS
```

配置二层交换代理服务, 编辑 */etc/neutron/plugins/ml2/ml2_conf.ini*。
配置 [ml2], 启动 flat、VLAN 和 VXLAN 网络功能:

```
[ml2]
type_drivers = flat,vlan,vxlan
```

启动 VXLAN 自服务网络模式:

```
[ml2]
tenant_network_types = vxlan
```

启动 Linux 网桥和二层交换服务:

```
[ml2]
mechanism_drivers = linuxbridge,l2population
```

配置安全性:

```
[ml2]
extension_drivers = port_security
```

配置提供者网络为 flat 网络:

```
[ml2_type_flat]
flat_networks = provider
```

配置自服务网络 VXLAN 识别号:

```
[ml2_type_vxlan]
vni_ranges = 1:1000
```

配置安全组设置：

```
[securitygroup]
enable_ipset = True
```

配置 Linux 网桥服务，编辑 /etc/neutron/plugins/ml2/linuxbridge_agent.ini。

配置 Linux 网桥接口映射，provider 后面是网络接口，可以通过 ifconfig 命令查看具体的名称：

```
[linux_bridge]
physical_interface_mappings = provider:ens32
```

VXLAN 配置：

```
[vxlan]
enable_vxlan = True
local_ip = 192.168.8.236
l2_population = True
```

安全组配置：

```
[securitygroup]
enable_security_group = True
firewall_driver = neutron.agent.linux.iptables_firewall.IptablesFirewallDriver
```

配置自服务网络三层代理服务，提供路由、NAT 网络地址转换功能，编辑 /etc/neutron/l3_agent.ini：

```
[DEFAULT]
interface_driver = neutron.agent.linux.interface.BridgeInterfaceDriver
```

配置 DHCP 代理服务，为虚拟网络提供 DHCP 动态地址分配，编辑 /etc/neutron/dhcp_agent.ini：

```
[DEFAULT]
interface_driver = neutron.agent.linux.interface.BridgeInterfaceDriver
dhcp_driver = neutron.agent.linux.dhcp.Dnsmasq
enable_isolated_metadata = True
```

● 在控制节点配置元数据代理，编辑 /etc/neutron/metadata_agent.ini：

```
[DEFAULT]
nova_metadata_ip = controller
metadata_proxy_shared_secret = METADATA_SECRET
```

- 在控制节点为计算管理配置网络服务，编辑 /etc/nova/nova.conf：

【代码 7-2-33】 编辑 /etc/nova/nova.conf，为计算管理配置网络服务

```
[neutron]
url = http://controller:9696
auth_url = http://controller:35357
auth_type = password
project_domain_name = default
user_domain_name = default
region_name = RegionOne
project_name = service
username = neutron
password = NEUTRON_PASS
service_metadata_proxy = True
metadata_proxy_shared_secret = METADATA_SECRET
```

- 初始化数据库：

```
root@controller:~# su –s /bin/sh –c "neutron–db–manage ––config–file /etc/neutron/neutron.conf \
 ––config–file /etc/neutron/plugins/ml2/ml2_conf.ini upgrade head" neutron
```

初始化数据库后，可以在 MySQL 数据库中查询到 neutron 数据库及其生成的数据库表。
- 重启服务
重启 nova–api 服务：

```
root@controller:~# service nova–api restart
```

重启网络服务：

```
root@controller:~# service neutron–server restart
root@controller:~# service neutron–linuxbridge–agent restart
root@controller:~# service neutron–dhcp–agent restart
root@controller:~# service neutron–metadata–agent restart
root@controller:~# service neutron–l3–agent restart
```

2. 在计算节点上安装 neutron 服务组件
- 在计算节点上安装 Linux 网桥代理

```
root@controller:~# apt install neutron–linuxbridge–agent
```

编辑 /etc/neutron/neutron.conf，对消息、身份认证进行配置。
消息服务配置：

```
[DEFAULT]
transport_url = rabbit://openstack:RABBIT_PASS@controller
```

认证服务配置:

【代码 7-2-34】 编辑计算节点身份认证服务配置

```
[DEFAULT]
auth_strategy = keystone
 [keystone_authtoken]
auth_uri = http://controller:5000
auth_url = http://controller:35357
memcached_servers = controller:11211
auth_type = password
project_domain_name = default
user_domain_name = default
project_name = service
username = neutron
password = NEUTRON_PASS
```

- 在计算节点上配置使用网络服务

编辑 /etc/nova/nova.conf,增加 [neutron] 配置选项:

【代码 7-2-35】 编辑 /etc/nova/nova.conf,配置使用网络服务

```
[neutron]
url = http://controller:9696
auth_url = http://controller:35357
auth_type = password
project_domain_name = default
user_domain_name = default
region_name = RegionOne
project_name = service
username = neutron
password = NEUTRON_PASS
```

- 重启服务

```
root@compute1:~# service nova-compute restart
root@compute1:~# service neutron-linuxbridge-agent restart
```

3. 在控制节点上验证网络安装

```
root@controller:~# . admin-openrc
root@controller:~# neutron ext-list
```

结果如图 7-2-33 所示。

```
+-----------------------------+--------------------------------------------+
| alias                       | name                                       |
+-----------------------------+--------------------------------------------+
| default-subnetpools         | Default Subnetpools                        |
| network-ip-availability      | Network IP Availability                    |
| network_availability_zone   | Network Availability Zone                  |
| auto-allocated-topology     | Auto Allocated Topology Services           |
| ext-gw-mode                 | Neutron L3 Configurable external gateway mode |
| binding                     | Port Binding                               |
| agent                       | agent                                      |
| subnet_allocation           | Subnet Allocation                          |
| l3_agent_scheduler          | L3 Agent Scheduler                         |
| tag                         | Tag support                                |
| external-net                | Neutron external network                   |
| flavors                     | Neutron Service Flavors                    |
| net-mtu                     | Network MTU                                 |
| availability_zone           | Availability Zone                          |
| quotas                      | Quota management support                   |
| l3-ha                       | HA Router extension                        |
| provider                    | Provider Network                           |
| multi-provider              | Multi Provider Network                     |
| address-scope               | Address scope                              |
| extraroute                  | Neutron Extra Route                        |
| subnet-service-types        | Subnet service types                       |
| standard-attr-timestamp     | Resource timestamps                        |
| service-type                | Neutron Service Type Management            |
| l3-flavors                  | Router Flavor Extension                    |
| port-security               | Port Security                              |
| extra_dhcp_opt              | Neutron Extra DHCP opts                    |
| standard-attr-revisions     | Resource revision numbers                  |
| pagination                  | Pagination support                         |
| sorting                     | Sorting support                            |
| security-group              | security-group                             |
| dhcp_agent_scheduler        | DHCP Agent Scheduler                       |
| router_availability_zone    | Router Availability Zone                   |
| rbac-policies               | RBAC Policies                              |
| standard-attr-description   | standard-attr-description                  |
| router                      | Neutron L3 Router                          |
| allowed-address-pairs       | Allowed Address Pairs                      |
| project-id                  | project_id field enabled                   |
| dvr                         | Distributed Virtual Router                 |
+-----------------------------+--------------------------------------------+
```

图 7-2-33　在控制节点上验证网络安装

验证自服务网络：

root@controller:~# openstack network agent list

结果如图 7-2-34 所示。

```
+--------------------------------------+--------------------+------------+-------------------+-------+-------+---------------------------+
| ID                                   | Agent Type         | Host       | Availability Zone | Alive | State | Binary                    |
+--------------------------------------+--------------------+------------+-------------------+-------+-------+---------------------------+
| 1f88f6f2-d6c8-4f1a-801b-0744e59ae3a6 | Linux bridge agent | compute1   | None              | True  | UP    | neutron-linuxbridge-agent |
| 24967771-11c3-4d93-b5a5-bdd201f92bd2 | Linux bridge agent | controller | None              | True  | UP    | neutron-linuxbridge-agent |
| 2c648dd2-f971-4d09-9fdf-b79d69fb0e79 | Metadata agent     | controller | None              | True  | UP    | neutron-metadata-agent    |
| 5b2fec65-dcca-470c-86be-51b877a3be49 | L3 agent           | controller | nova              | True  | UP    | neutron-l3-agent          |
| 957b947b-a6de-4438-8b9a-3d655733ec05 | DHCP agent         | controller | nova              | True  | UP    | neutron-dhcp-agent        |
+--------------------------------------+--------------------+------------+-------------------+-------+-------+---------------------------+
```

图 7-2-34　验证自服务网络

计算节点和控制节点的网络服务已经启用。

安装过程中如果出现故障，请查看日志：

root@controller:/var/log# cd neutron/

结果如图 7-2-35 所示。

```
root@controller:/var/log/neutron# ll
total 3844
drwxr-x---  2 neutron adm       4096 Nov 15 06:25 ./
drwxrwxr-x 17 root    syslog    4096 Nov 15 06:25 ../
-rw-r--r--  1 neutron neutron      0 Nov 15 06:25 neutron-dhcp-agent.log
-rw-r--r--  1 neutron neutron  17748 Nov 15 06:25 neutron-dhcp-agent.log.1
-rw-r--r--  1 neutron neutron   2729 Nov 10 06:25 neutron-dhcp-agent.log.2.gz
-rw-r--r--  1 neutron neutron  13545 Nov  9 06:25 neutron-dhcp-agent.log.3.gz
-rw-r--r--  1 neutron neutron   3062 Nov  6 06:25 neutron-dhcp-agent.log.4.gz
-rw-r--r--  1 neutron neutron      0 Nov 15 06:25 neutron-l3-agent.log
-rw-r--r--  1 neutron neutron   2913 Nov 15 06:25 neutron-l3-agent.log.1
-rw-r--r--  1 neutron neutron   3030 Nov 10 06:25 neutron-l3-agent.log.2.gz
-rw-r--r--  1 neutron neutron   6803 Nov  9 06:25 neutron-l3-agent.log.3.gz
-rw-r--r--  1 neutron neutron    731 Nov  6 06:25 neutron-l3-agent.log.4.gz
-rw-r--r--  1 neutron neutron      0 Nov 15 06:25 neutron-linuxbridge-agent.log
-rw-r--r--  1 neutron neutron   5446 Nov 15 06:25 neutron-linuxbridge-agent.log.1
-rw-r--r--  1 neutron neutron   1590 Nov 10 06:25 neutron-linuxbridge-agent.log.2.gz
-rw-r--r--  1 neutron neutron   9031 Nov  9 06:25 neutron-linuxbridge-agent.log.3.gz
-rw-r--r--  1 neutron neutron   1243 Nov  6 06:25 neutron-linuxbridge-agent.log.4.gz
-rw-r--r--  1 neutron neutron      0 Nov 15 06:25 neutron-linuxbridge-cleanup.log
-rw-r--r--  1 neutron neutron    506 Nov 15 06:25 neutron-linuxbridge-cleanup.log.1
-rw-r--r--  1 neutron neutron    394 Nov  9 06:25 neutron-linuxbridge-cleanup.log.2.gz
-rw-r--r--  1 neutron neutron    936 Nov  6 06:25 neutron-linuxbridge-cleanup.log.3.gz
-rw-r--r--  1 neutron neutron      0 Nov 15 06:25 neutron-metadata-agent.log
-rw-r--r--  1 neutron neutron   3433 Nov 15 06:25 neutron-metadata-agent.log.1
-rw-r--r--  1 neutron neutron    289 Nov 10 06:25 neutron-metadata-agent.log.2.gz
-rw-r--r--  1 neutron neutron   2550 Nov  9 06:25 neutron-metadata-agent.log.3.gz
-rw-r--r--  1 neutron neutron   2113 Nov  6 06:25 neutron-metadata-agent.log.4.gz
-rw-r--r--  1 root    root         0 Nov 15 06:25 neutron-ns-metadata-proxy-a42f5004-1a97-4cb0-9f18-1e84ffa5f08b.log
-rw-r--r--  1 root    root       382 Nov 15 06:25 neutron-ns-metadata-proxy-a42f5004-1a97-4cb0-9f18-1e84ffa5f08b.log.1
-rw-r--r--  1 root    root       305 Nov 10 06:25 neutron-ns-metadata-proxy-a42f5004-1a97-4cb0-9f18-1e84ffa5f08b.log.2.gz
-rw-r--r--  1 neutron neutron 453746 Nov 15 10:36 neutron-server.log
-rw-r--r--  1 neutron neutron 2483204 Nov 15 06:25 neutron-server.log.1
-rw-r--r--  1 neutron neutron 268864 Nov 11 06:25 neutron-server.log.2.gz
-rw-r--r--  1 neutron neutron 276865 Nov 10 06:25 neutron-server.log.3.gz
-rw-r--r--  1 neutron neutron 301718 Nov  9 06:25 neutron-server.log.4.gz
```

图 7-2-35　查看日志文件

7.2.6　仪表盘（dashboard）安装与配置

dashboard（horizon）是一个 Web 接口，使得云平台管理员以及用户可以管理不同的 OpenStack 资源以及服务。Dashboard 是采用 Django 应用框架编写的 Web 应用，部署示例使用的是 Apache Web 服务器。

dashboard 的部署过程包括软件的安装和系统配置。

软件包安装：

root@controller:~ # apt install openstack-dashboard

参数配置，编辑 /etc/openstack-dashboard/local_settings.py。

配置控制节点主机：

OPENSTACK_HOST = "controller"

配置其他主机访问 Dashboard 权限：

ALLOWED_HOSTS = ['*',]

配置 MemCache 缓存：

SESSION_ENGINE = 'django.contrib.sessions.backends.cache'
CACHES = {
　　'default': {
　　　　'BACKEND':
'django.core.cache.backends.memcached.MemcachedCache',
　　　　'LOCATION': 'controller:11211',
　　}
}

配置认证 API：

```
OPENSTACK_KEYSTONE_URL = "http://%s:5000/v3" % OPENSTACK_HOST
```

配置域支持：

```
OPENSTACK_KEYSTONE_MULTIDOMAIN_SUPPORT = True
```

配置 API 版本：

```
OPENSTACK_API_VERSIONS = {
    "identity": 3,
    "image": 2,
    "volume": 2,
}
```

配置默认域、默认用户角色：

```
OPENSTACK_KEYSTONE_DEFAULT_DOMAIN = "default"
OPENSTACK_KEYSTONE_DEFAULT_ROLE = "user"
```

配置网络服务支持：

【代码 7-2-36】 配置网路服务

```
OPENSTACK_NEUTRON_NETWORK = {
    'enable_router': True,
    'enable_quotas': True,
    'enable_ipv6': False,
    'enable_distributed_router': False,
    'enable_ha_router': False,
    'enable_lb': True,
    'enable_firewall': False,
    'enable_vpn': False,
    'enable_fip_topology_check': False,
}
```

配置时区：

```
TIME_ZONE = "Asia/Chongqing"
```

重启 Web 服务器：

```
root@controller:~# service apache2 reload
```

安装完成。通过 http://192.168.8.236/horizon 进行访问，默认域为 defaul，用户名 admin，密码 ADMIN_PASS，如图 7-2-36 所示。

图 7-2-36　openstack 登录界面

7.2.7　OpenStack 平台管理与操作

在前面的小节中，OpenStack 的核心组件已经完成，接下来我们来体验 OpenStack 的管理和操作，并通过 dashboard 创建一个虚拟机实例。

1. 制作镜像

- 下载 Ubuntu server 云镜像：

```
root@controller:~# wget
http://download.cirros-cloud.net/0.3.4/cirros-0.3.4-x86_64-disk.img
```

- 上传镜像：

```
root@controller:~# openstack image create "cirros" \
    --file cirros-0.3.4-x86_64-disk.img \
    --disk-format qcow2 --container-format bare \
    --public
```

结果如图 7-2-37 所示。

```
+------------------+------------------------------------------------------+
| Field            | Value                                                |
+------------------+------------------------------------------------------+
| checksum         | ee1eca47dc88f4879d8a229cc70a07c6                     |
| container_format | bare                                                 |
| created_at       | 2016-11-16T01:29:34Z                                 |
| disk_format      | qcow2                                                |
| file             | /v2/images/cb4d0093-28c3-4984-be94-d2a394e885a7/file |
| id               | cb4d0093-28c3-4984-be94-d2a394e885a7                 |
| min_disk         | 0                                                    |
| min_ram          | 0                                                    |
| name             | cirros                                               |
| owner            | 2940fd987b294c468fbe9c3a71df88bc                     |
| protected        | False                                                |
| schema           | /v2/schemas/image                                    |
| size             | 13287936                                             |
| status           | active                                               |
| tags             |                                                      |
| updated_at       | 2016-11-16T01:29:34Z                                 |
| virtual_size     | None                                                 |
| visibility       | public                                               |
+------------------+------------------------------------------------------+
```

图 7-2-37　上传镜像

- 创建云主机类型：

```
root@controller:~#openstack flavor create --id 0 --vcpus 1 --ram 64 --disk 1 m1.nano
```

可以根据需要设置虚拟 CPU 数量、内存和主机类型名称等信息。
- 创建密钥对：

```
root@controller:~# . admin-openrc
root@controller:~# ssh-keygen -q -N ""
root@controller:~#openstack keypair create --public-key ~/.ssh/id_rsa.pub mykey
```

- 验证密钥，如图 7-2-38 所示。

```
root@controller:~# openstack keypair list
```

```
+-------+-------------------------------------------------+
| Name  | Fingerprint                                     |
+-------+-------------------------------------------------+
| mykey | 8b:58:10:c0:91:aa:bb:3e:2f:36:0b:1d:6e:52:23:c0 |
+-------+-------------------------------------------------+
```

图 7-2-38　验证密钥

- 增加安全组规则：

```
root@controller:~# openstack security group rule create --proto icmp default
```

- 运行 SSH 访问设置：

```
root@controller:~# openstack security group rule create --proto tcp --dst-port 22 default
```

通过 dashboard 查看上传的云镜像，如图 7-2-39 所示。

图 7-2-39　查看上传的镜像

也可以直接通过 Web 端创建镜像。

2. 创建网络

创建网络的过程如图 7-2-40~ 图 7-2-44 所示。

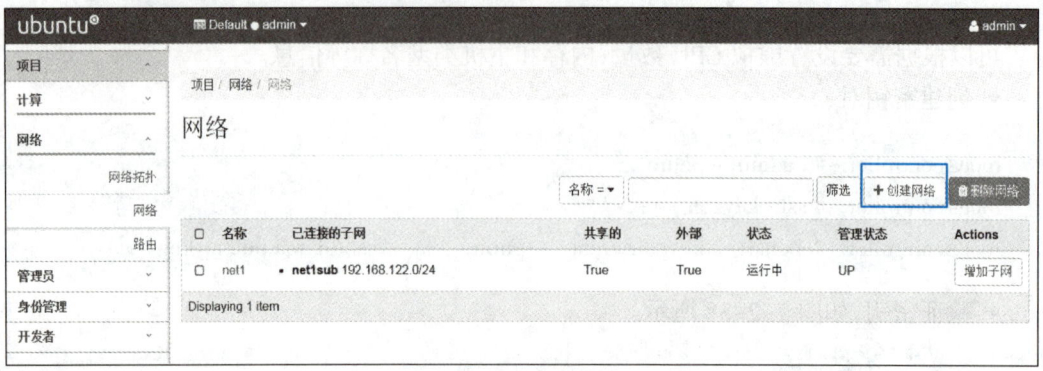

图 7-2-40 创建网络

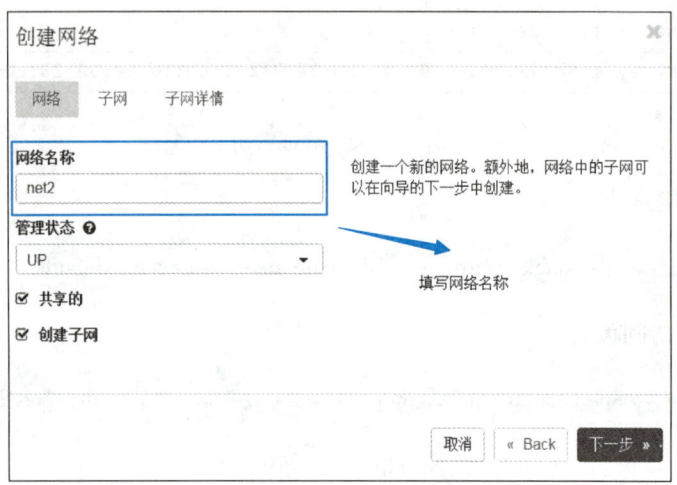

图 7-2-41 填写网络名称

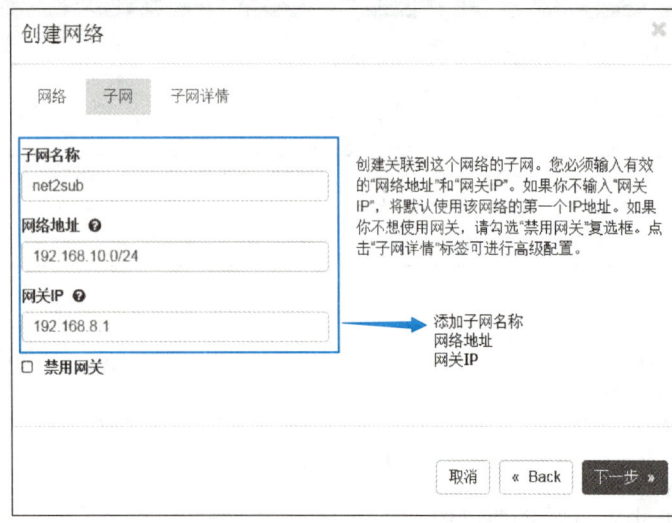

图 7-2-42 设置网络参数

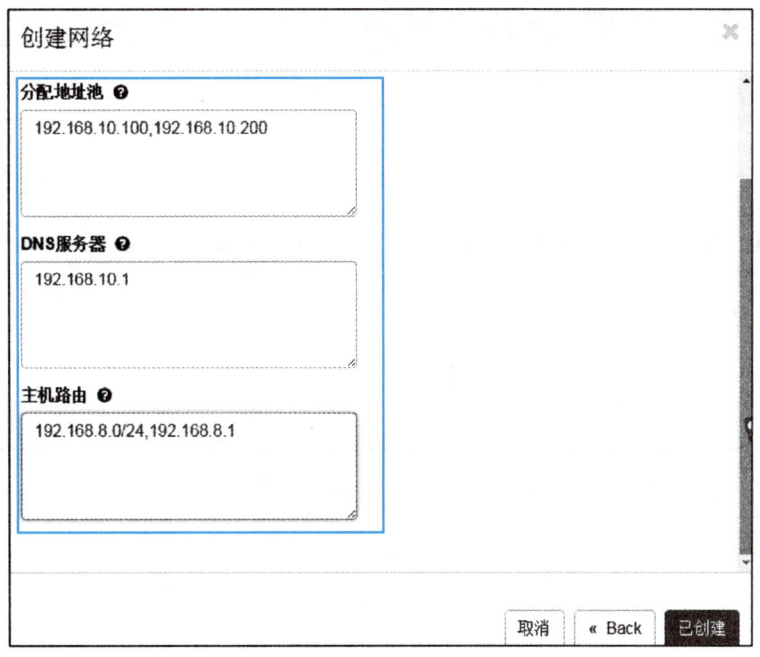

图 7-2-43　设置网络参数

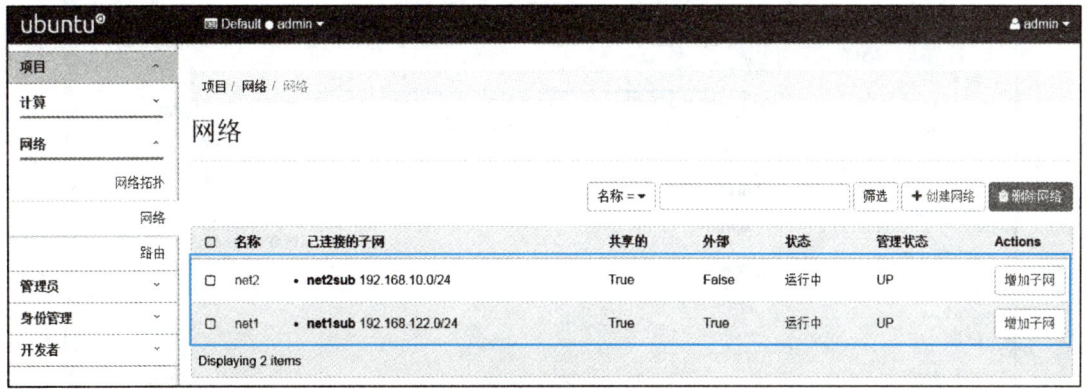

图 7-2-44　查看创建的网络

3. 创建虚拟机

（1）创建虚拟机

创建虚拟机，如图 7-2-45 和图 7-2-46 所示。

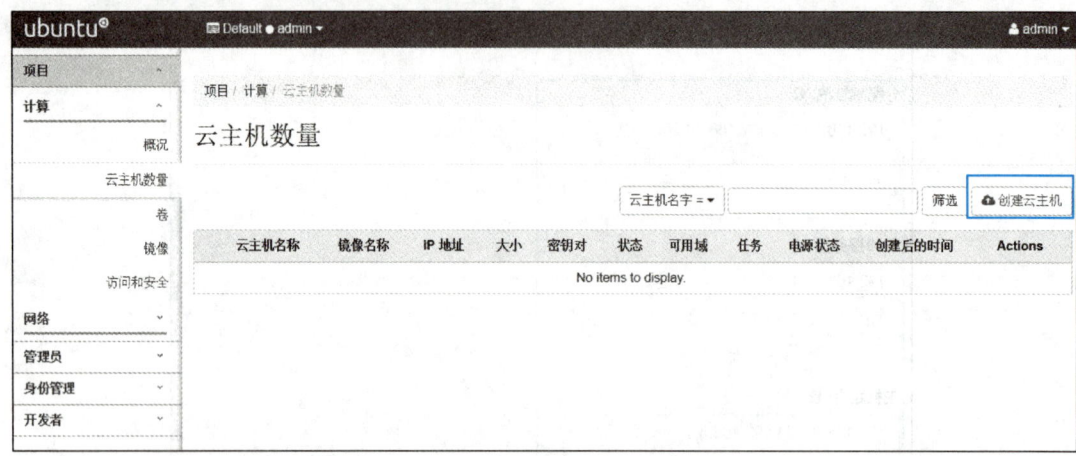

图 7-2-45　创建虚拟机

图 7-2-46　设置虚拟机参数

（2）选择镜像源

镜像源的设置如图 7-2-47 所示。

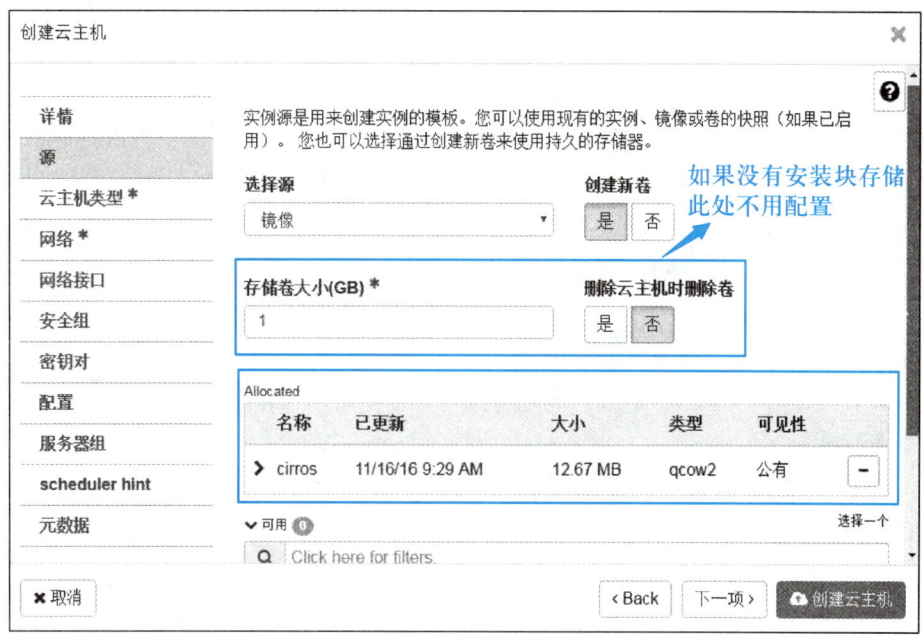

图 7-2-47　设置镜像源

（3）选择云主机类型

选择云主机类型，如图 7-2-48 所示。

图 7-2-48　选择云主机类型

（4）选择网络

选择网络，如图 7-2-49 所示。

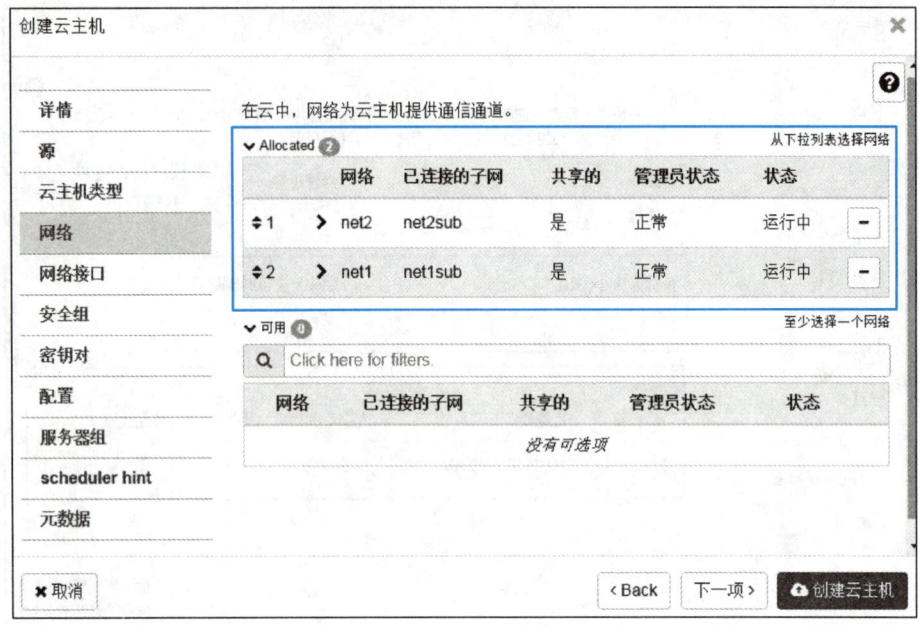

图 7-2-49　选择网络

（5）选择安全组

选择安全组，如图 7-2-50 所示。

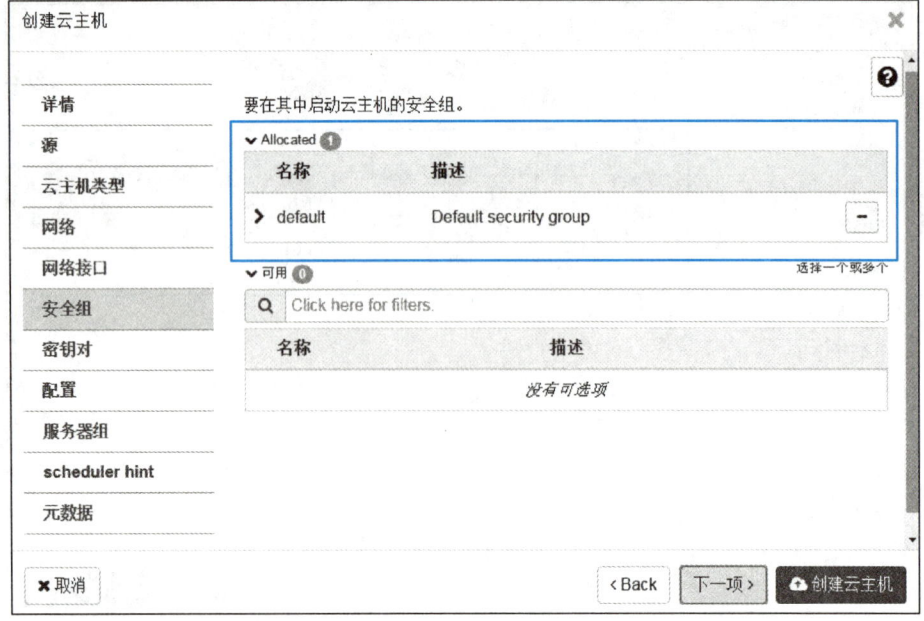

图 7-2-50　选择安全组

（6）选择密钥

选择密钥,如图 7-2-51 所示。

图 7-2-51 选择密钥

（7）云主机成功

创建云主机成功,如图 7-2-52 所示。

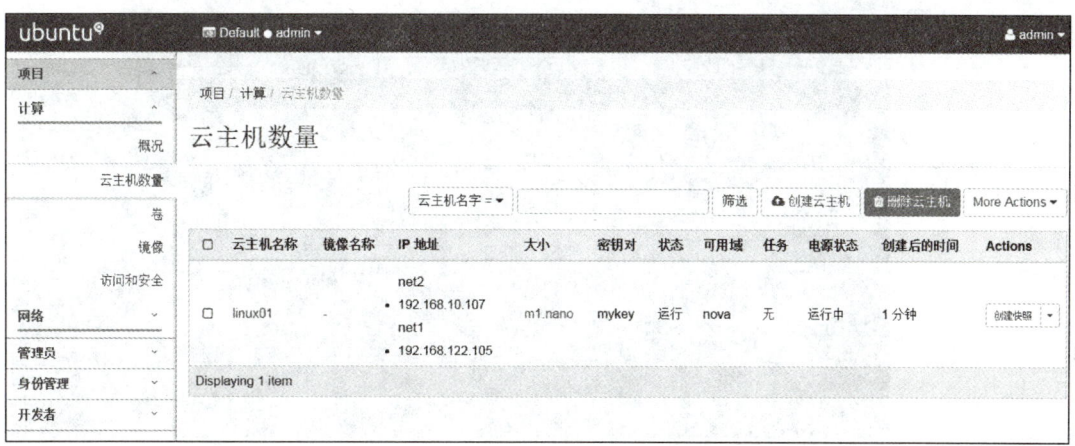

图 7-2-52 创建云主机成功

（8）打开 linux01 云主机

打开 linux01 云主机,如图 7-2-53 所示。

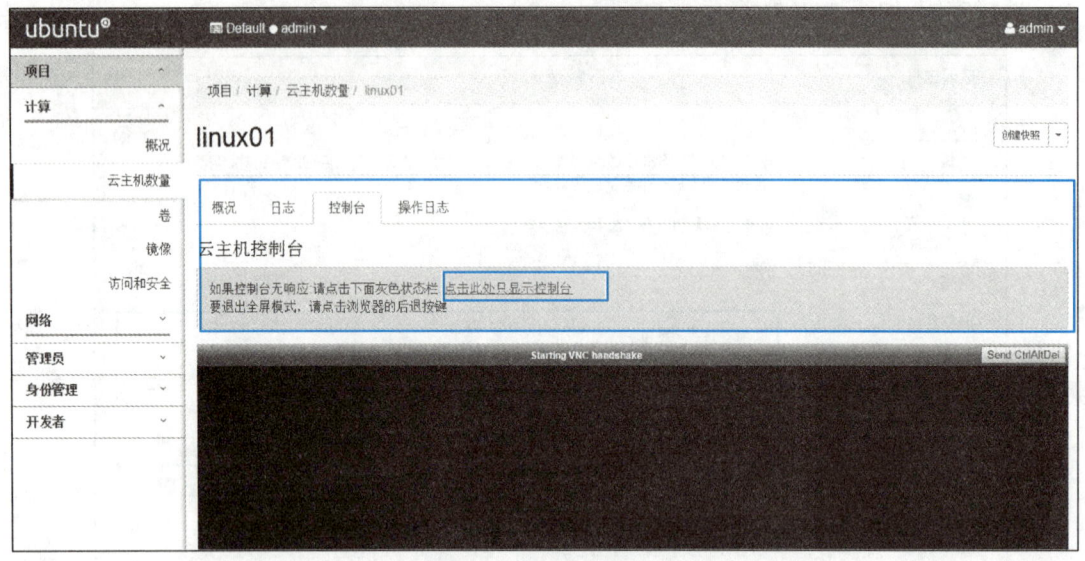

图 7-2-53　打开云主机

（9）登录云主机 linux01，用户名 cirros，密码 cubswin:）

登录云主机，如图 7-2-54 所示。

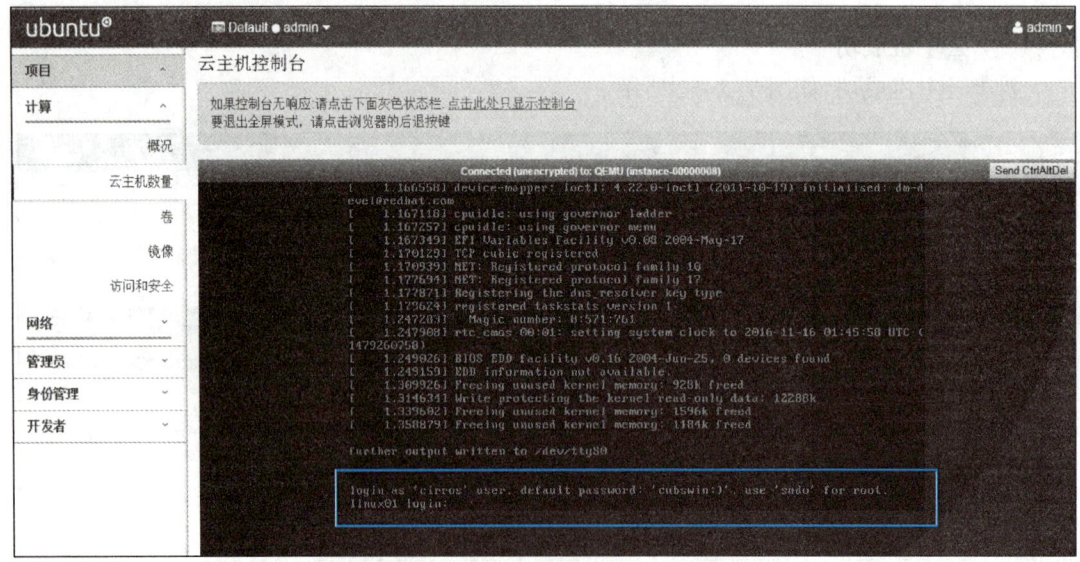

图 7-2-54　登录云主机

（10）查看云主机状态

查看云主机状态，云主机可以正常使用，如图 7-2-55 所示。

（11）查看网络拓扑

查看网络拓扑，如图 7-2-56 所示。

图 7-2-55　查看云主机状态

图 7-2-56　查看网络拓扑

【建议】

　OpenStack 核心组件部署完成后，建议读者继续把 OpenStack 的可选组件进行安装部署，充分体验 OpenStack 全面的技术体系。

7.2.8　任务回顾

知识点总结

1. OpenStack 部署环境搭建：OpenStack 的服务组件安装可以根据生产需求进行设计，

不同组件可以安装在不同主机上，也可以选择安装在同一主机上。

2. 身份认证服务：keystone 提供身份认证服务，为 OpenStack 组件提供认证管理、授权管理和服务目录管理。

3. 镜像服务：glance 提供镜像服务，它接受磁盘镜像或服务器镜像 API 请求，以及来自终端用户或 OpenStack 计算组件的元数据定义。

4. 计算服务：nova 提供计算服务，需要在控制节点安装 nova-api 组件，在计算节点安装 nova-compute 组件。

5. 网络服务：neutron 提供网络虚拟化服务，提供网络、子网以及路由等网络功能。

6. OpenStack 管理平台：dashboard（horizon）是一个 Web 接口，使得云平台管理员以及用户可以管理不同的 OpenStack 资源以及服务。

📋 学习足迹

任务二学习足迹如图 7-2-57 所示。

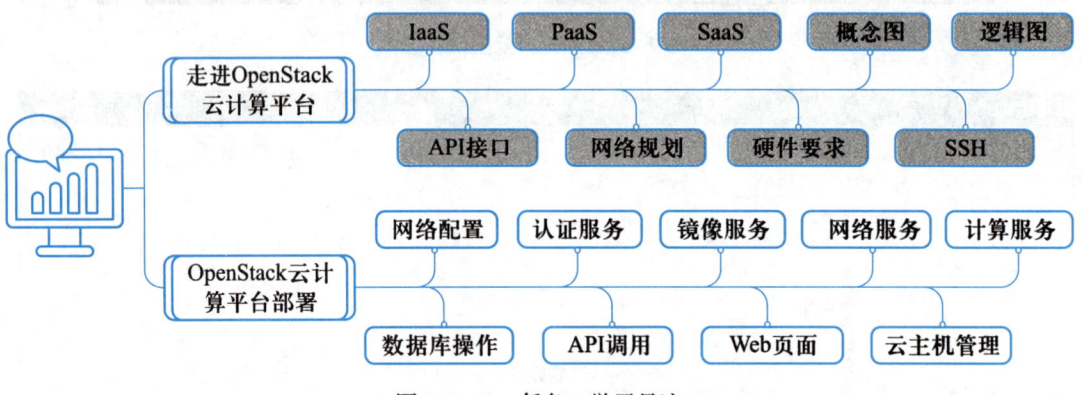

图 7-2-57　任务二学习足迹

🖐 思考与练习

1. OpenStack 采用_____消息服务组件，采用_____缓存服务组件。

2. nova 计算服务组件支持_____、_____、_____虚拟化技术。

3. glance 组件提供_____服务。

4. 网络服务组件可以提供以下哪项功能？

    A. 二层交换　　　　　B. 三层路由　　　　　C. NAT

    D. DHCP　　　　　　　E. 防火墙

7.3　项目总结

通过本项目的学习，能够对云计算平台、系统架构和核心技术进行深入了解，掌握在 Linux 环境下云计算的系统部署和调试能力，充分掌握云计算安装部署所需要的技能。本项目技能图谱如图 7-3-1 所示。

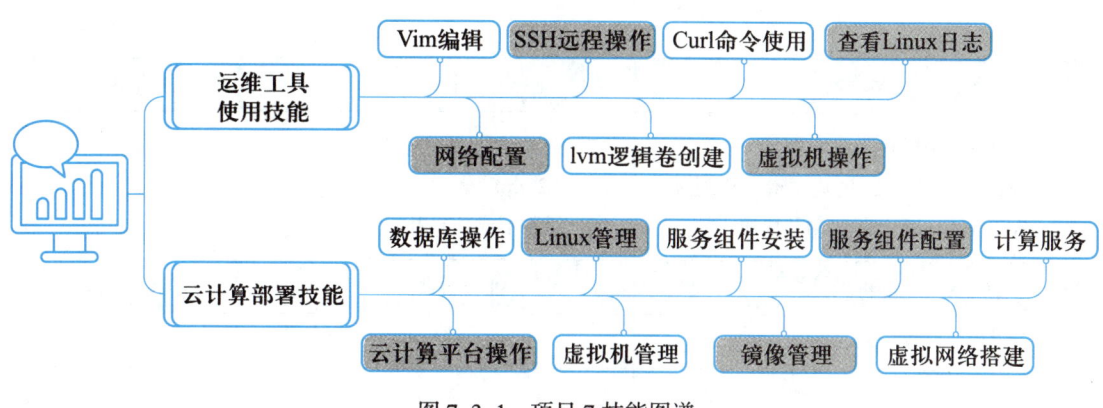

图 7-3-1 项目 7 技能图谱

7.4 拓展训练

部署拓展：cinder 块存储服务安装与配置

 部署要求：

选题：OpenStack 块存储服务（cinder）为虚拟机添加持久的存储，块存储提供一个基础设施，以便管理卷，以及和 OpenStack 计算服务交互，并为实例提供卷。要求能够独立部署块存储服务（cinder）。

部署需要包括以下关键操作：

- 理解块存储服务（cinder）的逻辑架构；
- 进行 Linux 下逻辑卷管理和操作；
- 进行 MySQL 数据库操作和 cinder 数据库创建；
- 软件安装与配置。

 格式要求：在 Linux 环境下命令行操作部署。

 考核方式：采取部署界面截图和课内发言两种形式，时间要求 10~15 分钟。

 评估标准：如表 7-4-1 所示。

表 7-4-1 拓展训练评估标准表

项目名称： cinder 块存储服务安装与配置	项目承接人： 姓名：	日期：
项目要求	**扣分标准**	**得分情况**
总体要求（10 分） 1. 清晰描述 cinder 的逻辑架构 2. 进行数据库创建和用户权限分配	1. 基本要求以上 5 个内容 （每缺少一个内容扣 1 分）	

续表

项目要求	扣分标准	得分情况
3. cinder 系统软件安装与配置 4. 块存储节点配置,创建逻辑卷与配置 5. 在 Dashboard 上创建卷及快照	2. 逻辑混乱,语言表达不清楚(扣 2 分) 3. 部署不成功(扣 3 分)	
评价人	评价说明	备注
个人		
老师		

双创项目——大数据应用实践

 项目引入

针对市场部提出的用户"转化率"问题，Philip 组织了运维工程师、Java 后台开发工程师、Web 前端工程师和 Android 开发工程师，大家坐在一起讨论怎样通过技术手段来提高转化率。

Philip：拿移动电商系统来说，其根本问题在于用户的需求。运营方应该怎么去了解用户的需求，并将其转换为实际的交易呢？

George：收集用户需求，在用户购物时有针对地进行推送。

我：我们可以将用户购物时搜索的关键字统计下来，分析其购物喜好，定期发送相应的信息，比如优惠打折等，以达到引导购物的目的。

Philip：你们说得很对，说到底就是数据问题。数据不仅使运营尽在掌控之中，甚至可以驱动移动电商的未来。要突破，就必须要建立自己的大数据平台。

其他开发人员从各自的角度分享了看法。Philip 接着说道："大数据的目的是服务于用户，我们还需要将分析的数据可视化展现（例如折线图、饼图等，如图 1）。因此，移动电商大数据应用需要我们协同分析和开发。"

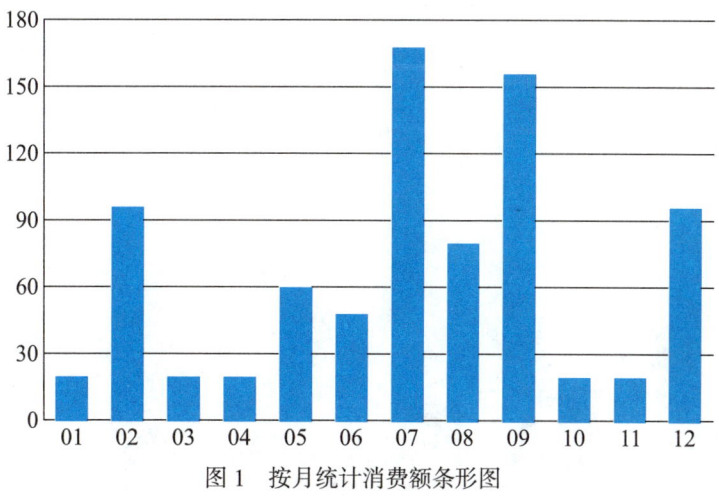

图 1　按月统计消费额条形图

历时 2 个小时的会议结束了，会上 Philip 推荐 Hadoop 作为大数据平台应用框架，并进行了分工，接下来 George 负责大数据应用构建、Java 工程师负责 API 接口开发、Web 前端工程师负责 PC 端数据展示、Android 工程师负责 App 端模块开发，大家开始如火如荼地进行

一段大数据应用之旅。

 **知识图谱**

双创项目的知识图谱如图 2 所示。

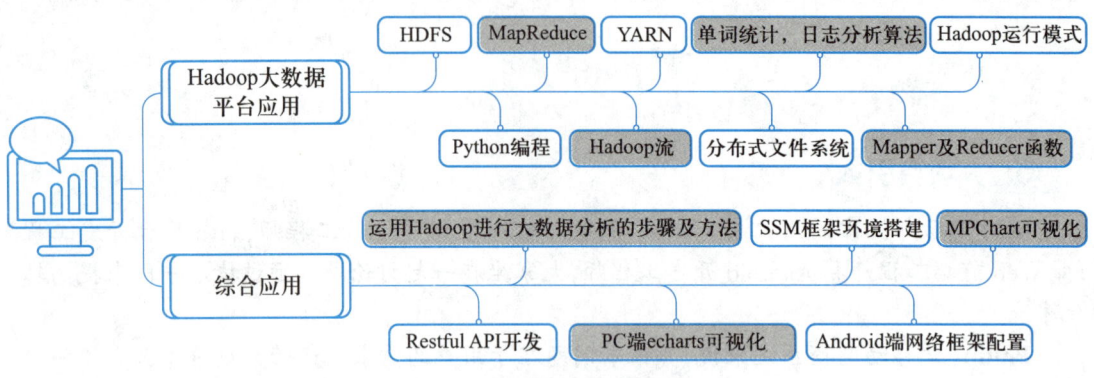

图 2　双创项目知识图谱

获取双创项目完整文档请扫描二维码：

双创项目

参考文献

［1］鸟哥.鸟哥的 Linux 私房菜基础学习篇［M］.北京：人民邮电出版社，2010.

［2］鸟哥.鸟哥的 Linux 私房菜服务器架设篇［M］.北京：机械工业出版社，2012.

［3］Sobell M.G.Red Hat Linux 指南基础与系统管理篇［M］.北京：人民邮电出版社，2008.

［4］Sobell M.G.Red Hat Linux 指南服务器设置与程序设计篇［M］.北京：人民邮电出版社，2008.

［5］Richard Blum Christine Bresnahan.Linux 命令行与 Shell 脚本编程大全［M］.北京：人民邮电出版社，2016.

［6］Arnold Robbins Nelson H.F.Beebe.Shell 脚本学习指南［M］.北京：机械工业出版社，2009.

［7］William Stallings.操作系统：精髓与设计原理［M］.北京：机械工业出版社，2010.

［8］英特尔开源技术中心.OpenStack 设计与实现［M］.北京：电子工业出版社，2017.